普通高等学校"十四五"规划机械类专业精品教材

现代数控装备设计

张政泼　吕　勇　徐晓华
张栋梁　李天明　　编　著

华中科技大学出版社

中国·武汉

内 容 提 要

本书共14章,主要介绍了数控机床的基本知识和发展概况;数控机床的总体设计、主传动和主轴系统、伺服进给系统、机床本体与导轨设计,以及辅助系统设计、刀具自动交换装置和数控回转台结构及应用设计;数控与电气控制系统的组成、原理、连接和应用方法以及位置检测装置;数控机床布局结构形式、数控机床精度体系和原理;重心驱动技术、五轴联动结构、工作台自动交换系统、铣头自动交换系统、复合加工中心、并联机床;数控机床动态特性和优化设计、智能制造与智能机床等内容。

本书可作为高等院校机械类专业特别是机械设计制造及其自动化专业本科生的教材,也可作为从事机械装备设计制造及设备维护管理相关工程技术人员的参考书,还可作为机械工程技术人员继续教育培训教材。

图书在版编目(CIP)数据

现代数控装备设计/张政泼等编著.—武汉:华中科技大学出版社,2022.8(2024.8重印)
ISBN 978-7-5680-8382-9

Ⅰ.①现… Ⅱ.①张… Ⅲ.①数控机床-程序设计 Ⅳ.①TG659.022

中国版本图书馆 CIP 数据核字(2022)第 137270 号

现代数控装备设计   张政泼 吕 勇 徐晓华 张栋梁 李天明 编著
Xiandai Shukong Zhuangbei Sheji

策划编辑:张少奇 彭 捷
责任编辑:杨赛君
封面设计:原色设计
责任监印:周治超
出版发行:华中科技大学出版社(中国·武汉)   电话:(027)81321913
        武汉市东湖新技术开发区华工科技园   邮编:430223
录   排:武汉三月禾文化传播有限公司
印   刷:武汉邮科印务有限公司
开   本:787mm×1092mm 1/16
印   张:21.75
字   数:555千字
版   次:2024 年 8 月第 1 版第 2 次印刷
定   价:65.80 元

前　言

以数控机床为代表的数控装备是集机械、液压与气动、电气控制、计算机控制、自动检测、人机工程等先进技术于一体的、典型的、具有代表性意义的机电一体化产品，是国民经济建设和制造业必不可少的、应用广泛的先进基础制造装备，也是机械制造领域智能制造的主体装备。先进的数控机床技术和数控机床产业是一个国家工业强盛的重要标志之一。机械制造领域自动化智能化制造过程和装备设计必然涉及数控装备技术知识和设计理论，同时也可推广应用到其他机电一体化装备中，因此它是机械类专业学生所应掌握的。

本书综合以往的数控机床基础知识和技术理论，结合不断发展的相关先进技术，注重理论联系实践，注重数控机床设计制造一线科研和技术人员的实际需求，注重机械类专业本科生所应学习、了解和掌握的技术理论内容，对数控装备设计教材内容进行整合、创新，并融入新的内容和研究成果。因此，本书不仅可作为高等院校机械类专业特别是机械设计制造及其自动化专业学生教材，也可作为从事数控机床、机械装备设计制造及设备维护管理相关工程技术人员的参考书，还可作为机械工程类技术人员继续教育培训教材。

本书具有以下特点：

（1）理论与实践相结合。书中各种分析和计算具有理论性，各种整体方案、部件结构设计环节具有实践性。

（2）完整性、先进性和时代性。本书既具有完整性，即内容相对完备，涉及数控机床设计的各个方面，但侧重介绍了数控机床总体和结构设计方面，在此基础上涵盖数控机床设计的各个环节，甚至包括一般教材鲜有涉及但确实很重要的数控机床精度体系内容；同时又具有先进性和时代性，融入新成果、新技术相关内容，如较为详细地介绍了重心驱动技术、五轴联动结构、工作台自动交换系统、铣头自动交换系统、复合加工中心，以及简要介绍了新型功能部件、并联机床、滚珠丝杠副分析计算新方法、智能制造和智能机床。

（3）体系性和逻辑性。

一是具有体系性。本书从整体入手，再到各部分，按照数控机床内在联系，合理设置各章内容。例如，数控机床各组成部分的划分既符合机床结构内在联系，又符合实际设计制造过程的外在关系；针对核心部分的主传动系统和主轴组件，改变独立分开介绍的常规做法，将它们作为一个整体介绍，先总体融合，再相对分开，最后又综合，因为这两部分从功能到实际结构是不能分开的；对于控制部分，数控系统是核心，但是不能独立运行，机床侧的电气控制也很重要，因此将两者整合为数控与电气控制系统作整体介绍；对于数控机床精度体系内容，舍弃穿插性的零散介绍方式，单设一章进行系统介绍，因为精度对于机床是非常重要的，而且它是一个体系，是机床有别于其他机电设备和产品的一个重要特征；等等。

二是具有逻辑性。本书首先从数控机床概述、总体设计，到常规数控机床所应包括的各部分内容进行介绍,进而对数控机床总体布局结构形式进行系统介绍,形成闭环;然后介绍数控机床五轴联动、部件自动交换、复合加工中心、并联机床等先进技术内容,以及其动态性能分析和优化设计方面内容;最后介绍智能制造与智能机床。

(4)适用性。本书针对本科生进入综合应用学习阶段,以及工程技术人员开发设计数控机床所要面对的问题来整理和编排内容,并增加了主传动机构类型、进给传动机构类型、丝杠支承形式、丝杠预拉伸方式、数控机床精度体系及其特点和计算等内容,因为这些内容在数控机床结构分析设计中非常重要。同时,针对机械类专业学生和工程技术人员在计算机控制、电子电路等知识方面较为薄弱的特点,从实际出发,对数控与电气控制部分内容并未作详细介绍,而是从原理性、应用性等方面进行简要介绍。

(5)通俗易懂。本书用通俗易懂的语言和由浅入深的方式,对实践性、综合性很强的数控机床结构形式、性能特点及设计方法,以及数控系统应用等知识进行介绍。

本书编著者张政泼具有多年在企业从事数控机床研究、设计和制造技术工作,以及在大学负责数控机床设计课程教学、科研工作的经验,见证和参与了中国数控机床工业从 20 世纪 80 年代开始崛起、振兴和快速发展的历程,经常主持数控机床、自动化智能化制造装备相关科研项目和现场研制工作,并坚持理论研究与总结。

本书其他参与编著者吕勇、徐晓华、张栋梁、李天明主要参与了资料收集、大纲和内容讨论、插图绘制、校阅等工作。本书的出版得到数控装备整机和数控系统制造企业技术人员的协助,得到学校教材建设立项支持,在此一并表示感谢! 同时感谢在本书立项和撰写中给予帮助和支持的领导、同事们! 也非常感谢出版社编辑的关心、支持和指导!

本书难免存在一些不足,敬请广大读者批评和指正。

桂林航天工业学院　张政泼

2022 年 2 月

目　　录

第1章 绪 论

机床作为基础工业装备,是机械加工母机,是机械制造业必不可少且应用最为广泛的设备,因而其是机械制造业的基础,也是一个国家工业的基础。机床工业的技术水平体现了一个国家的制造能力,是国家工业强盛的重要标志之一。

普通机床由于其进给系统的集中传动和常规电气控制特点,只能加工形状简单的零件,不能满足复杂零件制造的要求,因此,复杂零件加工须由数控机床完成。数控机床是机床技术及其产品实现计算机控制和自动化水平的体现,是机床工业发展方向,是机床工业国际竞争的主要领域。一个国家要成为工业强国,首先必须成为数控机床工业强国。

数控机床是复杂零件加工、柔性加工、全自动化智能化生产线的基础装备,是智能制造的基础载体。随着技术的进步,各种先进制造技术的发展日新月异,数控机床技术也呈现快速发展趋势。数控机床在机械制造领域的应用仍是主流方向,数控机床技术的研究、创新和发展仍是机械制造装备技术进步的重要体现,也是向智能制造发展的前提和重要环节。由于计算机控制技术、机械技术的不断进步,以及全自动化智能化制造技术的推动,数控机床技术的研究和创新具有广阔的应用前景和空间。

1.1 数控机床的基本特征、用途和分类

1.1.1 数控机床的运动形式

数控机床的运动形式与普通机床类似,包括基本运动和辅助运动两方面,下面以切削类型机床为例作简要介绍。

1. 基本运动及功能

数控机床基本运动包括主切削运动和进给运动。主切削运动(简称主运动)的功能是使切削刀具对被加工零件进行材料切除。进给运动表现为刀具与工件的相对运动,使得工件材料不断被投入切削过程,切削运动得以持续进行,主要决定了工件切削加工后的形状。通常在加工过程中,主运动消耗主要功率。图1-1-1(a)、(b)分别为铣床和车床的基本运动形式示意图。

2. 辅助运动及功能

数控机床的辅助运动及功能是指除基本运动之外所需要的运动及其相应功能,如润滑、冷却、防护等,以及根据工艺和自动化的不同需求,需具备的分度、自动排屑、自动换刀、工件自动夹紧等功能。其中,由于机械运行和切削运动特性,润滑和冷却功能是加工过程所必需的。

1.1.2 数控机床的基本技术特征

相对于普通机床,数控机床具以下基本技术特征:

(1)在进给传动方面,各进给轴机构及其传动相互分离。传统普通数控机床的所有进给轴传动通常只采用一个普通电机(或一个工作进给电机和一个快速移动电机)驱动和集中传动方式,因而没有实现复杂轨迹运动的机械传动基础;而数控机床各进给轴机构及其传动相互独

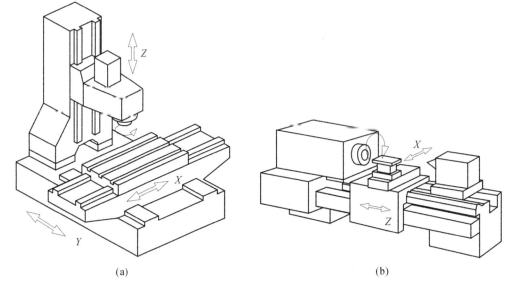

图 1-1-1　机床基本运动形式示意图

(a)铣床;(b)车床

立,每个进给轴均配置相应的伺服驱动系统及伺服电机,因而可以根据控制系统指令实现复杂轨迹运动。随着技术的进步,现在许多普通机床也参照数控机床采用分离传动方式。

（2）在控制方面,数控机床具有数字控制和插补运算功能。配置计算机控制系统,可根据加工指令进行处理和插补运算,发出坐标轴控制指令,使各坐标轴进给系统按指令运动,从而实现满足所加工零件轮廓形状要求的轨迹运动。

通常,零件轮廓形状的形成主要通过进给轴的复合运动或联动而实现,在绝大部分情况下主运动并不起着形成所加工零件轮廓的作用。可见,通过进给系统实现数字控制从而实现复杂轨迹运动,是数控机床的最基本条件,也是数控机床的最基本特征。

同时,随着加工自动化要求的提高,如要求具备刀具自动交换功能,以及适应更复杂形状（如螺纹加工）或其他更高要求的场合,实现主运动的数字控制也是必需的。数控机床的其他重要的辅助运动和功能（如润滑、冷却、排屑等）,基于数控机床运行特点,以及随着技术的进步和对高生产效率的不懈追求,也已根据实际应用要求实现了自动控制,如导轨和丝杠的润滑均已采用自动润滑方式。

1.1.3　数控机床的用途和分类

1. 数控机床的用途

数控机床技术的出现,使得原来普通机床无法加工的形状复杂、精度要求高的零件大都可以通过数控机床加工。例如,普通铣床只能进行平面、台阶、方形等简单形状加工,采用钻、镗加工方式可以加工圆孔,而其他较为复杂的形状便无法实现,即使可通过机械或液压仿形方式加工复杂形状的零件,但其操作繁杂且无通用性。数控机床由于采用数字控制方式,实现多轴联动控制和运行,可以形成复杂轨迹运动,从而可自动加工复杂形状的零件;当其配置刀库、回转台等自动化部件时,可实现多工序、多面自动加工等。

数控机床由于具有优越的数控性能,还可作为自动化生产系统、自动生产线的加工主机。

2. 数控机床的分类

数控机床在加工类型、自动化程度方面具有多种不同形式,并且体现为整体性质,因此可以按加工类型和加工自动化程度分类。

1) 按加工类型分类

和普通机床相似,数控机床按形成零件的基本加工类型主要分为切削加工类型、成型加工类型、特种加工类型、数控复合加工类型和其他类型等。其中,数控复合加工类型是指将不同的加工类型复合在一台数控机床中,是数控机床技术和市场需求发展到一定阶段的产物。

(1) 切削加工类型,如数控铣床、数控车床、数控磨床、数控滚齿机床等。

(2) 成型加工类型,如数控压力机床、数控折弯机床、数控剪板机床等。

(3) 特种加工类型,如数控电火花线切割机床、数控电火花成型机床、数控激光切割机床等。

(4) 数控复合加工类型,如数控车铣复合机床、数控铣磨复合机床、数控钻铣与激光复合机床等。

(5) 其他类型。如三坐标测量机、桁架式工业机器人等,均是特殊的数控机床类型。

在数控机床这一庞大族系中,切削加工类型的机床是主要的、占绝大部分的,其中,根据应用的广泛性、可加工零件的复杂性、机械传动轴数和控制、其他辅助运动的控制、布局和结构的变化、自动化功能的丰富程度、控制系统的多样性等,数控铣床最为典型,所以本书多以铣镗削类型的数控机床为描述和分析对象。

2) 按加工自动化程度分类

随着技术进步和市场需求提高,有些数控机床在一般数控机床的基础上扩展了多种实用的自动化功能,其相应分类如下:

(1) 普通数控机床。在普通机床的基础上实现进给传动的数控功能,或进一步实现主轴的数控功能。

(2) 加工中心(车削中心)。在普通数控铣床的基础上增加刀库和刀具自动交换功能,形成加工中心;在普通数控车床的基础上增加自动刀架和刀具自动交换功能,形成车削中心。

(3) 柔性制造单元。在加工中心的基础上,增设工作台(托盘)自动交换功能,或铣头(主轴头)自动交换功能,或两者都具备,形成柔性制造单元,加工范围扩大,柔性化水平大大提高。

1.2 数控机床的基本构成和工作原理

1.2.1 数控机床的基本构成

数控机床主要由机械主机和数控与电气控制系统两大部分组成。机械主机包括机床本体、主传动和主轴机构、进给机构、其他辅助装置等部分;数控与电气控制系统包括控制系统、主轴伺服系统及电机、进给伺服系统及电机、外部电气控制部分、检测装置等部分。数控机床本身具有实现加工运动的功能,但还需结合程序输入装置、夹具、刀柄刀具和相关必要工具,才能形成数控加工系统。图 1-2-1 所示为数控机床的组成示意图。

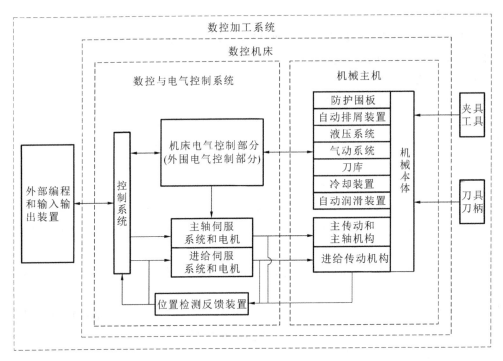

图 1-2-1　数控机床的组成示意图

1. 控制系统

控制系统(数控系统)是数控与电气控制系统的核心,也是数控机床的核心,它接收程序输入,进行处理和运算,向伺服系统和其他执行器件输出指令信号,并接收反馈信号进行补偿运算和处理。

2. 伺服系统和伺服电机

伺服系统包括主轴伺服系统和进给伺服系统,是控制系统的下位执行部分,它接收控制系统的运动指令,进行转换和功率放大,驱动相应的伺服电机。部分数控机床的主轴驱动仍采用普通电机驱动或变频电机驱动,此时其主轴运动部分没有伺服系统。

3. 外围电气控制部分

外围电气控制部分也称为机床电气控制部分,是控制系统和机床侧其他执行电机或器件的中间控制或连接部分。

4. 位置检测反馈装置

位置检测反馈装置(简称位置检测装置)对运动执行件的速度和位移进行检测,并将检测信息反馈给控制系统和伺服系统,实现半闭环或闭环控制,提高运动精度。

5. 机械主机

机械主机是数控机床的支承和最终运动执行主体,包括机床本体和导轨、传动机构和其他辅助装置,其作用是使数控机床能够夹装工件,并通过伺服电机的驱动而形成加工运动以及实现其他必需的辅助运动和自动化功能。机床本体和传动机构须具有足够的刚度和精度,以及满足摩擦力小、抗振性好等特性要求。

数控机床主要组成部分的配置布局示例如图 1-2-2 所示。

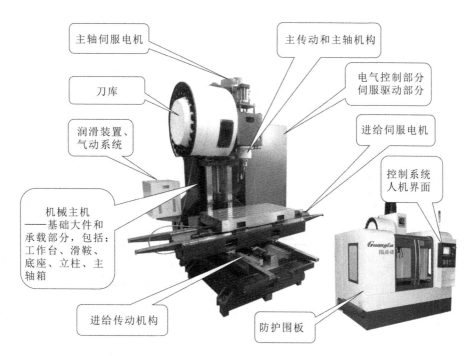

主轴伺服电机

主传动和主轴机构

刀库

电气控制部分
伺服驱动部分

润滑装置、
气动系统

进给伺服电机

控制系统
人机界面

机械主机
——基础大件和
承载部分，包括：
工作台、滑鞍、
底座、立柱、主
轴箱

进给传动机构

防护围板

图 1-2-2 数控机床主要组成部分的配置布局示例

1.2.2 数控机床的一般工作原理

如图 1-2-3 所示，以立式加工中心为示例，数控机床的一般工作原理和运行流程如下：

（1）根据零件几何信息和工艺信息编制程序，并通过输入装置或系统界面输入程序。

（2）控制系统对输入数据和信息进行处理、运算，包括坐标位置、加工顺序指令、辅助功能指令等。

（3）控制系统向各轴伺服单元输出根据几何信息运算而形成的运动指令（以最小单位量作为单位）。

（4）运动指令经各轴伺服单元处理、转换、放大，驱动主轴伺服电机和进给伺服电机。部分数控机床的主轴驱动仍采用普通电机驱动或变频电机驱动，此时控制系统采用开关量控制普通主电机的启停，采用模拟量通过变频器控制变频电机的启停和转速。

（5）各伺服电机分别驱动主轴和进给轴传动机构，带动相应执行部件运动，形成刀具与工件的相对运动，实现零件加工。由于各坐标轴和主轴的运动指令本身就是根据几何信息运算而形成的，可实现相应的轨迹运动，进而实现复杂轮廓和型腔的加工。

（6）各轴运动位置检测装置对坐标位置（或角度）和速度进行检测，速度信息反馈至相应伺服驱动单元，位置信息反馈至控制系统，然后进行处理、计算和输出补偿指令，实现精确坐标运动和加工。

（7）根据工艺信息和操作指令，由系统输出指令，经机床侧电气器件控制，实现各辅助功能部件的运动和状态变换，如润滑、冷却、刀具交换等，确保数控加工的正常进行。

1.2.3 数控机床的物理系统特点

现从能量和物态形式方面对数控机床进行物理系统特点分析。数控机床是典型的汇集

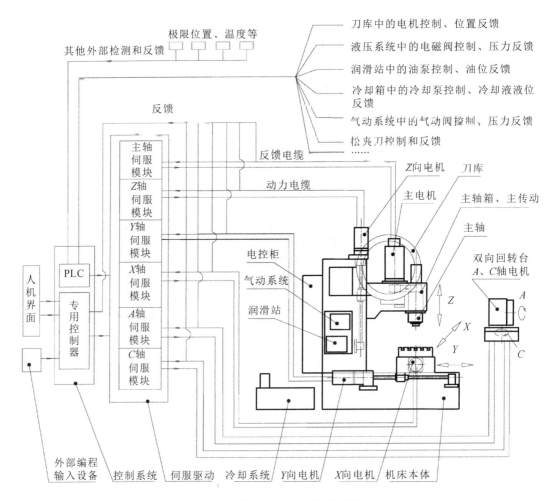

图 1-2-3　数控机床工作原理示意图

机、电、液、气、热、光等物理形态,集多技术单元于机械本体而形成整体功能的复杂设备;从运行方式和运动形式看,数控机床具有回转、直线、螺旋、断续、复杂轨迹等运动形式,可以实现人工、半自动化和自动化等运行方式;从工作性能要求看,数控机床对强度、刚度、精度、抗振性、低噪声性、热稳定性、低速平稳性、可靠性、可操作性等性能都有很高的要求。因此,数控机床各组成系统应高效集成并具有优良性能。

数控机床的物理系统特点如下:

(1) 机械系统。包括机床本体结构、机械构件和部件、机械传动机构及其运动,作为机床系统的主体,其各项性能应优良。

(2) 电气系统。包括电气控制器件、数字控制系统、电机,作为机床的控制和驱动部分,应实现数控机床复杂的轨迹运动控制、主切削运动控制和各种辅助控制、自动化控制,并确保控制精度和运动稳定性。

(3) 流体系统。包括润滑、冷却、液压、气动等系统,为数控机床重要的辅助系统,特别是润滑和冷却系统,是机床的必备系统。

(4) 热系统。包括加工切削环节、机械传动环节、电气控制和驱动环节、周边环境产生的热量及其传递和影响,对机床系统精度、可靠性等性能具有明显的影响。热变形小、热稳定性和热平衡特性良好是数控机床所需要达到的目标。

（5）光电系统。数控机床的自动化装置配置有检测装置，这些检测装置通常包括光电检测器件、光学显示器件等，因此数控机床的工作过程也是光电系统的运行过程，光电检测装置的精度和可靠性对数控机床的精度和正常运行很重要。

1.3　数控机床的控制形式及特点

数控机床按其运动的控制方式和特点，可从运动轨迹形式、伺服进给系统的控制类型、数控系统功能水平三个方面进行划分。

1.3.1　按运动轨迹形式划分

1. 点位控制方式

点位控制方式是指数控系统只对刀具与工件的相对位置点进行控制，而对两个位置点之间的轨迹不作控制要求，两位置点之间的移动过程不加工，如图1-3-1(a)所示。点位控制方式常用于钻孔、攻螺纹、镗孔、冲压等加工类型的数控机床，如数控钻床、数控镗床、数控冲床等。

2. 点位直线控制方式

点位直线控制方式是指数控系统不仅对刀具与工件的相对位置点进行控制，而且对两个位置点之间的轨迹按直线控制，两位置点之间的移动过程可进行加工，如图1-3-1(b)所示，要求控制系统具有多轴简单联动控制功能。点位直线控制方式可用于铣削、车削等加工类型的数控机床，如数控铣床、数控车床等。

3. 轮廓控制方式

轮廓控制也称为连续控制，此时系统具有两轴或两轴以上的联动控制功能，加工过程不仅能精确控制两点的位置，而且刀具与工件的相对移动过程可按规定轨迹和速度进行连续加工，使被加工工件形成一定的轮廓，如图1-3-1(c)所示。具有两轴联动控制功能的称为平面轮廓控制系统，如普通数控车床；具有三轴及以上联动控制功能的称为空间轮廓控制系统，如数控铣床等。

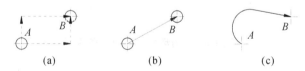

（a）　　　　　　　　（b）　　　　　　　　（c）

图 1-3-1　运动轨迹的不同控制方式运动示意图
（a）点位控制方式；（b）点位直线控制方式；（c）轮廓控制方式

1.3.2　按伺服进给系统的控制类型划分

按伺服进给系统的控制类型划分主要是指按照控制系统的控制反馈环形式进行划分。

1. 开环控制形式

开环控制形式是指在控制环路中不带反馈环节和装置的控制形式。如图1-3-2所示，控制系统根据输入程序进行运算，输出控制指令给伺服单元，伺服单元将信号转换、放大，驱动伺服电机，通过传动机构带动执行部件实现坐标移动。可见，控制和执行过程的误差没有反馈到控制系统进行修正，故系统控制性能和运行精度低；但由于没有反馈和修正环节，因此系统运行稳定性高，成本低，调整和维护方便。

开环控制适用于对精度要求低的经济型数控机床,但由于现在配置反馈装置的控制系统价格已普遍较低,同时对数控机床的精度要求均在提高,因此目前开环控制形式已很少应用于数控机床。

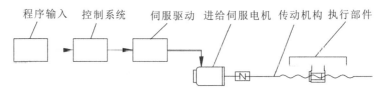

图 1-3-2　开环控制原理示意图

2. 闭环控制形式

闭环控制形式是指在运动执行部件端和伺服电机处均设置位置反馈装置的控制形式,也称为全闭环控制形式。如图 1-3-3 所示,末端反馈装置将执行部件最终位置信号反馈回控制系统进行比较,输出校正指令,不断减小末端位置误差,直至消除误差;而伺服电机处的转速反馈信号送回伺服控制单元,进行速度比较和校正输出,使运行速度符合设定要求。显然,闭环控制对末端位置进行了直接反馈控制,因此控制性能和运行精度高,但由于检测和反馈控制回路长,易受干扰而形成振荡,故系统运行稳定性相对较低。同时闭环控制系统成本高,调整和维护复杂,末端检测装置的防护要求较高,主要应用于对精度要求高的数控机床,一般定位精度可达±(0.002~0.005)mm。

需特别指出的是,闭环控制形式由于直接对末端位置进行检测反馈,因此对传动机构自身的定位精度要求降低;但为了避免形成干扰信号,对传动机构的几何精度、装配精度要求更高。

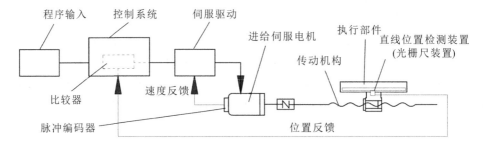

图 1-3-3　闭环控制原理示意图

3. 半闭环控制形式

半闭环控制形式是指在开环控制形式的基础上增加伺服电机处的角度位置检测和信号反馈环节,也可指在闭环控制形式的基础上取消末端位置检测和反馈环节。图 1-3-4 所示为半闭环控制原理示意图,角度检测装置一般内装在伺服电机后部。

显然,半闭环控制形式只对传动机构的输入角度进行检测反馈,没有对末端位置进行反馈,所受外部干扰较小,因此,其控制性能、运行精度、稳定性和系统成本处于开环控制形式和闭环控制形式之间。现在的数控系统普遍都具有较强的误差补偿功能,因此半闭环控制形式结合误差补偿功能,可以使数控机床达到较高的位置精度、较好的稳定性,调整和维护也方便,普遍应用于位置精度要求较高、成本相对于闭环控制形式较低的中高档数控机床,一般定位精度可达±(0.005~0.02)mm。角度检测装置也可以外装在传动机构端(如滚珠丝杠副末端,其安装位置和信号反馈如图 1-3-4 所示),但检测反馈回路加长使外部干扰性增大,稳定性下降,安装也不方便,这种安装形式在进给传动系统中已较少应用。

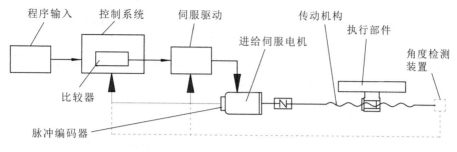

图 1-3-4 半闭环控制原理示意图

1.3.3 按数控系统功能水平划分

数控机床按数控系统的功能水平,一般可分为低档(经济型)、中档(普及型)、高档(高档型)三个档次,中高档数控机床也称为全功能型数控机床。随着时代发展和技术进步,数控机床划分标准在不断变化,如 20 世纪 90 年代中期之前,低档数控机床一般采用开环和步进系统,但 90 年代末期开环和步进系统在数控机床装备中基本被半闭环交流伺服系统取代了。由于市场竞争,电子技术和计算机控制系统发展迅速,成本也相对降低,就目前的发展水平,三个档次都采用了数字交流伺服系统,它们的区别主要在于功能的丰富程度、控制轴数和联动轴数、运算速度和控制精度、可靠性等方面,如表 1-3-1 所示。三个档次的划分是相对的、动态变化的,并随研发者和应用者的观念不同而不同,读者应根据当时的技术水平和实际情况进行界定。

表 1-3-1 按数控系统功能水平划分的数控机床类型

类型	分辨率/μm	快移速度/(m/min)	联动轴数	主控机	功能	自动化程度
经济型	1	6~15	2 轴或 3 轴	16 位	满足基本加工功能	具有通信、监控等功能
普及型	1	≤24	2 轴、3 轴、4 轴	16 位或 32 位	功能较为丰富,满足较复杂加工要求	具有通信、监控、联网、管理等功能
高档型	0.1~1	≥24	4 轴以上	32 位或 64 位	功能丰富,满足复杂零件和高效率、高质量加工要求	具有通信、监控、联网、管理等功能

1.4 数控机床的功能特性和布局、结构

1.4.1 数控机床坐标系的确定

数控机床的基本特征是能够根据控制指令进行坐标运动,按工艺要求实现零件加工,因此确定数控机床的坐标体系是非常必要的。数控机床的进给坐标体系采用直角坐标系,按右手定则确定,图 1-4-1 所示为坐标系右手定则示意图,其中 X、Y、Z 为直线运动坐标,A、B、C 分别为绕 X、Y、Z 轴的旋转坐标。除了进给坐标体系,有些多轴控制机床还设置有调整坐标轴,平

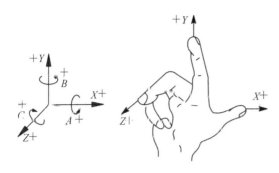

图 1-4-1　坐标系右手定则示意图

行于 X、Y、Z 轴的调整坐标轴分别命名为 U、V、W；对于旋转坐标轴 A、B、C，一般不是进给轴就是调整轴，命名相同。

无论机床的进给运动是刀具运动还是工件运动，坐标系的方向通常以刀具相对于工件的运动方向确定。坐标系与机床运动导轨平行，与运动部件的对应规则如下：

（1）先确定 Z 坐标轴。Z 坐标轴与主轴轴线平行；如果机床设置有多个主轴，则选择垂直于工件装夹面的主轴为基准，平行于 Z 坐标轴；选择刀具远离工件（或远离主轴）的运动方向为 Z 坐标轴正向。

（2）再确定 X 坐标轴。

① 主轴运动为工件旋转类时，如车床、外圆磨床等，一般为二维坐标系，除了 Z 坐标轴外，另一进给坐标轴即为 X 坐标轴，选择刀具离开工件旋转中心方向为 X 坐标轴正向。

② 主轴运动为刀具旋转类时，如铣、钻、镗床等，当主轴处于垂直状态时，从主轴向立柱看，向右为 X 坐标轴正向；当机床结构为双立柱时，如龙门铣床，则从主轴向左立柱看，向右为 X 坐标轴正向。当主轴处于水平状态时，正对主轴并从主轴向工件看，向右为 X 坐标轴正向。

③ 主运动为直线运动时，如刨床等，则切削运动方向为 X 坐标轴正向。

（3）然后确定 Y 坐标轴。根据上述规则确定了 Z、X 坐标轴后，按右手定则确定 Y 坐标轴及其正方向。

（4）当对应方向有两个以上进给坐标轴时，一般以起主要作用的坐标轴为第 1 坐标轴，其余类推，如 X_1、X_2 等。

1.4.2　控制轴数和联动轴数及功能特性

数控机床对工件的加工需通过运动部件的配置及其运动来实现，因此，在合理布局下运动轴数决定了机床加工工艺的复杂程度和效率，一般运动轴数越多，机床加工工艺复杂程度和效率越高。

通过伺服电机驱动实现坐标运动控制或调整的运动轴，称为伺服控制轴，简称控制轴或伺服轴。很多场合下，我们所说的伺服轴往往是针对进给运动方向的伺服轴，但主轴也存在伺服和非伺服之分，而且伺服主轴在数控机床中的应用已很普遍并很重要，如在加工中心中是必备的。因此，当不作特别说明时，伺服轴可以专指进给运动方向的伺服轴，而对于伺服主轴则要单独指明，当然这样的界定也不是绝对的，以表达清楚为准。能在移动过程中进行加工运动的伺服轴称为伺服进给轴，能与其他伺服进给轴协调运动的伺服轴称为联动轴；不能在移动过程中进行加工运动而只能进行位置调整的轴可直接简称为控制轴。因此，联动轴必定是控制轴，但控制轴不一定是联动轴。一般情况下，联动轴数相同，控制轴数越多，则加工工艺复杂程度和效率越高；控制轴数相同，联动轴数越多，则加工工艺复杂程度和效率也越高。

普通数控车床为两轴控制两轴联动，普通数控铣床为三轴控制三轴联动，从控制轴数和联动轴数的比较也可以看出，数控铣床加工工艺范围比数控车床大。图 1-4-2 所示为四轴控制三轴联动机床示意图，图 1-4-3 所示为五轴控制五轴联动机床示意图。

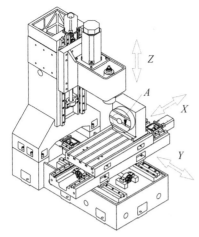

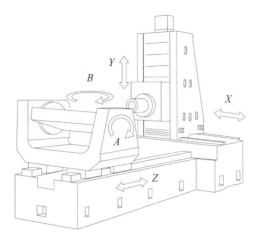

图 1-4-2 四轴控制三轴联动机床示意图　　　　图 1-4-3 五轴控制五轴联动机床示意图

1.4.3 数控机床的布局和结构特点及应用

为适应不同的加工工艺要求和工件规格要求,数控机床应选择不同的布局和结构形式,以及不同的控制轴数和联动轴数,对于用途相同的机床,布局和结构也有多种形式。数控车削类型机床和数控铣削类型机床是数控机床中用途最广、应用最普遍的两种。下面简要介绍常规的数控车床、数控铣床布局和结构特点及其应用,便于读者对数控机床的布局和结构特点有初步的认识。

1. 数控车床的布局和结构特点及应用简介

数控车床在布局、结构、基本用途方面与普通车床类似,但在传动、精度、控制和加工工艺复杂程度方面却有着很大的不同。

1) 数控车床的主要用途

车床是机床装备最常见、用途最广的类型之一,主要用于回转体的加工。同样,数控车床也是数控机床中最常见、用途最广的类型之一,但由于采用了数控技术,其加工工艺范围更广,可加工工件更复杂,可以加工各种复杂轮廓的回转体零件,可进行车削、钻孔、攻螺纹等加工;如果主轴作为 C 轴进行联动加工,还可加工非回转体的异形零件。

2) 数控车床的基本模式

(1) 基本加工模式　主轴带着工件回转形成主切削运动,实现工件的回转体式曲面加工;刀具做 X、Z 向直线坐标进给运动,实现工件的轴向轮廓(平面轮廓)加工。

(2) 基本构造形式　图 1-4-4 所示为数控车床基本构造示意图,数控车床主要由床身 7、主轴箱 1、主轴组件 2、纵向滑座(大溜板箱)8、横向滑座(小溜板箱)5、刀架 4、尾座 6、数控与电气控制部分 3 以及润滑、冷却等辅助部分组成;在主轴箱内设置有主运动传动机构,在床身、纵向滑座上设置有导轨和相应的滚珠丝杠传动机构。

(3) 基本运动模式　以图 1-4-4 所示的数控车床为例,主电机通过主轴箱传动系统变速驱动主轴,带动工件旋转执行主切削运动;纵向滑座连同横向滑座及其上的刀架在床身纵向导轨上运动形成 Z 向进给运动,横向滑座连同刀架在纵向滑座的横向导轨上运动形成 X 向进给运动;X、Z 向进给运动由相应的伺服进给电机驱动滚珠丝杠传动机构实现。

数控车床的其他布局和结构形式详见第 10 章、第 12 章相关内容。

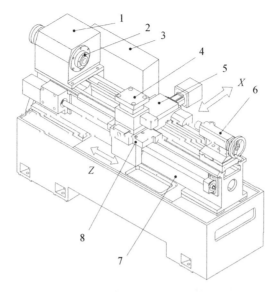

图 1-4-4　数控车床基本构造示意图

1—主轴箱；2—主轴组件；3—数控与电气控制部分；4—刀架；5—横向滑座（小溜板箱）；

6—尾座；7—床身；8—纵向滑座（大溜板箱）

2. 数控铣床的布局和结构特点及应用简介

数控铣床在基本布局、结构、基本用途方面与普通铣床大致类似，但在传动、精度、控制和加工工艺复杂程度方面却有着很大的不同。数控铣床是数控机床中布局和结构最为典型、最具代表性、最适宜于向其他机床类型和机械装备转化的机床类型，其布局、结构形式和变化类型最为丰富。由于采用了数控技术，相比普通铣床，数控铣床在布局、结构、功能等方面的创新空间得到大大扩展。

1）数控铣床的主要用途

铣床是机床装备中最常见、用途最广的机床类型之一，可进行铣、镗、钻、攻螺纹等加工，可加工各种规则、不同类型的零件；实现数字控制后的数控铣床可加工各种具有复杂形状和轮廓的零件；如果配置四轴以上运动控制轴，则数控铣床的加工工艺范围更广。

2）数控铣床的基本模式

（1）基本加工模式　主轴带着刀具回转形成主切削运动；工件和刀具做 X、Y、Z 向相对运动形成直线坐标进给运动，通过主轴运动和三坐标联动进给，实现工件的复杂空间轮廓加工。主轴运动和 X、Y、Z 三坐标运动是普通数控铣床的基本加工运动，如果配置四轴以上运动控制轴，则可实现更为复杂的轮廓（如螺旋形状）加工和多面加工。

（2）基本构造形式　数控铣床的构造形式繁多，现以应用广泛的数控立式床身铣床为例进行介绍。如图 1-4-5 所示，该类型铣床属于中小型规格，由工作台 9、滑鞍 13、底座（床身）10、立柱 5 和主轴箱 6 五个基础支承件构成机床本体；主传动机构和主轴组件置于主轴箱内，X、Y、Z 向进给传动机构分别置于滑鞍、床身和立柱上；还有数控与电气控制部分、润滑部分、冷却部分等。

（3）基本运动模式　主电机通过主轴箱传动系统变速驱动主轴，带动刀具旋转，执行主切削运动；工作台在滑鞍纵向导轨上移动形成 X 向进给运动，滑鞍连同工作台在床身的横向导轨上移动形成 Y 向进给运动，主轴箱连同主轴组件在立柱的垂向导轨上移动形成 Z 向进给运

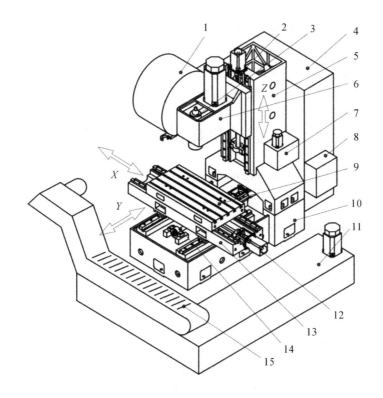

图 1-4-5 数控铣床基本构造示意图

1—刀库；2—Z 向进给系统；3—主传动和主轴系统；4—数控与电气控制部分；5—立柱；6—主轴箱；

7—润滑站；8—气动箱；9—工作台；10—底座（床身）；11—冷却箱；12—X 向进给系统；

13—滑鞍；14—Y 向进给系统；15—自动排屑器

动；三向进给运动由相应方向的伺服进给电机驱动滚珠丝杠传动机构而实现。

数控铣床的其他布局、结构形式详见第 10 章、第 12 章相关内容。

1.4.4 数控机床的主要性能参数

1. 数控机床的主要规格参数

数控机床的主要规格参数除了基本参数与对应的普通机床类似外，还增加了反映数控加工性能的参数，不同类型机床包括的参数指标项目不同，但总体上主要包括以下各项能力指标：坐标移动行程、安装和加工空间、运动速度、电机功率或扭矩、精度、最大承重、机床外形尺寸和质量等。详见第 10 章相关介绍。

2. 数控机床的精度项目

1）精度项目

机床装备不同于其他机电装备的最主要特征是，作为加工母机，机床装备具有完整而严格的精度体系和精度指标要求，并且已成为机床产品的出厂检验标准。数控机床的精度项目除了包括相应普通机床的精度项目（数控机床指标要求通常要高一些）之外，还包括反映数控加工特性的精度项目，如位置精度和数控加工精度。位置精度包括各坐标运动轴的定位精度、重复定位精度和反向误差；数控加工精度包括对指定综合试件进行圆形、斜方形、孔等加工而实现的各项几何精度。数控机床的精度体系原理和精度项目在后文设置专门章节进行介绍。

2）脉冲当量

脉冲当量是表征数控机床控制精度能力的性能参数之一。控制系统每发出一个脉冲信号所对应的机床执行部件的坐标移动量称为脉冲当量,体现了数控机床的控制分辨率,其数值从原理上决定了数控机床加工精度和表面质量,脉冲当量越小,加工精度和表面质量越高。常规数控机床的脉冲当量为 0.001 mm,精密或超精密数控机床的脉冲当量可达0.0001 mm。

1.5　数控机床的发展概况

数控机床的起源和发展与人类科学技术和工业文明发展过程紧密相关,它的发展趋势与科技、经济、工业的发展状况和趋势紧密联系在一起。

1.5.1　数控机床的发展历程

数控机床是在机床技术和数字控制技术的基础上发展起来的,源于美国航空工业发展的需要并受后续军事工业发展的推动。

1948 年,在研制用于加工直升机叶片轮廓检验样板的机床时,美国帕森斯公司首先提出了应用电子计算机对机床进行控制的设想。不久,帕森斯公司正式接受美国空军的委托,开始与麻省理工学院伺服机构实验室合作研制数控机床,并于 1952 年试制成功世界上第一台数控立式铣床。这是一台采用脉冲乘法器原理进行直线插补运算而形成控制指令,并实现三轴联动的铣床,在当时这是世界机床装备从普通机床转向数控机床的一次历史性飞跃。

为适应复杂零件编程的需要,1953 年美国空军与麻省理工学院合作研究自动编程系统,并于 1955 年进入实用阶段,这对于实现复杂曲面数控加工具有重要的作用,并推动了美国飞机制造业的快速发展,机械制造业也开始进入一个新的发展阶段。1958 年,美国克耐·杜列克公司首次成功研制配置刀具自动交换装置的数控铣床,实现数控机床的自动化提升,开启"加工中心"的研制和应用时代。从 1960 年开始,数控技术的应用从切削加工类型向冲压机、焊接机、火焰切割机、包装机、测量机等产品领域扩展。

数控机床的控制性能和精度随着电子工业的发展而不断提升,控制系统从分离元件和印制电路板、小规模集成电路逐步升级的专用计算机控制系统(NC),向目前广泛应用的计算机数控系统(CNC)发展,运算速度和精度不断提高。伺服驱动系统也从步进系统发展至直流伺服系统,目前已广泛应用伺服特性更好、电机尺寸更小的数字式交流伺服系统及伺服电机。

随着数控技术的应用,数控机床机械本体和功能部件在结构性能以及新结构、新部件、新材料、新方法的应用等方面也得到了持续加强和改进,如结构设计分析方法从原来的简单静力学分析向动态性能分析转变,基础支承件由注重强度向提高刚度及刚度重量比转变,机床导轨从常规的铸铁-铸铁形式向铸铁-耐磨塑料形式以及摩擦因数更低的专用滚动导轨形式、标准滚动导轨形式转变,传动丝杠从普通机床采用的低效率的梯形丝杠向高效率的滚珠丝杠、空心滚珠丝杠转变,或者采用无传动元件的直线电机,主传动系统从齿轮有级变速形式向控制性能更好的无级变速形式转变,导轨和丝杠的润滑系统从原来的手动润滑或持续机动润滑装置向集中定时定量润滑系统转变,等等。数控机床的发展推动了功能部件如滚动导轨、滚珠丝杠、高速刀具刀柄系统、刀库等的快速发展和专业化生产。

同时,随着数控技术的应用和数控系统功能的不断扩展,数控机床在布局、结构、功能设置、外观等方面迎来了广阔的创新空间,新模式、特种结构的数控机床类型不断涌现。

1.5.2　数控机床的发展趋势

数控机床的发展要顺应时代的发展、科技的进步和市场的需求;它的发展方向和特点,不仅反映在技术性能水平方面,还反映在环保、人机关系、市场实用化等方面。图 1-5-1 所示为数控机床发展方向和特点示意图。

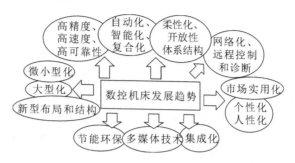

图 1-5-1　数控机床发展方向和特点示意图

1. 高速度、高精度

高速加工对提高生产效率、减小切削力、提高加工精度和质量具有重要意义。高速加工涉及数控机床的高速化和现代高速刀具性能的充分应用。高速数控机床的车削和铣削速度已达到 5000～8000 m/min,主轴转速达到 30000～100000 r/min,快速移动速度达到 60～120 m/min(进给速度可达 60 m/min);进给加速度达到(1～2)g,自动刀具交换时间在 1 s 以内。数控机床高速化的实现依赖于现代设计分析方法和机械、电气、计算机多领域技术的进步,采取的措施包括:设计轻质高刚度机械系统,既实现高速运动又具有高刚度;应用高速电主轴,电机与主轴直接结合,实现主轴高速运转;采用大导程空心滚珠丝杠、冷却滚珠螺母,可减小质量,降低温升;应用直线伺服电机,电机直接产生直线运动,无机械传动及损耗;应用 32 位和 64 位控制系统,实现高速运算和输出;应用高速伺服系统;等等。

目前,普通精度数控机床的定位精度已从±0.01 mm 提高到±0.005 mm,精密加工中心的定位精度从±(0.003～0.005)mm 提高到±(0.001～0.002)mm,满足常规的高精度要求的零件加工。随着科学技术的发展,以及航天航空器、精密仪器和机械装置对零件精度要求的提高,发展高精密加工技术和高精密数控机床成为主流之一。目前的加工精度要求已从微米级提升至亚微米级乃至纳米级(<10 nm)。高精密加工同样涉及先进刀具技术和高精密数控机床技术。影响数控机床运动精度的因素很多,须采取多方面措施,包括提高机械系统的精度、动态特性和稳定性;采用先进的误差补偿技术,如空间误差补偿技术、热变形控制和补偿技术等;采用高位数如 32 位、64 位微处理器的控制系统,提高系统分辨率和运算精度;在位置伺服系统中采用前馈控制和非线性控制方法等;采用高精度检测反馈装置等。

高速加工和高精密加工是有一定关联的,其技术关键在很大程度上也是相通的,高速、高精密数控机床技术还在不断发展之中。

2. 高可靠性

数控机床的整体复杂性与自动化加工特点,决定了可靠性对数控机床至关重要,数控机床向高可靠性发展是必然趋势。但是过高的可靠性将导致过高的成本,因此高可靠性也要与实际应用需要相适应。可靠性涉及数控机床的各主要部分和环节,特别是数控系统、关键功能部件、制造质量等,须采取多方面的措施:在数控系统方面,采用更高集成度的电路芯片、大规模或超大规模的专用或混合式集成电路以减少元器件的数量,提高元器件可靠性等;在机械主机方面,在满足功能和性能的前提下,尽量简化结构,采用高性能功能部件,提升零部件的标准化、通用化和模块化,提高零部件制造质量和整机装配质量等;采用前期仿真和优化技术,提高设计质量;应用先进的检测、监测技术进行状态监控,提高故障诊断和修复的快速性、智能化水平,对重要部件和环节采取容错、冗余设计方法等,延长数控机床的平均无故障运行时间。

3. 自动化、复合化 柔性化

数控机床的单工序加工过程具有自动化特点,配置了刀具自动交换功能的加工中心具有多工序自动加工、自动排屑等功能;为进一步提高效率,还要实现包括上下料、定位和装夹等的自动化。同样,为了提高生产效率及加工质量,将不同加工类型如车削、铣削、磨削、激光切割等进行不同组合,集于一机,实现在一台机床上一次装夹工件自动完成多道工序、多种加工类型的加工,实现复合加工。通常数控机床只配置一个工作台、一个主轴、一个刀库,加工工艺范围受限,且一个加工阶段只适应一种工件加工,为了扩大加工工艺范围、提高生产效率和增强柔性,采用工作台(托盘)自动交换技术、铣头自动交换技术,或多主轴、多刀库配置等先进布局,以及提高控制系统的性能,实现加工与装卸同步、多种工件混合加工、扩大加工工艺范围等高效率和柔性化功能。自动化、复合化和柔性化虽然各具发展特点,但它们已相互关联、相互集成,形成不同程度的自动化、复合化和柔性化的先进制造单元、制造系统,实现不同程度的工序复合、工位复合、功能复合的自动化加工。

4. 智能化

智能化是数控机床适应智能制造的发展方向。为实现数控机床的智能化,采取的主要措施有:

(1) 自适应控制。对主要加工参数和状态进行自动监控、识别和调整,实现最佳加工效果。

(2) 在线测量和自动补偿技术。配置在线测量系统和智能分析软件,实现工件在加工工序间、加工完成后的在线测量、分析和自动补偿,保证加工精度。

(3) 智能编程和加工参数智能优化。配置智能编程系统,构造专家系统和优化模型,自动规划和优化加工路径与程序,实现加工路径和工艺参数的最优化。

(4) 智能伺服和智能诊断。自动识别负载和调整伺服参数,实现最优伺服控制;应用智能故障诊断和自动修复技术,实现远程监控、诊断和维护。

(5) 模式识别。应用图像和声控技术,自动识别图像,按照自然语音命令进行加工。

5. 其他发展趋势

数控机床其他发展趋势包括注重环保节能,实现网络化和多媒体应用;微小型化、大型化,采用新布局结构和并联机床;人性化、个性化、市场实用化;系统开放性和用户二次开发适应性;等等。

习题和思考题

1. 数控机床主要由哪些部分组成?各部分的作用和特点是什么?

2. 数控机床的物理系统特点体现在哪些方面?

3. 开环控制系统、半闭环控制系统、闭环控制系统的特点是什么?主要应用于哪些场合?

4. 控制轴、联动轴的特点及区别是什么?不同控制轴数和联动轴数的数控机床的功能特性有何不同?

5. 数控机床的发展趋势主要有哪些方面?请结合当今时代发展思考。

第 2 章　数控机床的总体设计

数控机床的总体设计内容主要包括机床技术指标及主机布局与结构方案设计以及数控与电气控制方案设计两大部分,本章主要介绍机床技术指标、主机布局与结构方案设计部分。

2.1　数控机床结构设计的基本特性要求及理论简介

数控机床属于典型的机电制造装备,是机械零件加工母机,因此相比一般的机电装备,数控机床具有完整的机械特性要求,如需具有相应等级的精度、足够的刚度、良好的抗振性、较小的热变形和噪声、良好的低速平稳性、较高的可靠性等。

2.1.1　精度

机床精度是指机床部件及其运动所呈现出的形状、相互位置和相对运动的精确程度,包括几何精度、运动精度、位置精度、试件加工精度(工作精度)及精度保持性等几个方面,现将这几个方面的概念及特点作简要介绍,而完整的机床(数控机床)精度要求、项目及其规律将专门设置一章进行介绍。

(1)几何精度　几何精度是指机床在空载和静止或低速(根据检测状况需要)状态下,工作台和执行部件运动所呈现出的形状、相互位置和相对运动的精确程度,如工作台平面度、直线坐标运动的直线度、直线坐标运动的相互垂直度、主轴旋转运动的径向跳动等,这些精度项目要全面体现机床加工运动所必须具备的几何精度要求。数控机床的几何精度项目与普通机床的基本相同,但指标要求较高,它直接影响加工精度,是评价机床精度和质量的基本指标,主要取决于结构设计、制造和装配质量、环境温度控制等因素。

(2)运动精度　运动精度是指机床主要执行运动部件以工作状态的速度运动所体现出的精度,如高速回转主轴的回转精度。该项精度对高速精密机床较为重要,但通常不作为出厂精度直接检测,而是由工作精度间接体现。

(3)位置精度　位置精度是指机床执行部件到达规定位置的精确程度,由定位精度、重复定位精度、反向误差三个指标反映,直接影响加工工件的尺寸精度和形状精度,是评价数控机床精度和质量的基本指标和特征指标。位置精度主要取决于结构设计、零部件制造精度、装配质量、控制系统和伺服系统精度、位置检测装置精度、整机刚度及动态性能、环境温度控制等因素。

(4)工作精度　工作精度是指数控机床加工规定试件所能达到的加工精度,直接客观地体现了数控机床的综合精度,是各种因素综合影响的结果,包括机床自身精度、刚度、热变形特性、刀具、工件自身状况(材料、刚性和热变形),加工参数选择等。

加工试件包括:与普通机床类似的普通加工试件,体现机床几何精度;数控机床专用试件,体现数控机床加工的精度。

(5)精度保持性　精度保持性是指在规定的工作期间内保持机床所要求精度的能力,直接影响机床的有效使用时间。精度保持性影响因素包括机床零部件的耐磨性、相关结构环节的性能、主机结构和电气系统的可靠性等,取决于设计、制造、使用、维护保养等全过程各环节所采取的措施、质量和状况。

数控机床出厂精度检验项目包括几何精度、位置精度和工作精度。

2.1.2　刚度

1. 机床刚度的定义

机床刚度泛指机床系统及其各主要零部件抵抗变形的能力,计算式如式(2-1)。

$$K = \frac{F}{y} \tag{2-1}$$

式中　K——刚度,$N/\mu m$;

　　　F——作用在机床上的载荷,N;

　　　y——载荷作用下相应的变形,μm。

作用在机床上的载荷包括重力、切削力、传动力、摩擦力、夹紧力、冲击力、外来干扰力等。载荷又可分为静载荷和动载荷,静载荷是指不随时间变化或变化极为缓慢的力,如重力、切削力和传动力的静态部分等;动载荷是指随时间变化的力,如冲击力、振动力、切削力和传动力的动态部分等。相应地,机床刚度包括静刚度和动刚度,后者与抗振性相关。当机床刚度采用动刚度表示时,式(2-1)中的 F 为力的幅值,y 为变形位移幅值;如不特别指明,机床刚度通常是指静刚度。

2. 局部刚度和综合刚度

机床是由多个零部件组成的复杂装备,在载荷作用下各相关部位都会产生变形,体现出不同的刚度,对机床工作运行的影响也不同。针对不同部位的性质,对机床刚度进行如下划分:

(1)局部刚度　对应局部变形的刚度。

(2)结合部刚度　结合部位抵抗变形的能力,包括连接部位结构刚度和接触刚度,属于局部刚度,但又有特殊意义,故专门列出。

(3)综合刚度　各局部刚度在刀具与工件之间的综合反映,对应刀具与工件之间抵抗相对变形的能力。

显然,综合刚度直接影响机床运行状况和加工质量,局部刚度直接影响机床运行状况且间接影响加工质量。一般地,局部刚度好则综合刚度也好,局部刚度不好则综合刚度往往也不好;理论上可能出现局部刚度不好,但各处变形相互抵消而使综合刚度好的情况,但出现这种情况的概率极低,而且也没有意义,因为同样会影响整机运行状况,影响抗振性和可靠性。

各局部刚度、结合部刚度对综合刚度的贡献不同,对机床工作运行的影响不同,在结构设计时应进行合理分配。

2.1.3　抗振性

机床抗振性是指机床在交变载荷或冲击载荷的作用下抵抗变形的能力,实际上就是抵抗振动的能力。机床振动主要有两类:受迫振动和自激振动。

1. 受迫振动

受迫振动是指机床受到来自刀具和工件切削环节之外的交变力而产生的振动。因此受迫振动可能来自机床之外,如外部通过地基传到机床的振动等;也可能来自机床内部,如不对称零件的旋转运动等。受迫振动的频率与振源的频率相同,振幅与激振力、机床的质量分布和阻尼比有关。当机床固有频率等于或接近激振频率时,将发生共振现象,使机床振动振幅显著加大,对机床的正常运行和加工质量产生明显的影响,甚至具有危害性。机床振动属于复杂振动,其振动特性分析参见后续有关章节内容。

2. 自激振动

自激振动是指来自刀具和工件切削环节的相对振动,是由切削过程的切削力和切削运动作用于机床系统而产生的,是切削过程与机床动态性能的综合作用。自激振动在切削过程中出现,一旦产生,振幅就急剧增大;一般情况下,切削力愈大,振动愈激烈,振幅也愈大;一旦切削停止,自激振动也就停止。

根据以上特点,将机床抵抗受迫振动的能力称为抗振性,将机床抵抗自激振动的能力称为切削稳定性。

振动会影响机床的正常工作状况,影响加工质量特别是工件表面粗糙度,而且影响刀具使用寿命,加速机床的损坏,产生噪声从而影响操作者的身体健康。因此,提高机床抗振性是机床设计、研究中很重要的课题。机床抗振性主要与机床刚度特别是动刚度、固有频率有关,提高机床动刚度、使其固有频率远离激振频率等措施可有效提高机床抗振性。

2.1.4　热变形特性

机床是注重精度的加工装备,而机床的绝大部分零部件采用的是金属材料,且很多基础构件、传动件尺寸相对较大,即使温升不太大也可能会产生明显的热变形。热变形产生的误差最高可占加工误差的 70% 左右,因此,机床热变形特性是机床设计和使用过程中要注意和加以考虑的,特别是精密机床和大型机床。

1. 机床热变形的特点及影响

机床工作时的热源来自两个方面:内部热源,如电机、液压系统、导轨摩擦、切削热等;外部热源,如环境温度、周围热辐射等。机床运行时,一方面吸收来自内部和外部的热量,另一方面也向外部周围传递和散发热量。当吸收热量多于散发热量时,则机床温度上升;当吸收热量小于散发热量时,则机床温度下降;当吸收热量等于散发热量时,则机床处于热平衡状态。通常,机床运行一段时间后都会进入热平衡状态,除非热源在不断变化,达到热平衡状态的时间称为热平衡时间。一般机床各处的热温升不一样,形成温度场,用等温线表示。

热变形对机床运行状况和精度的综合影响程度取决于热变形量、热变形形式和热平衡状态等。热变形量大则其影响可能就大。热变形量的变化还会影响加工精度的一致性,热平衡前加工精度一致性差,热平衡后加工精度一致性好;而一批零件即使存在加工误差,但尽量保证其误差一致性(即精度一致性)也是相对有利的。根据机床的结构和工作特点,不同的热变形形式产生的影响不同,若温升使机床产生均匀性变形,则主要影响轴向位置精度;若产生不均匀性变形,则同时影响轴向位置精度和几何精度;而上述两种情况都会破坏机床原始精度,甚至影响其正常运行。

2. 减小机床热变形及其影响的措施

减小机床热变形及其影响可从以下几个方面着手:主动措施,如通过优化设计、提高制造质量等减小热源发热量,或设置自动温升检测和补偿装置等;被动措施,如加强通风冷却、增加散热面积、疏导热传递以尽快形成热平衡,或传导至对精度影响不大之处;合理操作措施,如加工前对机床进行预热,进入热平衡状态后再加工等。

2.1.5　噪声

机床在工作时,动力环节、传动环节、执行和切削加工环节均会产生各种振动,从而产生各种不同频率和振幅的声音,混杂在一起形成噪声,对生产环境和操作人员会产生不利的影响,严重时危害操作人员身体健康。

1. 噪声的度量

噪声度量有客观度量和主观度量两种方式。客观度量可采用声压和声压级、声功率和声功率级、声强和声强级等多种形式表示。主观度量主要是根据人类对声音的感觉特点进行确定,不仅与声压有关,也与频率有关,因此将声压和频率结合起来表示,形成主观度量,如响度、响度级和声级等。

机床噪声通常采用声压级进行度量,表达式如式(2-2)。

$$L_p = 20 \lg \frac{p}{p_0} \tag{2-2}$$

式中　　L_p——声压级,dB;

　　　　p——被测声压,Pa;

　　　　p_0——基准声压,即人耳能听到的最小声压,其值等于 2×10^{-5} Pa。

正常人能听到的最大声压为最小声压的百万倍,所以声压级变化范围为 0～120 dB。

2. 机床噪声及其限制

噪声是机床的技术指标之一。国家技术标准对机床噪声是有限制的,一般机床噪声不得大于 85 dB,精密机床噪声不得大于 75 dB。机床噪声的来源主要有:机械噪声,如齿轮传动、切削加工;液压噪声,如泵、阀、管道的液压冲击,液体流动过程的气穴、紊流产生的噪声;电磁噪声,如电机定子内磁致伸缩等噪声;空气动力噪声,如电机风扇声、气动系统噪声等。

减小机床噪声的主要措施如下:

(1) 主动措施。就是控制噪声,找出噪声源及原因,采取降低噪声措施,如合理设计传动系统及其传动零部件(齿轮、轴承等)、保证制造质量等。

(2) 被动措施。主要是隔声,根据噪声吸收和隔声原理采取措施,如齿轮箱严格密封、在箱壁上粘贴吸音材料等。

2.1.6　低速运动平稳性

对于运动机械,一般在低速和微小位移运动时不容易实现平稳性。根据加工需要,数控机床的进给速度范围很宽,包括低速部分,同时也经常进行具有低速特征的微小位移运动,因此低速运动平稳性是数控机床一个很重要的特性要求。低速平稳性差,则机床加工精度和工件表面质量差,严重时会影响机床的正常运行。低速运动平稳性差主要表现为低速运动的爬行现象。

1. 爬行现象及其机理

爬行现象是指机床在低速或微小位移进给运动时,主动件匀速运动,但从动件出现时走时停或时快时慢的跳跃式运动。爬行是一种摩擦自激振动现象,产生爬行现象的主要原因是相对运动面的摩擦因数变化较大,以及传动机构刚度不足。机床进给传动系统的力学模型可以近似为弹性-阻尼系统,如图 2-1-1 所示。

在图 2-1-1 中,传动机构 2 可简化为等效弹簧(弹性系数为 k)和黏性阻尼器(阻尼系数为

C),两者合称为复弹簧。主动件 1 以速度 v 运动时,通过弹簧驱动从动件,驱动力为 F_q;从动件 3 受到支承导轨 4 的摩擦力 F_f,且通常摩擦因数与速度呈递减变化关系,因此速度 v 较低时摩擦力较大,当传动机构刚度不足时弹簧驱动力 F_q 小于摩擦力 F_f,弹簧受到压缩,传动机构处于蓄能状态;随着主动件 1 的继续运动,机构驱动力超过摩擦力而加速推动

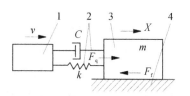

图 2-1-1　进给传动系统力学模型
1—主动件;2—传动机构;
3—从动件;4—支承导轨

动件 3,从动件 3 加速运动,摩擦力 F_f 减小,弹簧蓄能下降从而使驱动力 F_q 减小,随着从动件的继续运动,驱动力 F_q 减小至小于摩擦力 F_f 时从动件 3 速度减小,从而摩擦力 F_f 增加;整个过程中驱动力和摩擦力的合力(简称系统合力)呈现出"负值—增大—正值—减小—负值"的循环变化,传动机构表现出"压缩—释放—压缩"的循环变化,从动件运动出现"减速—加速—减速"的循环变化。如果传动机构刚度小和摩擦因数变化大的综合作用,使得从动件 3 在系统合力变为正值之前便停止,则出现时走时停的爬行现象,此时摩擦面表现出"静摩擦—动摩擦—静摩擦"的循环变化;如果传动机构刚度不是太小和摩擦因数变化不是太大的综合作用,使得从动件 3 减速至 0 之前系统合力便转为正值,则出现时快时慢的爬行现象,此时摩擦面呈现出"动摩擦(摩擦因数大)—动摩擦(摩擦因数小)—动摩擦(摩擦因数大)"的循环变化。

2. 爬行现象度量参数及计算

描述爬行现象的参数主要有:

(1)爬行量 Δl。采用移动部件的位移-时间曲线来描述时走时停的爬行现象,两次停顿之间的距离称为爬行量。

(2)速度波动量 Δv。采用移动部件的速度-时间曲线来描述时快时慢的爬行现象,最大速度与最小速度之差称为速度波动量。

(3)爬行的临界速度 v_c。运动部件不产生爬行现象的最小驱动速度称为爬行临界速度 v_c,显然 v_c 越小越好。通过理论分析,v_c 的计算公式如下:

$$v_c = \frac{F\Delta f}{\sqrt{2\pi\xi Km}} \tag{2-3}$$

式中　F——导轨面上的正压力,N;

　　　Δf——静、动摩擦因数之差;

　　　ξ——传动系统阻尼比;

　　　K——传动系统刚度,N/m;

　　　m——移动部件质量,kg。

如果正压力 F 完全由移动部件的重力引起,则式(2-3)变为:

$$v_c = g\Delta f \sqrt{\frac{m}{2\pi\xi K}} \tag{2-4}$$

式中　g——重力加速度,m/s²。

3. 减轻或消除爬行现象的措施

根据式(2-3)、式(2-4),可采取如下措施来减轻或消除爬行现象:减小静、动摩擦因数之差,如采用滚珠丝杠副代替普通丝杠传动副,采用贴塑-铸铁导轨、滚动导轨代替铸铁-铸铁导轨等;提高传动机构的刚度和阻尼比;当导轨上正压力主要由移动部件重力引起时,可减小移动部件的质量。

2.1.7　可靠性

产品可靠性就是指产品在规定的条件下和规定的时间内完成规定功能的能力。可靠性反映了产品按规定要求正常运行的概率,既是产品的一种能力,也是质量的一种属性。数控机床是特性要求相当完备、功能丰富、精度及精度保持性要求高的复杂机电装备,须具备较高的可靠性;当数控机床加工复杂轮廓零件时,连续加工时间长,要避免中途发生故障,也需要较高的可靠性;数控机床作为自动化生产线的主机装备,要确保生产线的长时间有效运行,更需要数控机床有相当高的可靠性。因此,可靠性是数控机床很重要的特性要求,是其先进性的重要指标之一。

1. 数控机床可靠性的主要内容

数控机床的可靠性不仅体现在主机结构方面,也体现在控制系统方面,两方面都很重要。可靠性要求贯穿于产品从设计至使用维护的整个过程,主要内容包括可靠性设计、可靠性制造、可靠性试验、可靠性管理、可靠性运行和维护等方面。可靠性设计是产品可靠性的基础和源头,对总体可靠性贡献率达 70%～80%。可靠性技术已发展成为一门应用广泛的科学。数控机床设计同样也要应用可靠性设计方法,并有其自身的特点,主要包括可靠性模型建立、可靠性分析、采用各种有效的可靠性设计方法等。

2. 数控机床可靠性常用度量和表征方式

数控机床可靠性主要采用以下几项指标进行描述。

1）可靠度

可靠度是可靠性的概率表达,是指产品在规定的条件下和规定的时间内完成规定功能的概率,是时间的函数,记为 $R(t)$。

$$R(t) = P(T > t) = \int_t^\infty f(t)\mathrm{d}t \tag{2-5}$$

式中　t——某一指定的时间,h;

　　　T——产品从工作开始到发生失效或故障的时间,h;

　　　$f(t)$——故障概率密度函数。

2）故障率

故障率是指工作到某时刻 t 尚未发生故障的数控机床,在该时刻 t 以后的下一个单位时间内发生故障的概率,是时间的函数,记为 $h(t)$。故障率越高,则可靠性就越低。

$$h(t) = \frac{f(t)}{R(t)} \tag{2-6}$$

3）平均故障间隔时间

平均故障间隔时间是指数控机床相邻两次故障间工作时间的平均值,用 MTBF 表示。MTBF 越大则说明可靠性越高。

$$\mathrm{MTBF} = \int_0^\infty tf(t)\mathrm{d}t = \frac{1}{N_0}\sum_{i=1}^n t_i \tag{2-7}$$

式中　N_0——在评定周期内机床累计故障频数,次;

　　　n——机床抽样台数,台;

　　　t_i——在评定周期内第 i 台机床的实际工作时间,h。

4）平均维修时间

平均维修时间是指机床发生故障后用于实际维修的平均时间,用 MTTR 表示。如果

MTTR 大,即维修时间长,则机床利用率就低,显然也是不利的。

5) 可用度

可用度反映数控机床可用性,是指可维修机床在规定的使用和维修条件下,在某一时刻可维持规定功能的能力。可用性的程度用可用度 A 表征:

$$A = \frac{\text{MTBF}}{\text{MTBF} + \text{MTTR}} \tag{2-8}$$

可用度也称为有效度,是可靠性、维修性和维修保障性的综合体现,表征机床的可利用程度。一般情况下,数控机床是可维修性机床,因此其可用度是用户最为关心的特性。

6) 精度寿命

精度寿命是指数控机床在规定加工条件和加工任务情况下,其精度保持在规定范围内的运行时间,是针对数控机床的特点而设定的可靠性指标,也是精度保持性的体现。

可靠性还有其他指标表征方式,可参阅有关资料和文献。

3. 数控机床的可靠性关系和可靠度计算

数控机床由多个部件(环节)组成,它们之间的功能逻辑关系通常为串联关系。各部件(环节)的可靠度不同,整机运行可靠度与各部件(环节)可靠度关系如下:

$$R(t) = \prod_{i=1}^{n} R_i(t) \tag{2-9}$$

式中　$R_i(t)$——第 i 个部件(环节)的可靠度函数;

　　　　n——数控机床的主要部件(环节)数。

4. 加强数控机床可靠性设计的措施

(1) 进行技术和市场考察评估,确定可靠性目标。

(2) 确定可靠性设计方案和流程,在各设计阶段充分应用可靠性设计方法,并进行相应的可靠性评价和改进。

(3) 进行整机功能和性能分析,明确体现可靠性运行的功能性能特点,明确各主要部件(环节)的重要程度并评估其故障概率,进行可靠度分配。通常数控机床可靠性要求重点体现在精度保持性、刚度保证和连续运行能力等方面,对于涉及的主要部件(环节)如控制系统、伺服系统、进给传动机构、主传动和主轴系统、导轨及其润滑和防护、检测装置等,应分配较大的可靠度,采取保障措施,如采用先进结构、高品质零部件、合理的精度要求,适当加大刚度和强度安全系数,充分润滑和冷却,加强试验和改进等。

2.2　数控机床的设计方法和步骤

2.2.1　数控机床的基本设计方法

数控机床是典型的机电一体化产品,其设计涉及多学科技术的综合应用,如力学、机械、液压、气动、电气控制、计算机控制、检测技术、可靠性技术、人机工程等。一方面,数控机床的设计遵循与机电产品相似的基本设计方法,采用相似的设计手段;另一方面,数控机床产品相较一般机电产品又须具有更为完备的特性要求,更注重现代设计方法和理论的应用。在方法学应用方面,应用如思维科学、科学哲学、设计方法学、创新设计、发明和创造学等;在设计手段方面,全面应用计算机设计,如计算机辅助设计(CAD)、计算机辅助分析(CAE)、计算机辅助设计/制造（CAD/CAM）等；在现代设计方法和理论应用方面，应用如可靠性设计、优化设计、有限元分析和设计、机电一体化设计、模块化设计、工业造型、人机工程学、仿生学、价值工程等。

对不同场合和设计类型，应用的设计方法和理论不尽相同，但在保证产品功能和性能的前提下均追求通用化、标准化。

2.2.2　数控机床的设计类型

数控机床的设计类型与常规机电产品一样，主要包括创新设计、变参数设计、组合设计、适应性设计四种。

1. 创新设计

创新设计是根据需求和预测，在缺乏参考的情况下充分发挥创造力，在应用已有理论和技术成果的基础上，结合原始性研究，进行创新构思，设计出具有先进性、创造性、新颖性、实用性的机电装备和产品的实践活动。数控机床的创新设计涉及上述多学科技术的综合应用，并充分应用现代设计方法和理论。

创新设计又包括具有较强原始研究成分的原始创新、重在集成应用现有技术的集成创新、原始创新与集成创新并重的混合创新三种方式，其中原始创新所占比例相对较小，集成创新和混合创新所占比例相对较大。

2. 变参数设计

数控机床作为用途极为广泛的机械加工装备，产品类型、系列和规格多，对于相同系列但不同规格的产品主要采用变参数设计方式进行设计。变参数设计是在基型产品的基础上，对部分尺寸和性能参数按照一定的规则进行改变，从而对相应的部件进行改动设计，形成变型产品，扩大加工工艺范围的设计活动。图 2-2-1 所示为对数控铣床工作台长度进行变参数设计的示意图，基型工作台长度为 L，变型工作台长度为 L_1。变参数设计时要考虑相关尺寸是否需要相应变动，如工作台宽度和厚度、相配套基座的长度等。一般将这一系列变参数产品归为一个产品系列，在进行总体方案设计时作通盘规划，进行系列化设计，其中基型产品设计也可能属于

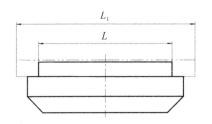

图 2-2-1　数控铣床工作台长度变参数设计示意图

创新设计。变参数系列产品的设计不同程度地应用创新设计方法，并采用下列方式：

（1）以模块化设计为引领，贯穿整个系列产品的设计过程。

（2）以基型产品的零件图样和目录作为基础，对变参数设计产品的零件图样和目录进行专用件（针对该变参数产品）和借用件（借用基型产品零件）的划分，提高通用化和标准化程度，便于生产，提高经济性。

3. 组合设计

组合设计是针对一定范围内不同功能和性能的产品进行分析，划分设计为一系列功能模块，通过模块组合，形成不同类型或相同类型但性能不同的产品，改变或扩大产品用途的设计活动。图 2-2-2 所示为数控铣床与数控钻床的组合设计示例，将主轴箱按铣主轴箱和钻主轴箱模块划分设计，配置铣主轴箱或钻主轴箱时，组成数控铣床或数控钻床。通常将这些组合设计的产品归为一个系列产品，进行通盘规划，作系列化设计。

组合设计强调模块化、通用化、标准化，通常以一个通用程度相对最高或产量最大的产品

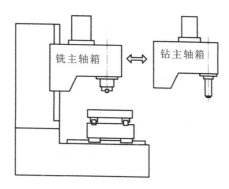

图 2-2-2　数控铣床和数控钻床的组合设计示例

为基型产品。组合设计也可能具有创新设计的成分。

4. 适应性设计

适应性设计是在原有产品基础上,不改变基本工作原理和总体结构,按照一定的规律进行结构和性能的改动设计,形成新的产品,并获得比原产品更优良的性能、更适应某种需要的附加功能的设计活动。适应性设计也可能具有创新设计的成分。

以上设计类型的划分并不是绝对的,特别是后三种设计类型,有时是相通的或相关联的。

2.2.3　数控机床的主要设计步骤

数控机床的设计开端是设计任务书的编制。设计任务书的编制涉及市场、技术、生产和经济条件等方面的考察分析,根据市场需求、企业发展计划和规划或用户订货情况,提出合理的设计要求,包括用途和加工工艺范围、技术水平、生产率要求、成本控制要求、进度要求等方面,并在后续设计中不断更新和完善。从某种意义上讲,设计任务书是数控机床开发研制全过程的纲领性文件。

数控机床的主要设计阶段分为主要技术指标设计,总体方案和总图设计,总体方案评价、修改和优化,技术设计,技术评审和修改,详细设计,整机综合评价和完善,技术文件编制。

图 2-2-3 所示为数控机床主要设计步骤和流程图。

1. 主要技术指标设计

技术指标的确定依据是设计任务书,同时技术指标又是后续设计的前提和依据,主要包括以下几个方面:

(1) 加工类型　确定采用的加工类型,如铣削、车削、钻削等加工类型。

(2) 尺寸参数指标　如工作台面积、坐标运动行程、机床加工空间、主轴锥孔规格等,要满足加工工艺范围要求。

(3) 速度参数指标　如主轴转速范围、快速移动和进给运动速度等,要满足生产率要求。

(4) 性能指标　如精度、刚度、噪声等,要满足机床基本特性和加工精度要求。

(5) 驱动方式　如采用电机(普通、伺服)或液压驱动方式等,要满足机床性能和先进性要求。

(6) 功能要求　如数控功能、主轴功能、刀具自动交换功能、工作台自动交换功能、自动排屑功能等,要满足数控加工和自动化功能要求。

2. 总体方案和总图设计

(1) 运动功能设计　确定运动个数、形式(直线运动、回转运动等)、功能(主运动、进给运

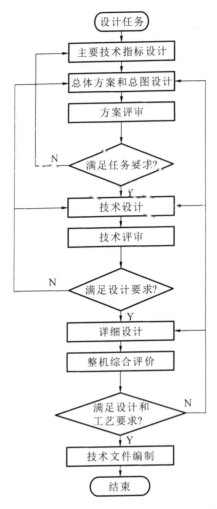

图 2-2-3　数控机床主要设计步骤和流程图

动、分度运动等),绘制机床运动功能图。

(2)总体布局结构设计　包括运动功能分配、总体布局结构形式和方案图、导轨形式和配置设计等。

(3)传动系统设计　包括传动方案、电机功率和扭矩、传动原理图、传动系统图设计等。

(4)控制系统设计　包括数控系统类型和配置、控制系统图设计等。

(5)精度体系设计　确定精度项目和指标,编制精度检验表,满足设计任务书和相关标准要求。

3.总体方案评价、修改和优化

对初步确定的技术指标参数和总体方案设计进行评价,根据评价结果进行修改,必要时对设计任务书进行适当修正。

4.技术设计

根据总体方案和总图设计结果进行具体结构设计,包括各部分结构原理方案和装配图设计、分析计算和优化。

5.技术评审和修改

对技术设计内容进行评价和修改,必要时修改总体方案和总图设计。

6. 详细设计

详细设计包括零部件图设计和目录编制。根据技术设计进行零部件图设计、零件强度和刚度校核；根据技术设计和零部件图设计，编制零件目录、标准件目录。

7. 整机综合评价和完善

对机床设计进行整体评价和修改完善。上述设计步骤可反复进行，各阶段设计与评价改进可反复进行，直至设计结果满足设计任务书要求为止。

8. 技术文件编制

本阶段技术文件主要是和产品调试检测、出厂使用有关的技术文件，是产品设计内容的一部分，如调试和检测规范、安全和使用说明书、出厂精度检验书、出厂随机附件配置等。出厂精度检验书中的项目指标与总体方案和总图设计阶段的精度检验表可以相同，其指标要求也可以略低，但要满足相关标准（国家、行业、企业）或用户要求。

2.3　数控机床总体方案分析和设计

2.3.1　运动组合分析和设计

1. 加工运动形式和加工类型、机床类型

机床加工运动主要包括基本运动和辅助运动（功能）。基本运动是实现加工运动、改变零件形状的必不可少的实质性运动。辅助运动（功能）是为保证基本运动的持续进行而客观需要的，如在切削加工运动中，为保证传动系统和导轨的正常运行，必须对这些机构进行润滑，如果是高速运动，还需进行冷却；又如在切削加工过程中，切削部位产生大量的热量，必须及时带走这些热量，因此必须配置喷冲式冷却装置；根据工件多部位或多面加工的需要，设置分度运动装置；根据加工过程自动化的需求，设置刀具自动交换、自动排屑装置等。显然，润滑和冷却是必需的，是必备辅助功能，其他为选择辅助功能。

现以应用最为广泛的切削加工机床为介绍和分析对象，其基本运动分为主切削运动和进给切削运动，基本运动特别是主切削运动的具体形式决定了加工类型和机床基本类型，见表 2-3-1。

表 2-3-1　加工运动形式和加工类型、机床类型对应表

主运动形式	进给运动形式	加工类型	对应机床类型
刀具做旋转运动	工件与刀具做相对运动	铣削加工、镗削加工、磨削加工、钻削加工等	铣床、镗床、磨床、钻床
工件做旋转运动	工件与刀具做相对运动	车削加工等	车床
刀具做旋转运动	工件与刀具做相对旋转和直线运动，其中工件做旋转运动与刀具做主旋转运动满足规定的相对关系，称为展成运动	滚削加工等	滚齿机床
刀具做直线运动	工件与刀具做间歇性相对运动	刨削加工、插削加工、拉削加工等	刨床、插床、拉床

2. 数控机床运动轴及其传动机构的配置规则

1）主轴运动

对于切削加工,绝大部分机床类型的主运动形式为旋转运动,直接做主旋转运动的机构称为主轴组件,有时简称为主轴,因此主轴运动为基本运动之一。

2）进给运动轴及其传动机构的配置规则

常规普通机床的多轴进给运动采用集中驱动和传动形式,即整机配置一个进给电机(或两个电机,一个供进给加工使用,另一个供快速移动使用),通过集中传动机构、各轴的离合操纵机构联合作用,各进给轴实现联合或独立运动,而这一联合运动中各轴的速度之比是固定的,因而只能加工简单、规则的零件。数控机床的控制方式不同,各轴的进给运动由控制系统根据加工轨迹的插补运算给出指令,实现多轴协调运动;加工轨迹不同,则各轴协调运动指令不同,也就是形成不同的工件轮廓轨迹的运动是由控制系统运算决定的,而与各轴传动机构无关。因此,数控机床各进给轴的传动机构必须独立设置,也就是按分离传动形式设置。

不管数控机床的布局和结构如何变化,进给轴及其传动机构的设置规则是分离传动形式。其实,现在很多采用伺服驱动的普通机床也采用分离传动形式。

3. 进给轴组合分析和设计

根据以上分析,机床要完成加工运动,就必须具备基本运动功能及相应的机构,根据加工工艺要求合理配置各运动轴。加工功能和工艺要求及范围决定了运动轴数的配置,一般运动轴数配置与加工功能关系如下:

（1）车削加工。实现回转体加工,纵向截面为平面轮廓,因此需要两轴联动;当主轴同时作为 C 轴,与 X、Z 轴联动时可车削加工异形体,如图 2-3-1(a)所示。

（2）铣削加工。可实现空间轮廓加工,需要三轴联动,如图 2-3-1(b)所示;如果是平面轮廓加工,由于加工过程需要调整位置,故需要三轴控制两轴联动;如果是复杂轮廓或大角度范围轮廓加工,则需要四轴或五轴联动,如图 2-3-1(c)所示。

（3）镗、钻削加工。属于定位加工,不需多轴联动,由于加工过程需要调整位置,故需要三轴控制,如图 2-3-1(d)所示。

（4）多面、多角度加工或长距离调整加工。需要另行增加分度控制轴或直线调整控制轴,如图 2-3-1(e)所示。

4. 主轴及相应进给轴配置

通常情况下只需要一个主轴配置,当需要多面、多部位同时加工时则需要两个或多个主轴,此时也要相应增加进给轴配置,如图 2-3-1(f)中的 Y_1、Y_2、Z_1、Z_2 轴。

5. 复合加工运动轴配置

如车、铣复合加工,则需配置车削主轴和铣削主轴,配置相应的进给轴数,部分进给轴可共用,如图 2-3-1(g)中,车削进给轴为 X、Z 轴,铣削进给轴为 X、Y、Z 轴,其中 X、Z 轴为共用轴。

机床布局形式多种多样,须根据实际要求进行设计,并注重创新性。图 2-3-2 所示为四轴控制三轴联动数控铣床运动轴配置示例,图中主导工件为中小型多面体,有四个面需要加工,每个面或某些面加工时需要三维加工或三轴运动;根据工件形状和加工要求,必须采用铣床类型,并配置三轴联动。如果一次装夹加工一个面,则采用三轴控制三轴联动数控铣床,但效率较低,且存在多次夹装情况,导致加工精度下降;如果要提高效率和加工精度,则需配置一个控制轴用于分度控制,实现一次装夹多面加工,因此按四轴控制三轴联动配置。本配置方案采用

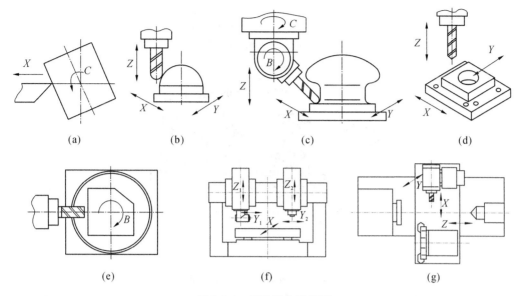

图 2-3-1　运动组合示意图

一个主轴,从理论上讲,也可以采用多主轴配置以实现多工位加工,但对于本示例,多主轴配置会导致更复杂的布局和结构以及更复杂的运动轴配置,不合理。

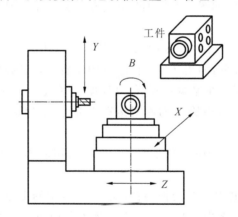

图 2-3-2　四轴控制三轴联动数控铣床运动轴配置示例

2.3.2　组成部分划分及其功能要求

数控机床的组成部分划分有多种方式,划分原则如下:一是要有利于所设计数控机床的内容表达,二是要有利于结构形式的体现和生产组织的安排。最常用划分方式有:按功能划分,满足第一条原则,基本不涉及结构特征,带有通用性,表达形式简洁;按归属性质划分,满足上述两条原则,带有一定的专用性,表达形式相对较复杂。一般根据不同的场合采用不同的划分方式,下面以十字滑台型立式床身式加工中心为例进行介绍,如图 2-3-3 所示。

1. 按功能划分

加工中心的主要组成部分及其功能如下。

(1) 机床本体和导轨部分,如图 2-3-3 中的基础支承件主轴箱 6、立柱 5、工作台 9、底座(床身)10、滑鞍 13 及其上的导轨组成机床本体及导轨部分,起到机床基本框架和主体支承、安装

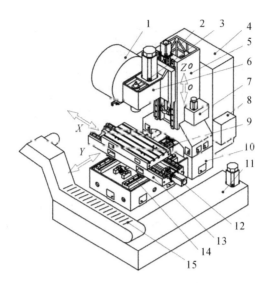

图 2-3-3　加工中心组成示意图

1—刀库；2—Z 向进给系统；3—主传动和主轴系统；4—数控与电气控制部分；5—立柱；6—主轴箱；7—润滑站；8—气动箱；
9—工作台；10—底座(床身)；11—冷却箱；12—X 向进给系统；13—滑鞍；14—Y 向进给系统；15—自动排屑器

其他零部件和运动导向的作用。

（2）主传动和主轴系统，如图 2-3-3 中的 3（传动部分置于主轴箱中），传动和执行主切削运动。

（3）三向进给传动系统，如图 2-3-3 中的 2、12、14，分别执行 Z、X、Y 向进给运动。

（4）数控与电气控制部分，如图 2-3-3 中的 4（图中省去包括控制系统的操作站），实现规定的加工运动和其他控制环节的数据运算、信息处理、指令输出和执行。

（5）润滑部分，如图 2-3-3 中的 7，对相对运动零部件（如导轨、丝杠、齿轮等）进行自动定时定量润滑。

（6）冷却部分，如图 2-3-3 中的 11，主要对加工区域用液体或压缩空气进行冷却，对高速主轴和齿轮进行冷却。

（7）刀库部分，配置刀库和刀具交换装置，如图 2-3-3 中的 1，实现刀具自动交换功能。

（8）气动部分，如图 2-3-3 中的 8，主要作为刀库部分动作的动力，并起到自动换刀过程中的主轴锥孔吹净、加工气动冷却等作用。

（9）平衡部分，通常采用重锤装置对升降部件进行平衡，减小升降丝杠负载，提高运行稳定性。也有采用氮气液压缸平衡方式。

（10）自动排屑部分，如图 2-3-3 中的 15。加工中心一般都配置有自动排屑装置，以提高自动化程度。

（11）全防护围板。安全防护是机电产品的强制性要求，加工中心普遍采用全防护围板，避免加工时铁屑、油液向外飞溅，确保机床周边安全。

实际上，按功能划分方式普遍针对常规加工中心。由于涉及数控系统、伺服电机和其他控制器件的所有数控与电气控制部分往往是作为一个整体进行统一设计和装配的，因此常将其作为"数控与电气控制系统"对待；但其控制和伺服部分作为一个系统配置包统一采购，因此也可分解为"数控系统"和"机床电气控制"两个部分，有时也将主轴电机、进给电机分别归到相应的主传动系统、进给传动系统中。

2. 按归属性质划分

按归属性质划分是根据零部件装配关系,并参照模块化原则,对数控机床的组成部分进行划分,不同类型、布局和功能要求的机床,其划分不一样。这种划分有利于数控机床具体设计的展开和生产组织的安排。

如图 2-3-3 所示,十字滑台型立式床身式加工中心按归属性质划分,主要由以下部分组成:主轴箱和主传动部分(图 2-3-3 中的 6,其中主传动机构置于 6 内部)、主轴组件(图 2-3-3 中的 3 的主轴部分)、工作台滑鞍及 X 向进给部分(图 2-3-3 中的 9、12、13)、底座及 Y 向进给部分(图 2-3-3 中的 10、14)、立柱和 Z 向进给及平衡部分(图 2-3-3 中的 2、5)、数控与电气控制部分(图 2-3-3 中的 4,其中控制系统未示出)、润滑部分(图 2-3-3 中的 7)、冷却与自动排屑部分(图 2-3-3 中的 11、15)、刀库部分(图 2-3-3 中的 1)、气动部分(图 2-3-3 中的 8)、防护围板部分等。如主轴不作为独立组件则归到“主轴箱和主传动部分”中,变为“主轴箱和主传动及主轴部分”;冷却部分和自动排屑装置由于工作运行相关且通常组装在一起而组成一个部分。上述划分只是相对的,各制造商可根据各自习惯改变。

2.3.3　总体布局和结构方案分析

确定了数控机床基本类型和运动轴配置以及尺寸参数后,就可以进行总体布局和结构形式的设计。常规数控机床总体布局已形成了传统的、经过实践确定的相对固定的形式,但由于数控技术和机械技术的不断发展,以及工艺要求的不断变化,其总体布局和结构形式在不断变化和创新。数控机床布局和结构形式繁多,即使是同一用途的机床,其布局和结构方案也可以是多种多样的,合理选择和设计数控机床总体布局和结构方案,对实现既定功能、高效运行、制造工艺性和使用方便性都有很大的影响。

数控机床的类型很多,总体布局和结构设计的影响因素也很多,并带有较强的经验性,详细总结和罗列其设计规律比较困难,现以数控铣床类型为例,总结其总体布局和结构方案设计一般规律,可作为参考。

1. 总体布局和结构随工件规格的变化关系

图 2-3-4(a)～(e)所示为机床总体布局和结构形式随工件规格的变化关系。

(1) 图 2-3-4(a)为十字滑台升降台布局形式,工作台连同工件做升降运动,三向坐标运动都由工作台执行,导轨叠层多,运动空间受限制,因此本布局和结构形式只适用于较小尺寸和质量工件的加工。

(2) 图 2-3-4(b)为十字滑台床身式铣床布局,工作台和工件不做升降运动,因此承重能力提高;X、Y 向运动部件也不做升降运动,基础支承件尺寸可以较大,行程也可增大,适用于中等以下规格工件的加工。

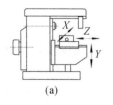   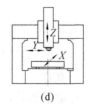

(a)　　　　　(b)　　　　　(c)　　　　　(d)　　　　　(e)

图 2-3-4　机床总体布局随工件规格变化关系示意图

(3) 十字滑台型布局仍然存在与工作台连接的运动部件,导轨叠加层较多,以及主轴箱悬伸等,限制了工件尺寸和质量的加大。如果工件尺寸和质量进一步加大,需相应解决上述问题。图 2-3-4(c)为万能滑枕床身式布局形式,工作台连同工件只做 X 向运动,Y、Z 向运动已与工作台分离并分别由滑枕、升降滑座执行,承重能力和三向行程也就是加工工件规格可显著提高。

(4)从图 2-3-4(c)可看出,Y 向运动由滑枕前后移动完成,相对于前两种类型,其行程较大,但也不能伸出太大。如要求 Y 向行程更大,则须采用图 2-3-4(d)所示的定梁定柱龙门布局形式,Y、Z 向运动分别由横向滑座和垂向滑枕执行,由于采用了龙门框架结构,Y 向行程可以明显增大,故工作台宽度和工件规格可以相应加大。如果要求垂向加工空间更大,这种布局形式也不能满足要求,可将其演变为动梁定柱龙门布局形式,即增加设置动横梁部件,滑座、滑枕随动横梁垂向调整位置,可显著增大垂向加工空间。如果要求工作台长度和纵向行程都很大,若仍采用工作台移动形式,则制造工艺性不好,占地面积大,且工作台自身质量就很大,承重能力并不能成比例增加。这种情况通常就要改变布局形式,采用图 2-3-4(e)所示的龙门移动布局形式更合理。

(5)如图 2-3-4(e)所示,X、Y、Z 向坐标运动分别由龙门做纵向(X 向)移动、滑座做横向(Y 向)移动、滑枕做垂向(Z 向)移动实现,工作台和工件完全固定,因此承重能力很大;由于机床的长度主要取决于立柱长度和 X 向行程之和,而立柱长度比工作台长度小得多,因此机床占地面积也相对小得多。当然这种布局方案的结构要相对复杂些。

(6)如果横向尺寸和行程进一步加大,会导致龙门跨度和质量明显加大,这种龙门移动布局就不合适,可在图 2-3-4(e)布局的基础上演变为桥式龙门布局形式,即原来的两侧动立柱缩短甚至取消,两侧底座相应升高,龙门移动变为横梁纵向移动,减小移动惯量。

上述的变化关系并不是绝对的,而是相对的,还有其他变化形式,且可在实践中不断探索创新。

2. 总体布局和结构与工件形状及加工部位的变化关系

加工工件的形状和加工部位特点同样会影响机床总体布局和结构形式的选择,这种场合重在确保工件的安装稳定性和主轴布局的合理性,如图 2-3-5 所示,但不是唯一,以下选择规则也不是绝对的。

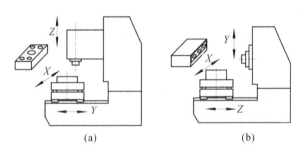

(a)　　　　　　　　　　　　　　　(b)

图 2-3-5　总体布局与工件形状及加工部位关系示意图

(1)如果工件为相对扁平形状,且大面为主要加工部位,为便于工件装夹及保证装夹稳定性,应选择立式布局形式,如图 2-3-5(a)所示。

(2)如果工件为相对扁平形状,且侧面为主要加工部位,为了便于工件装夹及保证装夹稳定性,则应选择卧式布局形式,如图 2-3-5(b)所示。

(3)如果工件需要四面加工,则采用卧式布局并配置数控回转台较为合理。

对于其他工件形状和加工部位特点,可参照上述规则综合分析,一般有多种选择。

3. 运动轴配置随工件及工艺要求的变化关系

运动轴配置分析和选择规则可参阅"2.3.1 运动组合分析和设计"。

4. 总体布局形式对机床结构性能的影响

总体布局必须同时保证机床具有良好的精度、刚度、抗振性和热稳定性等结构性能。在加工功能和运动要求相同的条件下,数控机床的总体布局方案是多种多样的,机床刚度、抗振性和热稳定性等结构性能也明显不同,如图 2-3-6 所示,可从以下几个方面进行分析。

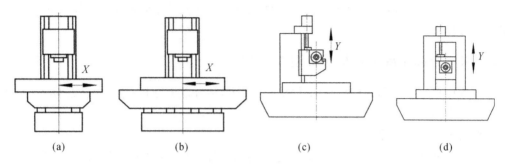

　　(a)　　　　　　　　(b)　　　　　　　　(c)　　　　　　　　(d)

图 2-3-6　总体布局对结构性能的影响示意图

(1) 支承包容性差别。图 2-3-6(a)、(b)同为十字滑台立式床身式布局,图 2-3-6(a)形式工作台纵向导轨包容长度较小,而图 2-3-6(b)为全包容形式,运行过程中图 2-3-6(a)形式的刚度、稳定性相对较差。

(2) 移动部件叠加层数差别。相同规格情况下,移动部件叠加层数越多,则总刚度、稳定性和承载能力就越差。如图 2-3-6(b)、(c)所示,与工作台连接的大部件中,图 2-3-6(b)形式中工作台、滑鞍、底座通过纵向导轨、横向导轨叠加,而图 2-3-6(c)形式中工作台只通过纵向导轨与底座叠加,因此图 2-3-6(c)形式中与工作台连接的大部件刚度、稳定性和承重能力更好;但是,与主轴箱连接的移动部件叠加层数正好相反,图 2-3-6(c)形式相比图 2-3-6(b)形式叠加层数多,针对这一大部件,图 2-3-6(b)形式的刚度和稳定性相对更好些,但没有涉及承重能力;因此,如果强调工作台承重能力,则图 2-3-6(c)形式相对较好。所以布局结构方案要综合分析比较和选择。

(3) 单立柱与框架式立柱差别。如图 2-3-6(c)、(d)所示,图 2-3-6(c)形式为单立柱、主轴箱侧挂式,图 2-3-6(d)形式为框架式(龙门式)立柱、主轴箱内包式;显然,框架式立柱刚度和稳定性更好,并因对称性其热变形对精度的影响较小,即图 2-3-6(d)形式在刚度、运行稳定性和热稳定性方面相对更好,当然其结构相对较复杂,工艺性相对较差。

(4) 驱动位置差别。如图 2-3-6(c)、(d)所示,图 2-3-6(c)形式相对于图 2-3-6(d)形式,垂向丝杠与主轴中心偏离较远,因此图 2-3-6(d)形式的垂向驱动稳定性更好。如图 2-3-4(e)所示的龙门移动部件,由于部件宽度尺寸和两边导轨跨距大,如果采用单边驱动,则驱动稳定性不好,须采用双边驱动。同样,当相应方向的轴向负载作用中心变动范围较大时,即使丝杠驱动位于部件中心,仍出现不稳定状况,此时也可采用双驱动形式,使负载作用力中心始终处于双驱动力之间,保证驱动和运行的稳定性,这种形式也称为"重心驱动"。双驱动(重心驱动)布局和结构形式的应用要有赖于控制系统同步控制技术的成熟应用。

5. 总体布局和结构要满足操作使用要求

数控机床的总体布局还需要考虑使用和操作的方便性。

（1）操作者需要经常操作和观察机床、装卸工件、更换刀具等，机床布局、操作站（操作台）的布置应方便其操作和观察，如机床正面应尽量设置较大空间利于观察和操作；当采用大型龙门移动或立柱移动布局时，由于机床主轴和加工部位大行程移动，则应设置同步移动操作台以便于随时观察和操作；即使加工中心已具备刀具自动交换功能，但也要设置方便的手动交换按钮和刀库刀具更换空间；等等。

（2）机床布局还应方便维护清理、切屑收集和排除，中高档机床还应设置布局合理的自动排屑装置。

（3）设置防护围板，进行整体防护。导轨、丝杠、检测装置等重要部件应设置局部防护罩，确保安全防护性能。

2.3.4　总体布局和结构设计基本原则

针对数控机床布局和结构设计的性能优化要求，结合以上分析，总结机床总体布局和结构设计基本原则如下。

1. 移动部件轻量化原则

在满足强度、刚度和稳定性要求的前提下，移动部件的质量尽可能小，以减小移动惯量，提高运动灵敏度和加速能力。

2. 力封闭链最短及等刚度原则

加工过程中，切削力是一对作用力和反作用力，分别作用在工件和刀具上，并通过中间的连接环节封闭，如图 2-3-7 所示，因为封闭链中总变形是各环节变形的总和，所以中间环节越少，路径越短，则封闭链刚度就越大，稳定性就越好，即刀具与工件的相对变形就越小，切削稳定性就越好。因此，布局和结构设计中，从刀具到工件经过的环节应尽可能少，路径尽可能短。图 2-3-7(a)所示的力封闭路径太长，为保证移动距离和刚性，可采用力封闭路径较短的图 2-3-7(b)形式，即动梁形式。同时，封闭链上的各局部刚度、结合刚度应足够并大致相同，避免因局部薄弱而出现不稳定现象。

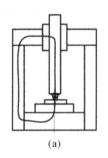 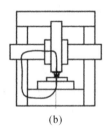

(a)　　　　　　　　　(b)

图 2-3-7　力封闭链示意图

3. 短悬臂原则

很多布局结构中须设置悬臂部件，而悬臂长度是影响加工空间的，如图 2-3-8 所示的立式床身式布局形式。显然，在负载作用下，悬臂 L 越大则端部变形就越大，刚度越小，可靠性越差。因此，在须设置悬伸部件的布局和结构设计中，在满足加工空间要求的前提下，应尽量缩短基础构件的悬伸量，确保其刚度足够。

4. 对称性原则

布局结构应具有对称性，如布局采用龙门式，基础支承件采用龙门框架结构，则具有受力性能好、结构刚性和稳定性好、热变形对精度影响程度小等优点,但也存在结构复杂、工艺性下降等缺点。因此,在布局和结构设计中应综合分析,在满足成本和工艺性要求的前提下,尽可能采用对称结构。

5. 作用力多路传递原则

在机床工作状态,如果切削力、惯性力和重力可通过多条路径传递到基座或地基,则对减小机床构件的受力、提高整体稳定性很有利,如图 2-3-9 所示为实现作用力多路径传递的龙门布局形式。但这种多路径传递结构也会增加机床结构的复杂性和制造成本,主要适用于较大型机床或对稳定性要求很高的中小型机床。因此,在较大型或稳定性要求高的中小型数控机床总体布局和结构设计中,在满足相对制造工艺性和成本要求的前提下,采用可实现作用力多路径传递的布局形式。

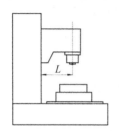 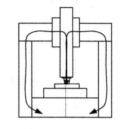

图 2-3-8　立式床身式布局短悬臂示意图　　图 2-3-9　作用力多路径传递示意图

6. 结构重心最低原则

对于单个基础支承构件,降低其相对于支承面的重心位置,有利于基础构件的稳定性;同样,降低机床整机相对于安装基面的重心位置,也有利于整机运行稳定性。因此,在总体布局和结构设计时,在满足结构关系、装配和使用要求的前提下,应尽可能降低基础支承件相对于支承面、整机相对于安装基面的重心位置。

7. 主切削力与结构主刚度方向重合原则

机床结构各方向的刚度是不一样的,刚度最大对应的方向为主刚度方向,在布局和结构设计时应尽可能使机床结构的主刚度方向对应主切削力方向,确保机床有足够的抗振性。如果由于机床布局结构的特点以及克服其他较大作用力如重力的需要,主刚度方向不一定完全和主切削力方向一致,则应确保与主切削力对应方向的结构刚度足够大。

8. 箱形结构原则

合理设置加强肋板的箱形结构具有质量轻、刚度和强度好、铸造工艺性好的特点,因此,在进行机床基础支承件和中型以上零件设计时,应尽可能采用箱形或近似箱形的结构形式。

2.3.5　总体布局和结构设计示例

数控机床布局结构设计形式参见第 10 章,本节仅结合总体设计分析作简略介绍。

1. 满足多轴控制和联动要求的布局示例

图 2-3-10(a)所示为满足三轴控制三轴联动的布局示例,采用十字滑台立式床身式布局,工作台在滑鞍纵向导轨上做 X 向运动,滑鞍连同工作台在床身横向导轨上做 Y 向运动,主轴箱连同主轴组件在立柱垂向导轨上做 Z 向运动。如图 2-3-10(b)所示,采用卧式立柱移动布局形式,增加数控回转台和相应第四轴驱动 B,形成四轴控制四轴联动或四轴控制三轴联动。如图 2-3-11 所示,在三个直线轴的基础上增设回转轴 B、C,形成五轴联动形式;如果再增加主轴

头的调整轴 W，则成为六轴控制五轴联动形式。多轴控制和联动的布局形式多种多样，不限于所举示例。

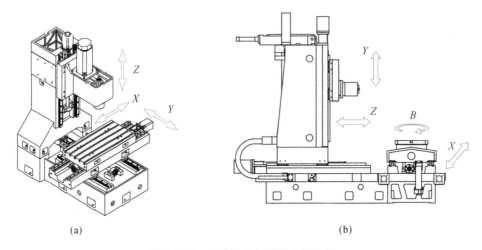

(a)　　　　　　　　　　　　　　　　(b)

图 2-3-10　多轴控制与联动布局示例

2. 满足刀具自动交换要求的布局示例

如图 2-3-12 所示，在图 2-3-10(a)所示十字滑台数控立式床身铣床布局的基础上，在立柱左侧通过安装座安置圆盘式刀库，实现刀具自动交换功能，成为加工中心；圆盘式刀库可预选刀具，通过刀库配置的换刀机械臂实现新、旧刀具同时交换，刀具交换迅速。该类型刀库也可以安装在右侧，但由于操作站通常设置在右边，因此刀库设置在左侧较为合理。刀库配置和相应的机床布局形式各种各样，图 2-3-13 所示为带预交换刀库的加工中心，特殊之处是带有可180°回转的双主轴转塔头和可预交换刀库；当双主轴转塔头 3 在加工时，刀库 1 的待交换刀具通过换刀臂 2 与转塔头 3 的待工作主轴上的刀具进行预交换，加工结束后，转塔头 3 立即旋转180°，已预交换刀具的待工作主轴进入加工状态，换刀速度比常规刀库快。

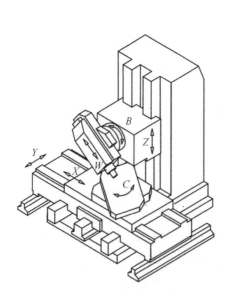

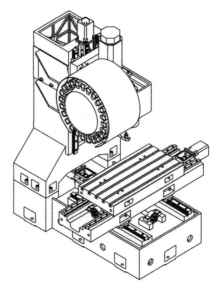

图 2-3-11　五轴布局示例　　　　　**图 2-3-12　刀库布局示例**

3. 满足大行程加工要求的布局示例

当需要大行程,特别是横向大行程时,如果采用单立柱式布局就难以满足,需采用龙门式布局。图 2-3-14 所示为数控定梁定柱龙门铣床布局结构形式,由双立柱、横梁组成龙门框架,并与下部床身固连,整机刚性好。由于工作台只做 X 向运动,行程可以较大;同时由于 Y 向运动由滑座在龙门横梁上实现,行程比其他布局形式要大得多。当要求纵向移动行程很大时,采用图 2-3-14 所示的定梁定柱龙门布局结构会导致机床占地长度大,长度方向制造工艺性也不好,此时应采用龙门移动式,如图 2-3-15 所示,X 向运动由龙门整体移动实现,相比图 2-3-14 的工作台移动布局形式,整体长度要小得多。如果需要垂向(Z 向)行程更大,采用图 2-3-14 的滑枕 Z 向移动形式也不合适,因为会导致滑枕向下悬伸量太大,刚度不足,此时应采用动梁形式,即在龙门上设置动梁部件,由滑枕 Z 向运动和动梁垂向调整运动复合,实现较大的垂向行程。

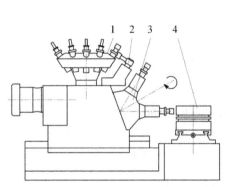

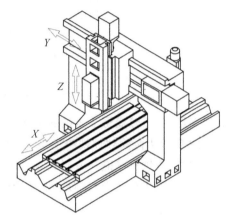

图 2-3-13　带预交换刀库的加工中心示例

1—刀库;2—换刀臂;3—转塔头;4—工件和工作台

图 2-3-14　数控定梁定柱龙门铣床布局示例

4. 满足大质量工件或工作台固定的布局示例

当要求工件规格和质量相对很大时,则不宜在工作台部件上叠加导轨副,即不宜采用工作台移动的布局形式。如图 2-3-15 所示的龙门移动布局形式,工作台完全固定,可以安装规格和质量相当大的工件,坐标运动部件都安装在龙门大部件上。图 2-3-16 所示为立柱移动、工作台固定的布局结构形式,其三向行程并不太大,适用于工件规格不太大但要求工件不运动的场合。工作台固定的布局形式还有多种,根据实际情况和需要进行确定。

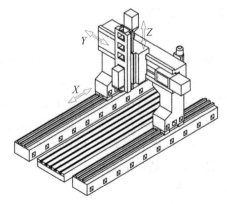

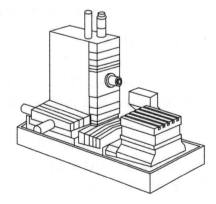

图 2-3-15　龙门移动布局示例

图 2-3-16　立柱移动、工作台固定布局示例

5. 满足多工位加工的布局示例

图 2-3-17 所示为多工位加工机床布局示例的俯视图,该多工位机床设置 4 个工位,其中 3 个为加工工位,1 个为装卸工位。工件从装卸工位安装后,通过回转台的回转分度,分别旋转至机床 1、机床 2、机床 3 进行不同工序的加工,最后在装卸工位卸下。4 个工位同时工作,生产效率高。

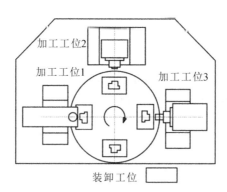

图 2-3-17　多工位加工机床布局示例

6. 满足高刚度、低热变形要求的布局示例

图 2-3-18 所示为卧式数控铣床示例,为了提高立柱刚度和减小热变形的影响,采用龙门式(框架式)立柱,主轴箱镶嵌在龙门式立柱中。主轴箱两侧与立柱两边的导轨连接,显著提高整体刚度;当立柱发生热变形时,对主轴箱产生均匀作用,因此基本不影响几何精度。

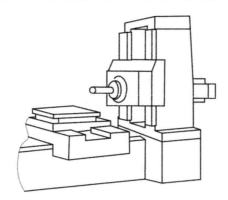

图 2-3-18　卧式数控铣床龙门式立柱布局示例

7. 其他机床布局形式

根据不同的工艺和自动化要求,以及采用新技术、新结构的程度不同,数控机床的布局形式多种多样,创新空间很大。另外,通常的机床进给坐标轴配置采用直角坐标形式,各坐标运动相对独立,因此机床布局属于串联式布局。尽管其具有布局结构形式相对直观和简单,运动空间大,但从原理上看,在满足某些功能如灵活性、刚性等方面还存在不足,还不能达到最佳效果,因此在 20 世纪末提出和发展了并联式机床,从原理上克服上述缺陷,但相关技术的发展还较为缓慢,还未能在加工领域有效推广应用。数控机床布局结构形式以及并联机床的进一步介绍可参见本书第 10 章、第 12 章,以及其他相关文献资料。

2.3.6　总体方案图设计

数控机床的总体设计最终要形成正式的总体方案图,包括布局、主要结构尺寸、导轨形式及分布、基本外形等方面的完整表达,作为后续技术设计的依据。总体方案图设计的主要依据:加工空间尺寸参数和动力参数、驱动与传动设计基本结果、刚度与精度分配、总体方案设计阶段评价后所形成的机床总体布局形态图等。总体方案图设计绘制的基本要求是,按照已经确定的或现阶段能够确定的布局结构、外形和尺寸、外购零部件形状和尺寸等进行设计绘制。以图 2-3-19 所示的十字滑台数控立式床身铣床为示例,其总体方案图设计步骤如下。图中所标注尺寸仅为便于表达,不是实际设计尺寸。

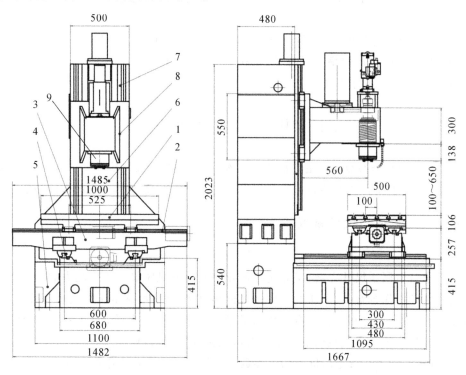

图 2-3-19　总体方案图设计示例

1—工作台;2—纵向导轨;3—滑鞍;4—横向导轨;5—底座;6—立柱;7—垂向导轨;8—主轴箱;9—主轴组件

(1) 确定末端支承件。末端支承件即工作台,根据加工最大零件尺寸和方案确定工作台形状,确定工作台尺寸如长度、宽度;再根据最大承重并保证足够的强度和刚度,确定工作台的厚度。因为工作台是安装基准,并且工作台尺寸最容易确定,以工作台面为起点,后续环节的设计就容易展开。

(2) 设计工作台与下一个相邻功能部件的结合部形式和尺寸。本示例与工作台相邻的功能部件为滑鞍 3,结合部为导轨连接;根据受力情况和运动行程,考虑导轨结合部刚度和导向精度,选择并确定导轨的类型、规格和长度;根据导轨支承强度和刚度要求,确定导轨布局和跨距。

(3) 根据导轨布局设计结果,同时考虑部件装配和刚度要求,确定下一个部件(本示例中为滑鞍)的形状和尺寸。

(4) 重复上述过程。对相邻连接的基础支承件或部件(底座 5、立柱 6、主轴箱 8)及其结合部位横向导轨 4、垂向导轨 7 进行设计,直至另一个末端支承件(或部件)主轴组件 9。上述设计过程要尽可能同时考虑相关重要机构如进给传动机构及其安装结构的初步设计。

(5)其他部件安装连接设计。对电柜、润滑站、冷却与排屑器、气动站等部分的大致尺寸和分布、安装进行设计;如总体方案还设置有刀库等其他部分,则继续进行刀库等部分的选择和安装结构设计。这些部件的基本形式和安装涉及相关支承件的外形和尺寸,也可以在上述设计步骤中同时考虑。

(6)进行整机线缆及其防护的排布设计。

(7)根据产品系列规划要求,对相应的部件进行模块化设计和设置。

(8)根据人机工程学及操作、防护、外观等要求,进行主机造型设计、操作站布置和防护围板设计。

(9)综合评价。主要评价因素:尺寸参数,性能(强度和刚度、精度、可靠性等),制造工艺性、成本和制造周期,生产效率,操作使用性和维护性,外观造型等。

(10)总体方案图设计修改。

2.4　主要参数设计和确定

数控机床主要规格参数包括主参数和基本参数,基本参数又包括尺寸参数、运动参数、动力参数和其他参数。机床的参数设计是总体方案设计的一部分,是总体方案图设计的依据之一。

2.4.1　主参数和尺寸参数

1. 主参数

主参数通常也属于尺寸参数,是体现机床规格及反映机床最大工作能力的一种参数,如铣床和平面磨床的工作台宽度、车床的工件最大回转直径、外圆磨床的最大磨削直径等。为完整表达机床的主要加工范围和能力,有些机床类型还规定有第二参数,如铣床工作台的长度、车床的最大工件长度等。常规机床的主参数有国家标准推荐,参见《金属切削机床 型号编制方法》(GB/T 15375—2008);专用机床的主参数可根据制造商实际应用情况而设定。

2. 尺寸参数

机床的尺寸参数是指机床主要结构尺寸、部件移动距离等参数。尺寸参数的确定涉及被加工零件规格、工具和夹具安装尺寸等,通常包括:

(1)与工件规格和加工范围相关的尺寸,包括与工件安装相关的工作台尺寸、与加工范围相关的三向坐标移动行程、与可容纳工件放置空间相关的尺寸,如图 2-3-19 中的主轴端面至工作台最小(或最大)距离、铣床主轴中心与立导轨面的距离等;又如在卧式车床中,与最大长轴加工直径相关的刀架上最大回转直径、与加工长度相关的 Z 向坐标行程等。

(2)标准化工具或夹具的安装面尺寸,如铣床主轴锥孔规格、车床主轴端外锥规格、铣床工作台 T 形槽尺寸及分布(槽数、槽宽、槽距)等。

2.4.2　运动参数

运动参数是指机床执行部件的运动速度,如主轴转速、工作台等执行部件的移动速度等。根据机床加工运动形式,运动参数又可分为主运动参数、进给运动参数和调整运动参数等。

1. 主运动参数

主运动参数是指主运动的速度。机床主运动有三种形式：① 主轴回转运动，如铣床、车床、磨床等的主轴运动，主运动参数为主轴转速；② 刀架的直线运动，如刨床、插床的刀架直线运动，主运动参数为刀具每分钟往返次数；③ 主轴回转和进给运动合成的螺旋运动，如攻螺纹机床，由于螺距比直径相对小得多，即轴向速度比旋转切向线速度小得多，因此螺旋运动的主运动参数也采用主轴转速。

1）主运动为主轴回转运动的参数计算

在切削加工运动中，真正影响切削特性的是刀具与工件接触切削处的切削速度。这个切削速度实际就是与切削直径相关的线速度，因此主轴转速计算式为

$$n = \frac{1000v}{\pi d} \tag{2-10}$$

式中　　n——主轴转速，r/min；

　　　　v——切削速度，m/min；

　　　　d——刀具（铣床、磨床）或工件（车床）的直径，mm。

为满足不同加工工艺要求，通常机床的主轴转速要有一个范围，其最低转速 n_{min}、最高转速 n_{max}、调速范围 R_n 计算式如下：

$$n_{min} = \frac{1000v_{min}}{\pi d_{max}}, \quad n_{max} = \frac{1000v_{max}}{\pi d_{min}}, \quad R_n = \frac{n_{max}}{n_{min}} \tag{2-11}$$

其中，最小切削速度 v_{min} 和最大切削速度 v_{max} 一般可根据切削手册、现有机床使用情况、切削试验或加工经验确定；最小直径 d_{min} 和最大直径 d_{max} 并不是机床实际加工的最小、最大直径，而是指在采用最高、最低转速加工时最常使用的相对较小、较大加工直径。

在实际应用中，很难考虑到所有可能的加工情况，单独采用上述计算方法不切实际，可结合现有类似规格机床参数、制造水平和实际使用状况进行经验类比选择、确定。

目前，大部分数控机床的主轴运动都采用无级调速方式，不存在中间转速级数问题，但常用无级调速主轴电机的恒功率范围较小，为满足正常加工要求，很多场合会结合采用两挡或三挡齿轮变速，具体分析计算参见第 3 章相应内容。部分低端数控机床还有采用纯有级变速方式的，各级转速按等比数列方式确定，具体计算方法可参阅有关普通机床主传动设计资料和文献。

2）主运动为直线运动的参数计算

主运动为直线运动的主运动参数定义为刀具每分钟往复次数，计算式如下：

$$n_r = \frac{1000v_1 v}{(v_1 + v)L} \tag{2-12}$$

式中　　n_r——刀具每分钟往复次数，次/min；

　　　　v_1——回程速度，m/min；

　　　　L——运动行程，mm。

2. 进给运动参数

真正体现切削过程快慢程度的进给运动，是单刃刀具对工件在主轴每转（主运动为回转运动）或刀架每个往复（主运动为直线运动）的相对移动量。主轴运动为连续运动，相应的进给运动为连续移动；刀架往复运动为间歇运动，相应的进给运动亦为间歇移动。本书主要讨论应用广泛的主运动为主轴运动的场合，当主轴转速、每转移动量确定后（如刀具为多刃，则还需考虑

刃数），就相应确定了进给运动的速度。为完整、简便地体现机床的进给能力，一般采用进给执行部件的运动速度来表示进给运动参数，包括快速移动速度、工作进给速度。

1）快速移动速度

快速移动速度是指机床在空程移动时执行部件所需达到的最大速度，涉及机床的运行效率、技术先进性。影响快速移动速度的因素为伺服电机的最高转速、传动链传动比、丝杠导程、导轨结构、制造水平等，具体计算方式参见第 5 章相关内容。

2）工作进给速度

工作进给速度是指机床在加工状态下执行部件的移动速度，一般给出工作进给速度范围。其中，低速特性体现了机床的低速平稳性性能。

对于普通机床，一般采用有级变速方式，但现在也常借鉴数控机床而采用伺服电机或变频电机驱动，实现无级调速。

3. 调整运动参数

调整运动参数是指调整运动坐标轴的移动速度，调整轴运动过程是不进行加工的，调整运动参数计算方法与进给运动参数计算方法相同。

2.4.3　动力参数和其他参数

机床动力参数主要包括主传动电机（主电机）功率、进给电机功率或额定扭矩（数控机床的进给电机一般工作在恒扭矩段）、液压站电机功率及其他（如冷却泵电机功率、排屑器电机功率）等，其中最为重要的是主电机额定功率和进给电机额定扭矩。

机床各传动件的结构参数（如轴或丝杠直径、齿轮模数、传动带的类型和规格等）都是根据动力参数设计计算的，基础支承件的强度要求也与动力参数有关，因此动力参数选择要适当，不能过大或过小。动力参数的确定一般不能单纯依靠计算法，应综合采用调查研究、科学试验和辅助计算等方式，与类似规格且已经过使用检验的机床动力参数进行类比选择，并计算校核。常规的计算方式如下。

1. 主电机功率计算和电机规格确定

1）主电机功率计算

主电机功率由消耗在切削过程中的功率和空耗功率两部分组成，计算式如下：

$$P_d = \frac{P_c}{\eta_c} + P_k \tag{2-13}$$

式中　P_d——主电机计算功率，kW；

P_c——消耗在切削环节的功率，kW；

η_c——传动效率；

P_k——非切削状态下的空耗功率，kW，与主传动结构、润滑冷却方式等因素有关。

当空耗功率还无法确定时，可按以下公式估算：

$$P_d = \frac{P_c}{\eta} \tag{2-14}$$

式中　η——主传动系统总机械效率。主运动为回转运动时，$\eta=0.7\sim0.85$，当传动链较短、不采用浸油润滑时取较大值。

数控机床具有较大的加工范围，而切削功率主要根据相应规格机床的常规加工情况确定：

$$P_c = \frac{F_z v}{60000} = \frac{2\pi F_z rn}{60000} = \frac{M_c n}{9550} \tag{2-15}$$

式中　F_z——常规主切削力的切向分力，N；

　　　v——常用切削速度，m/min；

　　　M_c——常用切削扭矩，N·m；

　　　n,r——常用主轴转速以及常用加工半径，r/min 和 m。

同样，根据最大负荷切削情况（一般为短时运行）可相应计算出主电机最大计算功率 P_{dm}。

2）主电机功率选择确定

电机规格是按照一定离散值分布的，所选主电机的规格应接近上述计算值，并满足下式条件：

$$\begin{cases} P_d \leqslant P_0 \\ P_{dm} \leqslant P_m \end{cases} \tag{2-16}$$

式中　P_0——所选电机的额定功率，kW；

　　　P_m——所选电机的最大功率，kW。

以上是按计算方式选择主电机，最终还要结合考察类比进行确定。

2. 进给电机扭矩计算和电机规格确定

进给电机一般工作在恒扭矩段，按扭矩选择。假定按常用负载连续进给则所需的电机扭矩为 M_t，按最大负载进给（一般为短时运行）则所需的电机扭矩为 M_{tm}，则进给电机规格选择应接近上述计算值，并满足：

$$\begin{cases} M_t \leqslant M_0 \\ M_{tm} \leqslant M_m \end{cases} \tag{2-17}$$

式中　M_0——所选电机的额定扭矩，N·m；

　　　M_m——所选电机的最大扭矩，N·m。

同样，进给电机规格最终也要结合考察类比进行确定。进给电机扭矩计算不仅与负载有关，还与进给传动系统的参数如传动比、丝杠导程等有关，具体分析计算参见第 5 章相应内容。

除了以上介绍的主要参数外，体现数控机床能力的其他重要参数如下：

（1）工作台最大承重。工作台最大承重是指机床正常工作状态下所能安装的工件最大质量，主要取决于设计输入的规定，是影响机床精度、刚度、强度、可靠性、抗振性等特性的重要因素。

（2）刀库（刀塔）参数。这是加工中心（或车削中心）的重要参数，主要包括刀库容量、刀具最大尺寸、刀具最大质量等。上述参数的确定要综合考虑加工工艺要求、刀库规格能力等因素。

2.5　数控机床设计总流程

按照数控机床设计主要步骤和内容，满足设计过程内在逻辑连贯性和特定的顺序要求，并参照众多的设计实践经验，列出一般数控机床设计总流程，如图 2-5-1 所示，但所列流程并不是绝对的，可根据实际情况合理变动。

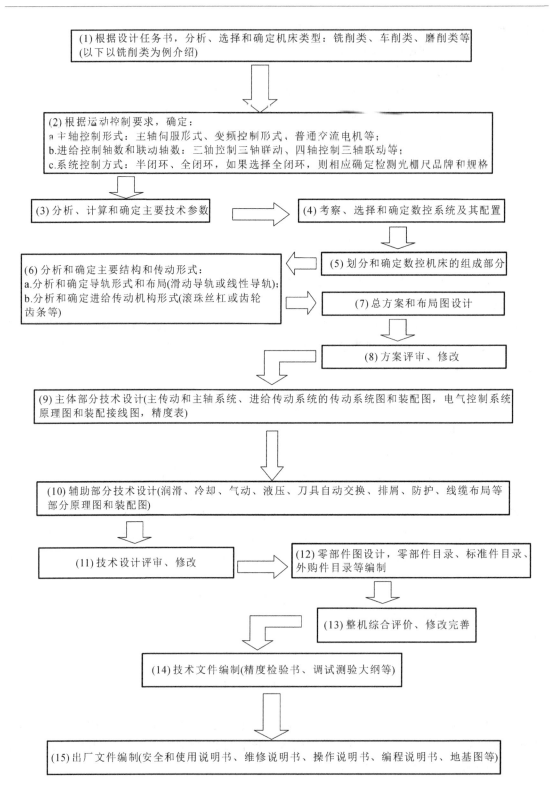

图 2-5-1　数控机床设计总流程

习题和思考题

1. 数控机床结构设计的基本特性要求有哪些方面？哪些方面是数控机床有别于其他机电装备的主要特征？

2. 数控机床设计的主要步骤和内容是什么？

3. 数控机床总体布局和结构设计的基本原则有哪些？

4. 龙门移动布局形式相比定梁定柱龙门布局形式，其纵向行程可以达到更大，承载质量可以更大，为什么？

5. 为什么数控铣床的第一主参数是工作台宽度而不是工作台长度？

6. 机床的电机规格如何选择？

7. 试绘制描述爬行运动的位移-时间曲线图、速度-时间曲线图。

8. 试推导主运动为直线运动的主运动参数计算公式。

9. 在常规的卧式加工中心中，如要实现多面加工，通常采用什么结构方案？由几轴控制？请说明其原理。

第3章 数控机床主传动与主轴系统设计 I
——主传动系统设计

表面上看,主传动系统和主轴组件是数控机床两个相对独立的组成部分,但实际上这两个部分不管是从传动关系还是从功能关系上看都是密切相关的,主传动系统产生主运动,并进行变速,向主轴组件传递运动和动力,而主轴组件承接传递过来的运动和动力,最终实现主切削加工运动,两者缺一不可。相较于其他部分,主传动系统和主轴组件是一个大系统,是一个系统的两个子部分,因此本章将这两个部分合并为一个完整的系统进行介绍。本章首先统一介绍主传动与主轴系统的特点、组成及相互关系,然后重点介绍主传动系统。

主传动系统按传动机构主要分为有级变速和无级变速两种,数控机床主要采用无级变速方式。有级变速主传动系统的设计和计算方法参见有关普通机床设计的教材和文献资料,本章主要介绍无级变速主传动系统的设计和计算方法。

3.1 概　　述

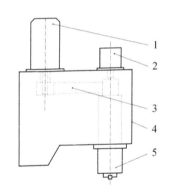

图 3-1-1　主传动与主轴系统示意图
1—主电机;2—松刀缸;3—主传动机构;
4—主轴箱;5—主轴

3.1.1　主传动与主轴系统的作用和特点

图 3-1-1 所示为主传动与主轴系统示意图,主电机 1、主传动机构 3 和主轴 5 安装在主轴箱 4 中,主电机 1 通过主传动机构 3 传动而驱动主轴 5,主轴 5 带动刀具(或工件)执行主运动。主传动机构有多种形式,如齿轮传动、同步带传动等。

1. 主传动与主轴系统的作用

主传动与主轴系统是机床的两大基本运动系统之一,负责主运动的产生、变速、传递和执行,消耗机床大部分功率;具有启停、变速、换向、制动等功能。

2. 主传动与主轴系统的特征体现

对于普通数控机床(没有刀具交换和刚性攻螺纹等功能),不一定需要对主运动进行位置和速度控制;而对于加工中心或车削中心,由于具有刀具自动交换和刚性攻螺纹功能,需要对主运动进行速度和角度位置控制。因此,主传动与主轴系统的变速和控制特性是加工中心的主要特征之一,但不是普通数控机床的主要特征。

3. 主轴伺服功能

主轴伺服功能是指采用主轴伺服电机驱动,可通过程序设置速度并能自动变速,以及进行速度和角度位置控制的主运动功能,简称主轴功能。主轴伺服功能是普通数控机床向加工中心转变而必须具备的,是主运动由有级变速方式向无级变速和伺服控制方式转变的结果。随着技术进步和产品发展,很多普通数控机床也具有主轴伺服功能。

4. 主传动与主轴系统的特点

相比普通机床,数控机床的主传动与主轴系统具有以下特点:

(1) 变速范围宽且最高转速大。为适应数控机床较大的加工工艺范围,其主运动须具有较宽的速度范围,也就是要具备较大的最高转速和较宽的变速范围,一般最高、最低转速比 $R_n > 100$,按满足不同加工要求的合理切削用量选择,获得最佳的加工质量和效率。

(2) 功率大。功率大是为了适应数控机床较大的加工工艺范围,并适用于大功率切削;同时通过提高功率来提高最大扭矩,适用于低速时的较大强度切削。

(3) 变速迅速。采用无级调速电机,可通过程序设置主轴转速并能自动变速,变速迅速,操作性能和控制性能好,提高了加工效率。

(4) 主轴精度高、精度保持性好。主轴组件具有较高的精度和较好的精度保持性,确保工件表面加工质量好。

(5) 传动精度高。主传动系统具有较高的传动精度,确保主轴定向和角度位置的较高精度,满足控制要求,如刚性攻螺纹功能、刀具自动交换功能等。

3.1.2　主传动与主轴系统的组成及相互关系

主传动与主轴系统包括主传动系统和主轴组件两部分。主传动系统主要包括主电机、传动系统、操纵机构等子部分;主轴组件主要包括主轴、轴承、松夹刀机构等子部分。主传动与主轴系统的组成及相互关系如图 3-1-2 所示。

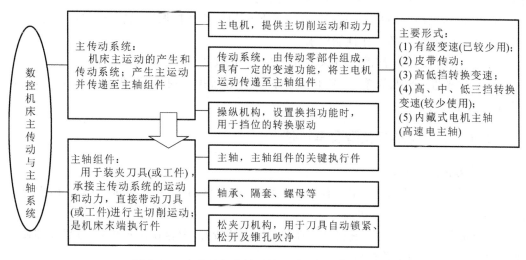

图 3-1-2　主传动与主轴系统组成及相互关系示意图

3.1.3　主传动与主轴系统的设计要求

1. 机床切削特性

数控机床加工过程同样也遵循金属切削加工的特性,了解切削特性是主传动与主轴系统设计的关键。根据试验和实践验证,金属切削加工特性表现为图 3-1-3 所示的主轴功率-扭矩-转速关系。图中,n_j 为计算转速,P 为功率,M 为扭矩。切削加工特性:小于计算转速的转速段为恒扭矩切削,大于或等于计算转速的转速段为恒功率(全功率)切削。不同加工要求,机床具有不同的计算转速。

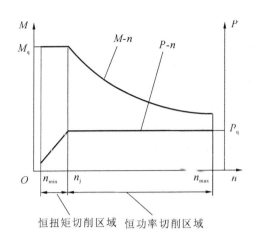

图 3-1-3　主轴功率-扭矩-转速关系图

2. 主传动与主轴系统设计要求

（1）具有较大的最高转速和足够的转速范围，满足较宽加工工艺范围、多种场合的运动要求；通过电气控制或结合一定的机构，实现启动、停止、反向、制动等功能；根据不同方案还需具有换挡等功能。

（2）通过合理的传动系统设计，既实现较高的主轴最高转速，又实现足够的低速扭矩和恒功率范围，满足切削特性即功率-扭矩-转速特性要求。

（3）主传动机构特别是主轴组件，应具有足够的精度和抗振性，热变形和噪声要小，传动平稳、效率高，满足较高的工作性能要求。

（4）操纵方便、可靠，润滑、密封好，满足使用性能要求。

（5）结构先进、合理、简单，制造工艺性好，调整和维护方便，可靠性高，成本可控，满足先进性和经济性的要求。

3.1.4　主传动系统类型及其特性

1. 按动力源类型分类

（1）普通交流电机驱动。用于有级变速系统，属于恒功率传动，机械特性很好，但操作性能差，目前已较少应用于数控机床。

（2）直流伺服电机驱动。其机械特性和控制性能较好，但存在换向磨损，可靠性和使用方便性较差，已很少应用于数控机床。

（3）变频调速电机驱动。为无级调速，并可通过程序设定实现自动变速，使用操作性好，成本较低；属于开环控制，机械特性较差，不能应用于要求主轴定向和位置控制场合，因此也不能应用于加工中心；较常用于低端的数控机床主传动系统。

（4）交流伺服电机驱动。为半闭环（或闭环）控制，机械特性好，控制性能和可靠性好，体积较小，使用方便，应用最普遍。

2. 按传动装置类型分类

（1）机械传动。机械特性好，传动精度高，可靠性好，性价比好，普遍使用，主要有齿轮有级变速、同步带传动、齿轮高低挡分段无级变速传动等形式。

（2）液压传动。主要应用于主运动为直线运动的传动系统中，传动精度较差。

（3）电气传动。电机变速，直接驱动主轴，如内藏式电机主轴，主要用于要求高速、较小扭矩的机床。

3. 按变速的连续性分类

（1）有级变速。采用普通交流电机，多挡位齿轮有级变速，恒功率传动，机械特性很好，但传动机构复杂，操作性和控制性差，在数控机床中已较少使用。

（2）无级变速。对于主运动为主轴运动的机床，采用交流伺服电机或变频电机，操作性能好；如配以齿轮分段变速，则机械特性更好，能满足各种场合的要求，目前在数控机床中使用普遍。

3.1.5　数控机床主传动机构类型及其特性

数控机床的主传动机构是指从主电机至主轴组件之间的传动机构，也称为传动系统，主要有三种类型：有级变速传动、一挡无级变速传动、多挡（一般为两挡或三挡）分段无级变速传动。有级变速传动类型特点已在前面介绍，下面简要叙述后面两种传动机构类型特点。

1. 一挡无级变速传动类型

采用无级变速电机，具有一定的恒功率范围，直接驱动或通过单传动比机构驱动主轴。机械结构简单，操作性好，但由于常规无级变速电机恒功率范围较小，因此其机械特性一般较差。常用于低速扭矩较小但最高转速较大或低速扭矩较大但最高转速较小的加工场合的数控机床。

2. 多挡分段无级变速传动类型

采用无级变速电机，具有一定的恒功率范围，通过两挡或三挡机械变速，形成两段或三段无级变速输出。机械结构较为复杂，但一般采用自动换挡方式，操作性和控制性能好，机械特性好，其中两挡类型较为常用。

3.1.6　变速的物理规律

上面所讨论的各种变速形式和类型多种多样，但对于主运动为旋转运动的机床，如暂不考虑传动效率，其变速遵循以下物理规律：

$$P = \frac{M\omega}{1000} = \frac{2\pi Mn}{60 \times 1000} = \frac{Mn}{9550} \tag{3-1}$$

式中　　P——功率，kW；

　　　　ω——角速度，rad/s；

　　　　M——扭矩，N・m。

或表示为：

$$Mn = 9550P \tag{3-2}$$

从式（3-2）中可看出，当输入功率一定，不管是中间传动还是最终输出，某一转速与其对应的扭矩呈反比例关系：当要求较高的输出扭矩，则须把转速降下来；当需要较高的转速，则扭矩须较小。

3.2　无级调速的一挡传动形式设计计算

3.2.1　伺服电机的机械特性

本节及后续内容主要以主轴伺服电机作为主电机进行分析，对于也可作为无级变速主电机的变频电机,其机械特性类似于伺服电机,分析和计算方式相同,但性能相对较差。

图 3-2-1 所示为主轴交流伺服电机的功率-扭矩-转速特性图(简称功率-扭矩特性图),具有以下特点:

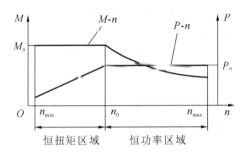

图 3-2-1　主轴交流伺服电机功率-扭矩-转速特性图

(1) 转速具有拐点,即额定转速 n_0,其特点为小于 n_0 的为恒扭矩区域,大于或等于 n_0 的为恒功率区域。

(2) 如不考虑短时超载功率(以下如不注明则均为不考虑),额定扭矩就是最大扭矩。

(3) n_0 一般有 500 r/min、750 r/min、1000 r/min、1500 r/min、2000 r/min 等。如对于 P_0 和 n_{max} 均相同的电机,则 n_0 越小,恒功率区域越大,低速扭矩越大,机械特性越好,但电机体积也越大,包括其伺服驱动系统在内的成本越高;反之亦然。

可以看出,主轴伺服电机的机械特性与机床切削特性相同,因此,如果某一设计方案中伺服电机的机械特性图覆盖了预设的切削特性图,包括传动损耗后的功率也满足要求,则可采用伺服电机直接驱动主轴的方式。可实际上,由于结构空间和综合成本的限制,很多应用场合无法满足上述覆盖条件,此时就需要采用适当的传动机构来加以解决。

根据实践经验,按照成本原则,通常主轴伺服电机多采用 $n_0=1500$ r/min 的规格,此时 n_0 较大,其对应的额定扭矩较小,恒功率范围小。如果直接使用额定转速为 1500 r/min 或以上的电机而不经过机械变速以提高低速扭矩或扩大恒功率范围,则只能应用于较高转速和切削量较小的场合,而不能应用于要求低速扭矩较大、恒功率范围较宽的应用场合;对于有些应用场合,就算采用 n_0 较小的电机规格也不能满足要求,这就需要结合采用各种变速和传动机构。采用哪种电机规格和变速机构形式的组合,需要综合考虑性能要求、结构空间限制和综合成本控制等因素,这是一个优化设计过程。

3.2.2　直联传动形式

直联传动形式的组成、原理和特点如下。

1. 直联传动系统的组成

直联主传动系统主要由主电机、弹性联轴器、主轴组件、主轴箱等零部件组成,其装配关系如图 3-2-2 所示。

2. 直联传动形式的原理和特点

(1) 主电机通过弹性联轴器与主轴连接,实现同轴传动,传动比为 1∶1,直接将电机的特性传递给主轴。

(2) 由于存在联轴器和加工误差,虽可达到较高的主轴转速,但一般不能大于 12000 r/min。

(3) 由于是同轴传动,松夹刀机构需安装在主轴组件内,安装结构性和工艺性不好,维护

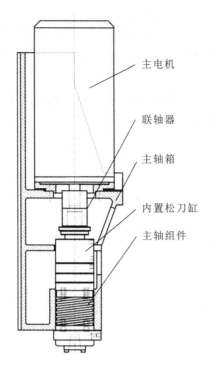

图 3-2-2　直联主传动系统示意图

性较差。

实际上,直联传动形式是特殊的一挡传动形式,其分析计算参照后面的一挡传动形式计算方法。

3.2.3　一挡传动形式

一挡传动形式主要包括三种,即等速传动、减速传动、升速传动,分别对应不同的传动比,但其组成、机构形式和计算方式相同。

1. 一挡传动系统的组成和原理

一挡传动系统主要由主电机、同步带传动副(或齿轮传动副)、主轴组件、主轴箱、润滑装置(用于齿轮传动类型)等零部件组成,其装配关系如图 3-2-3 所示(图中未表示润滑装置)。

主动带轮(或齿轮)安装在主电机轴上,被动带轮(或齿轮)安装在主轴组件上;主电机通过同步带传动副(或齿轮传动副)驱动主轴组件,不同的传动比产生不同的主轴输出特性;对于齿轮传动类型,需采取润滑措施。

2. 传动机构类型和特点

(1)同步带传动　最常用的一挡传动形式,结构简单、传动准确、预紧方便、平稳性好,传动线速度相对较高,不用润滑,维护方便;通常采用

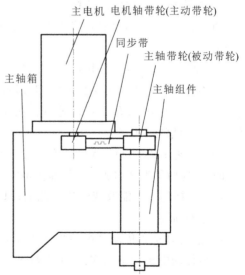

图 3-2-3　一挡传动系统示意图

圆弧形齿形,能够满足常规的传动强度要求。

（2）齿轮传动　传动准确,强度、刚度相对更好;但结构较复杂,需要润滑,传动平稳性较差,易产生噪声,传动线速度相对较低;不常用,主要用于传动强度大的场合。

3. 特性参数计算

通过机械传动,电机的机械特性转变为主轴输出的机械特性,且主要与传动比(减速比)有关。

传动比和转速参数计算如下:

$$i = \frac{z_2}{z_1}, \quad n_{s0} = \frac{n_0}{i}, \quad n_{smax} = \frac{n_{ymax}}{i} \tag{3-3}$$

式中　i——传动比,或称减速比;

　　　z_1, z_2——主动轮齿数和被动轮齿数;

　　　n_0, n_{s0}——电机额定转速和主轴额定转速,r/min;

　　　n_{smax}——主轴最高转速,r/min;

　　　n_{ymax}——电机最高使用转速,r/min,不一定是电机最高转速,但显然不大于电机最高转速。

从式(3-3)可以得出:$i=1$ 时为等速传动,$i<1$ 时为升速传动,$i>1$ 时为减速传动。由于在数控机床的主传动系统和进给传动系统中,大多数场合都采用减速传动,故 i 也称为减速比。

功率和扭矩参数计算如下:

$$P_{s0} = \eta P_0, \quad M_{s0} = \eta i M_0 = \frac{9550\eta i P_0}{n_0} \tag{3-4}$$

$$R_{sp} = \frac{n_{smax}}{n_{s0}} = \frac{n_{ymax}}{n_0} = R_{yp} \tag{3-5}$$

式中　P_{s0}, P_0——主轴输出额定功率和电机额定功率,kW;

　　　η——总传动效率;

　　　M_{s0}, M_0——主轴输出额定扭矩和电机额定扭矩,N·m;

　　　R_{sp}, R_{yp}——主轴恒功率范围和电机使用恒功率范围。

4. 功率-扭矩特性变化分析

通过机械传动,机械特性发生变化,根据式(3-3)、式(3-4)、式(3-5)可得出机械特性变化规律如下:

（1）减速比 i 增大,则主轴额定转速 n_{s0} 按比例减小,主轴额定扭矩 M_{s0}（即最大输出扭矩,以下如不特别注明则均不考虑短时超载扭矩）按比例增大,趋向于低速扭矩较大,满足较大强度切削要求;但同时主轴最高转速 n_{smax} 按比例减小。因此,减速比较大适用于低速扭矩较大、最高转速较低的加工场合。

（2）减速比减小,则机械特性变化与上述相反;如为等速传动,则机械特性不变(不考虑机械损耗时)。这两种类型均适用于低速扭矩较小(即切削强度较小)、最高转速较高的加工场合。

（3）一挡传动不能改变恒功率范围;原理上,机械传动不能改变功率,但由于机械损耗,传动后功率有所减小。

因此,合理选择传动系统的减速比很重要。

一挡传动电机功率-扭矩特性图如图 3-2-4 所示。结合式(3-3)、式(3-4)、式(3-5),可以形象地看出,减速比 $i>1$,相当于将电机功率-扭矩特性图按比例向左移动并压缩;减速比 $i<1$,相当于将电机功率-扭矩特性图按比例向右移动并拉长;减速比 $i=1$,电机功率-扭矩特性图不

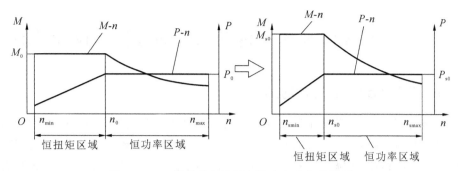

图 3-2-4　一挡传动电机及主轴功率-扭矩特性图

移动也不伸缩。

3.2.4　结构形式和特点

图 3-2-5 所示为一挡同步带传动形式的典型结构示意图。主轴箱作为机床主要基础支承件之一,是系统零部件的安装载体;主电机安装在过渡板上,过渡板安装在主轴箱上,主动带轮通过胀紧套组件无间隙安装在电机轴上;主轴组件通常作为独立组件,安装在主轴箱上,在组件的尾部安装有被动带轮,通过同步带与主动带轮实现传动连接;通常电机过渡板上设置有安装腰孔,装配调整时,通过调整装置适当移动过渡板连同电机组件,实现对同步带的适当张紧,然后固定。在主轴箱上还安装有松刀装置(即松刀缸,俗称打刀缸),正对着主轴组件的尾端,根据控制要求执行松刀动作。

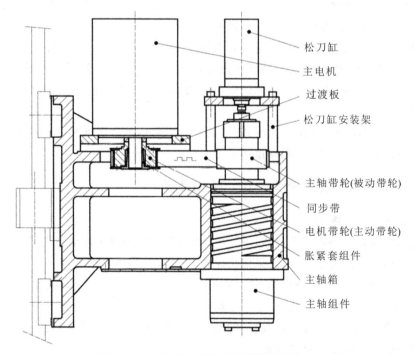

图 3-2-5　一挡同步带传动典型结构示意图

将同步带传动副改为齿轮传动副,即为一挡齿轮传动形式,安装结构基本一样,但没有张紧环节。齿轮传动需采取润滑措施,如配置循环润滑系统;或当主轴为卧式安装时,可采用齿轮小量浸油飞溅润滑方式;当转速不高时也可采用定时脂润滑方式。

3.3　两挡无级变速主传动系统的分析和设计计算

3.3.1　分段无级变速主传动形式

由上一节分析可知,通常采用的主轴无级调速电机额定转速较高,恒功率范围小,低速扭矩小,不能应用于较宽加工工艺范围的加工场合,即要求主传动系统既具有较大的低速扭矩,又具有较高的最高转速,也就是具有较宽的主轴恒功率范围。为使主传动系统既具有较大的低速扭矩又具有较高的最高转速,主轴无级调速电机与齿轮分段变速相结合的无级变速方式被提出,主要有两种形式——两挡无级变速形式和三挡无级变速形式。

1. 两挡无级变速形式

采用齿轮两挡无级变速机构,通过高挡(减速比小)可获得较高的最高转速,通过低挡(减速比大)可拓宽恒功率范围及获得较大的低速扭矩。这一变速形式的机械特性比一挡传动形式明显增强,但当高、低挡减速比相差较大时,往往会出现一定的功率缺口;机械结构相对较为复杂,但比三挡无级变速形式简单,往往采用齿轮多级传动方式,所以最高转速受到齿轮极限转速的限制。两挡无级变速形式适用于既要求达到较高转速进行小切削量加工,又可获得较大的低速扭矩以便进行较大切削量加工的场合,应用广泛。

2. 三挡无级变速形式

采用三挡无级变速机构,通过高挡可获得较高转速,通过低挡可拓宽恒功率范围及获得较大的低速扭矩,且通过中挡可消除可能出现的功率缺口。相较于两挡无级变速机构,三挡无级变速机构可实现更宽的恒功率范围,没有功率缺口;机械特性更好,可与机械有级变速形式的特性媲美;结构更为复杂,同样其最高转速也受到齿轮极限转速的限制;主要用于要求加工工艺范围宽、机械特性好的场合。三挡无级变速机构由于结构相对较为复杂,综合性价比下降,故较少应用。

综上,当需要采用分段无级变速形式时,通常采用两挡无级变速形式。下面主要介绍这一形式的分析和设计计算方法,但同样也适用于三挡无级变速形式。

3.3.2　两挡无级变速传动形式分析和计算

1. 两挡变速传动系统图

两挡变速机构有多种传动链形式,图 3-3-1 为其几种典型的主传动系统图。图 3-3-1(a)为典型的两次两挡传动机构形式,全部采用齿轮传动、齿轮滑移换挡。根据实际变速要求和机构空间状况,第一级传动也可以采用同步带传动形式,如图 3-3-1(b)所示;或第一级传动也不一定需要,如图 3-3-1(c)所示。(说明:机械运动依次通过一副或两副传动机构传动的称为一次传动或两次传动,在不与"变速级数"混淆的情况下也称为一级传动或两级传动,下同。)

2. 根据齿轮传动机构计算减速比

以图 3-3-1(a)为例,变速系统的高、低挡减速比计算如下:

$$i_g = \frac{z_2}{z_1} \times \frac{z_4}{z_3}, \quad i_d = \frac{z_2}{z_1} \times \frac{z_6}{z_5} \tag{3-6}$$

式中　i_g、i_d——高挡减速比和低挡减速比。

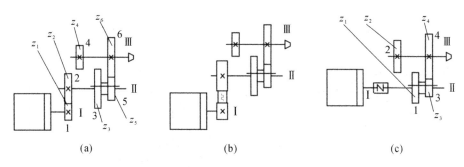

图 3-3-1　两挡变速机构几种典型的主传动系统图

3. 传动系统基本设计参数的计算确定

在实际主传动系统设计中,通常并不是先已知传动机构的齿数然后计算高、低挡减速比,不是已知电机的功率等特性参数然后计算主轴的功率等特性参数,而是反过来的,即先通过设计任务书要求,分析计算得到主轴的特性参数要求,作为计算高、低挡减速比和电机规格参数的已知条件。这些已知条件一般包括主轴最高转速 n_{smax}、电机最高使用转速 n_{ymax}、主轴额定功率 P_{s0}、主轴额定扭矩 M_{s0}、主轴额定转速 n_{s0}。设电机额定功率为 P_0,电机额定扭矩为 M_0,电机额定转速为 n_0,则基本计算公式如下:

$$i_g = \frac{n_{ymax}}{n_{smax}}, \quad i_d = \frac{M_{s0}}{\eta M_0}, \quad P_0 = \frac{P_{s0}}{\eta} \tag{3-7}$$

实际上,主轴最高转速 n_{smax} 也就是主轴在高挡区域的最高转速 n_{gmax},同时根据功率-扭矩变换关系,高、低挡减速比的计算式又具有以下形式:

$$i_g = \frac{n_{ymax}}{n_{gmax}}, \quad i_d = \frac{n_0 M_{s0}}{9550 \eta P_0} = \frac{n_0}{n_{s0}} \tag{3-8}$$

4. 功率-扭矩特性的变换关系图

电机的功率-扭矩-转速特性(简称功率-扭矩特性)通过传动系统高、低挡传动,转换形成主轴输出的功率-扭矩特性。主轴的功率-扭矩特性(或特性图)就是电机的功率-扭矩特性(或特性图)在高、低挡减速比传动下分别形成的主轴功率-扭矩特性(或特性图)的复合叠加,如图 3-3-2 所示。

图 3-3-2 中,M_{g0}、M_{d0} 分别为高挡区域、低挡区域的主轴额定扭矩(N·m);n_{gmax}、n_{dmax} 分别为高挡区域、低挡区域的主轴最高转速(r/min);n_{g0}、n_{d0} 分别为高挡区域、低挡区域的主轴额定转速(r/min);n_z 为高、低挡区域的转换点转速(r/min)。

从图 3-3-2 中很容易看出,由于低挡减速比大,故低挡传动后的主轴功率-扭矩特性图相比电机功率-扭矩特性图明显向左压缩;而高挡减速比较小,所以高挡传动后的主轴功率-扭矩特性图与电机功率-扭矩特性图相比变化小。图 3-3-2 中的高、低挡区域的主轴功率-扭矩特性图没有接合,图形错开的程度表示功率缺口的大小,将在后面讨论。

5. 主轴额定转速和主轴恒功率范围

在图 3-3-2 中,高、低挡区域主轴功率-扭矩特性图形没有接合而出现缺口,表示整个特性图形有两个分别对应高、低挡区域的额定转速,但从整体性质看,确定低挡特性区域的额定转速为主轴的额定转速。同时,功率缺口只是局部的,恒功率范围的起始点也应按低挡额定转速确定。因此,主轴额定转速 n_{s0} 和恒功率范围 R_{sp} 计算如下:

$$n_{s0} = n_{d0} = \frac{n_0}{i_d}, \quad R_{sp} = \frac{n_{smax}}{n_{s0}} = \frac{n_{ymax} i_d}{i_g n_0} = \frac{i_d}{i_g} R_{yp} \tag{3-9}$$

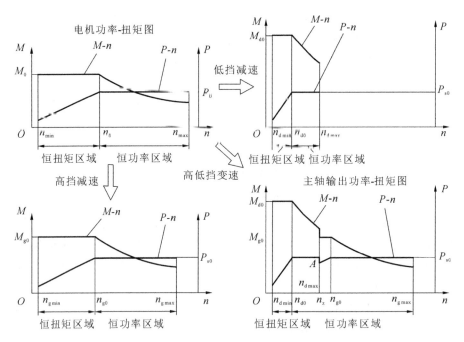

图 3-3-2　功率-扭矩特性转换关系图

6. 高低挡转换点转速计算

在主传动和主轴运行时,整个转速范围由高、低挡转速区域复合而成,需要进行高、低挡的转换才能得到整个主轴转速范围,转换点转速就是低挡区域的最高转速。因此,高、低挡区域转换点转速 n_z 计算如下:

$$n_z = n_{\mathrm{dmax}} = \frac{n_{\mathrm{ymax}}}{i_\mathrm{d}} \tag{3-10}$$

7. 功率缺口计算

衡量功率缺口的参数有功率损失 ΔP_s、功率缺口宽度 Δn_s 和相对功率损失率 μ,定义如下:

(1)功率损失:主轴输出功率与缺口处最小功率(即图 3-3-2 中 A 点的功率)之差称为功率损失 ΔP_s,表示功率损失的绝对值。

(2)功率缺口宽度:功率缺口处对应的主轴转速范围称为功率缺口宽度 Δn_s,表示出现功率缺口的绝对转速范围。

(3)相对功率损失率:功率损失值与主轴额定功率的比值为相对功率损失率 μ,反映功率损失的相对程度。

假设功率缺口最低处(图 3-3-2 中 A 处)的功率为 P_{sA},则 ΔP_s、Δn_s 和 μ 的基本计算式如下:

$$\begin{cases} \Delta P_s = P_{s0} - P_{sA} = P_{s0} - \dfrac{n_{\mathrm{dmax}} M_{\mathrm{g0}}}{9550} \\[2mm] \Delta n_s = n_{\mathrm{g0}} - n_{\mathrm{dmax}} \\[2mm] \mu = \dfrac{\Delta P_s}{P_{s0}} \end{cases} \tag{3-11}$$

结合式(3-4)~式(3-9),得 ΔP_s、Δn_s 和 μ 的不同计算表达式如下:

$$\Delta P_{\mathrm{s}} = \eta P_0 - \frac{\eta i_{\mathrm{g}} n_{\mathrm{ymax}} M_0}{9550 i_{\mathrm{d}}} = \eta P_0 - \frac{\eta i_{\mathrm{g}} n_{\mathrm{ymax}}}{i_{\mathrm{d}} n_0} P_0 = \left(1 - \frac{i_{\mathrm{g}} n_{\mathrm{ymax}}}{i_{\mathrm{d}} n_0}\right)\eta P_0 = \left(1 - \frac{i_{\mathrm{g}}}{i_{\mathrm{d}}} R_{\mathrm{yp}}\right)\eta P_0 \tag{3-12}$$

$$\Delta n_{\mathrm{s}} = \frac{n_0}{i_{\mathrm{g}}} - \frac{n_{\mathrm{ymax}}}{i_{\mathrm{d}}} \tag{3-13}$$

$$\mu = 1 - \frac{i_{\mathrm{g}} n_{\mathrm{ymax}}}{i_{\mathrm{d}} n_0} = 1 - \frac{i_{\mathrm{g}}}{i_{\mathrm{d}}} R_{\mathrm{yp}} \tag{3-14}$$

根据式(3-12)或式(3-13)，高、低挡减速比相差越大或电机最高使用转速越小，则功率损失、相对功率损失率、功率缺口宽度就越大，反之亦然。从图 3-3-2 中也可以直观地看出产生功率缺口的原因。

消除功率缺口的条件为 $\Delta n_{\mathrm{s}} \leqslant 0$ 或 $\mu \leqslant 0$，即

$$\frac{i_{\mathrm{d}}}{i_{\mathrm{g}}} \leqslant R_{\mathrm{yp}} \tag{3-15}$$

在式(3-15)中，如取等号，则正好消除功率缺口，特性图正好接合；如取"<"号，则没有功率缺口，但特性图有重合部分。

【例 3-1】　已知选择的主轴伺服电机额定功率 P_0 为 7.5 kW，电机额定转速 n_0 为 1500 r/min，电机最高转速(也是电机实际使用最高转速) n_{ymax} 为 6000 r/min；要求主轴输出额定转速(即计算转速) n_{s0} 为 300 r/min，主轴输出最高转速 n_{smax} 为 4000 r/min。

(1) 计算电机额定扭矩 M_0。

(2) 可否采用一挡传动方式而达到题目要求？为什么？

(3) 现采用两挡变速传动方式，并假定总传动效率 η 约为 0.9。请计算低挡减速比 i_{d}、高挡减速比 i_{g}、主轴输出额定功率 P_{s0}、主轴输出额定扭矩 M_{s0}、变挡转换点速度 n_{z}。

(4) 是否出现功率缺口？

解　(1)　$$M_0 = \frac{9550 P_0}{n_0} = \frac{9550 \times 7.5}{1500} = 47.75 (\mathrm{N \cdot m})$$

(2) 可有多种方法判断，如采用直接计算法：当需满足最高转速时 $i = n_{\mathrm{ymax}}/n_{\mathrm{smax}} = 6000/4000 = 1.5$，则 $n_{\mathrm{s0}} = n_0/i = 1500/1.5 = 1000(\mathrm{r/min}) > 300$ r/min，显然采用一挡传动方式不能满足要求。

(3)　$$i_{\mathrm{d}} = n_0/n_{\mathrm{s0}} = 1500/300 = 5$$
$$i_{\mathrm{g}} = n_{\mathrm{ymax}}/n_{\mathrm{smax}} = 6000/4000 = 1.5$$
$$P_{\mathrm{s0}} = \eta P_0 = 0.9 \times 7.5 = 6.75(\mathrm{kW})$$
$$M_{\mathrm{s0}} = \eta i_{\mathrm{d}} M_0 = 0.9 \times 5 \times 47.75 = 214.875(\mathrm{N \cdot m})$$
$$n_{\mathrm{z}} = n_{\mathrm{ymax}}/i_{\mathrm{d}} = 6000/5 = 1200(\mathrm{r/min})$$

(4) 可有多种方法，如采用恒功率范围判定法，或采用直接计算比较法。如采用直接计算比较法：

$$n_{\mathrm{g0}} = n_0/i_{\mathrm{g}} = 1500/1.5 = 1000(\mathrm{r/min}) < 1200 \text{ r/min} = n_{\mathrm{z}}$$

所以没有功率缺口。

3.3.3　两挡无级变速系统技术参数的综合分析和确定

根据式(3-7)~式(3-14)，可得出以下结论。

1. 低挡减速比对机械特性的影响和减速比选择

低挡减速比越大,则主轴额定扭矩越大,主轴额定转速越小,恒功率范围越大,这是有利的。但低挡减速比越大,则功率损失、功率缺口宽度、相对功率损失率就可能越大,这是不利的。

在进行低挡减速比的具体选择时,必须综合考虑和分析,选择适宜的低挡减速比,既要保证有足够的主轴额定扭矩和较大的恒功率范围,又确保功率损失在许可范围内。一般低挡减速比 i_d 为 3.5~6 较合适,根据具体技术要求而定。如果在常规范围内选择低挡减速比仍达不到足够的主轴额定扭矩要求,则应选择较大的电机规格,或采用三挡变速形式(实际较少采用)。

2. 高挡减速比对机械特性的影响和减速比选择

在一定的范围内,高挡减速比越大,则功率损失、功率缺口宽度越小甚至消失。所以,适当提高高挡减速比对机械特性是有利的。但当主轴最高转速给定后,高挡减速比越大,则电机最高使用转速越大,对机械结构、加工和装配精度要求就越高,工艺性降低,甚至达不到主轴最高转速要求,这是不利的。因此从提高工艺性、便于满足主轴最高转速看,选择较小的高挡减速比是有利的。在具体选择时,必须综合考虑和分析。

高挡减速比大到一定值后,功率缺口消失,此时再加大高挡减速比则没有意义。一般高挡减速比 i_g 为 1~2 较合适。

3. 功率缺口的确定和减小方法

从以上分析可知,在电机特性和主轴最高转速确定后,功率缺口与高、低挡减速比有关,减小功率缺口与提高低速扭矩及扩大恒功率范围是相互矛盾的。因此,一般情况下允许一定的功率缺口存在,但应限制相对功率损失率在一定的范围内,如无特殊要求,可按如下确定:对于中型机床 $\mu \leqslant 21\%$,对于重型机床 $\mu \leqslant 12\%$。

如果机床经常在功率缺口转速段内使用,要求该段功率特性好,则应适当调整高、低挡减速比以减小或消除功率缺口;如仍无法满足要求则可加大电机功率以满足主轴最小功率要求,或采用三挡变速方式消除功率缺口(实际较少采用)。

3.4　两挡无级变速主传动系统的结构设计

3.4.1　两挡无级变速主传动系统结构设计要求和内容

机床主传动系统的结构设计性质是将传动方案结构化,形成生产图样,包括装配图、零部件图、零部件目录。

1. 机床主传动系统结构设计的基本要求

机床主传动系统结构设计应满足以下要求:① 传动方案各项参数、性能和精度要求;② 强度、刚度要求;③ 机构运行灵活、平稳、可靠,传动效率高;④ 变速位置正确、无干涉,主轴角度检测机构可靠(如需要);⑤ 抗振性好,噪声小;⑥ 部件结构形状满足整机结构设计要求;⑦ 在可能的情况下,尽量减小整个机构的轴向和径向尺寸;⑧ 制造工艺性好,维护方便。

2. 机床主传动系统结构设计主要内容

机床主传动系统结构设计的主要内容通常包括:① 传动机构设计,包括传动系统图、装配结构图、零部件图(如齿轮、传动轴等);② 与主轴组件的配合设计;③ 变速操纵机构设计;

④ 润滑(冷却)、密封装置设计;⑤ 其他机构设计(如制动机构等);⑥ 检测装置设计;⑦ 箱体设计;⑧ 主要零件(如主要齿轮、传动轴、主轴、轴承等)的强度、刚度校核。

3. 主传动变速箱部件装配图设计要求

变速箱部件装配图设计应能完整、清晰地表达装配结构关系和外形,装配图视图一般包括传动展开图、横向剖视图、外形图和其他必要的视图、局部视图;标注主要配合尺寸及连接关系,如孔与轴的配合、轴间距尺寸及允许公差、重要连接尺寸链、外形尺寸、传动轴序号等;并按机械制图要求作零部件引号,绘制明细表,编写技术要求等。

3.4.2 换挡机构类型

在数控机床多挡无级变速主传动系统中,换挡机构主要有三种类型:滑移齿轮换挡机构、离合器换挡机构和混合换挡机构。

1. 滑移齿轮换挡机构

滑移齿轮换挡机构是采用齿轮滑移、啮合的方式,实现不同的传动组合及其相应减速比,应用广泛。其优点是:变速范围较大,变速方便,可传递较大功率和扭矩;不工作齿轮不啮合,空载功率损失小。其缺点是:变速箱构造较复杂,不能在运转中变速;变速齿轮一般采用直齿轮,传动平稳性不如斜齿轮。图 3-1-1 为滑移齿轮换挡机构示意图。采用滑移齿轮换挡形式有多种配置,参见后续介绍。

2. 离合器换挡机构

将离合器安装于传动机构中,通过其结合和断开动作,接通或断开相应传动环节,从而实现不同的传动组合及相应减速比,如图 3-4-1 所示。其优点是:齿轮啮合位置固定,可采用斜齿轮或人字齿轮,运转更为平稳。其缺点是:增设了离合器部件,增加了传递环节,可靠性相对较差。

离合器有多种形式,应用较多的有摩擦片式、牙嵌式、齿轮式等。其中,摩擦片式离合器应用较为广泛,可在运转过程中结合,且结合平稳,便于实现自动化。当传动系统中须要求斜齿轮或人字齿轮传动而不适合采用滑移齿轮换挡机构时,可采用离合器换挡机构;当要求在运转中换挡时,可采用摩擦片式离合器换挡机构。

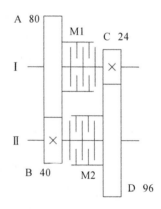

图 3-4-1 摩擦离合器

3. 混合换挡机构

采用齿轮滑移和离合器通断形式的组合,实现特殊的减速比和传动要求。

3.4.3 主传动机构排布

1. 主传动机构排布原则

主传动机构排布要符合整机方案确定的布局、减速比、变速箱空间和尺寸要求等;结构工艺性要好,装配调整和维护方便;对于滑移齿轮换挡结构形式,齿轮滑移结合要顺畅,避免出现结合干涉现象;对于离合器换挡结构形式,要避免出现超速现象。

2. 主传动次数确定

主传动次数是指从电机到主轴的中间齿轮或同步带的传动次数。在两挡主传动变速机构中,可能有一次传动或两次传动,当结构需要时也采用三次传动。四次及以上传动机构复杂,可靠性和传动刚度显著下降,极少采用。

主传动次数应尽可能少,选择依据如下:

(1) 根据低挡减速比确定。由于单级齿轮传动比是有限制的(一般不大于4),当低挡减速比较大时,一次减速达不到规定减速比要求,须采用两次减速,即两次传动。

(2) 根据变速箱空间尺寸确定。当减速箱截面面积较小时,限制了单次减速比,须采用两次减速,即两次传动。

(3) 根据主传动机构的布局确定。如果整机方案中已确定了主变速箱的布局关系,则主变速箱的传动机构排布要适应这一布局关系。如整机方案确定了主电机须安装在变速箱的上方或侧面,则主电机至变速箱的输入轴之间已形成第一次传动,显然主传动机构至少为两次传动。

3. 主传动机构组合与排布

传动机构的组合与排布有多种,如全部为齿轮传动形式、皮带(同步带)+齿轮传动形式、齿轮换挡形式、离合器换挡形式、齿轮+离合器混合换挡形式等,如图3-3-1、图3-4-2所示。

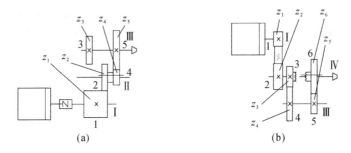

图 3-4-2 主传动机构组合与排布示例

图3-3-1(a)为典型的两次齿轮传动形式,采用滑移齿轮换挡机构,初级传动为固定传动,换挡变速设置在末级传动组上,结构相对较为复杂,但容易实现设计规定的减速比;高、低挡减速比按式(3-6)计算,由于是两次(两级)传动,低挡减速比可达到较大值。

图3-3-1(b)为齿轮和同步带混合传动形式,其传动级数、变速形式和计算方式与图3-3-1(a)相同,只是第一级传动机构改为同步带传动,中心距变化范围大,结构布局更方便、灵活,且第一级传动不需要润滑,特别适用于第一级传动中心距要求较大的场合。

图3-3-1(c)为一次齿轮传动形式,主电机通过联轴器驱动传动轴Ⅱ上的滑移齿轮组,再带动主轴,结构相对简单;高、低挡减速比按式(3-16)计算,由于是一次传动,低挡减速比较小。

$$i_g = \frac{z_2}{z_1}, \quad i_d = \frac{z_4}{z_3} \tag{3-16}$$

图3-4-2(a)为图3-3-1(a)的变形,即将图3-3-1(a)中齿轮2和齿轮3简化为图3-4-2(a)中齿轮2,传动结构和齿轮制造相对简单了,但也限制了减速比选择的灵活性。高、低挡减速比计算式如下:

$$i_g = \frac{z_3}{z_1}, \quad i_d = \frac{z_2 z_5}{z_1 z_4} \tag{3-17}$$

图3-4-2(b)为包括齿轮、同步带、离合器的全混合传动形式,其特点是高挡减速为一次传动,低挡减速为三级传动,从而其减速比可达相对更大的值,高、低挡减速比按式(3-18)计

算。本传动形式结构较复杂,应用场合较少。

$$i_g = \frac{z_2}{z_1}, \quad i_d = \frac{z_2 z_4 z_6}{z_1 z_3 z_5} \tag{3-18}$$

根据实际需要还有其他多种变速传动形式,但其分析方法相似,不再赘述。

4. 离合器换挡形式的布局和超速现象

离合器配置时,一要尽可能将离合器放置在高速轴上,以减小传递扭矩从而可减小离合器规格;二要防止出现超速现象。所谓超速现象,就是非动力传递支路的啮合齿轮出现了明显超过其正常传动时的转速,影响正常传动,增加了空耗,增加了噪声和磨损。图 3-4-1 和图 3-4-3 为四种摩擦离合器换挡机构示例,其中 I 轴为主动轴,II 轴为从动轴。在图 3-4-3(a)结构中,离合器放在主动轴上,高挡传动时,M1 结合、M2 断开,齿轮 A 驱动齿轮 B,减速比小(本例实际是升速传动);低挡传动时,M2 结合、M1 断开,齿轮 C 驱动齿轮 D,减速比大;同时,在高挡传动时,齿轮 D 带动齿轮 C 空转,因此齿轮 C 经过了两次升速传动,实际转速大大超过了其正常工作时的转速,出现超速现象;在低挡传动时,齿轮 B 带动齿轮 A 空转,因此齿轮 A 经过了两次减速传动,实际转速显著小于其正常工作时的转速,这一支路没有出现超速现象。总体上图 3-4-3(a)结构出现超速现象。在图 3-4-3(b)结构中,离合器都装在从动轴上,按照上述分析方法可知,高挡传动和低挡传动时都不会出现超速现象。在图 3-4-1、图 3-4-3(c)所示的结构中,各有一个离合器放在主动轴和从动轴上,可缩小轴向尺寸,由分析可知,图 3-4-1 结构没有出现超速现象,而图 3-4-3(c)结构出现了超速现象。

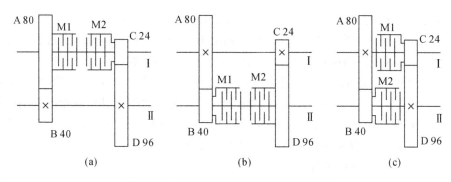

图 3-4-3　摩擦离合器换挡机构排布示例

5. 结构措施

(1)确定滑移组:尽量以较小的齿轮作为滑移齿轮,使滑移质量、阻力臂、移动阻力都较小,操作方便、可靠。

(2)齿轮宽度要求:齿轮宽度主要依据强度计算确定,但在结构设计中,对于一对啮合齿轮,通常取小齿轮宽度略大于大齿轮宽度,一是符合强度匹配要求,二是对装配调整方便性有利。

(3)空挡间隔要求:在同一个变速组内,须保证当一对齿轮完全脱开适当距离之后,另一对齿轮才开始进入啮合,其空挂间隙为 2～4 mm(单边 1～2 mm),如图 3-4-4 所示。

(4)避免变速结合时容易出现顶齿的措施:将变速齿轮组的结合方向齿侧倒成圆滑锥形或圆弧,使变速结合顺畅,如图 3-4-4 所示。

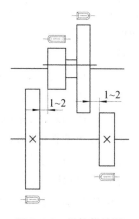

图 3-4-4　结构措施图

（5）缩小变速箱径向尺寸：缩小传动轴间距，即在强度许可的前提下尽量选用小的模数及齿数和；采用轴线相互重合方式，无法重合的相邻各轴在横截面上尽可能排成三角形。

（6）缩小变速箱轴向尺寸：尽量消除多余的轴向距离，避免厚度过大的齿轮；滑移齿轮组的两个齿轮采用靠拢形式，而固定齿轮采用分离形式。

3.4.4 主轴转速的自动变换

1. 主轴转速自动变换原理和过程

对于数控机床的主轴多挡变速机构，除了个别场合采用手动变挡操作之外，绝大部分场合采用自动变挡。

1）主轴的正转、反转和启停

主轴的正转、反转和启停直接通过控制无级调速电机来实现。

2）主轴转速变换原理和过程

（1）主轴转速的变换由电机变速和多挡变速机构的挡位转换结合实现，对于每一挡位的最高转速，都对应电机最高使用转速，见表 3-4-1。

表 3-4-1　电机转速与主轴转速的对应关系

主轴转速	对应电机转速 n_{dj}	
	主轴转速在低挡范围内 $n_{min} \leqslant n \leqslant n_z$	主轴转速在高挡范围内 $n_z < n \leqslant n_{gmax}$
n	$n_{dj} = i_d n$	$n_{dj} = i_g n$

（2）设定主轴转速后，系统自动判断所设定转速处于哪一个挡位。

（3）如所设转速处于当前挡位，则直接控制电机按当前挡位减速比倍数进行变速；如所设转速处于另一挡位（即跨挡位），则系统控制挡位变换机构自动换挡。

（4）换挡过程：① 电机停止；② 电机极慢速旋转或左右摆动以避免齿轮滑移结合过程出现顶齿现象，如采用摩擦离合器则无此运动；③ 变挡机构自动推动滑移齿轮组移动挂挡（或电气控制离合器开合）；④ 检测到挂挡到位信号后挂挡运动停止；⑤ 适当延时（使挂挡稳定）后按当前挡位减速比倍数的电机转速驱动，实现跨挡变速。

2. 变速机构的自动换挡装置

数控机床两挡（三挡）主传动系统一般采用自动换挡方式，个别情况采用手动换挡方式。换挡系统设置位置检测装置。自动换挡装置常用类型有两种——液压驱动拨叉换挡和电磁离合器驱动拨叉换挡。其中，前者滑移行程较大，应用较多；后者滑移行程较短，应用较少。

液压自动换挡装置主要由油缸、拨叉、液压回路、相关支承零件、检测装置等组成，对于两挡变速采用常规油缸，如图3-4-5所示。对于三挡变速，一般采用差动油缸，如图 3-4-6 所示。液压自动换挡过程：系统发出换挡信号—主电机停止—主电机慢速旋转或左右摆动—换向阀相应电磁阀动作（如液压系统关闭，则先启动液压系统）—油缸动作—滑移齿轮组滑移—齿轮结合到位—检测装置发出信号—电磁阀失电—换向阀处于中间状态而锁定—延时（确保齿轮结合到位，使挂挡稳定）—换挡结束，机床继续运行。

液压自动换挡装置需要配套相应的液压控制系统（回路），增加了一定的复杂性。

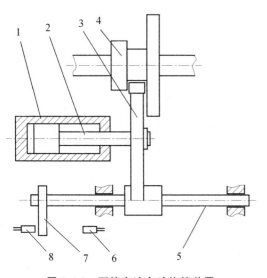

图 3-4-5 两挡变速自动换挡装置

1—油缸；2—活塞杆；3—拨叉；4—滑移齿轮；
5—导向杆；6、8—感应开关；7—感应块

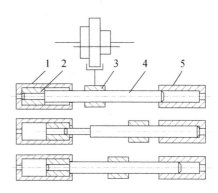

图 3-4-6 三挡变速自动换挡装置

1、5—液压缸；2—活塞套；
3—拨叉；4—活塞杆

3.4.5 结构设计实例

以下主要介绍几种较为典型的高低挡无级变速主传动结构设计实例，一挡传动结构形式相对简单，此处不作介绍。

1. 实例 1

图 3-4-7 所示为某立式加工中心主传动系统结构装配图，采用齿轮高低两挡无级变速传动方式，主电机 1 通过电机座 3 安装在主轴箱 13 上部，并通过弹性联轴器 2 驱动第一级减速齿轮副齿轮 6 和 8，滑移齿轮组齿轮 8 和 10 安装在中间传动轴上，其中齿轮 8 为公共齿轮，高、低挡末级齿轮 9、11 直接安装在主轴组件 12 上。这一主传动系统原理和结构相对较为简单，但主轴组件并非独立部件，因此主轴箱相对较为复杂。润滑方式采用内部循环的润滑泵 4 自动润滑系统，润滑油放置在主轴箱底部，润滑泵 4 安装在中间传动轴上部，利用传动轴驱动，通过出油管上的小孔喷射润滑油。

图 3-4-7(b) 为换挡操作机构的结构图，采用换挡油缸 16、活塞杆 17 驱动拨叉 7 的结构，滑移齿轮组齿轮 8、10 在换挡过程中做垂向运动，拨叉 7 受到齿轮组的重力作用，因此在拨叉机构中设置了滚动轴承 18，避免拨叉与齿轮组端面直接接触而产生过大的摩擦阻力；导向杆 14 传递换挡位移以触发行程开关 15 的电气信号，并起到导向和辅助支承作用，以提高换挡装置的稳定性。

2. 实例 2

图 3-4-8 所示为某龙门加工中心主传动系统结构装配图，视图按水平放置，但实际结构是竖直放置的。整个主传动系统主要由三个部分组成，即主变速箱及变速机构部分、滑枕及中间传动轴部分、润滑部分，主变速箱安装在滑枕上。主电机 12、变速齿轮组 7、第一级减速齿轮副 11、换挡机构 8 安装在主变速箱 9 上，并通过末端传动齿轮副 6 与滑枕 1 中的传动轴 4 连接。运行时，主电机 12 通过弹性联轴器驱动第一级减速齿轮副 11，带动变速齿轮组 7，通过末端传动齿轮副 6 驱动滑枕 1 中的传动轴 4，最后通过中间联轴器 3 驱动主轴组件 2。因此该主传动

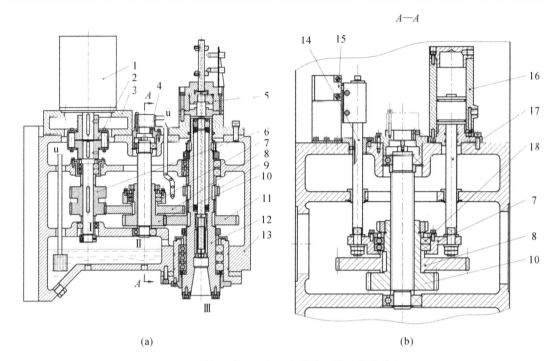

图 3-4-7　某立式加工中心主传动系统结构装配图

1—主电机；2—弹性联轴器；3—电机座；4—润滑泵；5—松刀缸；6—齿轮；7—拨叉；8—齿轮；9—齿轮；10—齿轮；

11—齿轮；12—主轴组件；13—主轴箱；14—导向杆；15—行程开关；16—换挡油缸；17—活塞杆；18—滚动轴承

系统为三次传动形式，低挡减速由三次齿轮减速合成，可实现较大的减速比和低速扭矩，满足龙门铣床的较大切削强度要求。润滑方式采用独立润滑箱系统，润滑箱 5 的一部分镶嵌在滑枕 1 中，其上的电动润滑泵主动抽油，通过润滑管对传动系统进行喷油润滑，喷射润滑后润滑油通过回油孔流回油箱，实现循环。

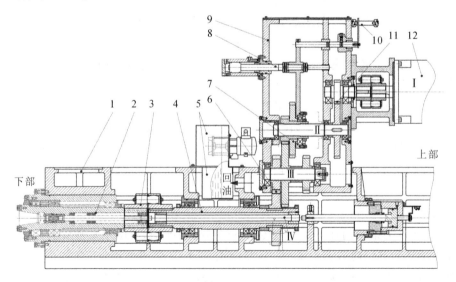

图 3-4-8　某龙门加工中心主传动系统结构装配图

1—滑枕；2—主轴组件；3—中间联轴器；4—传动轴；5—润滑箱；6—末端传动齿轮副；7—变速齿轮组；

8—换挡机构；9—主变速箱；10—换挡位置检测装置；11—第一级减速齿轮副；12—主电机

本传动系统结构采用变速箱与滑枕分离的形式,滑枕结构、孔系加工工艺和部件装配比一体化结构较为简单。

3. 实例 3

对于卧式数控机床,一般都采用卧式安装的主传动结构;但采用卧式安装的主传动系统不一定就是卧式数控机床,即不一定对应卧式主轴,也可能通过伞齿轮的方向转换而驱动立式主轴,或驱动万能铣头。图 3-4-9 所示为某数控滑枕铣床主传动系统结构装配图。本结构的特点为,主传动系统置于滑枕后部,铣头部件置于滑枕的前端,主电机置于滑枕的上部。主传动系统为两次传动形式,由于主电机 4 置于滑枕 8 上部,因此第一级减速由同步带传动副 2 实现;由于主轴组件置于滑枕前端的铣头部件 9 内,因此需通过弹性联轴器 5 和长轴 6 传动。齿轮变速机构为卧式安装,拨叉不受齿轮组重力作用,其接触面摩擦阻力很小,拨叉机构可不设置滚动轴承;换挡操纵机构在图中未表示,其结构与前面的实例类似。变速箱内的润滑采用齿轮浸油飞溅润滑方式,润滑油布满滑枕底部,有利于润滑油冷却和热量均匀。

本传动的布局结构取决于整机设计方案和滑枕部件的前后平衡需要,当滑枕较长时,前后孔系加工的位置精度不宜保证,此时也可以将后部的主变速机构设置成独立变速箱,如图 3-4-9 中 A 线所围部分,由主变速箱和滑枕组合实现原有的功能,此时主传动系统和主轴分离于三个不同箱体;图 3-4-9 中 A 线划分只是示意,具体结构应按组合形式并保证导轨完整性和刚性进行改动设计。

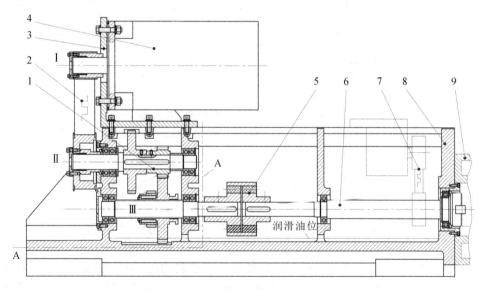

图 3-4-9　某数控滑枕铣床主传动系统结构装配图
1—高低挡变速组;2—同步带传动副;3—主电机座;4—主电机;5—弹性联轴器;6—长轴;
7—位置检测装置;8—滑枕;9—铣头部件

4. 实例 4

采用行星变速箱结构形式则减速比较大且传动机构紧凑、主传动箱体积小,但结构工艺性差和维护困难,润滑系统较复杂。图 3-4-10 为某行星轮式两挡无级变速主传动系统结构图,整个箱体由电机座 3、壳体 15、前支座 11 组成。主电机 1 通过驱动套 2 的花键连接驱动中心轮 10,当拨套 5 处于右边位置时,使结合齿 7 与固定套 6 内齿啮合而被固定,同时通过内齿啮合使行星系的外齿圈 8 被固定,从而中心轮 10 带动行星架 14 减速旋转,并通过花键连接带动输出轴 13 旋转形成低挡减速。当电磁铁 4 通过拨叉推动拨套 5 带动结合齿 7 向左移动时,结合齿 7 与固定套 6 脱开啮合,并与驱动套 2 的外齿啮合,由于结合齿 7 始终与外齿圈 8 连接,从而使主电机 1 通过驱动套 2 与中心轮 10 和行星架 14 同步旋转,即主电机 1 与输出轴 13 同步旋转,实现 1 : 1 的高挡传动。输出轴 13 通过端面螺钉固定连接带动外接传动件 12,再通过同步带或齿轮传动驱动主轴。

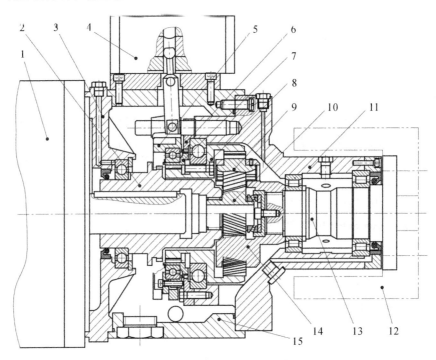

图 3-4-10　某行星轮式主传动系统结构图

1—主电机;2—驱动套;3—电机座;4—电磁铁;5—拨套;6—固定套;7—结合齿;8—外齿圈;
9—行星轮;10—中心轮;11—前支座;12—外接传动件;13—输出轴;14—行星架;15—壳体

低挡减速比取决于行星轮系的结构参数,根据不同规格,通常减速比可达到 2~4。

3.5　主轴旋转与进给轴的同步控制

数控机床加工经常需要主轴旋转与进给轴的同步控制功能,如在螺纹加工或端面恒速车削工序中,利用系统控制功能很容易实现上述同步控制功能。常使用的同步控制形式主要有两种:主轴旋转与轴向进给的同步控制、主轴旋转与径向进给的同步控制。

3.5.1　主轴旋转与轴向进给的同步控制

主轴旋转与轴向进给的同步控制主要体现和应用在刚性螺纹加工(刚性攻螺纹)工序中,这里的“刚性”主要区别于普通机床采用摩擦传递扭矩的“柔性”螺纹加工。刚性螺纹加工的过程是主轴带动刀具(铣削)或工件(车削)做旋转运动,与进给轴运动按照螺距关系进行同步,实现螺纹加工。一般螺距为固定值,但也可以实现变螺距控制,以扩大加工工艺范围。在刚性螺纹加工中要确保固定起刀点和退刀点,避免出现乱牙现象。

主轴旋转与轴向进给的同步控制原理:通常采用脉冲编码器对主轴旋转位置进行检测和

反馈,检测主轴的转角、相位和零位信号,如果主电机 1：1 驱动主轴,则可直接利用主电机内置编码器进行检测和反馈。通过数控系统对主轴角度和进给轴位置的联动控制功能,实现所要求的同步控制;同时通过数控系统的定位和运动控制功能,实现进刀点和退刀点的控制。图 3-5-1 所示为刚性螺纹加工示意图,同步关系满足如下计算式：

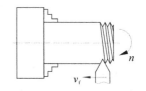

图 3-5-1　刚性螺纹加工示意图

$$v_f = Sn \tag{3-18}$$

式中　v_f——进给速度,mm/min;

　　　S——螺距,mm/r;

　　　n——主轴转速,r/min。

3.5.2　主轴旋转与径向进给的同步控制

主轴旋转与径向进给的同步控制最常应用在数控车床端面恒速车削加工工序中,以确保端面车削表面质量。

端面车削加工时,刀具做径向进给运动,切削半径不断变化,如主轴转速不变,将导致切削线速度不断变化(减小),表面质量不断下降,为确保工件加工表面粗糙度控制在一定范围内且基本不变,主轴转速须作相应变化。

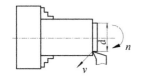

图 3-5-2　端面恒速车削示意图

主轴旋转与径向进给的同步控制原理和过程：数控系统根据径向进给轴位置,按照切削线速度恒定的关系计算出相应主轴转速值,并发送给主轴伺服系统,实现主轴转速的同步控制。图 3-5-2 所示为端面恒速车削示意图,同步关系满足下式：

$$n = \frac{1000v}{\pi d} \tag{3-19}$$

式中　v——切削线速度,m/min;

　　　d——端面车削处的对应直径,mm。

常规机床主轴最高转速一般不超过 10000 r/min,有些零件材料或小直径刀具(零件)需要采用比常规转速更高的主轴转速进行加工,以达到要求的较高切削速度;还有很多场合,工件材料本身适合采用高速切削,或为了提高加工效率,在刀具和工件材料特性允许的情况下,采用高速加工方式,此时主轴高速和进给轴高速要匹配,因此需要采用高速主轴方式。另外,柔性化、复合化是主传动系统的主要方向发展之一,即要提高主传动系统的加工适应能力,满足多种不同加工类型的主轴要求,综合考虑工序集中、先进制造模式、过程控制、物料传输、提高效率等因素。

习题和思考题

1. 主传动和主轴系统的主要作用是什么?

2. 简述主传动系统和主轴组件的相互关系。

3. 数控机床主传动机构主要有哪几种类型?各有什么特点?

4. 在一挡无级传动系统中,从主电机输入至主轴输出,速度、扭矩、功率是如何随减速比变化的?

5. 两挡无级变速主传动系统中,高挡、低挡传动分别起什么作用? 通常根据什么确定高、低挡减速比? 什么情况下会出现功率缺口?

6. 三挡无级变速主传动系统中,高挡、中挡和低挡传动分别起什么作用?

7. 在两挡或三挡无级变速主传动系统中,通常采用什么变速机构类型? 各有什么特点?

8. 已知在高低挡两段无级变速主传动系统设计中,已选择主轴伺服电机额定功率 P_0 为 11 kW,电机额定转速 n_0 为 1500 r/min,电机最高转速(也是电机实际使用最高转速) n_{ymax} 为 6000 r/min。根据总设计方案要求,低挡减速比 i_d 为 5.5,主轴最高输出转速 n_{smax} 为 3500 r/min,并已知总传动效率 η 为 0.9(减速比定义为主动轴转速与被动轴转速之比)。

(1)求主轴最大输出扭矩 M_{max}(不考虑电机超载情况);(2)求高挡减速比 i_g;(3)是否出现功率缺口? 如果出现功率缺口,求功率缺口宽度。

第4章　数控机床主传动与主轴系统设计Ⅱ ——主轴组件设计及其与主传动系统的配置关系

从功能方面看,主轴组件是机床的关键部分之一;从结构关系看,主轴组件也是主传动与主轴系统这一大系统中的两个部分之一,这两个部分紧密相关,共同产生作用。本章首先重点介绍主轴组件设计的内容,然后介绍主传动系统与主轴组件的配置关系和形式。

4.1　主轴组件的特点、组成和基本要求

4.1.1　主轴组件的特点和组成

主轴组件与主传动机构相连,是主传动与主轴系统的重要组成部分,是机床的最终执行部件,是决定机床性能、加工质量和技术经济指标的重要部件之一。

1. 主轴组件的作用

在加工运行时,主轴组件夹持并带动刀具(如铣削)或工件(如车削)旋转进行切削运动,承受切削力和驱动力等载荷,完成工件表面的材料切削运动,即主切削运动。

2. 主轴组件的基本组成

主轴组件主要由以下零部件组成:主轴、支承件(轴承)、安装在主轴上的传动件(齿轮、皮带轮)、刀具锁紧机构、其他零部件(支座、压盖、密封环、隔套、锁紧螺母等),如图4-1-1所示。

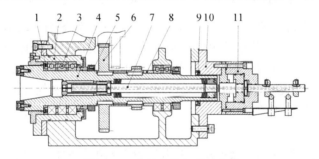

图 4-1-1　主轴组件组成示意图

1—迷宫垫;2—前支座组件;3—轴承;4—主轴;5—锁紧螺母;6—末端传动件;
7—刀具锁紧机构;8—隔套;9—密封环;10—后支座;11—松刀缸

3. 主轴组件的刀具自动锁紧功能

对于具有刀具自动交换功能或自动松夹刀功能的数控机床,主轴组件还需配置刀具自动松夹装置及实现主轴准停功能和锥孔自动吹净功能的装置。

4.1.2　主轴组件的基本要求

主轴组件的性能和精度对加工精度、表面粗糙度至关重要,因此主轴组件要具有良好的回转精度、刚度、抗振性、热稳定性和精度保持性。

1. 回转精度

主轴组件的回转精度是指在空载、低速状态下,主轴安装刀具或工件部位的径向跳动和轴向跳动。由于径向跳动与轴向距离有关,因此要同时考核相对于主轴端部的近端和远端处径向跳动,如图 4-1-2 所示。影响主轴回转精度的主要因素是主轴、轴承、箱体孔的精度,以及装配和调整精度。其中,影响径向跳动的主要因素是相关零部件的径向精度,如主轴支承轴颈的圆度、轴承滚道及滚子的圆度、主轴定心部位的径向跳动,主轴及随其旋转零件的动平衡精度等;影响轴向跳动的主要因素是相关零部件的轴向精度,如轴承支承端面、主轴轴肩及相关零件端面对旋转中心的垂直度、轴承滚道及滚动体误差、主轴定心部位的轴向跳动等。

2. 刚度

主轴组件的刚度是指在外加载荷的作用下,主轴组件抵抗变形的能力,通常是以主轴端部产生单位位移的弹性变形时,在位移方向上所需施加的作用力来表示,如图 4-1-3 所示,其计算形式参见 2.1.2 小节。

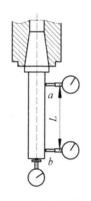

图 4-1-2　主轴回转精度检测

图 4-1-3　主轴刚度示意图

主轴组件的刚度是综合刚度,是主轴、轴承、箱体支承孔处等刚度的综合反映。因此,主轴结构、尺寸和材质,轴承类型、数量及预紧方式,箱体支承孔处的结构,传动件的布置形式、制造和装配质量等都是影响主轴组件刚度的因素。主轴组件刚度不足会直接影响加工精度和机床性能,影响主轴组件中齿轮和轴承的正常工作,降低其工作性能和缩短其寿命;影响机床抗振性,容易引起颤振,降低加工质量。

3. 抗振性

主轴组件抵抗受迫振动和自激振动的能力称为主轴组件的抗振性。机床在加工过程中,或多或少都会出现工件材料硬度不均、加工余量变化、组件不平衡、轴承或齿轮存在缺陷、切削颤振、断续切削等现象,使机床受到冲击力和交变力,迫使主轴产生振动。此时如果主轴组件抗振性好,则振动轻微或不明显;反之,则会使主轴产生明显振动。

主轴振动会直接影响工件的表面质量和刀具的使用寿命,增大噪声,无法保证机床的正常运行。决定主轴抗振性的主要是主轴组件的动刚度,因此其影响因素主要包括主轴组件的静刚度、质量分布和阻尼。用于评价主轴抗振性的指标主要是其低阶固有频率和振型,应使其低阶固有频率远高于激振频率,以免发生共振。

4. 热稳定性

主轴组件的热稳定性涉及主轴温升和热变形特性。主轴组件温度升高,会造成相应的热变形,从而影响加工精度和工作运行可靠性。主轴组件温度升高的主要原因:主轴组件运转时各相对运动处摩擦发热,切削区域的切削热传递,主传动系统和附近运动区域的热传导、热辐射,环境温度影响等。主轴组件因温升而产生过大的热变形,将对加工精度和工作运行产生明显影响,如轴承间隙变化,影响运转性能和精度;润滑油温度升高,黏度降低,影响工作性能;主轴精度变化、相关零件变形,影响运行精度和性能等。

由于主轴组件温升具有上述不利影响,因此主轴组件的温升控制是有技术标准要求的,主要包括两项指标:最高温度和最大温升。最高温度同时包含了机床自身品质和环境温度的影响,限制最高温度来确保主轴组件温度不能太高,避免影响整机工作性能;最大温升主要体现了机床自身的结构性能和质量,最大温升过大会导致加工精度和工件表面质量的显著变化。控制主轴温升的关键就是要保证优良的结构设计、相关零部件的制造和装配质量。

5. 精度保持性

主轴组件的精度保持性是指主轴组件在较长时间的正常工作状态下,保持其原始精度或精度变化在要求范围内的能力。精度保持性体现了机床的工作可靠性。主轴组件丧失其原始精度或精度变化超出规定范围的主要原因有:

(1) 磨损。如轴承、轴颈表面、安装刀具(工件)的定位面磨损。影响磨损的主要因素包括摩擦种类(滚动或滑动)、结构特点、表面粗糙度、材料热处理方式、轴承性能和质量、润滑条件、防护和使用状况等。

(2) 变形、松动和失效。经过一段时间使用后主轴组件相关部位发生永久变形,影响因素如主轴刚度不够、热处理效果不稳定等。由于零件和装配质量原因,使用一段时间后,主轴组件的装配关系发生变化(如锁紧螺母松动等),有质量缺陷的零件出现变化,影响因素如零件配合关系不合理、相关零件质量不合格等。

(3) 结构设计不合理。包括结构设计、材料选择不合理,造成主轴组件容易出现性能和精度变化。

(4) 欠保养和使用不当。

提高主轴组件精度保持性的主要措施:选择合理的材料和热处理方式,提高主轴、轴承等相关部位的耐磨性和稳定性;保证零件质量和装配质量;选择合理的结构和润滑方式;制定合理的使用和保养规范并严格执行。

4.2　主　　轴

主轴是主轴组件的主体零件,对主轴组件的精度、刚度和性能起关键作用,而且主轴也是机床的关键零件之一。根据主轴的结构性能、作用和重要性,主轴要具有较高的精度、足够的刚度、优良的结构稳定性以及重要表面的高表面硬度。

4.2.1　主轴结构

1. 主轴的整体结构

主轴的整体结构取决于主轴上所安装的刀柄刀具(或工件夹具)、传动件、轴承、锁紧机构等零件的类型、数量、位置和安装定位方法,以及主轴刚度、主轴制造工艺性和装配工艺性。主轴结构形状具有以下特点:

(1) 主轴直径自前至后逐渐减小。这是由于主轴前端部位要设置刀柄(或卡盘)等安装结构,需要较大的结构尺寸;同时,一般的主轴前端刚度对整体刚度影响更大,因此前轴径相对更大;对于主轴自身和与之相配的箱体加工工艺性以及装配工艺性而言,主轴采用阶梯轴更为有利。

（2）主轴一般具有中心通孔。这是安置刀柄、刀具及其锁紧机构（铣床）或通过棒料（车床）的需要。

2. 主轴前端结构形式

主轴前端结构取决于机床类型（如铣床、车床等）安装刀柄或夹具的结构形式。在结构设计上应保证刀柄或夹具定位准确、安装可靠、装卸方便,并能够传递足够的扭矩。由于刀柄、刀具和卡盘已标准化,因此常规机床主轴前端结构形状也已标准化,图 4-2-1 所示为几种常用机床主轴前端结构形式。

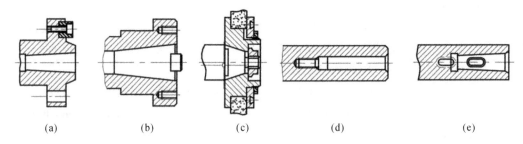

　(a)　　　　　　(b)　　　　　　(c)　　　　　　(d)　　　　　　(e)

图 4-2-1　几种常用机床的主轴前端结构形式

图 4-2-1(a)为车床主轴前端结构示意图,卡盘靠前端的外锥面定位,通过端面双键传递扭矩,中心莫氏锥孔用于安装顶尖或心轴。图 4-2-1(b)为铣床、铣镗床主轴前端结构示意图,采用 7∶24 锥孔安装刀柄,中心拉杆拉紧,通过端面双键传递扭矩。图 4-2-1(c)为外圆磨床主轴前端结构示意图,砂轮盘通过主轴前端 1∶5 外圆锥面定位,并采用螺母锁紧。图 4-2-1(d)为内圆磨床主轴前端结构示意图,砂轮通过连接杆安装在主轴莫氏锥孔内,并利用锥孔底部螺纹孔锁紧。图 4-2-1(e)为钻床、镗床主轴前端结构示意图,导杆或刀具安装在莫氏锥孔内,通过锥孔后端的扁孔传递扭矩,通过中部的扁孔进行拆卸。

4.2.2　主轴的材料和热处理

主轴是机床的关键部件之一,主轴的刚度、精度和稳定性十分重要,因此除了合理的主轴结构设计,选择主轴的材料和热处理方式也是主轴设计制造的关键环节之一。

主轴的材料和热处理方式具有一定的组合关系,其最终效果要使主轴具有足够的强度、刚度、耐磨性和稳定性。在截面形状相同的情况下,主轴的强度和刚度取决于材料的弹性模量 E,由于钢材的弹性模量 E 较大、各种钢材种类的 E 大致相同、加工工艺性好,因此主轴主要选择钢质材料。主轴的耐磨性要求主要体现在主轴定位锥孔和端部、轴承安装部位,这些部位需要进行局部表面淬硬。主轴材料和热处理方式的一般选择原则:对主轴性能要求不太高时,可选常用的 45 号钢,进行调质处理后局部表面淬硬;对主轴性能要求较高、局部硬度要求较高时,可选用常用合金钢材,如 40Cr 等,热处理方式同上;当对主轴性能要求高、局部硬度要求更高时,可选用 20CrMnTi 等低碳合金钢,采用渗碳处理和局部淬硬的热处理方式,局部硬度可达到 60HRC 以上;当要求局部硬度较高且热处理后变形较小时,如有些主轴的个别较重要部位在热处理后不宜再加工,就要求热处理变形小,这种情况下一般可采用 38CrMoAl 材料,热处理方式为整体调质＋局部氮化。

主轴热变形要求也是主轴材料选择的重要依据。对于超高精度加工的主轴,对热变形控制很严格,目前也有采用热变形极小且具有相应强度、刚度要求的非金属材料,如微晶玻璃材料,其热变形系数几乎为零。

4.3　主轴支承形式和滚动轴承

4.3.1　主轴支承的作用、组成和分类

主轴支承是主轴组件极为重要的组成部分,是直接决定机床主轴组件特性、最高转速、刚度及寿命、加工精度和表面质量的重要部分之一。对主轴支承的基本要求:在支承效果方面要确保主轴组件具有足够的刚度、精度及稳定性、最高转速和寿命,并满足机床结构要求。

主轴支承是由轴承、支承座、相关零件组成的组合体,轴承是核心元件。根据轴承摩擦类型,主轴轴承主要有滚动轴承、滑动轴承两大类。绝大部分数控机床采用滚动轴承作为主轴支承。

1. 滚动轴承

滚动轴承主要优点为摩擦因数很小,转速和载荷范围大,能在零间隙或负间隙状态下稳定运转,具有较高的精度和刚度,润滑容易,维护和供应方便。滚动轴承主要缺点是滚动体数目有限且为点接触或线接触,从而承载能力比滑动轴承小,且刚度是变化的;因阻尼较小而易引起振动和噪声;由于中间有滚动体,径向尺寸较大。滚动轴承在数控机床及常规机械中应用最为广泛,本书将主要介绍。

2. 滑动轴承

滑动轴承可分为半润滑轴承、液压轴承、气压轴承、磁浮轴承和无润滑轴承,其优点为抗振性好、运转平稳、旋转精度高、径向尺寸小;对于液压轴承、气压轴承和磁浮轴承,其极限转速高。滑动轴承缺点是维护性较差;对于半润滑和无润滑轴承,摩擦因数较大,易磨损,转速低;对于液压轴承、气压轴承和磁浮轴承,其制造工艺性较差,配套系统较为复杂;液压轴承还存在使用场合受限制现象(如立式主轴易漏油)。

液压轴承又可分为静压轴承和动压轴承。静压轴承需配套液压系统,为轴承提供相对稳定的压力,系统复杂,一般用于大型和载荷很高且性能要求高的场合;而动压轴承的原理是,在轴承转速达到一定程度后,在相对运动面形成油膜,从而实现液体润滑,因此其需具有储存一定量润滑油的附加机构。对于静压轴承、气压轴承和磁浮轴承,由于配套有控制系统,可以对轴承支承压力进行适当调节,也可以进行压力信号采集和监控,故适于自动化和智能化控制。

4.3.2　主轴支承类型的选择和主要设计内容

主轴支承类型的选择实际上就是主轴轴承的选择,主轴支承设计内容就是针对所采用的轴承形式进行轴承规格选择及其配置关系和安装结构的设计。

1. 主轴轴承类型的选择

主轴轴承类型选择的依据是主轴组件的转速、承载能力、刚度、抗振性、回转精度、结构等要求。各种规格的普通精度等级的数控机床,如车床、铣床、滚齿机床类型等,多采用滚动轴承。较特殊的重型数控机床采用液体静压轴承。较特殊的高精度、轻载荷数控机床采用气压轴承。转速在 20000 r/min 以上的主轴一般采用陶瓷球轴承或磁浮轴承。

2. 主轴滚动支承的主要设计内容

本书主要讨论应用最为广泛的滚动支承设计内容。主轴滚动支承主要设计内容包括:滚动轴承类型的选择和配置、轴承的布局、轴承的精度及选配、轴承与轴及孔的配合、轴承间隙调整方式、支承座结构形式、润滑和密封方式等。

4.3.3　主轴常用滚动轴承类型及特点

主轴常用滚动轴承类型如图 4-3-1 所示。

1. 圆锥孔双列圆柱滚子轴承

如图 4-3-1(a)、(b)所示,这是在数控机床主轴中应用最为广泛的滚动轴承类型之一,具有以下特点:与主轴 1:12 锥形配合,通过轴向移动内圈,实现径向间隙和预紧量调整,预紧可靠、易调整;线接触,滚子多,承载能力大,但因轴承内部没有轴向限制而只能承受径向载荷,须配合能承受轴向力的轴承使用;旋转精度高,极限转速中等,但比圆锥滚子轴承高,因为内外滚道、滚子均为圆柱形,工艺性较好;滚子相对较小,径向结构紧凑,寿命长;广泛应用于既要求较高承载能力又要求较高精度且可达到中等转速的车床、铣床、镗床、磨床等。

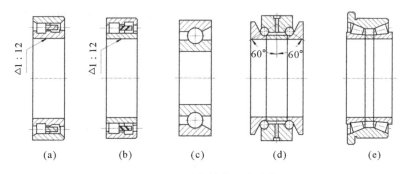

图 4-3-1　几种主轴常用滚动轴承

2. 角接触球轴承

如图 4-3-1(c)所示,这也是在数控机床主轴中应用最为广泛的滚动轴承类型之一,具有以下特点:单个轴承可同时承受径向和单向轴向载荷;接触角一般有 15°、25°、40°、60°,轴向承载能力依次增加,径向承载能力和极限转速依次减小,其中 15°型主要用于承受径向力,60°型主要用于承受轴向力,25°、40°型则两者兼顾;一般配套使用,相向配置可承受双向轴向载荷;如若干个轴承同向使用,则承受的轴向力相应提高,可相向、同向混合使用;精度较高;广泛应用于精度和转速较高、中小载荷的数控机床主轴组件中。

3. 双向推力角接触球轴承

如图 4-3-1(d)所示,双向推力角接触球轴承具有以下特点:接触角大,为 60°,主要用于承受双向轴向载荷,因此常与双列圆柱滚子轴承配套使用,内外名义直径相同,外径负公差,与箱体间隙配合;修磨内隔套可精确调整轴承的间隙和预紧量,开有润滑油孔,润滑效果好;与一般推力轴承相比,钢球直径小且数量多,精度较高,极限转速高,温升低,运转平稳;广泛应用于高速、精密的主轴组件中。

4. 圆锥滚子轴承

圆锥滚子轴承内外滚道为锥形,滚动体为锥形滚子,滚子多,线接触,能同时承受径向和轴向载荷,承载能力大。此类轴承有单列和双列之分,每种类型又有实心滚子和空心滚子两种,空心滚子型的极限转速相对较高。单列型只能承受单向轴向力,通常两个轴承组合使用。双列型能承受双向轴向力,如图 4-3-1(e)所示,有调整内隔套,便于精确调整间隙,相对较常用,主要用于要求径向和轴向承载能力都大、转速较低的机床。

5. 陶瓷滚动轴承

陶瓷滚动轴承采用氮化硅材料,与钢相比密度小、热膨胀系数很小、弹性模量大,具有以下特点:高速状态下,离心力和陀螺力矩较小,从而减小了滚道压力和摩擦力;由于热膨胀系数很小且温升低,轴承运转时预紧力变化缓慢,工作平稳;适用于高速、超高速、精密的主轴组件中。

其他类型滚动轴承在常规数控机床主轴中的应用相对较少,这里不作介绍,可参阅相关文献资料。

4.3.4　主轴滚动轴承的选择、配置和布局方式

滚动轴承及其组合的基本机械性能特点如下:同样规格的轴承,线接触的滚子轴承比点接触的球轴承承载能力和刚度较高,但极限转速较低;多个轴承组合比单个轴承承载能力大;不同规格和类型的轴承,承载能力不同;相同类型的轴承,规格越大则承载能力越大,但极限转速越低;相同类型的轴承,一般分为重系列、中系列、轻系列(有些轴承类型还有特轻系列),此时相同的轴承孔径,其外径、承载能力依次减小,极限转速依次加大。主轴滚动轴承的选择依据为主轴组件的刚度、承载能力、转速、抗振性、结构要求等。

为了确保主轴组件的稳定性,主轴支承结构至少是两支承形式,因此存在主轴支承的布局和轴承配置问题。主轴轴承配置同样根据刚度、转速、承载能力、抗振性、结构形式以及噪声等要求进行,主要有刚度型、速度型、刚度速度型;根据支承布局形式主要有两支承型、三支承型。

1. 刚度型

刚度型主要适用于中低速、重载、高刚度的机床主轴,最常采用的配置形式为,前支承采用圆锥孔双列圆柱滚子轴承与双向大角度角接触球轴承的组合,后支承采用双列圆柱滚子轴承,如图 4-3-2 所示。根据具体载荷和转速情况的不同,刚度型的配置亦可有所不同,如转速相对较低时,则后支承也可采用双列圆锥滚子轴承,且可以去掉前支承的双向大角度角接触球轴承。

2. 速度型

速度型主要适用于高速轻载或精密机床主轴,通常前后轴承均采用角接触球轴承组合(两联、三联甚至四联),具有良好的高速特性和较高的精度,但承载能力较小,如图 4-3-3 所示。

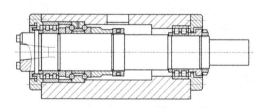

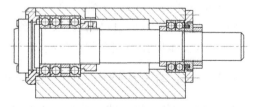

图 4-3-2　刚度型主轴轴承配置示例　　　　图 4-3-3　速度型主轴轴承配置示例

3. 刚度速度型

刚度速度型主要适用于较高转速、较大载荷的机床主轴。一般主轴组件负载和刚度要求主要体现在主轴前端,因此前支承多采用圆锥孔双列圆柱滚子轴承,后支承采用双向大角度角接触球轴承,本配置既可承受较大的径向和轴向载荷,还可适应较高转速,如图 4-3-4(a)所示。或者也可以前后支承类型颠倒过来,如图 4-3-4(b)所示,前支承采用角接触球轴承的组合(三

联甚至四联、中等接触角度），根据轴向负载状况确定配置朝向；后支承采用圆锥孔双列圆柱滚子轴承，转速较高，承载能力大。

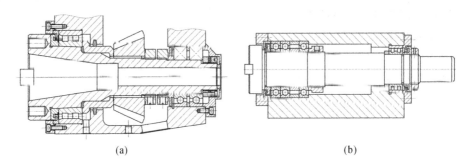

(a)   (b)

图 4-3-4　刚度速度型主轴轴承配置示例

4. 三支承型

除了常用的两支承型外，三支承型在较大型和重载机床中也很常用。由于结构上的原因，主轴支承跨距明显超过两支承合理跨距，此时应增加中间支承而形成三支承，提高主轴组件的刚度和抗振性；有时为了提高综合刚度和抗振性，采用适当加长主轴前后跨距而增加中间支承形成三支承的方式。采用三支承型可有效提升主轴组件的刚度和抗振性，但使主轴可适应的最高转速有所下降。图 4-3-5 所示为三支承主轴轴承配置示例。

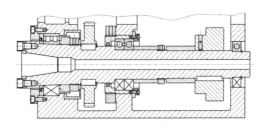

图 4-3-5　三支承主轴轴承配置示例

由于制造工艺的限制，为避免过定位，三支承中有两个支承为主要支承，另一个支承为处于适当浮动状态的辅助支承，其中前支承必须为主要支承。主要支承和辅助支承的选择配置不同，其刚度和承载能力亦不同，根据实际传动力作用位置而定，当传动力作用点靠近中间支承，则前、中支承为主要支承；当传动力作用点靠近后支承，则前、后支承为主要支承；当选择后支承为辅助支承时，有利于主轴受热后向后自由伸长。辅助支承与主要支承间的距离不应太小，否则三支承效应减弱且易出现干涉现象。辅助支承常采用刚度和承载能力相对较小的轴承，其外圈与支承座孔的配合相对较松。

4.3.5　主轴滚动轴承的精度选择和配置

根据主轴安装结构形式和反映加工精度的切削位置特点，主轴前后轴承精度对主轴组件综合精度的影响是不同的。影响加工精度的主轴变形位置位于至主轴前端某一距离 h 处，h 一般根据常规加工位置或主轴径向跳动精度检测的远端距离 300 mm 进行确定，这一位置称为计算点（或检测点）。下面分析计算由前后轴承偏移所导致的主轴前端计算点处的偏移量。

（1）前轴承偏移量为 δ_a，后轴承偏移量为零，如图 4-3-6(a)所示，则

$$\delta_{aH} = \frac{l + a + h}{l} \delta_a \tag{4-1}$$

（2）前轴承偏移量为零，后轴承偏移量为 δ_b，如图 4-3-6(b)所示，则

$$\delta_{bH} = -\frac{a+h}{l}\delta_b \tag{4-2}$$

（3）前、后轴承均有偏移量，如图 4-3-6(c)所示，则

$$\delta_H = \delta_{aH} + \delta_{bH} = \frac{1}{l}\left[(l+a+h)\delta_a - (a+h)\delta_b\right] \tag{4-3}$$

式中　　δ_a，δ_b——对应前、后轴承的偏移量，向上为正，mm。

　　　　δ_{aH}，δ_{bH}，δ_H——对应上述状况(1)、(2)、(3)引起主轴前端检测点的偏移量，δ_H 也称为综合偏移量，向上为正，mm。

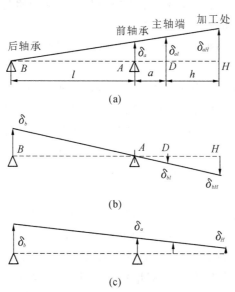

图 4-3-6　轴承前后精度配置计算图

从式(4-1)、式(4-2)可知，前、后轴承偏移相应引起主轴前端的偏移，前轴承的影响更大。从式(4-3)可知，如前、后轴承的偏移反向，则两项误差叠加，使综合偏移量 δ_H 增大；如果前轴承偏移量比后轴承的小些（即前轴承精度比后轴承的高）且偏移同向，则两项误差相互抵消，使 δ_H 减小；当前、后轴承的偏移同向且满足式(4-4)时，则 δ_H 为零。

$$\delta_a = \frac{a+h}{l+a+h}\delta_b < \delta_b \tag{4-4}$$

综上，前、后轴承精度等级的配置选择要求如下：前轴承的精度等级比后轴承的高（一般可高一级），且安装时使其偏移方向相同。通常主轴前、后轴承精度配置选择如表 4-3-1 所示。

表 4-3-1　主轴前、后轴承精度配置参考选择表

机床精度等级	轴承精度等级	
	前轴承	后轴承
普通级	P5 或 P4(SP)	P6 或 P5
精密级	P4(SP)或 P2(UP)	P5 或 P4(SP)
高精度级	P2 或 UP	UP 或 P4

4.3.6　主轴滚动轴承的安装和预紧

主轴轴承与主轴、箱体孔的安装直接影响精度、刚度和稳定性,必须安装稳固,基本原则为:

(1) 所有轴承在径向和轴向均需固定,特别注意轴向须双向固定。

(2) 轴承内圈与主轴采用过渡或较紧配合,轴承外圈与箱体孔采用极小间隙或过渡配合,一般刚度和精度要求越高,则配合间隙越小或无间隙甚至略微过盈,但这对零部件加工和装配精度要求就越高,因此需综合考虑;对于辅助支承轴承,其外圈与箱体孔采用适当大间隙配合方式,以满足浮动特性要求。之所以规定轴承内圈与主轴配合始终采取过渡或较紧配合,是因为主轴是旋转的,须同时注重连接的紧固性。

(3) 对于需调整预紧的轴承如圆锥孔双列圆柱滚子轴承和向心推力轴承等,需设置方便可靠的调整机构。

对轴承适当预紧可以消除间隙从而提高回转精度,实现轴承滚动体和滚道的预加载荷及提高其接触面积,从而提高轴承的刚度和抗振性。主轴轴承的调整和预紧就是通过对轴承位置的调整,达到滚动体与滚道的合理接触程度及轴承外圈与箱体孔的精密配合状态;在初始装配时需进行轴承的调整和预紧,当主轴组件运行一段时间后出现配合间隙变化时需要重新调整。根据轴承结构,轴承预紧方式有轴向预紧和径向预紧两种。

1. 轴向预紧

这类预紧方式主要针对向心推力轴承如角接触球轴承和圆锥滚子轴承,通过调整轴承内、外圈的相对轴向位置,实现滚动体和滚道之间间隙的调整或预紧。图 4-3-7 是向心推力轴承轴向预紧示意图。如图 4-3-7(a)所示,采用修磨轴承内圈(背对背组合)或外圈(面对面组合)相靠端面的方式,在锁紧机构锁紧下,相对增加内、外圈位移从而实现预紧;本方式需直接修磨轴承,操作麻烦,不能随时调整,但预紧可靠,刚性好。如图 4-3-7(b)所示,设置内、外隔垫,采用修磨内隔垫或外隔垫端面的方式实现预紧;预紧调整方便,但不能随时调整,可靠性和刚性较好。如图 4-3-7(c)所示,只设置外隔垫(或面对面时设内隔垫),通过锁紧调整螺母(或压盖)对轴承内圈(或外圈)进行适当锁紧,预紧方便,可随时调整,但调整过程不易控制,可靠性较差。如图 4-3-7(d)所示,采用弹性元件对轴承外圈(或内圈)施加作用力,实现预紧;本方式可自动实时补偿预紧,但可靠性差,承载能力和刚性取决于弹性元件,故也较差。

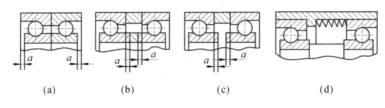

(a)　　　　　　(b)　　　　　　(c)　　　　　　(d)

图 4-3-7　向心推力轴承轴向预紧示意图

图 4-3-7(a)~(c)方式为恒位移量预紧方式,图 4-3-7(d)方式近似为恒力预紧方式。根据结构特点,轴向预紧调整方式从图 4-3-7(a)至图 4-3-7(d),其调整工艺性越来越好,但可靠性和刚性越来越差。

2. 径向预紧

这类预紧方式主要适用于圆锥孔双列圆柱滚子轴承等轴承类型。其预紧原理为通过膨胀轴承内圈,消除径向间隙,产生一定的径向预紧;预紧方法为通过轴向移动带锥度的内圈,从而调整径向胀紧量,达到消除轴承间隙以及调整滚子与内、外圈的预紧状态。图4-3-8为几种轴承径向预紧示意图。

如图4-3-8(a)所示,采用锁紧螺母从一侧调整,结构简单,但另一边没有调整和固定机构,调整并不方便,可靠性不高。如图4-3-8(b)所示,左、右两边都设置锁紧螺母,调整方便,也较可靠,但结构复杂性增加。如图4-3-8(c)所示,右侧改用沿圆周分布的螺钉和隔套调整,比同心螺母调整可靠性高,但结构复杂性增加。如图4-3-8(d)所示,右侧采用修磨隔套调整,调整隔套为两半圆形式,并用箍套固定,结构更复杂,调整也更麻烦,但调整后隔套厚度是固定的,因此可靠性最高。可以看出,径向预紧调整方式从图4-3-8(a)至图4-3-8(d),结构复杂性增加,但可靠性在提高。调整固定机构应根据实际要求综合考虑和设计。

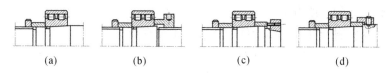

(a)　　　　(b)　　　　(c)　　　　(d)

图4-3-8　轴承径向预紧示意图

3. 对预紧力的要求

对轴承施加适当的预紧力可以有效提高轴承的刚度、承载能力和精度,但过大的预紧力会增加摩擦力和发热,缩短轴承寿命,因此预紧力要适当。轴承使用转速较高、刚度要求较小,则预紧力相应较小,反之亦然。通常,高品质主轴轴承生产商都已根据轴承精度等级设置好预紧力,并按不同组合形式进行了相应固定配置,或采用任意搭配形式,机床制造商可直接选用。

4.4　主轴组件的设计计算

4.4.1　主轴组件设计计算的一般步骤和内容

在确定了主轴组件的轴承类型配置和布局后,须进一步计算以确定主要结构尺寸,同时验证主轴组件结构在刚度方面的可行性。对于主轴组件,主轴前端悬伸量、前轴径、支承跨距基本决定了其主体结构。因此,主轴组件设计计算主要步骤和内容为:确定主轴前端悬伸量;确定主轴直径;计算和选择主轴的跨距;进行主轴组件的主要结构细节设计,并对上述确定的支承跨距进行修正;进行刚度和极限转速的验算;根据验算结果对设计进行必要修正。图4-4-1所示为主轴组件设计尺寸示意图。

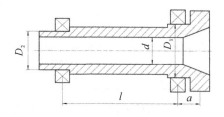

图4-4-1　主轴组件设计尺寸示意图

4.4.2　主轴前端悬伸量的确定

主轴前端悬伸量是指主轴前支承径向支反力的作用点到主轴前端之间的距离,它对主轴组件的刚度影响较大,但其确定方法相对简单,往往在进行总体方案设计时就可大致确定下来。显然,缩短主轴前端悬伸量可显著提高主轴组件的刚度和抗振性,但主轴前端悬伸量不仅取决于刚度和抗振性要求,更取决于主轴组件前端结构件装配要求和工艺要求。因此,主轴前端悬伸量的确定原则和方法如下:满足结构要求,如主轴前端轴承压盖、密封件、刀柄刀具安装空间等;满足工艺要求,如主轴前端适当伸出,可避免加工过程的干涉现象,更好适应某些工件形状和加工空间要求。在满足结构和工艺要求的前提下,尽量缩短主轴前端悬伸量。

4.4.3　主轴直径的确定

主轴直径是影响主轴组件刚度的重要因素,直径越大,刚度越高;但主轴直径过大,则主轴组件过大,增大机床体积,也会影响主轴运行的灵敏性,同时额外增加制造和运行成本,所以主轴直径要适当。主轴直径计算和确定方法及过程如下。

1. 确定主轴直径的一般方法

通常采用经验资料与计算相结合的方式确定主轴直径。

(1)根据统计资料或直接计算初步选定主轴直径。几乎所有的主轴功率范围都在以往的产品设计中出现过,都经过了相应的主轴设计计算和选择,以及实践检验。因此,设计时可以借鉴以往的资料和数据,并根据实际情况适当考虑安全系数,初步确定主轴直径,这是最常用的方法。当有特殊要求或无法通过经验初定主轴直径时,采用直接计算法。

(2)计算校核确定。在初定直径的基础上,根据机床使用和设计要求,按照材料力学、机械设计方法,结合跨距计算,进行综合校核。

2. 主轴直径主要参数

根据载荷特点和装配及加工工艺性,主轴直径一般自前往后逐渐减小;同时,主轴为空心结构。因此,主轴直径的选择主要涉及前轴径、后轴径、中空直径,如图 4-4-1 所示,其中主轴前轴径的选择是关键。

(1)前轴径选择。几种通用机床主轴前轴径 D_1 可参考表 4-4-1 选择。对于刚度要求较高而最高转速较低的机床,选取较大值,反之亦然;同时主轴直径还应满足初步结构设计要求。表中未列参考值或不在表中范围内的可参考其他已使用的类似规格主轴直径。

表 4-4-1　主轴前轴径参考选择表　　　　　　　　　　　　　(单位:mm)

主功率/kW	1.47～2.5	2.6～3.6	3.7～5.5	5.6～7.3	7.4～11	11.1～14.7	14.8～18.4	18.5～22	22.1～30
车床	60～80	70～90	70～105	95～130	110～145	140～165	150～190	220	230
铣床	50～90	60～90	60～95	75～100	90～105	100～110	105～115	110～120	115～125
外圆磨床	—	50～60	55～70	70～80	75～90	75～100	90～100	105	105

(2)后轴径确定。根据经验公式(4-5)确定后轴径 D_2:

$$D_2 = (0.7 \sim 0.9)D_1 \tag{4-5}$$

(3)中空直径确定。中空直径 d 主要根据结构设计确定,但中空直径对主轴刚度有一定影响。根据材料力学,抵抗弯曲变形的刚度与截面惯性矩成正比,则

$$\frac{K_0}{K} = \frac{I_0}{I} = \frac{\pi(D^4 - d^4)/64}{\pi D^4/64} = 1 - \left(\frac{d}{D}\right)^4 = 1 - \varepsilon^4 \tag{4-6}$$

式中　K_0,I_0——空心主轴的刚度和截面惯性矩;

　　　　K,I——实心主轴的刚度和截面惯性矩;

ε——中空直径与平均外径之比；

D,d——主轴截面对应的平均外径和中空直径，其中平均外径按式(4-7)计算。

$$D = \frac{1}{L}\sum_{i=1}^{n}D_i l_i \tag{4-7}$$

式中　D_i,l_i——主轴初步结构设计的第 i 段轴外径和对应的长度；

L——主轴总长；

n——主轴初步结构设计后的不同直径段数。

可以推出，当 $\varepsilon \leqslant 0.7$ 时，对主轴刚度影响不大，应按此关系结合结构要求确定中空直径；若 $\varepsilon > 0.7$，将使主轴刚度急剧下降，应对结构尺寸进行修改。

4.4.4　主轴最佳跨距的计算和确定方法

主轴跨距是指主轴前、后支承间的距离，对主轴组件刚度和长度影响很大，跨距过大、过小都不好。从提高刚度角度考虑存在一个最佳跨距，从综合结构设计考虑存在一个较佳的跨距区域，因此需进行分析计算和综合选择。

1. 主轴跨距选择计算简化和说明

主轴系统是一个较为复杂的系统，如果不进行简化则分析计算很麻烦。为了简化计算并基本保证计算和选择的精确性，进行下述简化：

（1）忽略轴向力、周向扭矩和传动力。主轴切削力不仅包括径向力，也包括轴向力和周向扭矩，但轴向力和周向扭矩对跨距的影响不大，可忽略；主轴不仅承受切削力，也承受传动力（即驱动力），方便起见，仅按主轴端受集中径向力的状态进行计算。

（2）假设支承变形为线性变形。支承刚度主要包括轴承刚度和支承基体刚度，一般支承基体刚度较大可忽略。轴承刚度和作用力关系是非线性的，但轴承实际变形比较小，可假设轴承刚度为定值，即变形与作用力为线性关系，以简化计算。这一刚度定值可根据经验估算的作用力范围取平均值计算。轴承刚度的计算参看相关设计资料。

（3）主轴惯性矩按其平均外径 D 计算。

计算跨距的基本方法和步骤：根据材料力学，分别按两种状态进行变形量计算，即刚性支承、弹性主轴和弹性支承、刚性主轴；然后叠加上述两种变形量，作为主轴端综合变形量；再按主轴端综合变形量（或柔度）为最小即刚度为最大，进行最佳跨距值的分析和计算，如图 4-4-2 所示。

2. 主轴最佳支承跨距分析计算过程

（1）如图 4-4-2(a)所示，为刚性支承、弹性主轴状况，根据材料力学，主轴端部变形量为

$$y_s = \frac{F_c a^3}{3EI}\left(\frac{l}{a}+1\right) \tag{4-8}$$

主轴端部柔度为

$$f_s = \frac{y_s}{F_c} = \frac{a^3}{3EI}\left(\frac{l}{a}+1\right) \tag{4-9}$$

可以看出，主轴端部柔度与 l/a 为线性关系，如 a 已定，则与 l 为线性关系，如图 4-4-3 中的曲线 a 所示。

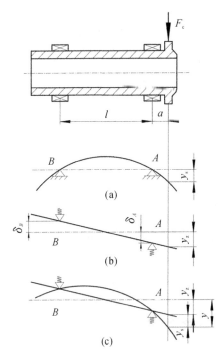

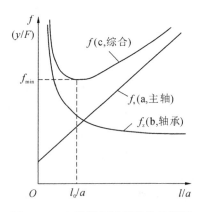

图 4-4-2　主轴受力变形示意图　　　　图 4-4-3　主轴端部柔度变化特性图

（2）如图 4-4-2（b）所示，为弹性支承、刚性主轴状况，设前、后支承的支承反力分别为 R_A、R_B，刚度为 K_A、K_B，变形量为 δ_A、δ_B，则

$$\delta_A = \frac{R_A}{K_A}, \quad \delta_B = \frac{R_B}{K_B} \tag{4-10}$$

根据几何关系，由支承变形导致的主轴端位移为

$$y_z = \delta_A \left[1 + \left(\frac{l}{a} \right)^{-1} \right] + \delta_B \left(\frac{l}{a} \right)^{-1} \tag{4-11}$$

根据力的平衡关系得

$$R_A = F_c \left(1 + \frac{a}{l} \right), \quad R_B = F_c \frac{a}{l} \tag{4-12}$$

将式（4-10）、式（4-12）代入式（4-11），得

$$y_z = \frac{F_c}{K_A} \left[\left(1 + \frac{K_A}{K_B} \right) \left(\frac{l}{a} \right)^{-2} + 2 \left(\frac{l}{a} \right)^{-1} + 1 \right] \tag{4-13}$$

相应的柔度为

$$f_z = \frac{y_z}{F_c} = \frac{1}{K_A} \left[\left(1 + \frac{K_A}{K_B} \right) \left(\frac{l}{a} \right)^{-2} + 2 \left(\frac{l}{a} \right)^{-1} + 1 \right] \tag{4-14}$$

主轴端部柔度 f_z 与 l/a 为非线性关系，如图 4-4-3 中的曲线 b 所示。其变化特点为，当 l/a 较小时，柔度急剧下降，刚度急剧增加；当 l/a 较大时，柔度下降缓慢，刚度增加也缓慢。

（3）图 4-4-2（c）所示为主轴实际受力情况，主轴端受力后，主轴和支承都有变形，两种状况的变形应该叠加，得综合变形量为

$$y = y_s + y_z = \frac{F_c a^3}{3EI} \left(\frac{l}{a} + 1 \right) + \frac{F_c}{K_A} \left[\left(1 + \frac{K_A}{K_B} \right) \left(\frac{l}{a} \right)^{-2} + 2 \left(\frac{l}{a} \right)^{-1} + 1 \right] \tag{4-15}$$

故主轴端部总柔度为

$$f = \frac{y}{F_c} = \frac{a^3}{3EI}\left(\frac{l}{a}+1\right) + \frac{1}{K_A}\left[\left(1+\frac{K_A}{K_B}\right)\left(\frac{l}{a}\right)^{-2} + 2\left(\frac{l}{a}\right)^{-1} + 1\right] \tag{4-16}$$

主轴端部总柔度 f 与 l/a 为非线性关系,如图 4-4-3 中的曲线 c 所示。显然,存在一个最佳 l/a 值,此时总柔度最小,总刚度最大。当 a 已定时,则存在一个最佳跨距,记为 l_0。根据经验,通常 $l_0/a = 2 \sim 3.5$。

(4) 最佳跨距计算。应用微积分方法,最小柔度的条件为柔度对跨距的导数等于零,即

$$\frac{\mathrm{d}f}{\mathrm{d}l} = 0$$

整理得

$$l_0^3 - \frac{6EI}{K_A a}l_0 - \frac{6EI}{K_A}\left(1+\frac{K_A}{K_B}\right) = 0 \tag{4-17}$$

可以证明,这个三次方程只存在唯一的正实根。

最佳跨距求解方法如下:

① 利用求根公式直接求解三次方程,这是最直接、准确的方法。

② 采用图线求解方法。取综合变量

$$\eta = \frac{EI}{K_A a^3} \tag{4-18}$$

代入式(4-17),求解 η,得

$$\eta = \left(\frac{l_0}{a}\right)^3 \frac{1}{6\left(\dfrac{l_0}{a}+\dfrac{K_A}{K_B}+1\right)} \tag{4-19}$$

η 是 l_0/a 和 K_A/K_B 的函数,可用 K_A/K_B 作为参量,以 l_0/a 为变量,画出 η 计算坐标图。求解步骤:根据式(4-18)求出 η 值,在计算坐标图上对应找到相应 K_A/K_B 值的图线,求出 l_0/a 值。η 计算坐标图可参阅相关机床设计手册,但由于存在 η 计算坐标图绘制误差和图线取值误差,本求解方法容易产生较大误差。

③ 迭代计算。由于前、后支承的实际刚度取决于支承反力,故受到跨距的影响,在初始计算时,可先按上述经验估值范围 $l_0/a = 2 \sim 3.5$ 取适当值,确定初始假设跨距 l_1,从而计算出相应的刚度 K_{A1}、K_{B1},再根据上述方法计算出相应最佳跨距 l_{01};通常 l_{01} 与 l_1 存在差值,如这一差值较大,则以 l_{01} 作为假设跨距,再次计算;重复上述过程,直到计算结果满足要求。这是一个迭代过程,由于实际变形小,轴承刚度变化不大,迭代计算过程很快收敛于最佳跨距精确值。

(5) 总柔度曲线特性和支承跨距取值原则。从图 4-4-3 可以看出,在 l_0/a 附近,柔度变化不大;当 $l > l_0$ 时,柔度变化比 $l < l_0$ 时的相对缓慢。因此,设计时应尽量满足最佳跨距,若结构不允许,则可使实际跨距略大于最佳跨距。

4.4.5　主轴组件的验算

主轴组件结构尺寸确定后,还需进行刚度验算。一般地,若满足刚度要求也就能满足强度要求,只对个别重载荷、粗加工机床的主轴才进行强度验算。对于高速主轴组件,还须进行临界转速验算。主轴组件的验算可参考有关技术设计手册资料。另外,主轴刚度的精确验算可采用有限元法。

4.5　主轴组件结构和刀具自动松夹机构

4.5.1　主轴组件整体结构

主轴组件整体结构包括主轴、轴承、支承基础部分、传动件及其连接件、松夹刀机构、相关构件、密封件等,参见图 4-5-1。当主轴基础支承部分为独立套筒时,主轴组件为独立组件,如图 4-5-2 所示,独立套筒为件 3。独立主轴组件已商品化。

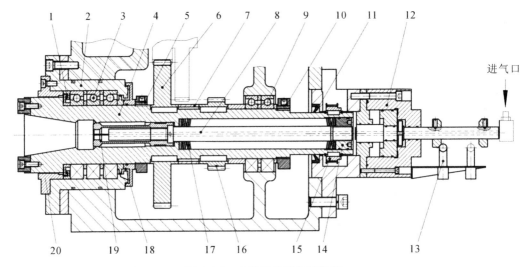

图 4-5-1　主轴组件整体结构图

1—迷宫垫;2—安装座;3—前轴承;4—主轴;5—锁紧螺母;6—末端传动齿轮Ⅰ;7—隔套;8—拉杆;9—后轴承;
10—锁紧螺母;11—密封环;12—松刀缸;13—检测开关;14—锁紧螺母;15—检测带轮;16—末端传动齿轮Ⅱ;
17—碟形弹簧组;18—密封组合;19—弹性拉爪;20—压盖

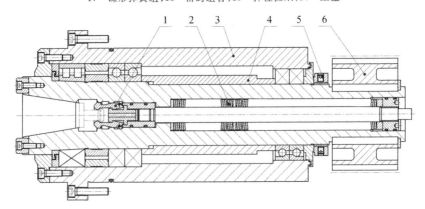

图 4-5-2　独立主轴组件结构图

1—弹性拉爪;2—碟形弹簧;3—主轴套筒(独立套筒);4—隔套;5—锁紧螺母;6—同步带轮

主轴构造、端部形式和轴承配置参考前面各节内容。主轴组件的结构、安装和固定主要涉及以下几个方面:

(1)主轴安装固定。主轴通过轴承安装固定在箱体或壳体上,通过压盖、隔垫、锁紧螺母进行调整和固定,如图 4-5-1 中的 1、3、5、9、10、20 等;确保主轴只能旋转,不能窜动。

（2）轴承的预紧和固定。通过压盖、调整垫、锁紧螺母，将轴承稳固安装在箱体（壳体）和主轴上，并能够预紧调整，如图4-5-1中的1、5、7、10、20等，保证轴承内、外圈都能固定，能将载荷可靠传递到箱体（壳体）上。实际上，轴承的安装固定是主轴安装固定的基础，两者是统一的。

（3）末端传动件和检测带轮的安装固定。末端传动件安装在主轴上，通过调整垫、锁紧螺母进行轴向固定，通过双平键或花键进行周向固定和传递扭矩，如图4-5-1中的7、10等；传动件一般为齿轮（图4-5-1中的6、16）或皮带轮（同步带轮，如图4-5-2中的6）。当采用独立组件结构形式时，由于无法在壳体内部进行锁紧调整，因此应采用从后部整体锁紧调整、固定的结构形式，如图4-5-2所示，锁紧螺母5从后部锁紧，中间采用隔套4等固定位置和传递锁紧力；传动件独立固定。当主传动为非1∶1传动时，如需对主轴进行位置控制，则须安装主轴角度检测装置，其中主轴上安装检测带轮，如图4-5-1中的15。

（4）密封装置。在主轴组件的端部应设置密封装置，防止外部灰尘进入组件内部，特别是轴承。一般主轴前端采用非接触的迷宫式密封，如图4-5-1中的迷宫垫1；对于要求高的场合，增加气封机构，将压缩空气通入前端轴承处，向外形成空气压力，阻止外部油雾、屑沫飞入主轴内部。主轴后端一般采用毛毡密封，当存在传动件润滑飞溅时应采用密封性好的接触式回转密封件等，如图4-5-1中的11；同时还需注意齿轮润滑区域的润滑油不能进入主轴前轴承，如图4-5-1中，该处设置了密封圈、挡油圈和回油孔三重防护组合18。

（5）刀具自动松夹装置。刀具自动松夹装置是主轴组件的重要部分，安装在主轴中心处，其中松刀机构安装在主轴后端。

4.5.2　刀具自动松夹和锥孔吹净装置

刀具自动松夹和锥孔吹净装置的功能是在系统控制下，实现刀具自动夹紧或松开、刀具交换过程的主轴锥孔气压吹净。其组成包括自动夹刀机构、自动松刀机构、吹气回路等。

1. 各组成部分结构形式

（1）自动夹刀机构。一般采用碟形弹簧作为夹刀施力件，单件或多片一组，机构简单可靠，夹刀拉紧力大。如图4-5-1所示，夹刀机构由碟形弹簧组17、拉杆8、弹性拉爪19、锁紧螺母14等零部件组成。

（2）自动松刀机构。一般采用油缸（体积较小）、气缸（体积较大）、气液转换装置（体积介于前两者之间）产生动力。其中，气液转换松刀装置较常用，并已形成专业化生产，如图4-5-3所示，其原理是通过气缸及其活塞杆和液压缸及其活塞杆的截面面积变化形成压强转换，实现较小的气压输入转换为较大的液压压力输出，输出压力按式（4-20）计算。

$$F_s = \frac{\pi D_q^2 D_y^2 P_q}{4 d_q^2} \tag{4-20}$$

式中　F_s——输出压力，N；

　　　D_q，D_y——气缸、液压缸缸径，mm；

　　　d_q——气缸活塞杆直径，mm；

　　　P_q——气缸输入压强，MPa。

（3）吹气回路。由气动站、换向阀、接头、气管等组成，通过拉杆中心孔向主轴锥孔吹气。

2. 工作原理

如图4-5-1所示，自动松夹刀和锥孔吹净过程和原理如下：锁刀时，碟形弹簧组17通过锁紧螺母14、拉杆8、弹性拉爪19(图4-5-1中为长型拉爪)对刀柄上的拉钉进行拉紧,从而通过拉钉将刀柄连同刀具锁紧在锥孔内,如图4-5-4(采用短型拉爪)所示;同时,弹性拉爪进入主轴内腔收紧孔 A 处,处于可靠的收紧状态;松刀时,松刀缸上腔进气,通过松刀缸12(图4-5-1中采用液压缸)活塞杆顶压拉杆8,压缩碟形弹簧组17,带动弹性拉爪移动至张开孔 B 处,松开拉钉,并在行程末端 0.3~0.5 mm 处碰触拉钉顶出拉钉刀柄组件,实现松刀动作;在松刀过程中,活塞杆和拉杆内孔连通,压缩空气从松刀缸进入,通过内连通孔吹向主轴锥孔,这一过程直到换刀过程结束。弹性拉爪有多种结构形式,已形成专业化生产。

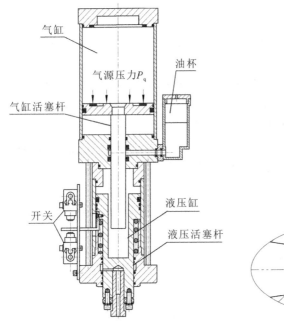

图 4-5-3　气液转换松刀缸

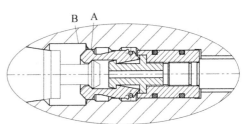

图 4-5-4　拉爪-拉钉作用示意图

3. 碟形弹簧选择和夹紧力计算

碟形弹簧在工作过程中具有三种状态,如图4-5-5所示。

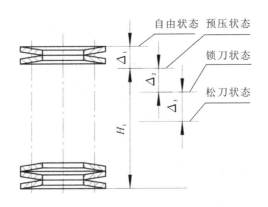

图 4-5-5　碟形弹簧工作状态示意图

(1) 预压状态。碟形弹簧由自由状态压缩至准备工作的预压状态,确保碟形弹簧在准备工作状态时具有稳定性,预压量为 Δ_1。

（2）锁刀状态。此时装入拉钉刀柄组件，碟形弹簧进一步压缩 Δ_2 的压缩量，使拉杆连同拉爪移动至夹刀位置，碟形弹簧产生的弹力满足锁刀力要求。

（3）松刀状态。碟形弹簧进一步压缩 Δ_3 的压缩量，达到工作过程的最大压缩量，使拉杆连同拉爪移动至松刀位置，此时锁刀机构受力最大，注意碟形弹簧总压缩量不能超过其极限压缩量。

在很多场合由于受力特点和结构限制，碟形弹簧可以采用单片或多片叠加为一组，多组正反相接串联组合以满足压缩量和锁刀力设计要求。碟形弹簧组合的变形和压力要满足下式：

$$\begin{cases} H_1 = nH_0 - \Delta_1 \\ \Delta_1 + \Delta_2 + \Delta_3 \leqslant n\delta_0 \\ F\left(\dfrac{\Delta_1 + \Delta_2}{n}\right) = F_a \\ F\left(\dfrac{\Delta_1 + \Delta_2 + \Delta_3}{n}\right) \leqslant F_{ym} \end{cases} \tag{4-21}$$

式中　H_1——碟形弹簧组合预压状态长度，mm；

n——碟形弹簧组数；

H_0——单组碟形弹簧自由高度，mm；

δ_0——碟形弹簧单片的极限压缩量，mm；

$F(x)$——以碟形弹簧单片变形量为变量的碟形弹簧组合产生的弹力函数，N；

F_a，F_{ym}——锁刀力和松刀缸最大输出压力，N。

在式（4-21）中，第二个公式表示碟形弹簧总变形量不能超过其极限变形量；第三个公式对应锁刀力的压缩位置和计算；第四个公式表示在松刀状态下碟形弹簧组合的弹力不能超过松刀缸的最大输出压力，否则会出现松刀不到位现象。

碟形弹簧的规格及组合根据松夹刀过程的受力状态、压缩量和主轴内孔结构尺寸特点选择确定，其变形量及弹力计算方法参见相关机械设计手册等资料。

4.5.3　主轴的准停和位置检测

主轴准停是指主轴能按控制要求准确停止在规定的位置上，其作用是确保刀具自动交换时，主轴上的端面键能对准刀柄上的键槽，或便于刀具在规定的角度位置脱离加工位置。

主轴准停装置的类型有：

（1）电气准停装置。通过感应开关确定准停位置，通过控制电路实现准停，精度较低，现已较少使用。

（2）电气和机械组合准停装置。在电气准停装置的基础上增加机械定位装置，在完成电气准停的粗停动作后，控制机械插销插入主轴上的定位"V"形口中，实现准确定位，准停精度高，但机构较复杂，也已很少使用。

（3）数控准停装置。通过与主轴成 1∶1 传动连接的编码器进行检测反馈控制，可实现程序任意设置位置的准停，控制性能好。数控准停及其检测功能实际上也是主轴与进给轴同步控制所需要的，因此应用广泛。

采用数控准停方式须确保系统对主轴角度的实时精确检测，如果主轴伺服电机与主轴 1∶1 传动，则可直接利用电机内置编码器进行检测，如果不是 1∶1 传动，则需要安装 1∶1 检测装置。如图 4-5-6 所示，主轴 5 的角度位置通过 1∶1 同步带传动副 4、中间传动轴 3 和弹性联轴器 2,带动编码器 1,实现对主轴的 1∶1 检测。

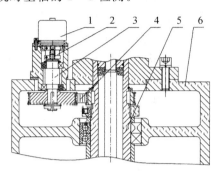

图 4-5-6　主轴角度检测机构示意图

1—编码器;2—弹性联轴器;3—中间传动轴;4—同步带传动副;5—主轴;6—主轴箱

4.6　高速电主轴

4.6.1　高速加工概述

高速加工是数控机床的发展方向和研究热点之一,在 21 世纪得到了快速发展和应用,以适应高效率加工和某些材料的加工要求,具有如下优点:

(1) 切削效率高。高速加工中主切削运动和进给运动的速度高,加工速度快,加工时间大幅度缩短。

(2) 切削力、温升和零件变形小。高速加工一般采用小切削量方式,同时由于高切削速度、优质刀具和材料特性的联合作用,因此切削力小,热传导随切屑排除快,从而温升和热变形小,零件变形小。

(3) 避免共振。机床加工运动速度高,远离了加工系统的固有频率范围,避免了共振。

(4) 刀具相对寿命长。刀具磨损的增长速度低于切削效率的提高速度,且避免了共振。

(5) 主传动效率高,无传动误差。采用电主轴直接传动形式,无中间传动链,避免了传动损耗和误差。

(6) 表面质量和精度高。

要实现高速加工,必须保证加工系统具有相应的优越性能。高速加工的技术内容不仅涉及加工速度本身,而且涉及加工系统的方方面面,包括整机结构、刀具、工件、工艺、高速主轴、刀柄系统、控制系统等。例如,机床整机刚度要高,移动部件质量小,动态特性好,精度好;刀具材料和结构、刀刃形状合理、先进;工件材料切削性和均匀性好,定位夹紧可靠,装卸方便;工艺先进,自动编程,加工参数合理;采用高速电主轴形式,转速高,效率高,动平衡性好;刀柄系统可靠稳定,动平衡性好;控制系统运算速度和运算精度高,伺服响应快;润滑冷却可靠、充分;防护系统包括过载防护、运动防护、导轨和传动件防护、整机防护都可靠;等等。

4.6.2　高速电主轴的结构设计和参数

高速电主轴是高速加工系统的关键部件,负责实现高速主切削运动。其总体特征是:采用交流伺服电机或变频电机直接驱动,电机与主轴采用集成化内藏式结构,转速高、精度好、噪声小、损耗少,结构紧凑。

1. 高速电主轴的基本组成

高速电主轴基本组成部分包括组合壳体、前轴承座及轴承、后轴承座及轴承、定子、转子、主轴、自动松夹刀机构、检测装置、冷却和润滑装置等，如图4-6-1所示。松刀缸与主轴组件的连接一般采用卸荷式结构，避免松刀过程对主轴及轴承产生作用力。

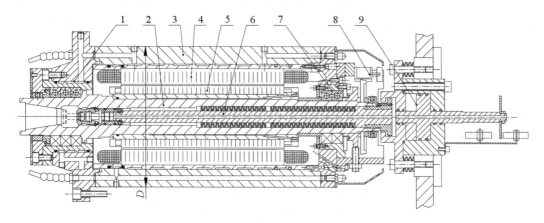

图4-6-1　高速电主轴结构图

1—前轴承座及轴承；2—主轴；3—组合壳体；4—定子；5—转子；6—自动夹刀机构；
7—后轴承座及轴承；8—检测装置；9—自动松刀机构

2. 高速电主轴的主要技术参数

高速电主轴的设计、选用及其与主机结构的连接设计涉及相关的技术参数，主要包括壳体直径（图4-6-1中的 D）、最高转速、输出功率、输出转矩、主轴锥孔规格（刀柄接口）等，其中壳体直径是最能体现高速电主轴规格的参数。高速电主轴已实现规范化和专业化生产。

3. 高速电主轴整体结构设计特点

高速电主轴结构设计始终遵循这样的原则：结构简单化，静止构件高刚度，运动构件高刚度、低惯量和动平衡性好，结构设计高精度、高可靠性等。组合壳体一般包括外壳体和内壳体，内、外壳体中间设置有用于冷却的螺旋槽；电机定子直接安装在内壳体上，电机空心转子和主轴采用过盈配合形式直接连接，结构简单，无中间环节。因此，高速电主轴本身其实就是一个电机，主轴直接作为电机的输出轴。通常，组合壳体和前轴承座均设置有连通的螺旋槽，用于对电主轴进行整体循环冷却。主轴上各零部件均具有平衡性和精度要求，均采用高可靠性连接固定方式。

4. 高速精密主轴轴承

采用高速精密轴承是主轴转速高速化的关键。高速电主轴最高转速已达到 15000～150000 r/min，因此轴承性能至关重要。对于转速相对较低（一般为 15000 r/min 以下）的主轴可采用钢质轻型的小接触角高精度角接触球轴承，但较高转速电主轴大多采用陶瓷球轴承，以尽可能减小滚动体惯量、离心力和陀螺力矩。

采用球轴承时，需通过结构设置对轴承进行适当预紧，但预紧力与常规转速轴承的预紧力相比要小；预紧结构与上文介绍相同，但不能采用螺母调整固定方式，以免高速下产生松动。大部分情况下采用调整厚度的恒位移量预紧方式，结构刚性好，预紧可靠，但当出现过热变形时会增加预紧量从而易导致轴承损坏，因此应充分润滑和冷却。在采用陶瓷球轴承且润滑、冷却可靠的情况下，恒位移量预紧方式仍广泛应用于速度因子 $d_m n < 2.0 \times 10^6$（其中，d_m 为轴承

内、外圈平均直径,单位为 mm;n 为转速,单位为 r/min)的高速主轴组件中。

当转速很高时,应采用非接触式轴承,如磁浮轴承、气浮轴承。磁浮轴承利用磁力来支承运动部件,使其与固定部件脱离接触而实现轴承功能,具有如下特点:无机械磨损,超高转速,运转无噪声,温升低,能耗小,不需要润滑,容易实现在线监控和智能控制。但磁浮轴承控制系统复杂,价格昂贵,发热问题不易解决,应用受到限制。气浮轴承以压缩空气作为介质,由于空气黏度极小,摩擦因数极小,功耗小,振动、噪声特别小,适用于高速和超高速、高精度、轻载的主轴组件。

5. 主轴上零部件精度及连接

主轴及其上的所有零部件对运行平稳性都产生影响,因此,主轴主要部位不仅要具有相应的高精度,且由于动平衡性要求高,主轴及轴上零件各处外圆和内孔均需具有圆度、同轴度及对称性精度要求。

同时,为了确保高速运转的可靠性,主轴上零部件的安装连接不能采用键连接方式,如电机转子与主轴的连接普遍采用过盈配合形式连接,有些电主轴采用易于拆卸的阶梯过盈配合结构;安装采用热装法,拆卸可采用热差拆卸法或注油拆卸法(适用于阶梯过盈结构形式)。轴承的轴向定位要可靠,一般避免采用螺母调整固定方式,以免高速状态下出现松动。

6. 旋转部件动平衡

电主轴旋转部件就是电机转子和主轴及其上零件的组合件。不平衡质量以主轴转速的平方来影响主轴的动态性能,转速越高,影响越大,因此除了各零件的精度要求外,必须进行电主轴装配后的整体精确动平衡。一般整体动平衡应达到 G1～G0.4 级,转速越高,精度级数值越小;同时,刀柄和刀具也应确保具有良好的动平衡性能。动平衡精度等级的定义式为 $G = e\omega$,其中 e 为偏心量,ω 为角速度。

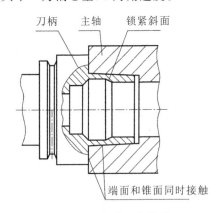

刀柄　　主轴　　锁紧斜面

端面和锥面同时接触

图 4-6-2　短锥刀柄结构

7. 主轴锥孔和刀柄系统形式

高速旋转的主轴由于离心力而产生的膨胀相对较大,从而削弱刀柄在主轴锥孔中的夹紧作用。高速电主轴的锥孔和刀柄结构采用短锥(锥度 1:10)、锥面和端面同时接触的锥孔刀柄结构形式,如 HSK 型刀柄,确保高速状态下刀柄仍保持足够的贴紧接触效应,如图 4-6-2 所示。

4.6.3　高速电主轴的冷却和润滑

冷却和润滑直接影响电主轴的可靠运转、精度保持性、长寿命运行等性能,是电主轴的重要部分。冷却和润滑部分主要涉及轴承的润滑和冷却、电主轴整体冷却两个方面。

1. 轴承的润滑和冷却

当转速相对较低时,轴承的润滑可以采用脂润滑方式,此时轴承发热量较少,对轴承的冷却可通过自然冷却和电主轴整体冷却实现。当主轴转速较高时,轴承不宜采用脂润滑方式,目前常用的有以下润滑和冷却方式:

(1)油雾润滑和冷却方式　利用压缩空气将油雾化,吹进轴承以润滑,具有较好的润滑、冷却作用。

(2)油气润滑和冷却方式　利用压缩空气定时定量将油滴吹进轴承,压缩空气和油滴的混合体具有更好的润滑和冷却作用。

（3）喷注润滑和冷却方式　以定时定量方式将较大油量的恒温油喷注到轴承处进行润滑和冷却，并主动排油，效果比上述两种方法好，但装置较复杂，成本较高。

2. 电主轴整体冷却

电主轴在高速运行时，定子、轴承、转子和主轴都会发热，虽然对轴承的润滑和冷却以及主轴加工区域的冷却可有效降低温升，但整个电主轴其他区域发热还较明显，需进行整体冷却。通常，电主轴整体冷却方法是，通过冷却机将恒温流体介质通入壳体和前轴承座的连通螺旋槽中，实现循环冷却，达到冷却定子和整个电主轴的目的，如图 4-6-3 所示。流体介质多采用液体，也可采用气体；注意流体介质温度不能太低，以免壳体和轴承座骤然过度收缩而产生"抱死"的现象。

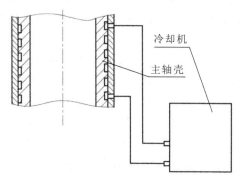

图 4-6-3　主轴循环冷却示意图

4.7　提高主轴组件精度和性能的措施

4.7.1　提高主轴回转精度的措施

提高主轴回转精度，一是要保证相关零部件自身的精度，如主轴、轴承、轴承座孔的精度；二是要采取一定的工艺措施，如同位偏心反向法、前后轴承搭配法、组合加工法等。

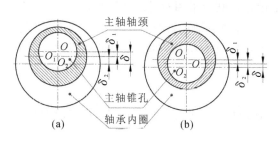

图 4-7-1　同位偏心反向法示意图

1. 同位偏心反向法

在装配时，在同一个支承位，将轴承偏心与主轴偏心反向安装，实现误差抵消从而减小误差，提高回转精度。如图 4-7-1 所示，主轴轴颈中心 O_1 与锥孔中心 O 的偏心量为 δ_1；轴承内圈安装在轴颈上，内孔中心也是 O_1，内滚道中心为 O_2，O_1 至 O_2 的偏心量为 δ_2。如图 4-7-1(a)所示，如果同向安装，则轴承内滚道与锥孔中心的总偏心量 $\delta = \delta_1 + \delta_2$；如图 4-7-1(b)所示，采取反向安装方式，则 $\delta = |\delta_1 - \delta_2|$，显然反向安装总偏心量明显减小。

2. 前后轴承搭配法

进行轴承精度搭配，使前轴承精度等级比后轴承的高，即前轴承偏心量比后轴承的适当小一些，且偏心方向相同，可有效降低主轴前端的跳动量，参见图 4-3-6(c)。

3. 组合加工法

对于特别精密的主轴组件，只依靠零部件自身的精度往往达不到装配后的精度要求，可以采用装配后再精加工主轴上工具安装部位（如铣床主轴锥孔）的工艺方法，消除中间误差，提高回转精度。

4.7.2 控制主轴温升和改善热特性的措施

轴承和传动件的负荷运转是主轴组件的主要内部热源,加工区域和主传动系统也是对主轴有影响的热源。上述热源可能会使主轴及其前、后轴承温升不均匀,从而使主轴组件产生影响精度和正常运行的热变形,导致加工精度降低。控制主轴温升和改善热特性可采取以下措施:

(1)减小主轴及附近区域的发热量。合理选择轴承类型和精度,保证座孔精度和装配质量,润滑充分、可靠;合理确定主传动机构各零部件的精度,确保制造质量;确保主传动系统和加工区域充分冷却;等等。

(2)采用散热装置。采用热源隔离法,在布局和结构允许的情况下,适当将主传动部分远离主轴区域;采用热源冷却法,如对主轴区域进行风冷、强力循环冷却等;采用热平衡法,如通过热传导方式,使主轴组件和周围温升均匀,有效减小主轴组件的热变形以及降低热变形对精度的影响。

(3)智能控制。在主轴区域设置若干热传感和位移传感装置,进行主轴温升和变形的监测,并通过控制系统和补偿装置进行补偿,实现智能监控。主轴智能控制也是实现数控机床高精度的研究热点之一。

4.7.3 主轴组件的平衡

对于很多常规数控机床,主轴最高转速达到了 6000～8000 r/min,故也需要参照电主轴的要求进行平衡调整。

(1)主轴及主轴上的零部件具有平衡性和精度要求。对于非配合部位也应有一定的圆度和同轴度要求;零件结构应满足对称性要求,如键连接则应采用双键或花键结构。

(2)进行整体动平衡。主轴系统装配完成后,启动主轴进行整体动平衡。通常采用去除质量法,即通过动平衡仪进行检测和计算,确定去除质量大小和方位,在主轴适当地方钻孔去除质量。常规数控机床动平衡精度为 G1 级。

4.8 主传动系统与主轴组件的配置结合形式和铣头部件

4.8.1 主传动系统与主轴组件的配置结合形式

主传动系统和主轴组件是紧密相关的两部分,组成主传动与主轴系统,共同执行主切削运动。这两部分不管是在设计阶段,还是在装配阶段和最后执行运动阶段,都是关联的,因此这两个部分存在配置结合关系,主要有以下几种形式。

1. 混结一体式

主电机与主轴混结为一体,无中间机械传动件(零传动),如内藏式电主轴,适用于高速度、高精度和高刚度的场合,实例如图 4-6-1 所示。

2. 紧密结合于同一箱体式

主传动系统和主轴组件通过传动件紧密结合在一起,安装于同一箱体,如图 4-8-1 所示,这是最为常见的配置结合形式。其中,末端传动件可以是齿轮,如图 4-8-1 所示,也可以是同步带轮。本形式传动链短,传动刚度较大,但箱体结构和加工较为复杂,实例如图 3-4-7 所示。

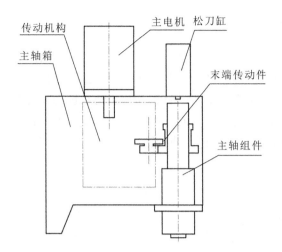

图 4-8-1　紧密结合于同一箱体式示意图

3. 相对分离于同一箱体式

主传动系统和主轴组件安装于同一箱体,但两者距离相对较远,通过长传动轴连接,要求传动轴刚度大。这一形式主要应用于具有滑枕部件(长主轴箱)且主轴设置在其前端的场合,如数控滑枕铣床、数控龙门铣床系列等,如图 4-8-2 所示。本形式传动距离较大,传动刚度相对较小,须通过增大传动件尺寸米弥补刚度的不足;同时箱体结构较为复杂,加工难度大,但能适应特定布局和结构要求,且部件外形美观。

4. 相对分离于不同箱体式

主传动系统和主轴组件安装于不同箱体,通过末端传动件连接。如图 4-8-3 所示,主传动系统和主轴组件相对分离于两个不同箱体,也可以分离于三个不同箱体。这一形式的主要应用场合和相对分离于同一箱体式相同,但由于采用了不同箱体的分离结构,在不同的箱体加工主轴组件安装孔和主传动孔系,加工工艺性好,装配和维护也相对方便。本形式的实例如图 3-4-8、图 3-4-9 所示。

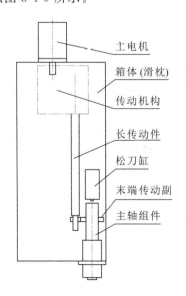

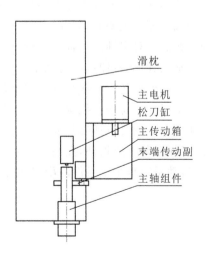

图 4-8-2　相对分离于同一箱体式示意图　　　图 4-8-3　相对分离于不同箱体式示意图

4.8.2　铣头部件

对于铣床,当主轴组件安装在一个独立的相对较小的箱体内时,这一独立箱体整体安装在机床的基础支承件上,并通过末端传动件与主传动系统连接,我们将这一相对独立的主轴与箱体总成称为铣头,对应磨床的称为磨头。铣头与主传动系统的配置形式属于"相对分离于不同箱体式",只是其具体布置方式有所不同。图 4-8-4 所示为铣头和主传动系统的两种配置形式,其中图 4-8-4(a)为相对分离于两个不同箱体,图 4-8-4(b)为相对分离于三个不同箱体。

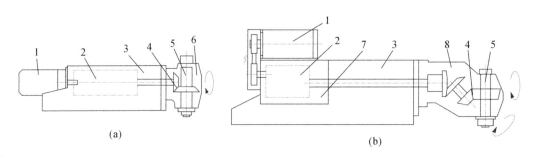

图 4-8-4　铣头和主传动系统配置形式

(a)相对分离于两个不同箱体;(b)相对分离于三个不同箱体

1—主电机;2—传动机构;3—滑枕;4—伞齿轮组;5—主轴;6—铣头;7—主传动箱;8—铣头壳(箱)

铣头(或磨头等)从其功能和形式看,实际上和主轴组件一致,但有些铣头扩充了功能,如可以做一个角度[图 4-8-4(a)]或两个角度[图 4-8-4(b)]的回转,使主轴可以指向多个空间角度,进行多个空间方向的加工,扩大了加工工艺范围。当铣头可以做两个自由度回转时,称为万能铣头,详见第 10 章。

习题和思考题

1.对主轴组件的要求主要有哪些?

2.主轴结构形状具有哪些基本特点?

3.主轴滚动轴承主要有哪几种类型? 各有什么特点?

4.主轴轴承配置主要有哪几种类型? 各有什么特点,应用于什么场合?

5.为什么需要对主轴滚动轴承进行预紧? 主要有哪几类预紧方式? 各有什么特点?

6.主轴轴径、前端悬伸量如何确定?

7.刀具自动松夹和锥孔吹净装置主要包括哪些部分? 各起什么作用?

8.应用于刀具自动松夹机构中的碟形弹簧主要有哪几种状态? 各有什么作用和特点?

9.高速电主轴主要包括哪些部分?

10.除了保证制造质量外,提高主轴回转精度主要有哪些措施? 各有什么特点?

11.主传动系统与主轴组件的配置结合形式主要有哪几种? 各有什么特点?

第 5 章　伺服进给传动系统设计

数控机床与普通机床的根本区别主要体现在进给系统。数控机床的进给系统可称为伺服进给系统,它能根据控制系统指令精确控制执行部件的运动速度和位置,以及控制几个坐标执行部件按一定规律协同运动,从而使数控机床加工出具有复杂轮廓和型腔的零件。因此,伺服进给系统是数控机床除控制系统之外的核心部分,伺服进给系统中的机械传动部分也是数控机床机械系统的核心部分。

5.1　伺服进给系统的组成、工作原理和基本要求

传统普通机床的进给传动系统为集中传动形式,即由一个进给电机(或快进和工作进给两个电机)进行驱动,通过集中传动系统的机械变速、离合操作,将动力和运动分别传送至各进给轴,实现各进给轴的运动,因此进给传动系统只能进行一般电气控制、简单机动运动和手动操作,加工简单零件,且进给传动机构相当复杂。为适应数控机床多轴控制和联动,以实现进给执行部件的复杂轨迹运动,实现复杂形状加工,对伺服进给传动系统的总体要求是各坐标轴分离传动和控制,即各进给轴均具有一套伺服电机和传动机构,如图 5-1-1 所示(图中 X 轴垂直于 Y 轴)。

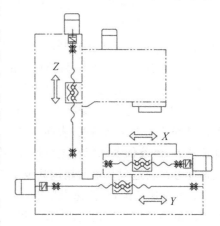

图 5-1-1　三向分离传动示意图

在分析论述数控机床时,所提及的"伺服进给传动系统"可以是针对整台数控机床的,也可以指单个进给坐标轴,应根据上下文理解。

5.1.1　伺服进给系统的组成和工作原理

1. 伺服进给系统的组成

伺服进给系统由伺服驱动系统、伺服电机、机械传动机构、检测装置、执行部件(或指驱动基础件移动的连接件)等部分组成,如图 5-1-2 所示,其中由伺服电机、机械传动机构、检测装置和执行部件构成的组合称为伺服进给传动系统,是本章的重点介绍内容。

2. 伺服进给系统的工作原理

如图 5-1-2 所示,伺服驱动系统接收控制系统的进给速度和位移指令信号,进行信号转换、放大和速度控制,驱动伺服电机,由伺服电机驱动机械传动机构从而带动执行部件实现坐标运动;由伺服电机内置编码器反馈的速度和位置信号分别送至伺服系统和控制系统进行比较调节,实现半闭环控制;如果还设置末端位置检测装置,其发出的位置反馈信号送到控制系统进行比较调节,则实现闭环控制。伺服驱动系统(单元)驱动伺服电机并进行速度控制,因此也称为速度控制单元。半闭环和闭环控制是数控机床常用的控制类型,没有检测反馈的开环控制已极少应用在数控机床上。

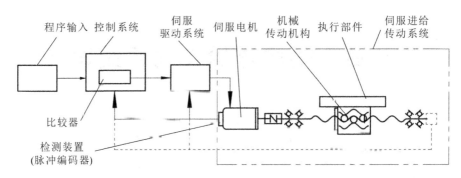

图 5-1-2　伺服进给系统组成和原理示意图

5.1.2　伺服进给系统的主要性能要求

根据数控机床的功能和加工要求,伺服进给系统的主要性能要求如下:

(1)精度要求高。位置精度和数控加工精度是反映数控机床本质特征的关键指标,而伺服进给系统是保证数控机床位置精度和加工精度的关键。因此,根据数控机床精度等级,伺服进给系统应具有相应的更高的精度,主要包括反映坐标轴位置精度的定位精度、重复定位精度和反向误差,以及反映多轴联动精度的轮廓跟随精度。

(2)高刚度、无间隙。数控机床的进给系统要求高刚度、无间隙传动,以确保进给运动精度、响应速度和运行稳定性。这里的"高刚度"要求包括对伺服系统和传动机构的高刚度要求。

(3)响应速度快。要求进给系统具有良好的快速响应特性,即快速响应跟踪指令信号,以保证良好的加工轮廓精度、表面质量和生产效率。快速响应特性主要包括系统的响应时间和加速能力,涉及伺服系统和电机性能、传动机构刚度、运动摩擦特性和惯量匹配特性等。但响应速度过快会造成系统的超调甚至不稳定,因此快速响应要适当。

(4)调速范围宽、低速大扭矩。要求伺服驱动和电机具有足够宽的调速范围,满足较宽进给速度范围的加工工艺要求;数控机床经常在低速状态下进行大切削量加工,因此伺服进给系统应具有低速大扭矩性能。

(5)稳定性好。稳定性是指系统在输入量改变、启动状态或外界干扰的作用下,其输出量经过几次衰减振荡后能迅速稳定在新的或原有的平衡状态下。稳定性是进给系统能够正常工作的基本条件,它涉及系统的惯性、刚度、阻尼及系统增益特性。

(6)低速运动平稳性好。运动系统在低速运行时很容易出现爬行现象,而数控机床的进给速度范围是包括低速段的,爬行现象对机床运行状况和加工精度是有害的,因此具有良好的低速运动平稳性对数控机床伺服进给系统很重要。

实际上,以上特性要求是相互关联的。

5.2　伺服进给传动系统的主要类型及特性

5.2.1　伺服进给传动系统类型

伺服进给传动系统类型主要是指从伺服电机到执行部件之间的各种合理可行的连接和传动形式,是数控机床机械系统的关键部分之一。数控机床根据用途、结构布局要求,采用不同的传动类型。

虽然在原理上数控机床伺服进给传动系统的类型多种多样，但根据实际应用情况、技术进步和发展趋势，基于传动机构的简单、可靠、维护性好的要求，伺服进给传动系统的类型主要有以下几种：

（1）直联滚珠丝杠传动（Ⅰ型）。伺服电机通过弹性联轴器直接驱动滚珠丝杠机构，从而驱动执行部件。

（2）同步带减速滚珠丝杠传动（Ⅱ-1 型）。伺服电机经同步带传动副减速机构驱动滚珠丝杠机构，从而驱动执行部件。最常用的减速级数为 1 级，常用减速比为 1.5、2、2.5、3、4 等。

（3）齿轮减速滚珠丝杠传动（Ⅱ-2 型）。用齿轮传动副代替同步带传动副，其他与同步带减速滚珠丝杠传动相同。

（4）减速齿轮齿条传动（Ⅲ型）。伺服电机经过减速箱驱动齿轮齿条机构，从而驱动执行部件，主要适用于大行程传动。减速箱为单级或多级减速机构。

（5）直线电机传动（Ⅳ型）。电机直接驱动执行部件做直线运动，省去了所有中间传动环节，可用于高速、超高速的进给驱动，移动速度可达 60～180 m/min（甚至更高）。

5.2.2　伺服进给传动系统的组成、原理及特性

下面介绍上述伺服进给传动系统类型的组成、原理及特性，其中直线电机传动（Ⅳ型）在"5.3.6 伺服电机简介"中介绍。

1. 直联滚珠丝杠传动系统（Ⅰ型）

（1）组成和原理　本传动类型由伺服电机、弹性联轴器、滚珠丝杠副、丝杠螺母座、电机座、支承座、轴承、执行部件、其他相关零件组成，如图 5-2-1 所示。伺服电机通过弹性联轴器直接驱动滚珠丝杠传动副，从而带动执行部件运动。采用弹性联轴器确保无间隙传动，并可补偿一定的加工和装配误差。

（2）特点　由于是直联传动，中间环节少，机构简单，传动刚性好、精度高、快速特性好，应用广泛。

（3）对机构的要求　机构的制造和装配误差容易对电机造成影响，所以加工和装配精度要求较高。

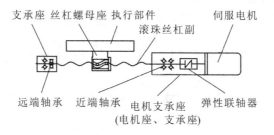

图 5-2-1　直联滚珠丝杠传动系统图

2. 同步带减速滚珠丝杠传动系统（Ⅱ-1 型）

（1）组成和原理　本传动类型由伺服电机、同步带传动副、滚珠丝杠副、丝杠螺母座、电机座、支承座、轴承、执行部件、其他相关零件组成，如图 5-2-2 所示。伺服电机通过同步带传动减速驱动滚珠丝杠副，从而驱动执行部件运动。采用同步带预紧无间隙传动；同步带具有柔性，在常规载荷下抗拉伸性好，因此具有较好的传动刚性，且对加工和装配误差的补偿性好。

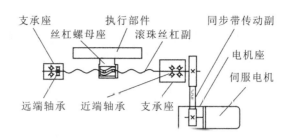

图 5-2-2　同步带减速滚珠丝杠传动系统图

（2）传动特性　可减速传动，提高扭矩，惯量匹配方便，但会降低转速从而降低快速移动速度。通常减速比为 1.5、2、2.5、3、4，其中减速比为 2 最为常用；有时为了适应结构需要，也采用 1∶1 的传动比。

（3）传动计算　经过变速传动后，转速和扭矩发生变化：

$$n_{\text{smax}} = \frac{n_{\text{dmax}}}{i} \tag{5-1}$$

$$M_s = i\eta M_0 \tag{5-2}$$

式中　i——减速比；

$\quad\quad n_{\text{smax}}$——丝杠端最高转速，r/min；

$\quad\quad n_{\text{dmax}}$——电机最高使用转速，r/min；

$\quad\quad \eta$——传动效率；

$\quad\quad M_s$——丝杠端输出扭矩，N·m；

$\quad\quad M_0$——电机额定扭矩，N·m。

（4）特点　消除间隙和预紧方便，精度较高，传动平稳，惯量匹配好（减速传动时），装配工艺性好；与直联滚珠丝杠传动系统相比，传动刚性差一些，快速特性差一些；机构制造和装配误差对电机影响相对较小，应用广泛。

3. 齿轮减速滚珠丝杠传动系统（Ⅱ-2 型）

（1）组成和原理　本传动类型是在Ⅱ-1 型中，以齿轮传动副代替同步带传动副，其余组成和工作原理相同，提高扭矩和降低最高转速的性能相同，如图 5-2-3 所示。

（2）特点　传动刚性好、惯量匹配好（减速传动时）；但消隙结构较复杂，易出现间隙，工艺性较差，需要润滑，容易出现噪声；一般情况下很少应用，主要应用于要求传动力很大的场合。

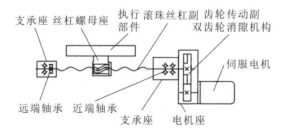

图 5-2-3　齿轮减速滚珠丝杠传动系统图

4. 减速齿轮齿条传动系统（Ⅲ型）

当需要大行程传动时，采用滚珠丝杠传动形式在制造和传动稳定性方面存在问题甚至无法实现，最有效且最常用的是齿轮齿条传动形式。

（1）组成和原理　本传动类型由伺服电机（单个或两个）、减速机（相应为单个或两个）、双输出齿轮、齿条、电机座、执行部件、其他相关零件组成，如图 5-2-4 所示。电机通过减速机驱动双齿轮齿条传动副，从而驱动执行部件运动；采用双输出齿轮消除间隙。

减速驱动装置有以下两种方式：

① 采用双电机和双减速机，此时双电机在加速时同向驱动而增强驱动力，在匀速或静止时其中一个电机反向施加张力而消除间隙。

② 采用单电机和单减速箱、双齿轮输出，减速箱内设置碟形弹簧来消除间隙。如图 5-2-5 所示，伺服电机输出经过减速后从中间轴 2 传入，同时中间轴 2 受到碟形弹簧组件的轴向作用力 F 作用，通过两边螺旋角方向相反的齿轮轴 1、3 传动，双齿轮 4、5 输出产生反向张紧作用。

（2）特点　齿条安装采用多个螺钉均匀间隔、全长固定的方式，传动刚性好、刚性恒定，但需要润滑；因齿轮齿条传动精度相对较低，常需要光栅闭环控制以确保位置精度；适用于大行程传动的场合。

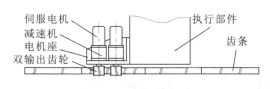

图 5-2-4　减速齿轮齿条传动系统图

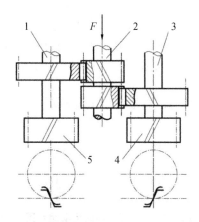

图 5-2-5　弹力消除间隙机构图
1，3—齿轮轴；2—中间轴；4，5—双齿轮

5. 螺母旋转传动机构及丝杠螺母运动组合的多种形式

数控机床的丝杠传动环节均采用滚珠丝杠传动形式，以下论述中有时也将滚珠丝杠传动简称为丝杠传动。滚珠丝杠传动具有可逆性，但在数控机床伺服进给传动系统中，主要采用其将旋转运动变为直线运动这一功能，即正向传动功能。丝杠传动机构包括丝杠和螺母两个部件，分别执行旋转或直线运动。虽然从原理上讲，丝杠传动的旋转或直线运动都可以是相对的，如丝杠和螺母都可以同时做旋转或直线运动，只需有速度差别，但实际上在机床的进给传动系统中，只按其绝对运动状态进行设计或对待。丝杠传动所有可能的运动组合关系如图 5-2-6 所示。根据丝杠传动的运动关系，图 5-2-6 中的两种输入形式和两种输出形式可任意组合，都可以在机床的进给传动系统中实现，但适应场合有所不同。丝杠传动的运动组合和应用场合及特点见表 5-2-1。

表 5-2-1　丝杠传动的运动组合和应用场合及特点

运动组合	应用场合及特点
丝杠旋转、螺母移动	同时适用于直联滚珠丝杠传动系统和同步带（或齿轮）减速滚珠丝杠传动系统类型，螺母带着执行部件移动，通常应用于中小行程的场合

运动组合	应用场合及特点
丝杠旋转、丝杠移动	螺母完全固定,同时适用于直联滚珠丝杠传动系统和同步带(或齿轮)减速滚珠丝杠传动系统类型,丝杠带着执行部件移动,通常应用于中小行程的场合
螺母旋转、螺母移动	适用于同步带(或齿轮)减速滚珠丝杠传动系统类型,由于丝杠完全固定,可应用于较大行程范围内,特别适合应用于较大行程的场合
螺母旋转、丝杠移动	适用于同步带(或齿轮)减速滚珠丝杠传动系统类型;丝杠带着执行部件移动,通常应用于中小行程的场合;也可应用于较大行程的场合,但此时相应方向的机床基础件尺寸较大

　　螺母旋转并移动、丝杠固定传动形式如图 5-2-7 所示,图中 1 为基座,电机座 5 与执行部件 4 固定连接,滚珠螺母 2 与螺母套固定连接并安装在轴承座 3 上,传动原理为:伺服电机 7 通过同步带传动副 6 带动螺母套从而带动滚珠螺母 2 旋转,由于滚珠丝杠 8 固定,因而滚珠螺母 2 通过螺母套、轴承座 3 驱动执行部件 4 做直线坐标运动,电机、传动机构、滚珠螺母等和执行部件一起移动。实际上本类型也可归入上述 II-1 型。

图 5-2-6　丝杠传动的运动组合图

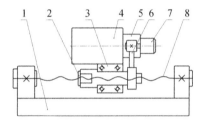

图 5-2-7　螺母旋转并移动、丝杠固定传动形式示意图
1—基座;2—滚珠螺母;3—轴承座;4—执行部件;
5—电机座;6—同步带传动副;7—伺服电机;8—滚珠丝杠

5.3　进给传动系统的主要功能部件

5.3.1　进给传动系统主要功能部件的发展变化

　　数控机床与普通机床的本质区别在于控制系统和进给系统的不同。从进给传动机构看,相比普通机床,数控机床不仅采用了分离传动形式,而且为适应伺服进给系统的高精度、高刚度、无间隙、快速响应的性能要求,进给传动系统的各主要功能部件也发生了显著变化,具体如下:

　　(1)从普通丝杠传动向滚珠丝杠传动变化。传统普通机床一般采用普通丝杠传动形式,为滑动摩擦类型,摩擦因数大、耐磨性差、精度差,有间隙,无法满足数控机床进给传动低摩擦、高精度、高效率、无间隙、高灵敏度的要求,因此数控机床采用滚珠丝杠传动形式。

　　(2)从普通联轴器向高刚度、无间隙弹性联轴器变化。普通联轴器或是刚性连接,或是具有间隙,不能满足数控机床进给传动的要求。数控机床进给传动联轴器要求高刚度(扭矩传递方向)、无间隙,并具有弯曲弹性(柔性)特点,以保证传动刚度、精度和平稳性。

　　(3)从常规齿轮传动形式向同步带传动或消隙齿轮传动形式变化。同步齿形带传动具有高精度、无间隙、横向柔性、长度方向刚度足够的特点,普遍取代了齿轮传动形式,仅在大扭矩传动的个别场合采用消隙齿轮传动形式。

（4）从常规推力轴承与径向轴承组合或圆锥滚子轴承向大接触角度的滚珠丝杠专用轴承变化。

（5）从普通电机或变频电机驱动向伺服进给电机驱动变化。

实际上，随着技术进步和性能要求的提高，普通机床已越来越多地参照数控机床选择传动形式及应用上述功能部件。

5.3.2　滚珠丝杠传动机构

1. 工作原理和特点

滚珠丝杠副属于螺旋传动机构，为滚动摩擦类型，与滑动摩擦的普通丝杠传动副相比，摩擦因数很小，传动效率很高，广泛应用在数控机床的进给传动机构中，实现回转运动向直线运动转换的功能。

1）工作原理

如图 5-3-1 所示，在丝杠和螺母间设置滚道和滚球，使运动转换过程处于滚动摩擦状态；并在滚珠丝杠与螺母间设置挡珠机构（滚珠回程引导装置），使滚珠能够闭合循环流动，实现持续运转。

2）特点

（1）摩擦因数很小，摩擦损失小，传动效率高。因为是滚动摩擦，传动效率可达 0.90～0.96，约为普通丝杠传动效率的 3 倍。

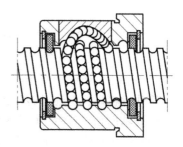

图 5-3-1　滚珠丝杠螺母结构图

（2）运动平稳，灵敏度高，低速无爬行。同样因为是滚动摩擦，摩擦因数很小，动、静摩擦因数差值小，并可适当预加载荷（预紧），所以性能优越。

（3）精度好，反向无间隙，同步性好。由于摩擦因数小，并可通过适当预紧完全消除滚珠丝杠副轴向间隙，且得益于制造技术，滚珠丝杠副已达到很高的传动和定位精度，如精度等级较高时，可达到每 300 mm 误差控制在 0.006～0.01 mm。如再结合系统螺距补偿，则整机可达到相当高的定位精度。

（4）轴向刚度高。因为是滚动摩擦，可实现预加载荷和预变形，且作用滚珠多，显著提高了刚度。

（5）滚动摩擦副无自锁，传动具有可逆性。在有些场合（如用于垂向传动时），须设置制动装置，如垂向伺服电机应选择配置失电抱闸功能，避免自重下滑。

（6）润滑方便、使用寿命长、维护简单。通常采用脂润滑或定时定量油润滑即可，磨损小，使用寿命是普通丝杠机构的 4～10 倍。

（7）已形成技术规范和标准，实现专业化生产，供货和使用方便。滚珠丝杠传动已有国家技术标准，专业厂家商品化生产，供货方便，机床制造商选择和应用方便。

2. 结构类型及特性

滚珠丝杠副的结构类型有多种，主要按滚珠循环方式和轴向间隙调整预紧方式进行区分。

1）滚珠循环方式分类

（1）内循环。采用滚珠在内部直接返回循环的结构形式，滚珠始终与丝杠接触，因此是单圈循环。一个螺母应有若干圈（一般 3～5 圈）滚珠在运行，确保有足够的承载能力；返向器有浮动式和固定式两种，后者为整体式，如图 5-3-2 所示。内循环结构形式的滚珠丝杠传动特点:滚珠回程短,循环滚珠数目少,流畅性好,摩擦损失小,传动效率高,径向尺寸紧凑,轴向刚度高,但返向器形状较复杂。本类型应用广泛,特别是浮动式内循环结构形式。

(2)外循环。采用滚珠从螺母外面返回循环的结构形式,外部循环的滚珠与丝杠脱离接触,可多圈构成一个循环;循环返向器结构主要有插管式、螺旋槽式等,插管式结构相对简单,如图5-3-3所示。外循环形式螺母径向尺寸大,循环滚珠多,摩擦损失相对较大。插管式外循环结构相对较为常用。

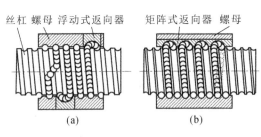

图 5-3-2　内循环结构示意图
(a)浮动式;(b)固定式

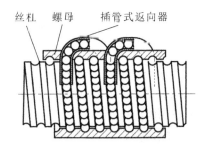

图 5-3-3　插管式外循环结构示意图

2)轴向间隙的调整和预紧方法

滚珠丝杠副普遍通过施加预紧力来消除间隙,实现预加载荷和提高刚度。通常通过调整双螺母的轴向相对位置,使双螺母的滚珠分别压向滚道两侧从而实现预紧,有以下几种方法。

(1)垫片调整式。在双螺母间设置调整隔垫,通过调整垫片厚度,并采用平键固定螺母的相对角度,从而调整两个螺母间的轴向距离,实现预紧,如图5-3-4所示。本方法结构简单,刚性好。如采用封闭垫圈则须拆卸螺母才能调整,较麻烦;如采用两半式垫圈,则调整方便。由于滚珠丝杠的性能已有很大提高,一次调整可持续很长时间;且由于软件补偿技术的应用,预紧调整已不需很准确,故本方法应用最为广泛。

(2)增大滚珠直径调整法。根据预紧程度,采用比理论直径稍大的滚珠进行装配而实现预紧。本方法导致一个滚珠同时与丝杠和螺母滚道的两边接触,对滚道加工质量要求较高;磨损后需更换新的滚珠,调整相对较麻烦,可用于单螺母形式,特别是当滚珠丝杠副只承受单向载荷时常用单螺母形式,采用本预紧方法。

其他预紧调整方法:参照轴承预紧方法,采用螺纹锁紧调整双螺母距离的螺纹调整方式,调整方便,但可靠性相对较低;采用左右端滚道距离比理论导程稍大的变导程调整方式,使用不方便。这些调整方式可参见相关滚珠丝杠副资料,但已较少应用在数控机床中。

综上,最常应用的滚珠丝杠副类型是浮动式内循环或插管式外循环、双螺母、垫片调整、法兰式安装形式,如图5-3-5所示。

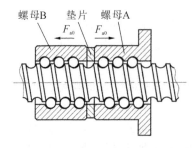

图 5-3-4　垫片调整式示意图

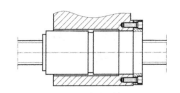

图 5-3-5　法兰式滚珠丝杠副安装图

3. 滚珠丝杠副预紧力的确定

通常情况下,滚珠丝杠副都需要预紧。适当的预紧力可提高滚珠丝杠副的接触刚度和传动精度,但过大的预紧力会明显增加摩擦力,缩短使用寿命和降低传动效率,因此要合理确定预紧力。

1) 预紧力的确定原则

预紧力的确定原则:使滚珠丝杠副在承受最大轴向工作载荷时,滚道与滚珠正好不出现间隙。根据以上原则确定的预紧力也可称为临界预紧力,即通常情况下直接采用临界预紧力作为滚珠丝杠副的预紧力,如没有特殊说明直接简称预紧力。

2) 临界预紧力的计算

根据弹性理论,在作用力下,在弹变形范围内球接触变形为

$$\delta = k_z F^{\frac{2}{3}} \tag{5-3}$$

式中　δ——接触变形量,mm;

　　　k_z——接触变形系数,$\mathrm{mm/N^{2/3}}$;

　　　F——轴向力,N。

如图 5-3-6 所示,在临界预紧力 F_0 和最大轴向负载 $F_{\max}$ 联合作用下,滚道和滚珠正好不出现间隙,则满足下式

$$k_z (F_{\max}^{\frac{2}{3}} - F_0^{\frac{2}{3}}) = k_z F_0^{\frac{2}{3}}$$

从而得

$$F_0 = \left(\frac{1}{2}\right)^{\frac{3}{2}} F_{\max} = 0.354 F_{\max} \approx \frac{1}{3} F_{\max} \tag{5-4}$$

对加工精度要求较高的应用场合如加工中心、精密机床等,预紧力可适当大于其临界预紧力,但不能超过 $0.1C_a$,C_a 为滚珠丝杠副的额定动载荷。可以得出结论,对于有预紧力的滚珠丝杠副,在最大轴向负载作用下滚珠丝杠与螺母的接触变形量为没有预紧力时的 $1/2$,即刚度提高一倍。如不能确定最大轴向负载,可参照制造商规定的预紧力等级确定预紧力,通常轻预紧为 $0.05C_a$,中预紧为 $0.075C_a$,重预紧为 $0.1C_a$。

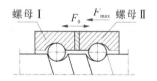

图 5-3-6　预紧示意图

4. 滚珠丝杠副的设计计算和选用

滚珠丝杠副已形成技术规范和商品化生产,按标准规格选用。滚珠丝杠副的规范参数包括公称直径、螺距(导程)、精度等级、循环圈数、额定动负荷、额定静负荷、其他丝杠螺母结构参数等。滚珠丝杠副的具体设计内容如下:

(1) 确定滚珠丝杠副类型。根据结构和载荷要求,确定滚珠丝杠副的基本形式,即选择双螺母或单螺母、内循环或外循环、预紧调整方式。

(2) 确定精度等级。根据《滚珠丝杠副　第 3 部分:验收条件和验收检验》(GB/T 17587.3—2017),按照使用范围及要求将滚珠丝杠副分为定位类(P 类)和传动类(T 类)两种,精度等级分为 0、1、2、3、4、5、7、10 共八个等级,0 级最高,依次降低;精度等级的选择应根据主机类型、实际需要和成本综合考虑,不应盲目追求高精度。适当的精度等级结合系统软件螺距补偿可以达到相当高的精度。精度等级参考选择原则:常规数控机床(加工中心)选择 P3 级,较大规格数控机床(加工中心)如龙门型的可选择 P4、P5 级,特殊要求的精密加工中心选择 P2 级精

度,普通机床选择 P7、P10 级精度。

（3）计算移动速度,初步选定螺距。

（4）确定丝杠滚道长度。丝杠滚道长度是决定丝杠总长度、工艺难度和稳定性以及丝杠成本的重要参数,要根据坐标行程、安全行程余量和装配结构确定,如图 5-3-7 所示。

$$L_s = L_x + L_N + 2\Delta L_x + b_1 + b_2 \tag{5-5}$$

式中　L_s——丝杠滚道长度,mm;

　　　L_x——对应方向的行程参数,mm;

　　　L_N——滚珠螺母和螺母座总长度,mm;

　　　ΔL_x——单边安全行程余量,mm;

　　　b_1,b_2——两端结构尺寸,mm。

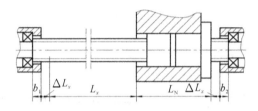

图 5-3-7　丝杠滚道长度计算示意图

（5）进行载荷计算。一般按动负荷计算选择,当转速小于或等于 10 r/min 时按静负荷计算,选择丝杠直径、螺距和滚珠循环圈数。

（6）根据运动行程和结构需要,确定支承跨距,设计丝杠两端支承和传动结构部分。

（7）根据需要进行刚度、压杆稳定性、临界转速等技术参数的核算。

（8）进行完整结构设计并生成正式图纸。

（9）根据具体设计和实际情况进行力学计算。数控机床的丝杠传动转速范围大,按动负荷计算选择丝杠规格。在确定了支承形式和跨距后,需进一步验算其他必要的力学参数:对于细长且承受压力的丝杠传动机构,需作压杆稳定性校核计算;对于高速、支承跨距大的滚珠丝杠副,需作临界转速校核;对于精度要求较高的传动,要进行刚度校核;对于动态特性要求较高的传动,要进行包括整个传动系统的转动惯量匹配校核;对于闭环控制系统,还要进行谐振频率的计算,目前伺服系统性能已大大提升,很多情况下还可以通过伺服优化来避开共振现象。

5. 载荷校核计算

1）当量载荷与当量转速计算

机床工作载荷和运行状况是力学计算的依据,由于机床实际载荷与运行转速是变化的,因此需转化为当量载荷和当量转速。若机床运行时分布有 n 种载荷,则

$$F_d = \left(\frac{F_1^3 n_1 t_1 + F_2^3 n_2 t_2 + \cdots + F_n^3 n_n t_n}{n_1 t_1 + n_2 t_2 + \cdots + n_n t_n} \right)^{1/3} = \left(\frac{\sum\limits_{i=1}^{n} F_i^3 n_i t_i}{\sum\limits_{i=1}^{n} n_i t_i} \right)^{1/3} \tag{5-6}$$

$$n_d = \frac{n_1 t_1 + n_2 t_2 + \cdots + n_n t_n}{t_1 + t_2 + \cdots + t_n} = \frac{\sum\limits_{i=1}^{n} n_i t_i}{\sum\limits_{i=1}^{n} t_i} \tag{5-7}$$

式中　F_d——当量载荷,N;

　　　　F_i——载荷分布中的一种轴向载荷,N;

　　　　n_i——对应 F_i 的转速,r/min;

　　　　t_i——对应 F_i 的工作时间,h;

　　　　n_d——当量转速,r/min。

当工作载荷呈单调连续变化或周期性单调连续变化时,当量载荷按如下公式近似计算:

$$F_d \approx \frac{2F_{max} + F_{min}}{3} \tag{5-8}$$

式中　F_{max},F_{min}——最大和最小工作载荷,N。

2) 动载荷校核计算

额定动载荷是指一批规格相同的滚珠丝杠副,在一负荷力的运转测试下,通过 10^6 转运动而有 90% 不产生疲劳损伤时所能承受的最大轴向载荷。制造商生产的标准滚珠丝杠副均已经过额定动载荷和额定静载荷的试验,但各种机床的实际载荷及运行状况不相同,故一般与额定动载荷(或额定静载荷)试验状况不同,因此无法直接通过载荷比较选择丝杠规格,需按一定的等效计算方法进行核算选择,即进行动载荷校核计算:

$$\begin{cases} C_{ma} = \dfrac{(60n_d L_h)^{1/3} f_w F_d}{100 f_a f_c} \leqslant C_a \\ F_{max} \leqslant 0.3C_a \end{cases} \tag{5-9}$$

式中　C_{ma}——计算动载荷,N;

　　　　L_h——预期工作寿命时间,h,参见表 5-3-1,但表中数据仅作为参考,预期寿命可根据实际情况适当选择;

　　　　f_w——载荷系数,参见表 5-3-2;

　　　　f_a——精度系数,参见表 5-3-3;

　　　　f_c——可靠性系数,参见表 5-3-4,一般情况下取 $f_c=1$,但在重要场合,要求一组相同滚珠丝杠副在同样条件下使用寿命超过预期寿命的 90% 以上时按表 5-3-4 选用;

　　　　C_a——滚珠丝杠副的额定动载荷,N,可从制造商的产品参数资料中查得。

式(5-9)中的第二个公式是对最大轴向负载的限制,从而也限制丝杠螺母预紧力不超过重预紧范围。

表 5-3-1　滚珠丝杠副参考预期寿命

主机类别	普通机床	数控机床、精密机床	普通机械	测量机械、自动化机械
L_h/h	10000~15000	15000	5000~10000	15000

表 5-3-2　载荷系数

载荷性质	平稳、无冲击	轻微冲击	伴有冲击或振动
f_w	1.0~1.2	1.2~1.5	1.5~2.0

表 5-3-3　精度系数

精度等级	0、1、2、3	4、5	7	10
f_a	1.0	0.9	0.8	0.7

表 5-3-4　可靠性系数

可靠性/(%)	90	95	96	97	98	99
f_c	1	0.62	0.53	0.44	0.33	0.21

压杆稳定性和临界转速校核涉及丝杠的支承方式,将在下一节介绍。

6. 先进滚珠丝杠副

上述介绍的为常规滚珠丝杠副形式,为适应高速、高性能进给传动,研制推出了多种结构形式先进的滚珠丝杠副。

1) 螺母冷却结构

滚珠丝杠副运行时,滚珠都在螺母内循环,特别是在高速运行时,螺母显然是一个主要热源,故对螺母进行快速有效散热降温具有重要意义。如图 5-3-8 所示,在螺母体上设置若干相连的冷却通道孔,借助油液循环装置不断将螺母上的热量带出,实现对螺母的冷却。

2) 中空滚珠丝杠

滚珠丝杠高速运行时容易发热,导致丝杠与基础座的相对温升显著,丝杠热伸长会降低预拉伸力从而降低刚度、稳定性和精度,因此对整根丝杠进行散热对高速、高精密传动意义重大。中空滚珠丝杠在丝杠中心设置通孔,配合散热系统如油液循环快速有效带走热量,实现滚珠丝杠的整体冷却。

3) 电滚珠丝杠副

与电主轴结构和原理类似,将滚珠丝杠副的螺母与伺服电机的转子直接连接,电机直接驱动螺母,实现丝杠与螺母的相对运动,省去中间传动环节,结构紧凑、刚度高、效率高、动态性能好,如图 5-3-9 所示。

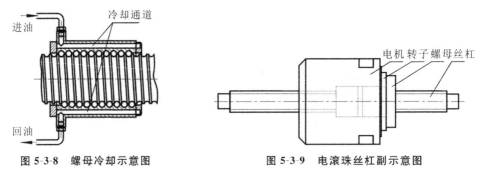

图 5-3-8　螺母冷却示意图　　　　　　图 5-3-9　电滚珠丝杠副示意图

5.3.3　轴孔连接和弹性联轴器

1. 进给传动机构连接要求

数控机床和普通机床在进给传动机构的连接方面明显不同,要求更高,主要体现在:高刚度,这是数控进给传动机构的基本要求,确保传动精度和响应快速;无间隙,这是保证数控机床精度和稳定性的要素之一;足够的传递负载能力。

2. 轴孔连接方式

重要的零件孔与轴的连接,往往也要求无间隙和高刚度,如同步带轮和电机轴或丝杠轴的连接,常采用锥环连接结构,如图 5-3-10 所示。

1) 内外锥环连接(Z1 型)

锥环(又称为胀紧套)是无间隙联轴器、零件轴孔无间隙连接时最常用连接件,取代平键和花键的连接作用,传递负荷。应用时,采用内锥环、外锥环组合置于轴和孔之间,可多组使用,增强负荷传递能力;也可采用内锥环直接置于带锥形的孔中(锥孔相当于外锥环)。锥环作用原理:通过高强度螺栓和压盖压紧作用,使内外锥环轴向压紧,从而转换为对轴和孔的径向胀紧,通过静摩擦力产生周向、轴向或复合负荷传递作用,通常主要用于传递扭矩。锥环可以多组组合使用,但承载能力从外向里递减,第 1 组锥环承载能力系数为 1,后一组承载能力系数为前一组的 0.5,一般不超过 3~4 组。

2) 锥环连接元件的选用

锥环连接已制定了技术规范和标准规格,实现商品化生产,可根据传递扭矩和轴的规格直接选用。由内外锥环连接形式变形延伸开发出的整体胀紧套也较常用,如图 5-3-11 所示。

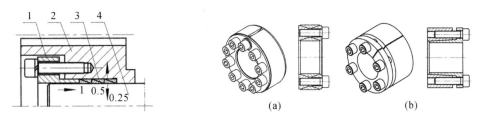

图 5-3-10　轴孔连接示意图　　　　　　　　　图 5-3-11　整体胀紧套部件
1—压盖;2—同步带轮;3—内外锥环;4—轴

3. 弹性联轴器

在数控机床进给传动机构中,存在两轴连接环节,如电机轴与丝杠端轴的连接。这一同轴连接环节除要求高刚度和无间隙外,还具有弹性连接要求,以补偿加工和装配环节出现的同轴误差,降低同轴误差对电机和传动性能的影响。弹性联轴器就是满足上述要求的最常用的连接部件。弹性联轴器包括如下两个连接部分:

(1) 两半联轴节之间的连接。利用弹性元件无间隙连接,并具有足够的刚度。

(2) 联轴节与轴之间的连接。采用锥环或抱紧环与轴实现无间隙连接,并具有高刚度。图 5-3-12 所示为抱紧环连接示意图。

常用弹性联轴器结构形式主要有以下几种,多已形成专业化生产,可直接选用。

(1) 膜片弹性联轴器　通过膜片弹性连接两半联轴节,如图 5-3-13 所示,是较早应用于数控机床的弹性联轴器类型,体积较大,现在已较少应用。

(2) 梅花体弹性联轴器　通过梅花体弹性连接两半联轴节,传递扭矩和适用的轴径规格范围大,安装方便,较常使用,如图 5-3-14 所示。

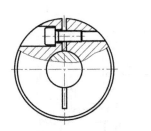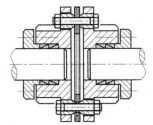

图 5-3-12　抱紧环连接示意图　　　图 5-3-13　膜片弹性联轴器　　　图 5-3-14　梅花体弹性联轴器

(3) 其他弹性联轴器　如波纹管弹性联轴器、成型螺纹体弹性联轴器等,可参见有关联轴器资料。

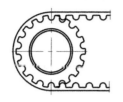

图 5-3-15　同步齿形带传动副示意图

5.3.4　同步齿形带传动副

同步齿形带传动副由同步带、主动带轮、被动带轮组成,如图 5-3-15 所示,广泛应用在数控机床的进给传动系统中。

1. 同步齿形带传动的特点

（1）传动刚性较好。同步齿形带采用嵌有高强度钢丝或纤维的优质聚氨酯材料,具有较高的强度和拉伸刚度,在常规受力状态下,拉伸变形小,经过丝杠螺旋转换形成的轴向误差更小,常可忽略。其轴向变形量计算如下:

$$\delta_d = \frac{S\Delta_d}{\pi D_2} \tag{5-10}$$

式中　δ_d——同步齿形带变形伸长引起的轴向误差,mm;

　　　Δ_d——同步齿形带变形伸长量,mm;

　　　S——丝杠螺距（导程）,mm;

　　　D_2——被动带轮直径,mm。

（2）传动同步性和精度好。同步齿形带传动采用齿形结构,常规受力状态下可视为不可伸长,具有很好的同步性,因此也具有较高的传动精度。

（3）柔性好、平稳性好、结构适应性好。同步齿形带在弯曲和扭转方面具有良好的柔性,因此对两个轴的平行误差的适应性强,传动平稳性好,噪声小;传动中心距选择范围宽,结构布局方便。

（4）专业化生产,选用方便,维护性好。同步齿形带传动和齿轮传动一样,已制定技术规范,形成专业化生产,选用方便。同步齿形带传动无须润滑,结构简单,维护方便。

同步齿形带传动副有多种形式,如 HTD 型、T 型等。HTD 型又称为圆弧型,由于其合理的齿形结构和较大的带厚度及齿高,负荷性能好,传动平稳,在数控机床中应用最为广泛。

2. 同步齿形带传动结构设计

同步齿形带传动结构的主要参数包括同步带类型、规格、宽度、周节长度,根据结构和载荷要求计算,直接选用（参见机械设计手册和相关资料）。带轮类型、规格及参数与同步带对应,齿数根据传动比确定,宽度比带宽略大;除了齿形部分按照相关标准设计外,带轮其他部分结构由设计者设计,至少有一个带轮设置挡边,以免同步带脱出。一般带轮材料为金属,强度比同步带高得多,可不再校核。

3. 预紧要求和安装形式

同步齿形带传动副需要通过同步带的预张紧来达到无间隙传动,确保传动的刚度和稳定性。在数控进给机构中,一般主、被动带轮都是通过锥环分别安装在电机和丝杠轴上的,实现无间隙连接;电机安装座可以移动调整和固定,实现同步齿形带的预张紧,如图 5-3-16 所示。

5.3.5　滚珠丝杠专用轴承

目前最常用的滚珠丝杠副支承轴承为大角度

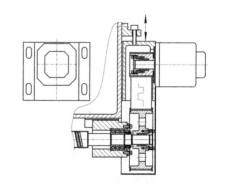

图 5-3-16　同步齿形带安装和预张紧示意图

(60°)角接触球轴承,也称为滚珠丝杠专用轴承,以承受轴向力为主,并可承受足以满足丝杠传动所需的一定的径向力;精度高,极限转速高,应用方便;一般采用多件组合,确保足够的负荷能力和刚度,其结构原理见第 4 章介绍的大角度角接触球轴承。

5.3.6　伺服电机简介

1. 交流伺服电机

数控机床伺服进给传动系统普遍采用交流伺服系统和交流伺服电机作为驱动装置。与直流伺服电机相比,交流伺服电机转子惯量小、动态响应好、输出功率大、输出转速高。交流伺服电机主要有异步交流伺服电机、同步交流伺服电机两种,数控机床通常采用同步交流伺服电机,在电机后部内置有脉冲编码器作为半闭环检测装置;在结构设计中,主要采用法兰安装形式,如图 5-3-17 所示。

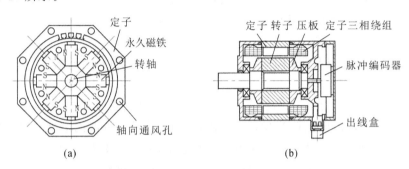

图 5-3-17　永磁同步交流伺服电机示意图

(a)永磁同步电机横剖面;(b)永磁同步电机纵剖面

2. 直线电机

为实现高速运动而开发应用的伺服驱动直线电机,是一种能将电能直接转换为直线运动机械能的电机驱动装置,可取消中间传动环节,速度和效率大大提高,运动速度可达 $60 \sim 180 \ \text{m/min}$(或以上)。直线电机的工作原理与旋转电机相似,可以近似看成将旋转式交流伺服电机沿径向剖开拉直而成;也可以认为是将旋转电机的转子和定子直径变得无限大,即成为直线电机。因此,原来的定子和转了分别称为初级、次级,如图 5-3-18 所示。

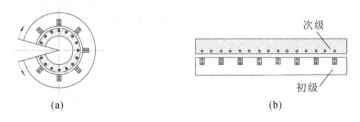

图 5-3-18　直线电机示意图

(a)旋转电机;(b)直线电机

如图 5-3-19 所示,将初级和次级分别安装在机床相应坐标轴方向的运动部件和固定部件上,初级三相绕组通电即可实现相对运动。由于采用短初级形式有利于降低成本和运行费用,因此交流直线电机通常采用短初级(定子绕组)与移动部件固定连接,而长次级(转子)与固定部件固定连接,如图 5-3-20 所示。

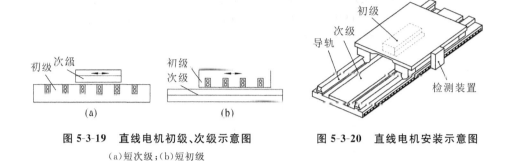

图 5-3-19　直线电机初级、次级示意图　　　　图 5-3-20　直线电机安装示意图
(a)短次级;(b)短初级

直线电机安装时,应确保电机直线运动方向与机床导轨有较高的平行度,同时还要考虑电机的散热问题、隔磁措施;所选择的导轨要满足高速、高精度、低摩擦要求,如采用滚珠型滚动导轨。直线电机具体性能和应用方法可参阅有关技术资料。

5.4　滚珠丝杠副的主要支承形式及预拉伸安装与计算

滚珠丝杠副的安装支承形式是数控机床进给系统设计的重要环节,特别是滚珠丝杠为长轴型,丝杠系统为两端支承形式,当丝杠长径比较大时,滚珠丝杠副的刚度和稳定性问题就会很突出。单纯采用加大丝杠直径的方法虽然有些效果,但也带来大质量、大惯量的不利因素。因此,如何选择滚珠丝杠副的安装支承形式对确保数控机床进给传动系统刚度、稳定性、可靠性和工艺性很重要,其中,丝杠的预拉伸安装对实现上述性能具有重要作用。

5.4.1　滚珠丝杠副的主要支承形式及其特性

滚珠丝杠副将旋转运动转变为直线运动,承受传动扭矩、径向力(同步带或齿轮传动时)和轴向力,其中扭矩和径向力较小,轴向力大;从机床进给传动机构的功能看,丝杠就是以承受轴向力为其主要负载功能,因此将丝杠的轴向固定特性作为丝杠的支承特征和分类依据;而径向支承对于丝杠安装支承是必需的,但不是特征,在进行支承形式分类时不提及径向支承方式。

滚珠丝杠副的支承系统包括滚珠丝杠副、近端支承、远端支承、丝杠螺母座等部分,其中"近端"和"远端"是相对于伺服电机安装端而言的,支承形式主要有以下六种,如图 5-4-1 和图 5-2-7 所示。

1. 一端双向固定、一端自由

本支承形式可简称为"双推-自由",如图 5-4-1(a)所示,在近端安装方向相反的滚珠丝杠专用轴承组合,可承受双向轴向力,而远端没有支承,结构简单;受热后可自由伸长,但轴向刚度相对较低,稳定性和临界转速较低;无法预拉伸安装;主要应用于行程小、丝杠直径相对较大、转速较低的场合,或其中一端无法支承的场合。

2. 一端双向固定、一端支承(浮动)

本支承形式可简称为"双推-支承(或浮动)",如图 5-4-1(b)所示,是在"一端双向固定、一端自由"形式的基础上,在远端增加了径向支承,结构简单;丝杠受热可轴向伸长,与"一端双向固定、一端自由"形式相比,轴向刚度相同,稳定性和临界转速较高;无法进行预拉伸安装,主要应用于中小行程、中等转速、不宜进行预拉伸安装的场合。

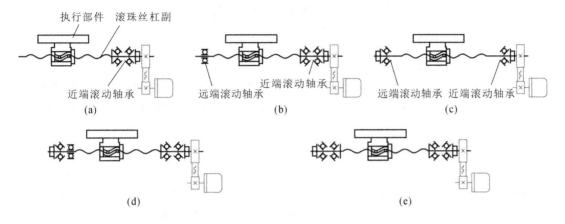

图 5-4-1　滚珠丝杠副支承形式示意图

3. 两端单向固定（每一端固定一个方向）

本支承形式可简称为"单推-单推"，如图 5-4-1（c）所示，在两端各安装一组方向相反的滚珠丝杠专用轴承，两端受力组合可承受双向轴向力，结构简单；丝杠受热可双向伸长，可预拉伸安装，轴向刚度较高，稳定性和临界转速较高；但如热伸长过大，则两端轴承出现轴向间隙，丝杠出现窜动而使支承失效。本支承形式适用于各种行程（特别是中等或较大行程）、转速高、精度高、热变形较小的场合，较为常用。

4. 一端双向固定、一端单向固定

本支承形式可简称为"双推-单推"，如图 5-4-1（d）所示，在近端安装方向相反的滚珠丝杠专用轴承组合，在远端安装单向滚珠丝杠专用轴承和径向轴承组合，可承受双向轴向力，结构相对较复杂；丝杠受热可向单向固定端伸长，可预拉伸安装，轴向刚度高，稳定性和临界转速高，调整方便；当丝杠受热伸长过大时，则远端轴承出现间隙，支承形式变为"一端双向固定、一端支承"，但丝杠不会窜动，仍具有较好的稳定性；适用于各种行程（特别是中等或较大行程）、转速高、精度高、热变形相对较大的场合，也可应用于其他各种场合，应用广泛。

5. 双端双向固定

本支承形式可简称为"双推-双推"，如图 5-4-1（e）所示，在两端都安装方向相反的滚珠丝杠专用轴承组合，每端都可承受双向轴向力，结构相对最复杂；轴承始终无间隙，通过预拉伸安装补偿可能出现的热伸长变形；轴向刚度最高，是一端固定、一端自由和一端固定、一端支承形式的 4 倍；稳定性和临界转速高；调整时，既要实现轴承预紧，又要实现丝杠预拉伸，安装调整相对最复杂；当出现超过预拉伸量的过热伸长时，丝杠处于不利的受压状态，严重时可导致丝杠系统损坏；适用于各种行程特别是中等或较大行程、转速高、精度高、刚度高但温升或热变形不能超出预拉伸量的场合，应用较为广泛。

6. 丝杠不旋转支承形式

本形式为丝杠不旋转而螺母旋转，因此将方向相反的滚珠丝杠专用轴承组合安装在丝杠螺母套上；丝杠的两端通过键连接或胀紧套连接，实现圆周方向固定；同时也须满足丝杠的双向轴向固定和预拉伸安装的要求，一般采用"两端单向固定""一端双向固定、一端单向固定"或"两端双向固定"形式。由于丝杠不旋转，因此这种形式稳定性好，主要适用于大行程或有特殊结构要求的场合，参见图 5-2-7。

5.4.2　滚珠丝杠副预拉伸安装及预拉伸力确定

确定了滚珠丝杠副支承形式后,就可以讨论和计算、确定预拉伸力。

1. 丝杠预拉伸安装的作用

丝杠预拉伸安装主要是为了使丝杠处于受拉状态,提高刚度和平稳性;进行丝杠热伸长补偿,在最大负载作用和工作温升下,轴向承力轴承不出现间隙,同时实现对支承轴承(轴向承力轴承)和轴承座(支承座)的预紧作用,提高轴承和轴承座的轴向刚度。

2. 预拉伸力的确定依据和计算

预拉伸安装的结构条件是,丝杠两端支承能够承受预拉伸产生的压力。预拉伸力的确定依据:在最大轴向负载作用和工作温升状态下,丝杠始终处于受拉状态或其临界状态,轴向承力轴承不出现间隙;补偿轴承旋转时滚动体的离心作用;刚度和精度要求。

临界预拉伸力的定义:使丝杠轴承在最大负载作用下不出现轴向间隙的最小预拉伸力。对于轴承环节,这一作用力也称为临界预紧力。

临界预拉伸力与最大负载、丝杠和轴承的规格及特性、支承间距、丝杠螺母行程、丝杠热变形特性、工作温升均有关,而且是非线性关系。丝杠预拉伸力计算涉及下述三种情况:

(1) 只考虑最大轴向负载因素。对于两端单向固定,一端双向固定、一端单向固定两种支承形式,当只考虑最大轴向负载因素时,设临界预拉伸力与最大轴向负载之比为 λ,则

$$F_{s1} = \lambda F_{max} \tag{5-11}$$

式中　F_{s1}——只考虑最大轴向负载因素时的临界预拉伸力,N;

λ——只考虑最大轴向负载因素时的临界预拉伸力与最大轴向负载之比。

λ 值具体可由 δ_T/δ_B 值查表 5-4-1 获得。

表 5-4-1　δ_T/δ_B 取值表

ρ	λ													
	0.35	0.40	0.45	0.50	0.55	0.60	0.65	0.70	0.75	0.80	0.85	0.90	0.95	1.00
1	0	0.143	0.317	0.520	0.761	1.057	1.431	1.922	2.604	3.618	5.297	8.643	18.655	∞
0.95	0	0.156	0.349	0.578	0.856	1.208	1.669	2.307	3.255	4.824	7.946	17.287	∞	
0.90	0	0.171	0.388	0.650	0.979	1.409	2.002	2.883	4.340	7.235	15.892	∞		
0.85	0	0.191	0.436	0.743	1.142	1.691	2.504	3.845	6.509	14.471	∞			
0.80	0	0.214	0.498	0.866	1.470	2.114	3.338	5.767	13.019	∞				

注:

$$\delta_T = k_1 L F_{max}, \quad \delta_B = k_2 F_{max}^{2/3}, \quad \rho = L_S/L \tag{5-12}$$

式中　δ_T, δ_B——最大轴向负载作用下的丝杠伸长变形量和轴承变形量,mm;

k_1——丝杠压拉变形系数,$k_1 = 1/(AE)$,A 为丝杠截面面积(按底径计算),E 为丝杠材料弹性模量;

k_2——轴承轴向变形系数,$k_2 = F^{1/3}/K_2$,F 为轴承轴向作用力,K_2 为轴承轴向接触刚度,可在相关设计手册上查得;

L——两支承间距,mm;

L_S——丝杠螺母移动至行程端头时至另一支承端的距离,mm。

两个方向的 ρ 值可能不一样,按大值取。表 5-4-1 中 $\delta_T/\delta_B = 0$ 或 ∞ 原理上是不可能发生的,只用于表示变化规律。根据 δ_T/δ_B 的经验值范围,λ 的常规值为 $0.55 \sim 0.75$,因此通常也可按此范围近似取值。同时 ρ 可作为校核计算选择参数,如支承系统要求不高时,可有意取略小的 ρ 值,以降低预拉伸力,即螺母移动一定行程后可允许相应端的轴承出现间隙,因为此时螺母可起到支承作用,相应端轴承出现较小间隙影响不大。

（2）只考虑热变形补偿。可按抵消丝杠热伸长量的拉伸力作为丝杠的临界预拉伸力,即

$$F_{s2} = \frac{\alpha \Delta t}{k_1} = \alpha A E \Delta t \qquad (5\text{-}13)$$

式中　F_{s2}——只考虑丝杠伸长变形补偿时的临界预拉伸力,N;

　　　α——丝杠材料的热膨胀系数,$\alpha = 1.1 \times 10^{-5}(1/\text{℃})$;

　　　Δt——丝杠最大相对温升,表现为丝杠与安装基座的最大温差,℃。

（3）综合计算。综合考虑最大轴向负载和丝杠最大相对温升作用下的临界预拉伸力,以及根据轴承运转所需的最小轴向载荷等因素而确定的综合预拉伸力 F_z,称为综合计算法,这是完整和精确的计算确定预拉伸力的方法,参见章末拓展阅读。

3. 预拉伸力的计算方法选择和确定

预拉伸力不能过大,否则会产生较大摩擦力和损耗,降低轴承和丝杠的使用寿命。对于两端双向固定支承形式,由于丝杠轴承总不会出现间隙,且两端轴承同时受力,因此其预拉伸力通常按照只考虑热变形补偿的方式确定。对于两端单向固定、一端双向固定、一端单向固定两种支承形式,当需要进行精确计算时,应采用综合计算法,算法较为复杂;通常情况下可采用粗略综合计算方法,即取 F_{s1}、F_{s2} 中的较大者。

$$F_{sc} = \max\{F_{s1}, F_{s2}\} \qquad (5\text{-}14)$$

式中　F_{sc}——综合考虑最大轴向负载和最大相对温升的丝杠临界预拉伸力粗略值,N。

可以采用粗略综合计算方法的原因:一是当丝杠温升较大时,F_{s2} 往往大于 F_{s1},甚至大于按综合计算法计算的预拉伸力,温升越大,这一效果越明显;二是 F_{s1}、F_{s2} 的计算是基于轴向负载和温升均为最大值且螺母位于极限位置状态的,但实际上,上述极限状况同时出现的概率很小,所以一般情况下可以按式(5-14)近似计算。

4. 轴承的校核计算

采用预拉伸安装方式,预拉伸力就是轴承的预紧力,因此进行轴承计算选择时应以此为基础,即当丝杠螺母从端头位置起始工作运行时,轴承轴向负载最大,近似为丝杠最大轴向负载与预拉伸力之和。具体计算选择方法参阅相关轴承和机械设计手册资料。

5. 丝杠预拉伸安装方法

确定了预拉伸力后,要在丝杠图纸中注明,丝杠制造商按规定的预拉伸力进行滚道加工,如采用在相同预拉伸状态下精加工或按预拉伸力计算的拉伸量同比例缩小螺距进行精加工等方法。预拉伸安装后得到预设的螺距值。丝杠的预拉伸安装通常是通过调整丝杠两端的锁紧螺母压向轴向承力轴承而实现的,如图 5-4-2 所示,一般先调整固定近端的锁紧螺母 9,再调整远端锁紧螺母 1;在完成预拉伸之前,必须有间隙 Δ。

采用以下检测方式确认预拉伸力:

（1）通过检测锁紧螺母旋转力矩,达到预拉伸程度,此法精度较低。

（2）通过检测丝杠相应变形量,达到预拉伸程度,此法精度较高。

（3）按照计算的预拉伸变形量,未锁紧时预先卡入等厚度的垫片,固定好轴承座,然后将

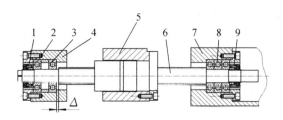

图 5-4-2　滚珠丝杠预拉伸安装示意图

1,9—锁紧螺母；2,8—滚珠丝杠专用轴承；3—深沟球轴承；4—远端轴承座；5—螺母座；6—滚珠丝杠副；7—电机座

垫片取出进行锁紧。此法精度高且可靠，但操作较为烦琐。

在丝杠预拉伸安装中，应注意增强两端支承座、安装基础座连接处的结构刚度和连接刚度；锁紧螺母必须具有防松功能，且其结构应便于锁紧调整操作。

5.5　进给传动系统结构示例

本节介绍几种常用进给传动与支承结构示例。

1. 直联滚珠丝杠传动

如图 5-5-1 所示，本示例结构的传动形式采用直联滚珠丝杠传动，采用一端双向固定、一端单向固定支承形式，近端支承座与电机座组合为一体式，两者的连接形位精度要求通过加工保证，安装定位方便。从结构图可看出，直联滚珠丝杠传动形式只能是丝杠旋转形式。

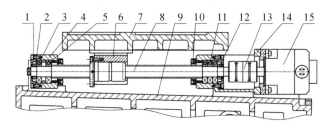

图 5-5-1　直联滚珠丝杠传动机构结构图

1—压盖；2—锁紧螺母；3—滚珠丝杠专用轴承；4—远端轴承座；5—径向轴承；6—螺母座；7—执行部件；8—滚珠丝杠副；
9—基座；10—缓冲垫；11—滚珠丝杠专用轴承；12—锁紧螺母；13—弹性联轴器；14—电机座；15—伺服电机

2. 同步带减速滚珠丝杠传动

如图 5-5-2 所示，采用同步带减速滚珠丝杠传动形式，丝杠旋转、螺母移动；采用两端双向固定的支承形式，增加设置中间锁紧螺母 3。安装调整时，先通过锁紧螺母 5 固定丝杠右端，然后将锁紧螺母 3 调整至适当位置，再锁紧锁紧螺母 1，可达到丝杠预拉伸和轴承预紧的作用；通过调整锁紧螺母 3 的位置，可方便调整预拉伸量。

3. 同步带减速螺母旋转滚珠丝杠传动

如图 5-5-3 所示，采用螺母旋转并移动、丝杠完全固定的传动和支承形式，通过两端锁紧螺母 1、18 对丝杠 14 进行拉伸固定；电机座 8、轴承座 11 与执行部件 10 固定连接；伺服电机 6 通过同步带减速传动副 3、5、7 带动螺母套 12 从而带动丝杠螺母旋转，由于丝杠 14 完全固定，旋转的丝杠螺母通过螺母套 12、轴承座 11 驱动执行部件 10 移动。本传动和支承形式适用于大行程场合，为避免长丝杠因自重下坠，设置可弹性摆动的辅助支承架 15，当移动至辅助支承架 15 位置时，通过撞板 13 推开辅助支承架 15，确保运动的可靠性。丝杠

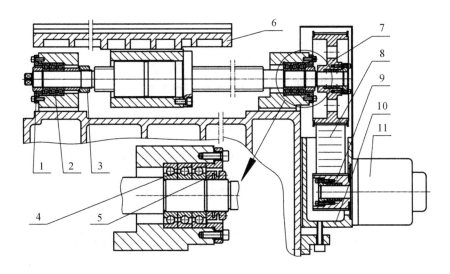

图 5-5-2   同步带减速滚珠丝杠传动结构图

1—锁紧螺母；2—滚珠丝杠专用轴承；3—锁紧螺母；4—滚珠丝杠专用轴承；5—锁紧螺母；6—执行部件；

7—被动带轮；8—同步带；9—主动带轮；10—电机座；11—伺服电机

的周向固定通过两支承端的胀紧套和平键组合实现，安装方便，如两端都设置有胀紧套则稳定性更好。

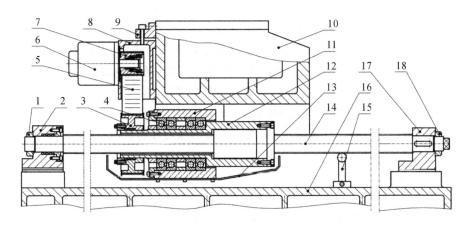

图 5-5-3   同步带减速螺母旋转滚珠丝杠传动结构图

1—锁紧螺母；2—丝杠座；3—被动带轮；4—滚珠丝杠专用轴承；5—同步带；6—伺服电机；7—主动带轮；

8—电机座；9—调整座；10—执行部件；11—轴承座；12—螺母套；13—撞板；14—丝杠；

15—辅助支承架；16—基座；17—丝杠座；18—锁紧螺母

4. 双电机减速齿轮齿条传动

如图 5-5-4 所示，采用双电机双减速箱减速齿轮齿条传动机构，可拼接的齿条 8 通过均布螺钉完全固定在基座上，电机支座 6 与执行部件 7 固定连接；双伺服电机 2、5 分别通过减速机 3、4 驱动输出齿轮 9、10，从而通过支座 6 推动执行部件 7 做直线运动。正常移动时双电机中的一个电机执行进给驱动，另一个电机反向张紧消除间隙；反向或加速启动时，通过控制可转变为双电机同向驱动，提高加速能力。通过偏心盘 1 调整双输出齿轮 9、10 与齿条 8 的正确啮合。

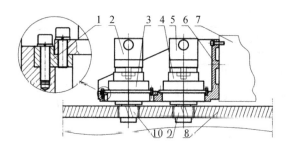

图 5-5-4　双电机减速齿轮齿条传动结构图

1—偏心盘;2—伺服电机Ⅰ;3—减速机Ⅰ;4—减速机Ⅱ;5—伺服电机Ⅱ;6—支座;
7—执行部件;8—齿条;9—输出齿轮Ⅱ;10—输出齿轮Ⅰ

5.6　伺服进给传动系统的设计计算

5.6.1　伺服进给传动系统的主要设计计算内容和设计要求

伺服进给传动系统的设计计算是数控机床设计特别是结构设计的关键之一。

1. 伺服进给传动系统设计的基本要求

数控机床对进给传动系统的要求主要集中在精度、刚度、稳定性和快速响应性等几个方面,不仅要求提高伺服电机的性能,同时也要提高进给机构的性能。

(1)提高进给传动机构的传动刚度。进给机构传动刚度对位置精度、运行稳定性和可靠性、动态品质很重要。提高进给传动机构传动刚度主要有以下措施:提高传动元件的刚度,消除间隙,尽可能缩短机械传动链,采取轴承和滚珠螺母预紧措施、丝杠预拉伸措施;提高传动元件精度,如保证滚珠丝杠副、同步带传动副、联轴器等的精度。

(2)采用摩擦因数小且性能稳定的传动副,如采用滚珠丝杠副。

(3)惯量匹配。进行惯量匹配,既保证进给系统的稳定性和快速响应性,又不致选用规格过大的电机。

2. 主要设计内容

以滚珠丝杠传动形式为例,主要设计内容如下:

(1)选择控制类型。按照精度要求,选择控制类型如开环、半闭环和闭环,一般选择半闭环和闭环控制,最常用的为半闭环控制。

(2)确定进给传动形式。根据布局与结构特点、移动行程、快速移动速度、进给负荷、移动惯量和惯量匹配等要求,确定进给传动机构形式和减速比。

(3)确定滚珠丝杠结构形式和规格。如果确定采用滚珠丝杠传动形式,则根据结构特点和移动行程、精度、轴向负荷、快速移动速度等要求,确定丝杠传动规格,如螺母形式、公称直径、精度等级、螺距、滚珠圈数等。

(4)确定支承形式。根据丝杠长度、进给载荷、精度和稳定性要求,确定滚珠丝杠副支承形式。

(5)选择伺服电机规格。根据传动类型及减速比、转速、载荷、惯量等要求,选择伺服电机的规格。

(6)进行结构设计,并在设计过程中反复进行力学校核计算和结构参数修改。

3. 主要计算内容

伺服进给传动系统的设计计算涉及结构参数计算和力学参数计算。结构参数根据结构设计确定。力学参数计算主要包括：快速移动速度、驱动力和负载转矩、惯量计算及惯量匹配、加速度能力、预紧力和预拉伸力、刚度和精度核算；当设计或结构特性需要时，还包括其他技术参数的计算，如传动机构的固有频率、丝杠受压稳定性等。

5.6.2　负载力矩计算和电机力矩规格选择

1. 负载力矩的计算

为便于比较和计算，应将各项负载都折算为电机轴上需相应克服的力矩，故得出如下各种运动状态下伺服电机所需的力矩。

（1）快速空载启动时电机所需力矩：

$$M_1 = M_{\text{amax}} + M_f + M_0 \tag{5-15}$$

（2）切削负载时电机所需力矩：

$$M_2 = M_{\text{at}} + M_f + M_0 + M_t \approx M_f + M_0 + M_t \tag{5-16}$$

（3）快速移动时电机所需力矩：

$$M_3 = M_f + M_0 \tag{5-17}$$

（4）短时最大切削负载时电机所需力矩：

$$M_{2\text{max}} = M_{\text{at}} + M_f + M_0 + M_{\text{tmax}} \approx M_f + M_0 + M_{\text{tmax}} \tag{5-18}$$

式中　M_{amax}——快速空载启动时折算到电机轴上的加速力矩，或称惯性力矩，N·m；

M_f——折算到电机轴上的导轨等摩擦力矩，N·m；

M_0——因滚珠丝杠螺母预紧而产生的折算到电机轴上的附加摩擦力矩，N·m；

M_t——折算到电机轴上的切削负载力矩，N·m；

M_{tmax}——折算到电机轴上的最大切削负载力矩，N·m；

M_{at}——切削加工过程折算到电机轴上的加速力矩，N·m。

针对垂向，以上各式还须加上重力作用项。通常工作进给时不做加速运动，所以 M_{at} 实际是由正常加工过程的进给速度波动所引起，而通常波动是很小的，因此 M_{at} 可近似为零。

2. 电机力矩规格的选择

一般情况下，加速负载比连续切削负载大，但不一定比短时最大切削负载大。在进行伺服电机力矩规格选择时，应充分发挥电机最大力矩 M_{dmax} 的作用，以达到既满足负载要求又可减小电机规格的目的。由于加速力矩和最大切削负载力矩都是短时载荷，因此可以通过电机短时超载所产生的最大力矩来克服，电机选择方法如下

$$\begin{cases} f_s \cdot \max\{M_1, M_{2\text{max}}\} \leqslant M_{\text{dmax}} \\ M_{2\text{d}} \leqslant M_{\text{d0}} \end{cases} \tag{5-19}$$

式中　f_s——安全系数，通常取 f_s 为1，如最大负载出现较为频繁，则 f_s 应大于1。

M_{d0}——电机额定力矩。

$M_{2\text{d}}$——由不包括短时最大负载的 M_2 转化的当量载荷。

3. 各项负载力矩的计算

1）折算到电机轴上的加速力矩计算

$$a_w = \frac{M_a}{J_G} = \frac{2\pi n}{60T} \quad \rightarrow \quad M_a = \frac{2\pi J_G n}{60T} \approx \frac{J_G n}{9.6T} \tag{5-20}$$

式中　a_ω——电机角加速度，$\mathrm{rad/s^2}$；

　　　　n——电机加速达到的转速，$\mathrm{r/min}$；

　　　　M_a——电机加速力矩，$\mathrm{N \cdot m}$；

　　　　J_G——折算到电机轴上的总惯量，$\mathrm{kg \cdot m^2}$；

　　　　T——系统设定的加（减）速时间，或称时间常数，s。

2）折算到电机轴上的切削负载力矩计算

如图 5-6-1 所示，电机克服切削负载所做的功与总传动效率之积应等于切削负载所做的功，因此

$$2\pi\eta i M_t = F_t S \times 10^{-3} \quad \rightarrow \quad M_t = \frac{F_t S}{2\pi\eta i} \times 10^{-3} \tag{5-21}$$

式中　F_t——进给方向切削力，N；

　　　　S——丝杠螺距（导程），mm；

　　　　i——电机至丝杠的减速比；

　　　　η——电机至移动部件的总传动效率。

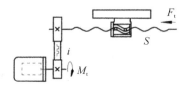

图 5-6-1　进给机构受力图

3）折算到电机轴上的摩擦力矩 M_f 计算

推导过程和计算式与折算到电机轴上的切削负载力矩类似。

4）附加摩擦力矩 M_0 计算

附加摩擦力矩 M_0 与轴向负载相关，随着轴向负载的增大，双螺母件间的相互作用力减小，故 M_0 减小（单螺母预紧形式的变化效果相同），并且是非线性关系，其推导过程较复杂，可参见相关文献。

各项力矩计算式汇总见表 5-6-1。

表 5-6-1　丝杠传动时的各项力矩计算公式

力矩项目	计算公式	符号意义
加速力矩 M_a	$M_a = \dfrac{J_G n}{9.6 T}$	见上文
切削力矩 M_t	$M_t = \dfrac{F_t S}{2\pi\eta i} \times 10^{-3}$	见上文
摩擦力矩 M_f	$M_f = \dfrac{F_t S}{2\pi\eta i} \times 10^{-3}$	见上文
附加摩擦力矩 M_0	$M_0 = \dfrac{S}{2\pi\eta i}(1-\eta_0^2)(F_0 - \xi F_a) \times 10^{-3}$	F_a 为轴向负载，N； F_0 为丝杠螺母预紧力，N； η_0 为丝杠未预紧时的效率，一般 $\eta_0 \geqslant 0.9$； ξ 为螺母间附加作用力变化系数，见表 5-6-2，采用线性插值法取值

表 5-6-2　ξ 取值表

λ_a	0.354	0.447	0.513	0.573	0.631	0.687	0.742	0.796
ξ	0.354	0.397	0.413	0.423	0.431	0.437	0.442	0.446
λ_a	1.164	1.471	2.231	3.990	15.499	100.523	200.553	
ξ	0.464	0.471	0.481	0.490	0.499	0.523	0.553	

注：$\lambda_a = F_0/F_a$。ξ 可按表近似取值，或按线性插值法取值。

附加摩擦力矩的计算有两种特殊情况，按一般情况 $F_0 = 0.354F_{max} \approx 1/3F_{max}$ 时：

（1）当 $F_a = F_{max}$ 时，$\lambda_a = 0.354 \approx 1/3$，根据表 5-6-2，$\xi = 0.354 \approx 1/3$，则 $M_0 = 0$；因此当按最大轴向负载进行力矩校核计算时，实际上 $M_0 = 0$。

（2）当 $F_a = 0$，即 $\lambda_a = \infty$ 时，$\xi F_a = 0$；或更近似地，$\lambda_a \geqslant 10$ 时，则 $\xi F_a \approx 0$，此时 M_0 按下式计算：

$$M_0 = \frac{SF_0}{2\pi\eta i}(1 - \eta_0^2) \times 10^{-3} \tag{5-22}$$

5.6.3　快速移动速度计算

执行部件的快速移动速度计算主要涉及两个问题：确定了电机最高转速，求所能产生的执行部件最高快速移动速度；已知执行部件最高快速移动速度，求所需的电机最高使用转速。对于速度的推导计算，关键是依据旋转-直线运动转换原理。

1. 滚珠丝杠传动

$$v_{max} = \frac{n_{ymax}S}{i} \times 10^{-3}, \quad n_{ymax} = \frac{v_{max}i}{S} \times 10^3 \tag{5-23}$$

式中　v_{max}——快速移动速度，m/min；

　　　n_{ymax}——电机最高使用转速，r/min。

2. 齿轮齿条传动

$$v_{max} = \frac{\pi d_c n_{ymax}}{i} \times 10^{-3}, \quad n_{ymax} = \frac{i v_{max}}{\pi d_c} \times 10^3 \tag{5-24}$$

式中　d_c——输出齿轮分度圆直径，mm。

3. 电机最高转速选择

$$n_{dmax} \geqslant n_{ymax} \tag{5-25}$$

式中　n_{dmax}——电机最高转速，r/min。

【例 5-1】　已知在数控机床进给传动系统设计中采用同步带减速滚珠丝杠传动的方案，伺服电机额定扭矩 M_0 为 22 N·m；电机至丝杠减速比 i 为 2.5，丝杠导程 S 为 12 mm，电机最高使用转速 n_{ymax} 为 2000 r/min，总传动效率 η 为 0.9。求：（1）在稳定加工进给情况下输出的额定进给驱动力 F_a；（2）执行部件可达到的快速移动速度 v_{max}。

【解】　（1）　　$F_a = \dfrac{2\pi i\eta M_0}{S \times 10^{-3}} = \dfrac{2 \times 3.14 \times 2.5 \times 0.9 \times 22}{12 \times 10^{-3}} = 25905(N)$

　　（2）　　　　$v_{max} = \dfrac{Sn_{ymax}}{i} \times 10^{-3} = \dfrac{12 \times 2000}{2.5} \times 10^{-3} = 9.6(m/min)$

5.6.4 加速度、惯量和惯量匹配

1. 加速度计算

加速能力对于进给系统的快速响应性能很重要。加速能力可以采用所能实现的执行部件最大加速度进行描述，也可以采用加速时间进行描述。进行加速运动时，整个传动机构同时加速，因此所有运动环节都产生惯性力矩的作用，即总惯量 J_G 包括各运动环节的惯量。以丝杠传动为例，如图 5-6-2 所示，分析计算如下。

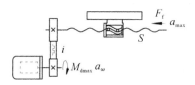

图 5-6-2 进给机构加速度计算图

根据

$$M_{amax} = a_\omega J_G, \quad a = \frac{a_\omega S}{2\pi i} \times 10^{-3}$$

结合式(5-15)，得

$$a = \frac{M_{amax} S}{2\pi i J_G} \times 10^{-3} = \frac{(M_1 - M_f - M_0) S}{2\pi i J_G} \times 10^{-3} \tag{5-26}$$

令 $M_1 = M_{dmax}$，则加速能力条件为

$$a_{max} = \frac{(M_{dmax} - M_f - M_0) S}{2\pi i J_G} \times 10^{-3} \geqslant a_{ne} \tag{5-27}$$

式中 a_{max}——对应电机最大力矩所能达到的执行部件最大加速度，m/s²；

a, a_{nc}——执行部件的直线加速度、需要达到的最大加速度，m/s²。

采用加速时间进行核算，在电机最大力矩作用下，电机从静止匀加速到其最高使用转速，加速时间 T_{min} 应不大于系统设定的加速时间 T。根据式(5-15)、式(5-20)，得

$$T_{min} = \frac{\pi J_G n_{ymax}}{30(M_{dmax} - M_f - M_0)} \leqslant T \tag{5-28}$$

注意，这里所述的"加速"实际也包含"减速"的含义，其绝对值通常是相等的，但如果特殊情况下不相等，则取其最大加(减)速度绝对值或最小加(减)速时间。

2. 惯量计算

在进行总惯量计算时，需将各运动环节的惯量折算到电机轴上，再求和。以典型的同步带减速滚珠丝杠传动系统为例，如图 5-6-3 所示，得

$$J_1 = J_a + \frac{J_b}{i^2} \tag{5-29}$$

$$J_2 = \frac{J_s}{i^2} \tag{5-30}$$

$$J_3 = m_z \left(\frac{S}{2\pi i}\right)^2 \times 10^{-6} \tag{5-31}$$

$$J_G = J_m + J_L = J_m + J_1 + J_2 + J_3 = J_m + J_a + \frac{J_b}{i^2} + \frac{J_s}{i^2} + m_z \left(\frac{S}{2\pi i}\right)^2 \times 10^{-6} \tag{5-32}$$

式中 J_a——电机轴带轮组件(包括其上的旋转零件)绕其中心轴线的惯量，kg·m²；

J_b——被动带轮组件(包括其上的旋转零件)绕其中心轴线的惯量,kg·m²;

J_1——减速装置折算到电机轴上的惯量,kg·m²;

J_2——滚珠丝杠组件(包括其上的旋转零件)折算到电机轴上的惯量,kg·m²;

J_s——滚珠丝杠组件(包括其上的旋转零件)绕其中心轴线的惯量,kg·m²;

m_z——执行部件的总质量(如执行部件为工作台,则还包括其上的工件、夹具等零部件),kg;

J_3——执行部件折算到电机轴上的惯量,kg·m²;

J_m——电机转子惯量,kg·m²;

J_L——折算到电机轴上的负载惯量,kg·m²。

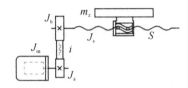

图 5-6-3 进给系统惯量计算图

由于同步带质量很小,其折算到电机轴上的惯量可忽略。从上述计算式可以看出,较大的减速比对降低各运动环节折算到电机轴上的惯量很有利,但减速比太大,会增加传动轮的直径从而加大质量,同时降低移动速度,因此减速比要适当。惯量计算请参阅材料力学相关内容或机械设计手册。数控机床传动机构常见运动部件惯量计算如下:

1)圆柱体绕其中心轴线的惯量

滚珠丝杠、同步带轮等可视为圆柱体对待,均匀圆柱体绕自身中心轴线的惯量为

$$J_0 = \frac{md^2}{8} \times 10^{-6} = \frac{\pi \rho L d^4}{32} \times 10^{-15} \qquad (5\text{-}33)$$

式中 J_0——物体绕其中心轴线的惯量,kg·m²;

m——质量,kg;

L——长度,mm;

d——直径,mm;

ρ——材料密度,kg/m³。

2)圆柱体绕旋转中心转动的惯量

圆柱体绕旋转中心转动的惯量计算如下:

$$J_z = J_0 + mR^2 \times 10^{-6} \qquad (5\text{-}34)$$

式中 J_z——物体绕旋转中心转动的惯量,kg·m²;

R——旋转半径(物体中心至旋转中心的距离),mm。

3. 惯量匹配

电机对外部波动干扰的控制能力与惯量配置有很大的关系。电机本身具有一个固定的转子惯量 J_m,电机所驱动的传动机构、执行部件质量具有负载惯量 J_L,J_L/J_m 称为负载-电机惯量比,这一比值反映了电机对于负载的控制能力。

(1)J_L/J_m 值越小,则电机转子惯量占总惯量的比例越大,电机的控制能力越强,动态特性越好,加工性能越好;但 J_L/J_m 值太小,则电机规格相对大,价格增加,经济性差。

(2)J_L/J_m 值越大,则电机转子惯量占总惯量的比例越小,电机控制能力越差,动态特性

受负载影响越大,越易受切削力、摩擦力的干扰,系统调试困难,定位时间长,加工性能降低。

所以要根据实际应用情况,选择适当的负载-电机惯量比,即惯量匹配。对于交流伺服电机,负载-电机惯量比的选择原则如下:

(1)一般情况下,交流伺服电机的负载-电机惯量比选择范围为

$$\frac{2}{3} \leqslant \frac{J_L}{J_m} \leqslant 2 \tag{5-35}$$

(2)控制性能要求越高,选择越小的比值,当要求高速高精度加工时,或加工质量有特殊要求时,选择接近1或小于1的值。

从上面的分析计算可以看出,在满足刚度、强度的前提下,应尽量减小运动部件的质量,以减小其惯量。

5.6.5 伺服进给电机规格的综合选择

根据以上讨论,伺服进给电机的选择需满足多个技术指标要求,综合选择要求如下:电机最高转速应满足快速移动速度要求;电机额定扭矩应满足连续加工力矩要求,电机短时超载力矩应满足加速力矩、最大切削负载力矩的要求;满足加速能力要求;满足惯量匹配要求。以上各项要求相互关联,须进行综合计算和选择。

5.6.6 丝杠稳定性、临界转速和最大转速校核计算

1. 丝杠受压稳定性校核计算

在几种主要的丝杠支承形式中,一端固定、一端自由,一端固定、一端支承方式存在丝杠受压现象,需要进行稳定性校核;其他支承形式实施了预拉伸安装,通常可不进行稳定性校核;但当一端双向固定、一端单向固定,两端双向固定支承形式未采取预拉伸安装或预拉伸力较小时,也需要进行稳定性校核。图 5-6-4 所示为丝杠稳定性和临界转速校核的计算长度示意图。

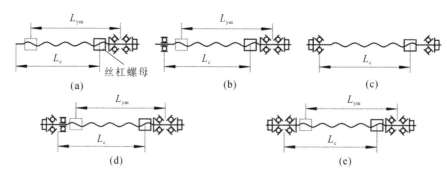

图 5-6-4 丝杠受压稳定性和临界转速校核的计算长度示意图

不发生失稳的最大压力载荷为丝杠临界载荷 F_{y0}:

$$F_{y0} = \frac{f_y d_{sp}^4}{L_{ym}^2} \times 10^4 \geqslant F_{ym} \tag{5-36}$$

式中 d_{sp}——丝杠底径,mm。

f_y——与支承形式有关的受压稳定性系数,取值见表 5-6-3。

L_{ym}——丝杠最大受压长度,mm。

F_{ym}——丝杠最大压缩载荷,N,不一定等于最大轴向载荷。

2. 丝杠临界转速校核计算

丝杠高速运行有可能出现共振,需要进行临界转速校核。发生共振的最高转速为丝杠临界转速 n_{z0},按图 5-6-4 确定跨距参数,则

$$n_{z0} = \frac{f_z d_{sp}}{L_c^2} \times 10^7 \geqslant n_m \tag{5-37}$$

式中 f_z——与支承形式有关的临界转速系数,取值见表 5-6-3。

L_c——临界转速计算长度(即丝杠支承和丝杠螺母的最大间距),mm。

n_m——丝杠最高转速,r/min。

表 5-6-3 受压稳定性系数与临界转速系数

支承形式	一端固定、一端自由	一端固定、一端支承	两端单向固定	未实施预拉伸安装或预拉伸力相对较小时	
				一端双向固定、一端单向固定	两端双向固定
f_y	0.85	6.8	—	13.6	13.6
f_z	3.4	15.1	9.7	15.1	21.9

3. 丝杠最大转速值校验

丝杠最大转速还应满足速度因子校验要求,即

$$d_0 n_m \leqslant 70000 \tag{5-38}$$

式中 d_0——滚珠丝杠公称直径,mm。

5.7 伺服进给传动系统的误差、精度和刚度

5.7.1 伺服进给传动系统的动态响应和稳定性

1. 动态特性指标

动态是指控制系统在输入作用下从一个稳态向新的稳态转变的过程。伺服系统在跟踪加工的连续控制过程中,几乎始终处于动态过程之中。动态特性采用以下两个指标描述。

1)对给定输入的跟随性能指标

通常采用对单位阶跃信号的输出响应进行描述,如图 5-7-1 所示,$x_r(t)$、$x_c(t)$ 分别为输入、输出曲线;依据动态过程曲线,常用性能指标有上升时间 t_r、峰值时间 t_p、调节时间 t_s、超调量 M_p、t_s 时刻之前振荡次数 N。

(1)上升时间 t_r。第一次上升到稳态值 $x_c(\infty)$ 的时间。

(2)峰值时间 t_p。响应达到第一个峰值所需要的时间。

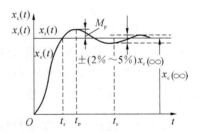

图 5-7-1 单位阶跃激励响应特性图

(3)调节时间 t_s。输出响应与稳态值的差值小于或等于稳态值的 $\pm(2\% \sim 5\%)$,且不再超出此范围所需要的时间。

(4)超调量 M_p。输出响应最大值超出稳态值部分与稳态值的比值。

$$M_p = \frac{x_c(t_p) - x_c(\infty)}{x_c(\infty)} \times 100\% \tag{5-39}$$

（5）振荡次数 N。达到调节时间 t_s 时刻之前的振荡次数。

上述前三个指标体现快速性，后两个指标体现平稳性。显然，上述指标值越小，则动态性能越好，但在实际控制中快速性要求往往与平稳性矛盾，需要根据实际情况进行综合选择。

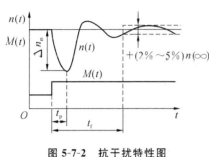

图 5-7-2　抗干扰特性图

2）对扰动输入的抗干扰性指标

抗干扰性是指在受到阶跃扰动后，系统克服扰动的影响，自行恢复到原输出状态的能力。常用最大动态速降 Δn_m 和恢复时间 t_f 描述，如图 5-7-2 所示，其中 $M(t)$ 为转矩扰动图线，$n(t)$ 为转速变化图线。

（1）最大动态速降 Δn_m 和相对最大动态速降比 δ_m。最大动态速降 Δn_m 是指突加负载后，系统转速瞬间下降的幅度，即对负载作出反应的程度；通常最大动态速降与稳态转速之比 δ_m（即相对最大动态速降比）更能体现系统的反应特性，即

$$\delta_m = \frac{\Delta n_m}{n(\infty)} \times 100\% \tag{5-40}$$

（2）恢复时间 t_f。从扰动作用瞬间至输出量恢复到允差值范围内［通常取稳态值的 $\pm(2\%\sim5\%)$］，并不再超出允差值范围所经历的时间，称为恢复时间。

数控机床的伺服进给传动系统要求跟随性和抗干扰性好。

2. 稳定性

稳定性是指系统在启动状态或外界干扰作用下，系统的输出能在几次衰减振荡调整后，迅速稳定在新的或原有的平衡状态的能力。数控机床伺服进给传动系统应具有足够的稳定性，否则无法正常工作。

1）稳定性条件

数控机床伺服进给传动系统为线性系统，通常线性系统的闭环传递函数为

$$G_B(s) = \frac{x_c(s)}{x_r(s)} = \frac{b_0 s^m + b_1 s^{m-1} + \cdots + b_{m-1} s + b_m}{a_0 s^n + a_1 s^{n-1} + \cdots + a_{n-1} s + a_n} \tag{5-41}$$

式中，$a_0, a_1, \cdots, a_n$ 和 $b_0, b_1, \cdots, b_m$ 为常数，且 $m \leqslant n$；分母多项式构成系统的特征方程式。

系统稳定的充分必要条件为该系统的特征方程的所有根的实部均为负数。

2）稳定性判据

稳定性判定方法有多种，如劳斯-赫尔维茨稳定判据、奈奎斯特稳定判据等。劳斯-赫尔维茨稳定判据是根据闭环传递函数的特征方程中根与系数的关系，并结合系统稳定的充分必要条件来确定的；奈奎斯特稳定判据是根据闭环控制系统对应的开环传递函数所绘制的奈奎斯特稳定判据图而确定的。具体判定方法可参阅"控制工程基础"课程相关内容。

5.7.2　伺服进给传动系统的死区误差

死区误差是指伺服进给传动系统启动或反向运动时输出运动与输入运动的差值。由于现在的数控系统已普遍具有很强的螺距和反向间隙补偿功能，以往认定的死区误差，其恒量部分可以通过系统补偿而消除。为了如实反映这一新的特点，可将不考虑系统补偿的死区误差称为绝对死区误差，而将经过系统补偿后仍然存在的死区误差称为相对死区误差。

1. 伺服进给传动系统中死区误差的主要构成

（1）机械传动系统中的间隙。在执行部件启动或反向运动时，存在的间隙形成死区误差，

其定值部分通过系统反向间隙补偿而消除；变化部分无法补偿，为相对死区误差。

（2）因导轨静摩擦力产生传动环节弹性变形而引起的误差。在执行部件启动或反向运动时，导轨静摩擦力的存在，首先会导致传动链各环节产生相应的弹性变形，克服静摩擦力后才能实现运动，形成死区误差。其定值部分可通过系统补偿而消除；摩擦力和刚度变化部分产生的误差无法补偿，为相对死区误差。

（3）因系统中电气器件不灵敏而产生的误差。其定值部分可补偿，变化部分无法补偿，为相对死区误差。

2. 机械传动机构中的间隙所产生的误差

对于同步带（或齿轮）减速滚珠丝杠传动，周向间隙通过减速环节和螺旋转换，形成轴向误差，若为多级传动则需要累加；丝杠螺母的间隙直接形成轴向误差。

$$\delta_{\mathrm{h}} = \frac{S\delta_{\mathrm{zh}}}{\pi d_{\mathrm{z1}} i} + \delta_{\mathrm{sh}} = \delta_{\mathrm{hc}} + \delta_{\mathrm{h}}^{*} \tag{5-42}$$

式中　δ_{h}——折算到执行部件的传动链总间隙产生的绝对死区误差，mm；

　　　d_{z1}——主动轮分度圆直径，mm；

　　　δ_{zh}——同步带或齿轮传动环节的间隙，mm；

　　　δ_{sh}——丝杠螺母环节的间隙，mm；

　　　δ_{hc}——死区误差的恒量部分，可补偿；

　　　δ_{h}^{*}——死区误差的变量部分，不可补偿，为相对死区误差。

如同步带或齿轮传动环节、丝杠螺母环节处于预紧状态，则相应的间隙为 0。

对于齿轮齿条传动，假定减速箱内具有 n 级齿轮减速传动，则

$$\delta_{\mathrm{h}} = m_0 z_0 \sum_{j=1}^{n} \frac{\delta_{\mathrm{h}j}}{m_j z_j i_j} = \delta_{\mathrm{hc}} + \delta_{\mathrm{h}}^{*} \tag{5-43}$$

式中　m_0——齿条模数，mm；

　　　z_0——与齿条啮合的齿轮齿数；

　　　$\delta_{\mathrm{h}j}$——第 j 对齿轮间隙，mm；

　　　m_j——第 j 对齿轮模数，mm；

　　　z_j——第 j 对齿轮主动轮齿数；

　　　i_j——第 j 对齿轮至输出末端齿轮的减速比。

根据以上计算式，越是靠近末端执行件的传动环节产生间隙，对死区误差影响越大，因此应该减小其间隙。

3. 静摩擦力致传动链产生弹性变形而形成的误差

在不同的位置，传动链刚度和静摩擦力可能会发生变化，特别对于丝杠传动，此时刚度一定会变化。静摩擦力导致的死区误差同样可以分为可补偿的恒量部分和无法补偿的变量部分，其相对死区误差取决于传动链刚度和静摩擦力的变化部分，即

$$\delta_{\mathrm{f}} = \frac{F_{\mathrm{f}}}{K_0} = \delta_{\mathrm{fc}} + \delta_{\mathrm{f}}^{*} \tag{5-44}$$

式中　δ_{f}——由于静摩擦力而产生的弹性变形，mm；

　　　F_{f}——导轨静摩擦力，N；

　　　K_0——传动系统折算到执行部件端的综合轴向刚度，N/mm；

　　　δ_{fc}——弹性变形的恒量部分，可补偿；

δ_f^*——弹性变形的变量部分,不可补偿。

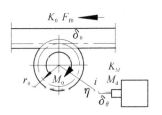

图 5-7-3　齿轮齿条传动刚度计算图

采用同步带(齿轮)减速滚珠丝杠传动形式的综合轴向刚度计算详见表 5-7-1。采用齿轮齿条传动时,由于齿条全长均匀固定,可以认为传动链刚度基本不变。如图 5-7-3 所示,设末端齿轮分度圆半径为 r_0,电机输出转矩为 M_d,减速箱减速比为 i,传动链效率为 η,电机轴上的累加弹性变形为 δ_θ,折合到齿轮齿条啮合处的弹性变形为 δ_0。根据转矩计算原理、角度间隙与节圆线间隙的转换关系、角刚度和线刚度的计算方式,分别存在下列关系:

$$M_0 = \eta i M_d = F_{f0} r_0, \quad \delta_0 = \frac{r_0 \delta_\theta}{i}, \quad K_M = \frac{M_d}{\delta_\theta}, \quad K_0 = \frac{F_{f0}}{\delta_0} \tag{5-45}$$

式中　M_0——与齿条啮合的齿轮(末端齿轮)的转矩,N·mm;

K_M——折合到电机轴的扭转刚度,N·mm/rad;

F_{f0}——导轨静摩擦力,N;

K_0——传动系统折算到执行部件端的综合轴向刚度,N/mm。

根据式(5-45),由电机端扭转刚度转换到执行部件方向的轴向刚度为

$$K_0 = \frac{\eta i^2 K_M}{r_0^2} \tag{5-46}$$

4. 机械传动的死区误差

机械传动死区误差主要由传动间隙死区误差和静摩擦力产生的弹性变形而形成的死区误差两部分组成。执行部件在反向运动时,要先消除间隙,并恢复原有弹性变形后再产生新的弹性变形,因此机械传动死区误差计算如下:

$$\begin{cases} \Delta = \delta_h + 2\delta_f = (\delta_{hc} + 2\delta_{fc}) + (\delta_h^* + 2\delta_f^*) = \Delta_c + \Delta^* \\ \Delta_c = \delta_{hc} + 2\delta_{fc} \\ \Delta^* = \delta_h^* + 2\delta_f^* \end{cases} \tag{5-47}$$

式中　Δ——机械传动死区误差,mm;

Δ_c——机械传动死区误差的恒量部分,mm;

Δ^*——机械传动死区误差的变量部分,为相对死区误差,mm。

5. 死区误差的危害和减小死区误差的措施

对死区误差进行补偿,对于提高机床正常运行精度有利。但无论是否补偿,死区误差都会影响伺服进给传动系统的稳定性和抗干扰性。因此,绝对死区误差(反向误差)必须较小,一般的经验是:普通数控机床的绝对死区误差应不大于 0.03 mm,系统补偿后的相对死区误差不大于所允许反向位置误差的 50%～80%;精密数控机床的允许值更小。减小死区误差的主要措施有:

(1)减小或消除机械传动系统中的间隙。通过提高加工和装配质量,尽量使反向间隙值减小并各处接近。

(2)减小导轨静摩擦力导致的弹性变形。采用摩擦因数小、摩擦因数变化小的传动副(滚珠丝杠副)和导轨副(如滚动导轨),提高传动链刚度。

(3)降低系统电气器件产生的灵敏度误差。选择灵敏度高、性能参数稳定的器件。

6. 死区误差恒量和变量部分的确定

上述死区误差的表达式都包含了恒量和变量部分,都与机械间隙、刚度、静摩擦力有关,而这些参量的变化又与结构、材料、加工和装配质量等因素有关,在实际应用中很难精确计算确定,通常直接通过多次实际检测和补偿的方式来得到最终结果(相对死区误差结果)。

5.7.3 伺服进给传动系统的伺服误差

1. 伺服误差的来源和特点

伺服误差为等速跟踪时的总滞后量,包括跟踪误差(也称为速度误差)和伺服刚度引起的误差(也称为静态误差)。跟踪误差实际就是运动滞后于指令而形成的位置误差。因为伺服系统是通过运动速度来实现指定位移的,对指令有反应过程,因此跟踪误差总是存在,且与速度有关。

$$\delta_v = \frac{v}{K_v} \tag{5-48}$$

式中　δ_v——跟踪误差,rad;

　　　v——进给速度,rad/s;

　　　K_v——系统增益,s^{-1}。

显然,当增益不变,跟踪误差随速度的增大而增大。

伺服刚度是指在外负载的作用下,进给驱动系统抵抗位置偏差的能力,计算式为

$$\delta_R = \frac{M_w}{K_R} \tag{5-49}$$

式中　δ_R——因伺服刚度而产生的误差,rad;

　　　M_w——外负载,N·m;

　　　K_R——伺服刚度,N·m/rad。

显然在外负载一定的情况下,伺服刚度越大,其引起的误差越小。由于外负载分为静负载和交变负载,伺服刚度也相应分为伺服静刚度和伺服动刚度;动刚度的描述和计算采用幅值形式。

2. 伺服误差对精度的影响

系统伺服误差对机床精度的影响如下:

(1) 跟踪误差体现为滞后量,最终会消除,因此基本上不影响单坐标方向的定位精度;但多轴联动时,由于滞后量不一定相同,可能会影响形状精度。

(2) 对于由伺服刚度引起的误差,由于目前数控机床都是半闭环或全闭环形式,伺服刚度所导致的伺服电机转角误差在半闭环之内得到检测、反馈和纠正,因此基本上不影响单坐标方向的定位精度。但该项误差引起滞后,当多轴联动时,会影响形状精度和粗糙度,并形成反向误差。因伺服刚度引起的误差为转角误差,经减速和螺旋传动转换后形成的执行部件移动误差很小。

在数控机床的位置误差构成中,伺服误差比较小,而且在机床联机调试时,要进行伺服参数优化,从而可减小误差。

5.7.4 伺服进给传动系统的定位精度

数控机床伺服进给传动系统各环节产生的误差综合反映到最终执行部件,形成位置误差,

经过系统螺距和反向间隙补偿后仍存在的位置误差即体现为数控机床的位置精度。位置精度指标包括定位精度、重复定位精度和反向误差三个方面,其中,反向误差主要取决于相对死区误差,重复定位精度取决于多种变化因素,包括随机因素,如摩擦力的无规则变化、机构状态的微小波动等。本节主要分析和介绍定位精度。

1. 定位误差的组成

定位误差 ΔP 是系统各环节影响的综合结果,主要由传动件制造误差 ΔP_1、丝杠预拉伸形成的螺距误差 ΔP_2、死区误差 ΔP_3、控制误差 ΔP_4、热变形导致的误差 ΔP_5 等构成,即

$$\Delta P = \Delta P_1 + \Delta P_2 + \Delta P_3 + \Delta P_4 + \Delta P_5 \tag{5-50}$$

ΔP 经过软件螺距补偿后仍存在的误差形成定位精度。

(1)传动件制造误差 ΔP_1　即传动机构产生的位置误差或螺距误差。传动件主要包括滚珠丝杠副、同步带副、齿轮齿条副等,须要求具有较高的精度等级。一般中、短丝杠采用 P3 级以上,长丝杠采用 P5 级以上;其他传动件采用 5 级以上精度。

(2)丝杠预拉伸形成的螺距误差 ΔP_2　丝杠采取预拉伸安装后,如不采取措施会导致螺距增大而产生误差。通常采取的措施是,尽可能保证在丝杠加工时也采用完全相同的拉伸方式;或精确计算丝杠预拉伸后的螺距偏差值,在丝杠加工环节进行反向补偿。采用上述措施后,ΔP_2 大大减小,甚至可以忽略。

(3)死区误差 ΔP_3　死区误差前面已讨论,即式(5-47)中的 Δ;其中,由于结构原因和装配质量问题,进给传动和支承系统的刚度是变化的,特别是丝杠系统;静摩擦力也是变化的。设这些变化所对应的误差为 ΔP_{3K},这是死区误差 ΔP_3 的重要组成部分,体现进给传动和支承系统的刚度特性,计算式如下:

$$\Delta P_{3K} = \max\left\{\frac{F_{fi}}{K_i}\right\} - \min\left\{\frac{F_{fi}}{K_i}\right\} \tag{5-51}$$

式中　K_i——丝杠传动支承系统在位置 i 的总刚度;

F_{fi}——导轨在位置 i 的静摩擦力。

一般限定 ΔP_{3K} 小于数控机床定位精度要求的 $1/5 \sim 1/3$。

(4)控制误差 ΔP_4　系统坐标计算误差很小,可以忽略;伺服控制误差也比较小,同时可以通过伺服参数调整来减小误差,常可忽略。

(5)热变形导致的误差 ΔP_5　通过保证制造和装配质量等尽可能减少发热,加强散热措施,减小温升,以减小热变形导致的误差 ΔP_5。

2. 定位精度的形成

ΔP 可分为两部分:恒定及有规则的变化部分 ΔP_c 和无规则变化部分 ΔP^*。前者所对应的误差可以通过系统软件补偿而消除,后者所对应的误差成为位置误差的组成部分。无规则变化部分又可大致分为正反向运动变化和随机变化两部分,正反向运动变化部分主要形成定位误差,随机变化部分主要形成重复定位误差。这两部分都无法通过常规软件补偿功能进行补偿。ΔP 可以表达为:

$$\begin{cases} \Delta P = \Delta P_c + \Delta P^* \\ \Delta P^* = \max\{\Delta \overrightarrow{P_i} - \Delta \overleftarrow{P_i}\} - \min\{\Delta \overrightarrow{P_i} - \Delta \overleftarrow{P_i}\} \end{cases} \tag{5-52}$$

式中　$\Delta \overrightarrow{P_i}, \Delta \overleftarrow{P_i}$——进给传动机构末端执行部件正、反向运动在第 i 点位置的误差。

位置误差的无规则变化部分主要是由相关零部件制造质量、装配质量、机构稳定性、零部件及其材料微观变化、环境变化、控制及伺服系统稳定性等因素造成。ΔP 通过多次检测、补

偿和数理统计计算,形成定位精度值,参见第 11 章和有关精度标准资料。某些高性能数控系统具有正反向独立补偿功能,可显著提高定位精度。

5.7.5　传动支承系统刚度及变形误差分析

尽管进给传动与支承系统的刚度受到制造和装配质量以及其他因素的影响,但根据其结构形式所确定的结构刚度、产生的变形和误差仍然是主要部分,进行这方面的分析很重要,是结构设计和精度分析的基础。

1. 进给传动与支承系统变形产生的误差构成

如图 5-7-4 所示,负载(静摩擦力)作用下进给传动与支承系统变形产生的误差 ΔP_K 如下:

$$\Delta P_K = \Delta_T + \Delta_B + \Delta_N + \Delta_{BR} + \Delta_{NR} + \Delta_L + \Delta_\theta \tag{5-53}$$

式中　Δ_T——因滚珠丝杠轴向拉压变形产生的轴向误差;

　　　Δ_B——因丝杠轴承轴向接触变形产生的轴向误差;

　　　Δ_N——因丝杠螺母间接触变形产生的轴向误差;

　　　Δ_{BR}——因轴承支座变形产生的轴向误差;

　　　Δ_{NR}——因丝杠螺母座变形产生的轴向误差;

　　　Δ_L——齿轮传动、同步带传动、联轴器等环节变形折算到执行部件的轴向误差;

　　　Δ_θ——因丝杠扭转变形所产生的折算到执行部件的轴向误差。

其中,对于 Δ_L、Δ_θ,其转角变形经过螺旋传动转换后形成的执行部件轴向误差微小,相比于其他项可以忽略。所以,进给传动与支承系统变形所导致的轴向误差可简化为

$$\Delta P_K = \Delta_T + \Delta_B + \Delta_N + \Delta_{BR} + \Delta_{NR} \tag{5-54}$$

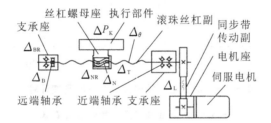

图 5-7-4　进给传动与支承系统变形所产生的误差构成图

2. 传动支承系统变形产生的死区误差分析

可假定导轨静摩擦力不变,即轴向空运行负载恒定,但随着运动坐标位置的变化,丝杠、轴承、支承座的受力是变化的,为方便讨论和处理,可近似认为上述各环节受力始终等于轴向负载,因此 Δ_B、Δ_N、Δ_{BR}、Δ_{NR} 不变,而丝杠轴向拉压刚度是变化的,则传动支承系统的绝对死区误差 Δ 为

$$\Delta = 2\Delta P_{Kmax} = 2(\Delta_{Tmax} + \Delta_B + \Delta_N + \Delta_{BR} + \Delta_{NR}) \tag{5-55}$$

其单向误差变化 $\Delta P_3'$ 为

$$\Delta P_3' = \Delta_{Tmax} - \Delta_{Tmin} = F_{f0}\left(\frac{1}{K_{Tmin}} - \frac{1}{K_{Tmax}}\right) \tag{5-56}$$

式中　ΔP_{Kmax}——传动支承系统最大变形量;

　　　Δ_{Tmax},Δ_{Tmin}——丝杠轴向拉压最大、最小变形量;

　　　K_{Tmax},K_{Tmin}——丝杠最大、最小轴向拉压刚度。

在进行结构设计时,应尽量减小 Δ 和 $\Delta P_3'$;通常限定 $\Delta P_3'$ 小于数控机床定位精度值(单向)的 $1/5 \sim 1/3$,从结构原理上代替对 ΔP_3 的要求。上述计算是基于近似简化处理的,如果需要进行精确计算,则应按实际受力关系进行分析。

3. 传动支承系统的各环节变形和刚度计算

在作用力已知的情况下,刚度就和变形相关,由变形的计算式可以推出刚度计算式。通过分析可知,由于滚珠丝杠和轴承相互作用组成一个整体,丝杠受力及拉压变形和轴承受力及接触变形相互影响,特别是丝杠在预拉伸安装后,两者相互影响,非线性耦合更加明显,两者的综合变形并非简单叠加的结果。当需要进行精确计算时,需综合分析,但分析计算复杂;如采用两者独立计算和简单叠加的近似方式,计算方便,叠加值结果比精确值大,但可视为提高了安全系数,作为一般近似计算方法。因此下面采用独立叠加的近似计算方法。

1) 滚珠丝杠轴向拉压变形和刚度

按上述简化方法,假设轴承为刚性,滚珠丝杠轴向拉压变形、刚度的计算可查阅材料力学教材或机械设计手册。图 5-7-5(a)为一端固定、一端支承(或自由)支承形式,如采用预拉伸安装,则应考虑预拉伸力和预拉伸变形因素;如两端单向固定、一端双向固定、一端单向固定,两端双向固定三种支承形式都采用预拉伸安装,正常情况下丝杠总处于受拉状态,如图 5-7-5(b)所示。可近似假设 $x_{\max} \approx L$,得出表 5-7-1 中的丝杠轴向变形和刚度计算式。可以看出,两端双向固定形式的最小刚度是一端固定形式的 4 倍。同时,如果两端单向固定、一端双向固定、一端单向固定形式实现了正常预拉伸安装,则可近似按两端双向固定形式计算其轴向拉压刚度和变形。

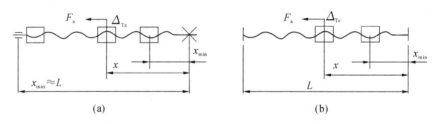

(a)　　　　　　　　　　　　　(b)

图 5-7-5　滚珠丝杠轴向拉压变形和刚度计算图

表 5-7-1　丝杠轴向变形和刚度计算式

支承形式	一端固定、一端自由,一端固定、一端支承	两端双向固定
变形和刚度计算公式	$\Delta_{Tx} = \dfrac{F_a x}{AE}, K_{Tx} = \dfrac{AE}{x}$	$\Delta_{Tx} = \left(\dfrac{L-x}{L}\right)\dfrac{F_a x}{AE}, K_{Tx} = \left(\dfrac{L}{L-x}\right)\dfrac{AE}{x}$
最小刚度 最大刚度	$x = x_{\max} \approx L$ 时, $K_{T\min} = \dfrac{AE}{L}$ $x = x_{\min}$ 时, $K_{T\max} = \dfrac{AE}{x_{\min}}$	$x = \dfrac{L}{2}$ 时, $K'_{T\min} = \dfrac{4AE}{L} = 4K_{T\min}$ $x = x_{\min}$(或 $x = x_{\max}$)时, $K'_{T\max} = \left(\dfrac{L}{L-x_{\min}}\right)\dfrac{AE}{x_{\min}}$

支承形式	一端固定、一端自由,一端固定、一端支承	两端双向固定
符号意义	x、$x_{\min}$、$x_{\max}$ 为螺母至固定端某一位置距离、最小距离、最大距离(mm); L 为支承跨距(mm),近似假设 $x_{\max} \approx L$; A 为丝杠最小截面面积(mm²); Δ_{Tx} 为相应位置处的丝杠轴向相对变形(已减去预拉伸力产生的变形)(mm); K_{Tx} 为相应位置处的丝杠轴向刚度(N/mm); $K_{T\max}$、$K_{T\min}$ 为丝杠轴向拉压刚度的最大值、最小值(N/mm)(一端固定、一端自由,一端固定、 一端支承形式); $K'_{T\max}$、$K'_{T\min}$ 为丝杠轴向拉压刚度的最大值、最小值(N/mm)(两端双向固定支承形式)	

2) 轴承和滚珠丝杠螺母的接触变形和刚度

滚动轴承和滚珠丝杠螺母接触变形都按照式(5-3)计算,但变形系数 k_z 各不相同,可查阅轴承手册、机床设计手册、机械设计手册、滚珠丝杠相关资料。计算轴承项时应将总变形减去预紧时产生的预变形得到最终变形量,如果采用 $F_{\max}/3$ 作为轴承预紧力,则轴承接触刚度提高为未预紧时的 2 倍;如果采用预拉伸安装,则预拉伸力就是轴承的预紧力,通常预拉伸力超过 $F_{\max}/3$,轴承刚度提高更大,但增长逐渐缓慢,可仍按提高为未预紧时的 2 倍选择。

3) 轴承支座、丝杠螺母支座的变形和刚度

这两项变形和刚度很难精确计算,涉及支承座、锁紧螺钉等相关零件本身的刚度及其相互接触刚度,影响因素较多,通常尽可能采取结构措施提高其刚度。两种支座可看成悬臂支座,在不考虑接触变形及接触刚度的情况下,支座本身的变形和刚度可近似按如下公式计算:

$$\Delta_{BR} = \Delta_{NR} = \frac{F_f H^3}{3IE}, \quad K_{BR} = K_{NR} = \frac{3IE}{H^3} \tag{5-57}$$

式中　H ——支承座中心到支承基面的高度,m;

　　　I ——支承座抗弯截面惯性矩,m⁴;

　　　K_{BR},K_{NR} ——轴承支座、螺母支座的刚度,N/m。

4. 传动支承系统总刚度

在滚珠丝杠传动支承系统中,作用于各环节的负载作用力可近似相等,根据刚度定义式和式(5-54),传动支承系统总刚度和各环节刚度的计算关系如下:

$$\frac{1}{K_0} = \frac{1}{K_T} + \frac{1}{K_B} + \frac{1}{K_N} + \frac{1}{K_{BR}} + \frac{1}{K_{NR}} \tag{5-58}$$

式中　K_0 ——传动支承系统总刚度,N/m;

　　　K_B ——滚动轴承轴向接触刚度,N/m;

　　　K_N ——滚珠丝杠螺母轴向接触刚度,N/m。

下面以一端固定、一端自由支承形式的参量为基础,分析各种支承形式的系统总刚度,其最大总刚度、最小总刚度分别取决于丝杠轴向拉压刚度的最大和最小刚度。以下所得出的计算式均为近似结果。

1) 一端固定、一端自由,一端固定、一端支承形式

（1）轴承未预紧时：

$$\begin{cases} \dfrac{1}{K_{0max}} = \dfrac{1}{K_{Tmax}} + \dfrac{1}{K_B} + \dfrac{1}{K_N} + \dfrac{1}{K_{BR}} + \dfrac{1}{K_{NR}} \\ \dfrac{1}{K_{0min}} = \dfrac{1}{K_{Tmin}} + \dfrac{1}{K_B} + \dfrac{1}{K_N} + \dfrac{1}{K_{BR}} + \dfrac{1}{K_{NR}} \end{cases} \tag{5-59}$$

式中　K_{0max}，K_{0min}——传动支承系统刚度的最大值、最小值，N/m；

　　　K_B——未预紧时滚动轴承轴向接触刚度，N/m。

（2）轴承预紧时：

$$\begin{cases} \dfrac{1}{K_{0max}} = \dfrac{1}{K_{Tmax}} + \dfrac{1}{2K_B} + \dfrac{1}{K_N} + \dfrac{1}{K_{BR}} + \dfrac{1}{K_{NR}} \\ \dfrac{1}{K_{0min}} = \dfrac{1}{K_{Tmin}} + \dfrac{1}{2K_B} + \dfrac{1}{K_N} + \dfrac{1}{K_{BR}} + \dfrac{1}{K_{NR}} \end{cases} \tag{5-60}$$

2）两端单向固定，一端双向固定、一端单向固定形式

轴承需要预紧，并实施预拉伸安装：

$$\begin{cases} \dfrac{1}{K_{0max}} = \dfrac{1}{K'_{Tmax}} + \dfrac{1}{2K_B} + \dfrac{1}{K_N} + \dfrac{1}{K_{BR}} + \dfrac{1}{K_{NR}} \\ \dfrac{1}{K_{0min}} = \dfrac{1}{4K_{Tmin}} + \dfrac{1}{2K_B} + \dfrac{1}{K_N} + \dfrac{1}{K_{BR}} + \dfrac{1}{K_{NR}} \end{cases} \tag{5-61}$$

3）两端双向固定形式

（1）轴承未预紧时：

$$\begin{cases} \dfrac{1}{K_{0max}} = \dfrac{1}{K'_{Tmax}} + \dfrac{1}{2K_B} + \dfrac{1}{K_N} + \dfrac{1}{2K_{BR}} + \dfrac{1}{K_{NR}} \\ \dfrac{1}{K_{0min}} = \dfrac{1}{4K_{Tmin}} + \dfrac{1}{2K_B} + \dfrac{1}{K_N} + \dfrac{1}{2K_{BR}} + \dfrac{1}{K_{NR}} \end{cases} \tag{5-62}$$

（2）轴承预紧时：

$$\begin{cases} \dfrac{1}{K_{0max}} = \dfrac{1}{K'_{Tmax}} + \dfrac{1}{4K_B} + \dfrac{1}{K_N} + \dfrac{1}{2K_{BR}} + \dfrac{1}{K_{NR}} \\ \dfrac{1}{K_{0min}} = \dfrac{1}{4K_{Tmin}} + \dfrac{1}{4K_B} + \dfrac{1}{K_N} + \dfrac{1}{2K_{BR}} + \dfrac{1}{K_{NR}} \end{cases} \tag{5-63}$$

实际应用中，承受轴向力的轴承是需要预紧的，上面列出未预紧状况只是为了分析说明其变化关系。通常在设计时，可将 K_B 和 K_{BR}、K_{NR} 合并为支承刚度 K'_B，故进给传动与支承系统总刚度可表示为三大部分的组合，见式（5-64），并可按各部分刚度近似相等进行初步分配。

$$\frac{1}{K_0} = \frac{1}{K_T} + \frac{1}{K'_B} + \frac{1}{K_N} \tag{5-64}$$

5.7.6　传动机构的固有频率

为了避免传动机构运行过程发生共振，应预测机床传动机构（传动链）的谐振频率，其理论公式如下：

$$\omega_c = \sqrt{\frac{K}{J}} \tag{5-65}$$

式中　ω_c——传动机构（传动链）的固有频率，rad/s；

　　　K——传动机构的总刚度，N/μm；

J——传动机构的总惯量，$\mathrm{kg \cdot m^2}$。

这里的传动机构或传动链与上述讨论变形和刚度的传动支承系统一样，应包括从伺服电机到执行部件的所有传动环节。根据式(5-65)，要提高传动机构的固有频率，应提高传动机构的总刚度，减小总惯量。

【拓展阅读】

滚珠丝杠支承系统预拉伸力的精确计算和确定

以下主要介绍"两端单向固定""一端双向固定、一端单向固定"两种丝杠支承形式预拉伸力的分析计算和确定方法。同时考虑最大轴向负载和最大工作温升的临界预拉伸力称为综合临界预拉伸力。综合临界预拉伸力与最大轴向负载、支承间距和丝杠螺母行程、丝杠拉伸变形系数、轴承轴向变形系数、丝杠热变形系数、丝杠相对温升等因素均有关系，且不是轴向负载作用和丝杠热变形两个环节临界预拉伸力的简单叠加关系。

丝杠系统的一般工作状况是，在运行一段时间后进入相对热稳定状态，丝杠系统出现一个相对于安装基座的受热伸长量；继续运行时，丝杠系统等效于处在已减小的新的预拉伸力状态下，继续承受同样的轴向负载。因此，在计算和确定综合临界预拉伸力时，应先计算和确定只考虑轴向负载因素时的临界预拉伸力。图 1 为两端单向固定丝杠支承形式简图，其中 F_{s1} 为只考虑轴向负载因素时的临界预拉伸力。

1. 只考虑轴向负载作用时丝杠系统的临界预拉伸力计算和确定

丝杠和轴承是一个整体，两者的受力、变形相互关联，根据变形规律，可把丝杠看成线性弹簧，把轴承看成非线性弹簧，丝杠支承系统的力学模型如图 2 所示，其中，x 为丝杠螺母 C 处的坐标位置；F_{max} 为最大轴向负载；L 为两支承间距；L_S 为丝杠螺母移动至行程端头时至另一支承端的距离；F_A、F_B 分别为 A、B 端轴承的轴向反力。根据力的平衡关系、左右端变形量变化相等的关系，以及螺母运行至行程极限位置时丝杠正好达到其临界状态(即丝杠的一端轴承正好没有接触变形)的假定，得到相应方程组并经简化，有如下关系：

$$k_1 L F_{max}^{1/3} \lambda + 2k_2 \lambda^{2/3} - k_2 - k_1 \rho L F_{max}^{1/3} = 0 \tag{1}$$

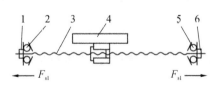

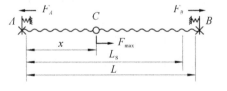

图 1　两轴单向固定丝杠支承形式简图
1,6—锁紧螺母；2,5—滚珠丝杠专用轴承；
3—滚珠丝杠副；4—执行部件

图 2　丝杠支承系统力学模型图

式中，k_1 为丝杠拉压变形系数，$k_1 = 1/(AE)$，A 为丝杠截面面积(按底径算)，E 为丝杠材料弹性模量；k_2 为轴承轴向变形系数，$k_2 = F^{1/3}/K_2$，F 为轴承轴向作用力，K_2 为轴承轴向接触刚度；$\lambda = F_{s1}/F_{max}$；$\rho = L_S/L$，当丝杠螺母从两个方向运行的 ρ 值不一样时，取大值。显然，λ 与 k_1、k_2、L、ρ、F_{max} 均有关，不会是一个定值，这就说明临界预拉伸力 F_{s1} 不仅与最大负载 F_{max} 有关，同时也与丝杠和轴承的规格以及支承间距和丝杠螺母行程有关。尽管式(1)可以转化为一元三次方程进行求解，但较为麻烦，故采用如下近似算法：令 $\delta_T = k_1 L F_{max}$，$\delta_B = k_2 F_{max}^{2/3}$，分别为在最大轴向负载作用下丝杠自身的轴向变形量和轴承自身的轴向变形量。代入式(1)，得

$$\frac{2\lambda^{2/3}-1}{\rho-\lambda}=\frac{\delta_{\mathrm{T}}}{\delta_{\mathrm{B}}} \tag{2}$$

一般地，$0.8\leqslant\rho<1$，根据式（2）得出 λ 计算表，见表 5-4-1。

根据结构特点，$\rho=1$ 的状况是不会出现的，但为了便于近似计算也列出了。对于其他 ρ 值，λ 值同样可以按式（2）计算出。根据式（2）或表 5-4-1 可知，λ 与 δ_{T} 和 ρ 是递增关系，与 δ_{B} 是递减关系。计算确定了 ρ 值和 $\delta_{\mathrm{T}}/\delta_{\mathrm{B}}$，代入式（2）可求出精确的 λ 值，但需要使用一元三次方程解法。λ 的近似算法：① 先计算出实际 $\delta_{\mathrm{T}}/\delta_{\mathrm{B}}$ 值和 ρ 值；② 在表 5-4-1 中，根据实际 ρ 值确定对应的 $\delta_{\mathrm{T}}/\delta_{\mathrm{B}}$ 值所在行（若表中无实际 ρ 值，用插值法计算确定）；③ 再根据实际 $\delta_{\mathrm{T}}/\delta_{\mathrm{B}}$ 值用插值法反算出 λ 值。在实际应用中，$\delta_{\mathrm{T}}/\delta_{\mathrm{B}}$ 存在一个范围，根据众多的设计实例分析，大部分情况下 $\delta_{\mathrm{T}}/\delta_{\mathrm{B}}\approx1\sim3$，$\rho\approx0.85\sim0.95$，则 λ 的常规值为 $0.55\sim0.75$。

表 5-4-1 中有两种极端状态，第一种丝杠为完全刚性，只有轴承变形，即 $\delta_{\mathrm{T}}=0$，则 $\delta_{\mathrm{T}}/\delta_{\mathrm{B}}=0$，得 $\lambda\approx0.35\approx1/3$；第二种轴承为完全刚性，只有丝杠拉伸变形，即 $\delta_{\mathrm{B}}=0$，则 $\delta_{\mathrm{T}}/\delta_{\mathrm{B}}=\infty$，得 $\lambda=\rho$。但极端状态是不存在的，而且，实际情况是两种因素影响都很大，因此如按最大工作载荷的 $1/3$ 确定预拉伸力，则达不到需要的效果。

2. 同时考虑轴向负载和丝杠热变形两种因素的综合临界预拉伸力分析和计算

设综合临界预拉伸力为 F_{s0}，丝杠热伸长并达到热平衡后，预拉伸力会下降，为使下降后的预拉伸力仍能满足最大轴向负载作用下两端轴承不出现间隙的临界状态要求，应使下降后的预拉伸力为 F_{s1}。热伸长稳定后丝杠变形量和轴承变形量达到新的平衡，得到平衡方程

$$k_1LF_{\mathrm{s0}}+2k_2F_{\mathrm{s0}}^{2/3}-(k_1LF_{\mathrm{s1}}+2k_2F_{\mathrm{s1}}^{2/3}+\alpha L\Delta t)=0 \tag{3}$$

式中，α 为丝杠热膨胀系数，Δt 为丝杠相对于安装基座的最大温升。

进一步整理得

$$k_1LF_{\mathrm{s0}}+2k_2F_{\mathrm{s0}}^{2/3}-(\lambda\delta_{\mathrm{T}}+2\lambda^{2/3}\delta_{\mathrm{B}}+\alpha L\Delta t)=0 \tag{4}$$

为方便求解，将式（4）变换为

$$k_1Lz^3+2k_2z^2-W=0 \tag{5}$$

式中，$z=F_{\mathrm{s0}}^{1/3}$；$W=\lambda\delta_{\mathrm{T}}+2\lambda^{2/3}\delta_{\mathrm{B}}+\alpha L\Delta t$。

式（5）求解方法：按上述方法计算 $\delta_{\mathrm{T}}/\delta_{\mathrm{B}}$，从而求出 λ，再代入式（5），按照一元三次方程求根公式解出 z，从而求出 F_{s0}。

3. 预拉伸力的确定和最终表达式

在应用中，丝杠两端轴承须满足最小轴向载荷要求，按照取值模式，最终预拉伸力的表达式如下：

$$F_z=\xi F_{\mathrm{s0}}+F_{\mathrm{amin}} \tag{6}$$

式中，F_z 为最终确定的预拉伸力；F_{amin} 为轴承最小轴向载荷，参阅轴承手册、机械设计手册资料；ξ 为修正系数。一般情况下，F_{amin} 比 F_{s0} 要小得多，通常也可忽略。

预拉伸力及其修正系数的一般选择原则、依据和方法为：

（1）在满足性能要求的前提下，选择较小的预拉伸力。

（2）选择等于 1 的修正系数。一般情况下可直接取修正系数 ξ 为 1。

（3）选择大于 1 的修正系数。当需要进一步提高稳定性和刚度时，可取 ξ 大于 1；当丝杠为细长型时，为有效提高抗振性，可适当加大预拉伸力，即适当加大修正系数；如需要进一步提高丝杠系统的固有频率以避开共振区，可适当加大预拉伸力，即适当加大修正系数；等等。但修正系数不宜选得太大，否则会导致预拉伸力过大，增加摩擦力和损耗，降低丝杠和轴承使用

寿命。

（4）选择小于 1 的修正系数。当实际使用状况使得最大负载状态和最大温升状态并不同时出现，且明显错开时；或当运行在最大轴向负载和极端位置场合并不同时出现，且明显错开时，可取 ξ 适当小于 1。

在应用中，对于(3)、(4)情况须综合考虑。

习题和思考题

1. 伺服进给系统主要有哪些要求？

2. 进给传动系统主要有哪些类型？各有什么特点？

3. 滚珠丝杠副的主要技术参数有哪些？

4. 为什么要对滚珠丝杠副进行预紧？如何确定预紧力？

5. 滚珠丝杠的支承形式主要有哪几种？简述"一端双向固定、一端单向固定"支承形式的特点。

6. 滚珠丝杠副预拉伸安装的作用有哪些？确定预拉伸力的依据是什么？实施预拉伸安装调整有哪几种方法？

7. 伺服进给传动系统的设计和计算内容主要包括哪些？

8. 伺服进给传动系统的惯量匹配有什么作用和特点？匹配原则是什么？减速比对运动部件折算到电机轴上的惯量有什么影响？

9. 为什么在计算执行运动部件的直线加速度时，需要考虑包括电机在内的整个传动机构的运动惯量？

10. 死区误差主要包括哪些部分？减小死区误差的措施主要有哪些？虽然采用软件补偿方法可以补偿部分死区误差，为什么仍需要通过硬件调整对死区误差进行较为严格的控制？

11. 进给负载力矩主要包括哪几个部分？针对几种典型工况分别包括哪些部分？

12. 滚珠丝杠传动支承系统包括哪些刚度（变形误差）环节？通常哪些环节的变形误差相对较大？对于几种丝杠支承类型，各环节刚度相对有什么变化？

13. 简要论述进给系统定位精度和各环节误差的关系。

14. 已知在数控机床进给传动系统设计中采用了同步带减速滚珠丝杠传动的方案，电机额定扭矩 M_0 为 12 N·m，电机最高使用转速 n_{ymax} 为 2500 r/min，丝杠导程 S 为 10 mm。若在稳定加工进给情况下，对应电机的额定输出，要求输出的进给驱动力 F_a（即丝杠对执行部件的轴向驱动力）约为 13500 N，总传动效率 η 为 0.9（减速比定义为主动轴转速与被动轴转速之比）。

（1）计算确定电机至丝杠的减速比 i（按四舍五入取整数）。

（2）计算执行部件可达到的最大移动速度 v_{max}。

第6章 数控机床本体与导轨设计

机床本体由机床基础支承件构成,成为机床的基础框架,是机床导轨、电机和传动机构及其他中小零部件的安装载体;机床导轨附着或安装在机床本体上,是运动执行部件的导向装置,是实现机床运动几何精度的关键部分。因此,机床本体和导轨是机床很重要的构成部分,对机床整体刚度、精度、稳定性和可靠性及外观有直接影响,至关重要。从归属上看,可以认为导轨是机床本体的一部分;同时,不管是数控机床还是普通机床,机床本体和导轨的作用是一样的。本章虽然按数控机床进行描述,但实际上也适用于普通机床。

6.1 数控机床本体的组成、作用和要求

6.1.1 数控机床本体的组成和作用

数控机床本体由基础支承件如底座、立柱、主轴箱、滑鞍、工作台以及附着或安装于其上的导轨通过以下连接方式构成:

(1) 固定连接件连接,如螺栓和定位销,适用于两个支承件完全固定、紧固的连接。

(2) 导轨连接,适用于运动执行部件在支承件上移动执行坐标进给运动的场合。

(3) 导轨和夹紧连接,适用于部件可进行位置调整移动的连接。

图 6-1-1(a)、(b)、(c)分别为十字滑台数控立式床身铣床、数控定梁定柱龙门铣床、数控卧式平床身车床的机床本体组成和连接示意图。

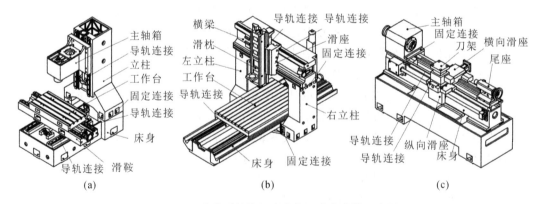

图 6-1-1 几种典型数控机床本体组成和连接示意图

根据机床类型、布局结构的不同,机床支承件形式和数量亦不相同,但其整体作用是一样的。数控机床本体的主要作用如下:

(1) 基础框架和支承作用。机床本体构成机床的主体框架,决定了机床的基本布局形式。机床的其他零部件,如主传动机构和电机、进给传动机构和电机、刀库、防护罩等均安装和支承在机床本体上,加工工件安装在工作台或支承部件上。

(2) 导向作用。在部分基础支承件上设置导轨,同样作为支承件的执行部件在导轨上

做坐标运动,因此支承件上的导轨起到导向作用,导轨及其装配关系和精度直接体现为机床的几何精度。

（3）承受负载力。机床运动和加工过程中产生的切削力、摩擦力、惯性力、外部干扰力、自激振动、工件夹紧力等,以及各支承件和零部件的重力,都由机床本体承受。图 6-1-2 为加工时机床本体受切削力示意图,刀具切削力通过工件对工作台、滑鞍及其上导轨产生空间作用力,最后作用到床身上;同时工件对刀具的切削反力通过刀具对主轴、主轴箱、立柱及其上的导轨产生反作用力,最后也作用到床身上。

（4）体现整机外观和操作性。机床本体作为机床的基本框架,体现着机床整体形状、外观和空间体积,也是决定机床操作空间及方便性的主要因素之一。

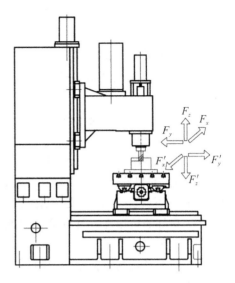

图 6-1-2　加工时机床本体受切削力示意图

6.1.2　数控机床本体应满足的要求

根据数控机床本体的作用,数控机床本体应满足的要求如下:

（1）满足精度及精度保持性要求。工件安装面或部位的精度应满足要求,各支承件及附着其上的导轨的安装精度、执行部件运动所形成的形位精度应满足机床精度要求,并保证机床在有效期内各部分之间正确的相互位置和相对运动轨迹。

（2）足够的强度和刚度。由于机床本体承受负载力,特别是当进行切削加工时,刀具和工件之间产生作用力和反作用力,分别通过刀具连接处和工件安装处作用到机床本体,使机床本体受到正压力、弯矩和扭矩作用,产生接触变形、弯曲变形和扭转变形,影响加工精度,甚至影响机床的正常运行。所以,机床本体必须具有足够的强度、刚度。

（3）抗振性和稳定性好。机床运行时,可能受到机床内部和外部激振力而产生受迫振动,还可能出现自激振动,影响加工质量和运行稳定性,因此机床本体要具有良好的抗振性和稳定性。

（4）热变形及其影响小。在机床零部件中基础支承件尺寸规格最大,因而其受热变形影响也最大,由基础支承件构成的机床本体受热变形影响也很明显,直接影响加工精度。因此,机床本体热变形应尽可能小,应具有良好的热平衡特性,减小热变形对精度的影响。

6.2　数控机床本体和基础支承件的结构设计

6.2.1　数控机床基础支承件的作用和应满足的要求

为描述简便,下文常将"基础支承件"简称为"支承件"或"基础件"。

1. 支承件的作用

支承件的作用,一是构成机床本体框架,支承和固定导轨或直接与导轨成为一体,支承其他零部件;二是承受各种负载,如切削力、摩擦力、惯性力、重力、夹紧力、其他构件的作用力、外部干扰力等;三是起到基准作用,并保证机床在有效使用期内的基准精度。

2. 支承件应满足的要求

支承件应满足的要求与机床本体类似,并且是机床本体满足性能要求的基础和保障,主要包括:

(1) 相应的精度。支承件附着或安装导轨之处、安装传动机构和其他零部件之外应满足相应的精度要求。

(2) 足够的刚度。支承件刚度包括结构刚度和接触刚度。结构刚度取决于结构形状、尺寸和材料等;接触刚度取决于材料、接触面积、硬度、粗糙度、几何精度等。如果刚度不足,在切削受力状态下,机床会产生变形、振动和爬行现象,影响精度、粗糙度和稳定性。

(3) 良好的抗振性。具有足够的抵抗受迫振动、自激振动的能力,主要取决于结构形状、尺寸、材料等。

(4) 热变形及其对精度的影响小。支承件尺寸大,受热后变形大,因此应尽可能减小其热变形及其对精度的影响,主要措施为在满足尺寸参数和刚度的前提下尽可能减小支承件的长度;加大散热面积,隔离热源,减小热传导;均衡温度场,降低温度和温差;尽量采用对称结构,减小热变形对几何精度的影响;采用热变形系数小的材料;等等。

(5) 减小或消除内应力。大规格零件铸造(或焊接)和加工后容易产生内应力,在使用过程中容易发生变形,影响机床精度和运行稳定性,因此应尽可能减小或消除支承件内应力,主要措施为结构和尺寸均衡、转折处采用圆角、材质均匀、铸造(焊接)后进行时效处理、加工过程中多次进行时效处理等。

(6) 加工和装配工艺性好。根据结构特点,支承件尺寸相对较大、精度要求高、结构复杂,因此良好的工艺性非常重要。

(7) 其他要求,如便于排屑、调运方便安全、切削液和润滑油回收方便等。

6.2.2　数控机床本体和支承件的受力分析

机床本体和支承件的结构设计需基于机床本体和支承件的受力及变形分析。受力分析不仅是了解机床整体结构受力和变形状况,以分析判断机床整体刚度和稳定性所需要的,而且也是了解支承件受力和变形状况的基础。

1. 机床本体及各支承件的受力分析方法

机床本体由多个基础支承件、导轨、紧固件等构成,其受力分析涉及加工切削处的末端部位、各构件及其连接部位的受力计算,以理论力学相关知识为分析方法;各构件变形和内部应力分析计算则以材料力学相关知识为分析方法。根据第 5 章,机床受力及影响状况随运行过程不同而不同,如正常加工过程、启动加速过程、快速移动过程。启动加速过程主要受到惯性力、重力、摩擦力的作用,惯性力和摩擦力是内力,对于机床本体,其作用力主要影响传动件及其支座的受力分析,而对于基础支承件则产生拉压作用,这对相对较为粗壮的支承件影响不大,况且在这一启动状态下出现的变形也不影响加工精度,因此通常可忽略这一受力状态对支承件的影响,但要注意过大的惯性力会导致机床本体产生晃动的不利影响。快速移动过程主要受到重力和摩擦力的作用,其影响体现在正常加工过程中,因此现主要分析正常加工过程的受力状况。

图 6-2-1 所示为卧式平床身车床本体加工受力示意图,力坐标系按常规坐标方向取。切削力(F'_x,F'_y,F'_z)通过刀具依次传递作用在刀架、横向滑座、纵向滑座上,最后作用在床身上;切削反力(F_x,F_y,F_z)通过工件作用在两端的主轴箱和尾座上,最后作用在床身的两端。床身为长方体且中间挂空,受力变形较为明显,切削力(F'_y,F'_z)对床身产生弯矩和扭矩,相应产生整体弯曲和扭转变形;切削力F'_x和切削反力 F_x 与床身纵向平行,由于床身较为粗壮,相应受到的拉伸和弯曲作用不明显;切削反力(F_y,F_z)在床身两端产生局部弯矩和相应的弯曲变形;同时切削力为集中力,还产生局部作用。

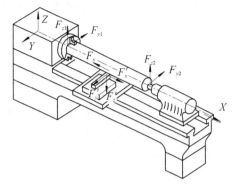

图 6-2-1　卧式平床身车床本体加工受力示意图

不同布局结构的机床,其受力形式不同,但分析方法类似,以图 6-2-2 所示的十字滑台数控立式床身铣床本体为例,一般受力分析方法和过程如下:

(1)首先将机床本体作为一个整体,受到切削力、切削反力、各部件重力、地基支承力的作用,这些力构成空间平衡力系。如图 6-2-2 所示,为分析方便,将地基和机床本体的五大基础支承件标记为 0～5 号;切削力分解为绕主轴轴心线的扭矩 M'_s(通常绕 X、Y 轴的切削扭矩相对很小,在此忽略)和与轴线相交的分力(F'_x,F'_y,F'_z),相应地,切削反力分解为扭矩 M_s 和分力(F_x,F_y,F_z)。切削力和切削反力分别从工件端和刀具端作用到机床本体,因此切削力和切削反力对于整个机床本体而言是内力,但对于各支承件而言是外力。

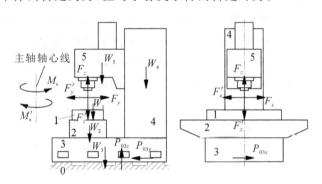

图 6-2-2　十字滑台立式床身铣床加工受力示意图

(2)各支承件的受力分析。各支承件受到来自相连支承件或地基的重力、压力、支承力、弯矩、扭矩、摩擦力、驱动力的联合作用,当然末端支承件还受到切削力或切削反力的作用,这些作用力随各支承件位置的不同而有所不同,并同样构成空间平衡力系。

(3)列出上述空间平衡力系方程组,即可求出各作用力或力矩。

(4)各支承件是通过紧固件或导轨连接的,紧固件或导轨的受力可通过支承件结合处的相互作用力或力矩的平衡方程求出。对于标准滚动导轨,可将滑块作为一个受力点,直接纳入平衡力系分析中。

(5)分析计算时可采用力的叠加原理,即假设只有某一个切削分力起作用,相应计算出各作用力和力矩;分别计算出对应每一个切削分力的作用力和力矩,再根据实际作用力(力矩)方向进行叠加合成,即得最终结果。

2. 机床本体及各支承件的受力分析示例

1) 机床本体整体受力分析

以图 6-2-2 所示的机床本体为分析示例,假设只有切削分力 F_z' 起作用,可列出总平衡方程

$$F_z = F_z', \quad P_{03z} = \sum_{i=1}^{5} W_i \tag{6-1}$$

式中,P_{03z} 为对应 F_z 的地基(序号 0)对床身(序号 3)的 Z 向支承反力,W_i 为第 i 个支承件的重力(包括该支承件所附着的零部件或工件重力)。

同样可得到

$$\begin{cases} F_x = F_x' \\ P_{03x} = 0 \end{cases}, \quad \begin{cases} F_y = F_y' \\ P_{03y} = 0 \end{cases}, \quad \begin{cases} M_s = M_s' \\ M_{03s} = 0 \end{cases} \tag{6-2}$$

式中,P_{03x}、P_{03y} 分别为对应 F_x'、F_y' 的地基对床身的 X、Y 向反力,M_{03s} 为对应 M_s' 的地基对床身的绕主轴轴心线的反力矩。由于机床本体重心在床身与地基的支承面之内,因此相应产生的弯矩为 0。

以上是针对整机的受力分析,但在实际设计中,要涉及各支承件和相应导轨、紧固件的力学分析计算,导轨和紧固件的受力分析计算在后续导轨结构相关内容中介绍。

2) 支承件受力分析

从图 6-2-2 中可以看出,主轴箱、立柱、底座同时受到弯矩、扭矩和压力的作用,工作台和滑鞍主要受到正压力、侧压力、绕主轴轴心线的扭矩作用;相对来讲,主轴箱近似为立方箱体,其受力后的变形很小,一般可忽略;而立柱为长方体,长度较大,受力和变形较为明显。下面以立柱为例进行受力和变形分析。

图 6-2-3(a)所示为十字滑台数控立式床身铣床在 F_z 作用下立柱的受力示意图,其中,M_{54z} 为主轴箱(序号 5)对立柱(序号 4)在前后方向(Y-Z 平面)的整体弯矩,M_{54zj} 为主轴箱对立柱导轨作用的局部弯矩,M_{34z} 为床身(序号 3)通过连接螺栓对立柱作用的弯矩,F_{54z} 为主轴箱通过丝杠螺母机构对立柱的作用力,F_{34z} 为床身(序号 3)通过结合面对立柱的支承力,H_{4y} 为立柱在 Y 向的厚度,F_{az} 为 Z 向丝杠驱动力,l_b、l_{w5}、l_a 分别为 F_z 作用线、主轴箱部件重力 W_5 作用线、丝杠驱动力 F_{az} 作用线至立柱导轨面距离。由于垂向摩擦力较小,特别是相对重力而言较小,对立柱受力影响可忽略;另外,立柱部件左右对称,根据力的平衡得到以下方程:

$$\begin{cases} M_{54z} - M_{34z} = 0 \\ M_{54z} = \left(l_b + \dfrac{1}{2} H_{4y} \right) F_z - \left(l_{w5} + \dfrac{1}{2} H_{4y} \right) W_5 \\ F_{54z} + F_{34z} - W_4 = 0 \\ F_{54z} = F_z - W_5 = F_{az} \end{cases} \tag{6-3}$$

解之得

$$M_{54z} = M_{34z} = \left(l_b + \frac{1}{2} H_{4y} \right) F_z - \left(l_{w5} + \frac{1}{2} H_{4y} \right) W_5 \tag{6-4}$$

$$F_{az} = F_{54z} = F_z - W_5 \tag{6-5}$$

$$F_{34z} = W_4 + W_5 - F_z \tag{6-6}$$

显然,有

$$M_{54zj} = (l_a + l_b) F_z - (l_a + l_{w5}) W_5 \tag{6-7}$$

图 6-2-3(b)所示为在 F_y 作用下立柱的受力示意图,其中,F_{54y} 为主轴箱通过导轨对立柱

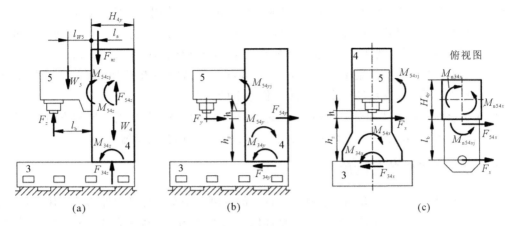

图 6-2-3　十字滑台立式床身铣床立柱受力示意图

的作用力，F_{34y} 为底座通过结合面对立柱底面的静摩擦力，M_{54y} 为主轴箱对立柱在 Y-Z 平面内作用的弯矩，M_{34y} 为底座通过连接螺栓对立柱作用的弯矩，M_{54yj} 为主轴箱对立柱导轨作用的局部弯矩和对立柱的反向弯矩，h_z、h 分别为 F_y 作用线至立柱底面、主轴箱导轨下端的距离。根据力的平衡分别求得

$$F_{34y} = F_{54y} = F_y, \quad M_{34y} = M_{54y} = h_z F_y, \quad M_{54yj} = h F_y (h > 0) \quad (6\text{-}8)$$

M_{54yj} 不仅对导轨产生局部弯矩作用，还对立柱产生反向弯矩作用，使立柱发生"S"形弯曲；同时须注意，如果 $h \leqslant 0$，则 $M_{54yj} = 0$。

图 6-2-3(c)所示为在 F_x 作用下立柱的受力示意图，其中，F_{54x} 为主轴箱通过导轨对立柱的作用力，F_{34x} 为底座通过结合面对立柱底面的静摩擦力，M_{54x} 为主轴箱对立柱在左右方向（X-Z 平面内）作用的弯矩，M_{34x} 为底座通过连接螺栓对立柱作用的弯矩，M_{54xj}、M_{n54xj} 分别为主轴箱对立柱导轨在 X-Z 平面内的局部弯矩、在 X-Y 平面内的局部扭矩，M_{n54x}、M_{n34x} 分别为主轴箱、底座对立柱在水平面内（X-Y 平面内）作用的扭矩。根据力的平衡分别求得各作用力和力矩，表示如下：

$$F_{34x} = F_{54x} = F_x, \quad M_{34x} = M_{54x} = h_z F_x \quad (6\text{-}9)$$

$$M_{n54x} = M_{n34x} = \left(l_b + \frac{1}{2} H_{4y}\right) F_x, \quad M_{54xj} = h F_x, \quad M_{n54xj} = l_b F_x \quad (6\text{-}10)$$

同样，M_{54xj} 不仅对导轨产生局部弯矩作用，还对立柱产生反向弯矩作用，使立柱产生"S"形弯曲；如果 $h \leqslant 0$，则 $M_{54xj} = 0$。另外，主切削反力矩 M_s 通过主轴箱对立柱产生绕垂直轴的扭矩 M_{n54s}，并与底座对立柱产生的反向扭矩 M_{n34s} 平衡，即

$$M_{n34s} = M_{n54s} = M_s = M_s' \quad (6\text{-}11)$$

从上述分析可知，切削力及反力、切削力矩及反力矩、重力通过主轴箱和床身对立柱在 Y-Z 平面施加了整体弯矩、局部弯矩和纵向作用力，切削力在 X-Z 平面施加了整体弯矩和局部弯矩，在 X-Y 平面施加了扭矩和局部扭矩，产生相应的变形；同样，底座对立柱施加了相反的作用力和力矩，使立柱达到平衡。由于立柱相对较粗，纵向作用力影响很小。

3. 机床本体及各支承件的受力变形

在各种载荷的作用下，机床各支承件受到作用力、作用力矩和重力的作用，发生变形；各支承件的变形叠加，形成机床在刀具与工件处的综合变形。各支承件的变形影响机床运行稳定性，刀具与工件处的总变形影响加工精度。一般支承件受力变形包括三个部分：整体变形、局部变形和

接触变形。以受力和变形较为典型的立柱为例,在力和力矩的作用下立柱发生如下变形:

(1) 整体变形　沿长方向在相互垂直两个面上的弯曲变形、在水平面(横截面)的扭转变形、在长方向(纵向)的拉伸变形,形成整体复合变形,但拉伸变形微小,可忽略。

(2) 局部变形　在局部集中力作用下,产生局部变形,如与主轴箱连接的导轨处的变形。

(3) 接触变形　两支承件结合面在压力作用下的变形。

根据支承件结构形式和受力的不同,三种变形在支承件总变形中所占比例不同,一般情况下局部变形所占比例较大;当支承件叠层较多时,总接触变形会明显增大。

6.2.3　支承件的静刚度

通常所说的支承件刚度是指其静刚度。良好的静刚度是支承件稳定性的基本保证,也是整机刚性和稳定性的基础保证,因此支承件的结构设计不仅要满足装配关系和尺寸要求,而且要满足刚度要求。对应支承件的三种变形,支承件静刚度相应包括整体刚度、局部刚度和接触刚度。

1. 提高支承件整体刚度的措施

对支承件影响较大的载荷是弯矩和扭矩,产生的主要变形是弯曲和扭转变形。因此,对于支承件的整体刚度,重点考虑抗弯刚度、抗扭刚度。在其他条件相同的情况下,抗弯刚度、抗扭刚度与支承件的截面惯性矩有关,合理选择截面形状,对提高支承件刚度很重要。因此,在支承件结构设计中,首先根据整机规格和布局及尺寸参数合理选择整体结构尺寸,然后合理选择截面的形状和尺寸,并合理布置肋板和肋条。

1) 合理选择截面的形状和尺寸

支承件截面形状和尺寸要满足技术设计的尺寸要求、装配要求和刚度要求。在满足刚度要求方面,所选择的截面形状和尺寸应确保支承件在对应方向上具有足够的截面惯性矩。截面惯性矩与截面形状的关系(表 6-2-1):在截面面积相同的情况下,空心截面的截面惯性矩比实心的大;圆形截面的抗扭截面惯性矩比方形截面的大,但抗弯截面惯性矩比方形截面的小;封闭截面比不封闭截面的截面惯性矩大。

表 6-2-1　截面惯性矩与截面形状的关系

序号	截面形状/mm	截面惯性矩计算值(截面惯性矩相对值)/mm⁴		序号	截面形状/mm	截面惯性矩计算值(截面惯性矩相对值)/mm⁴	
		抗弯	抗扭			抗弯	抗扭
1	$\phi113$	800 (1.0)	1600 (1.0)	4	$\phi160$ $\phi196$		108 (0.07)
2	$\phi113$ $\phi160$	2412 (3.02)	4824 (3.02)	5	300 10 25 25 150	15521 (19.4)	134 (0.09)
3	$\phi160$ $\phi196$	4030 (5.04)	8060 (5.04)	6	100 100	833 (1.04)	1400 (0.88)

续表

序号	截面形状/mm	截面惯性矩计算值(截面惯性矩相对值)/mm⁴		序号	截面形状/mm	截面惯性矩计算值(截面惯性矩相对值)/mm⁴	
		抗弯	抗扭			抗弯	抗扭
7	142/100 方形截面	2555 (3.19)	2040 (1.27)	9	50/200/235/85 矩形截面	5860 (7.33)	1316 (0.82)
8	50/200 截面	3333 (4.17)	680 (0.43)	10	300/150 工字截面	2720 (3.4)	

2) 合理布置肋板和肋条

结构件壁板之间的连接板叫肋板或加强板。肋板可将作用于支承件的局部载荷传递给相连壁板，以提高支承件承受载荷的能力，达到提高整体刚度的目的，且效果比单纯增大壁板厚度更为明显。按照设置的方向，肋板可分为纵向肋板和横向肋板。纵向肋板设置在弯曲平面内，主要作用是提高抗弯刚度。图 6-2-4 表示了纵向肋板设置方向对抗弯截面惯性矩的影响，显然沿着弯曲方向设置肋板［图 6-2-4（a）］效果明显，沿着垂直于弯曲方向设置肋板［图 6-2-4(b)］则效果很小。横向肋板设置在扭转方向上，主要作用是提高抗扭刚度，也具有一定的提高抗弯刚度的作用。

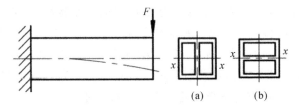

图 6-2-4　肋板设置方向比较示意图

图 6-2-5 所示为车床床身几种肋板布置形式。其中，图 6-2-5（a）所示床身采用 T 形肋板，主要用来提高床身的抗扭刚度，并有较好的抗弯作用，这种肋板形式工艺性较好；图 6-2-5(b)所示床身采用连贯 W 形肋板，可较大限度提高床身垂直面内的抗弯刚度，也具有一定的抗扭和水平面内抗弯效果，整体效果比 T 形肋板好，但工艺性差一些；图 6-2-5(c)所示床身采用∩形肋板，可同时提高水平面和垂直面内的抗弯刚度，且效果比 T 形肋板好，也有较好的抗扭作用，工艺性较好；图 6-2-5(d)所示床身采用的肋板布置形式有利于排屑，可一定程度上提高整体抗弯和抗扭刚度，但由于前壁板开孔，其提高的效果受限，工艺性相对较差。

图 6-2-6 所示为立柱肋板布置形式。其中，图 6-2-6(a)为立柱内加直肋板，可大大提高相应方向的抗弯刚度；图 6-2-6(b)为立柱内加斜肋板，可提高两个方向的抗弯刚度，也有一定的抗扭效果；图 6-2-6(c)为立柱内加对角交叉肋板，可显著提高两个方向的抗弯刚度，对抗扭也有较好的效果，但铸造工艺性能较差；图 6-2-6(d)为立柱内加正交肋板，可显著提高两个方向

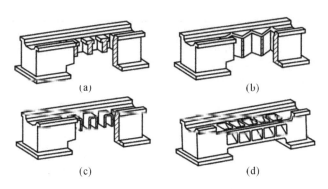

图 6-2-5　车床床身几种肋板布置形式

的抗弯刚度,也能改善抗扭刚度,整体刚度比对角交叉肋板稍差,但铸造工艺性较好。

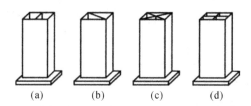

图 6-2-6　立柱肋板布置形式

　　肋条是指在壁板上或两壁板的交角处设置的加强条。肋条的主要作用是减小壁板局部变形和薄壁振动,提高壁板本身的刚度,从而达到提高支承件整体刚度的目的。合理设置肋条比单纯增大壁板厚度更为有效。肋条分布形式有多种,如图 6-2-7 所示,其中图 6-2-7(a)为直线形肋条,结构简单,铸造工艺性好,但效果不太好;图 6-2-7(b)为垂直相交形肋条,结构简单,铸造工艺性好,提高刚度效果较好;图 6-2-7(c)为三角形肋条,显著提高刚度,铸造工艺性较好,但因存在尖角而易产生内应力;图 6-2-7(d)为交叉形肋条,结构简单,铸造工艺性好,提高刚度效果好;图 6-2-7(e)为蜂窝形肋条,结构相对较复杂,但铸造工艺性好,提高刚度效果相当好,因夹角为钝角,故不易产生内应力;图 6-2-7(f)为"米"字形肋条,提高刚度效果好,但结构相对复杂,铸造工艺性不好。部分肋条形式[图 6-2-7(c)、(d)、(f)]存在明显的尖角,易产生内应力,在肋条布置设计时,对所有肋条交接处都应进行圆角过渡。

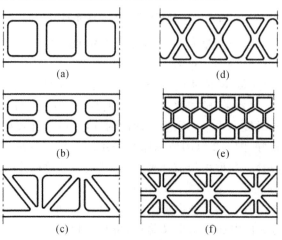

图 6-2-7　几种肋条形式

壁板、肋板和肋条的厚度与支承件的大小、质量、受力情况等都有关,具体选择可参阅机床设计手册。

3) 合理开窗和在窗口处采取加强措施

为满足装配需求,以及提高铸造工艺性和方便清砂,一般支承件的壁板和肋板需设置铸孔,这会降低其刚度。因此合理设置开窗的位置,采取加强措施很重要。窗孔对支承件的影响取决于它的大小和位置,如图 6-2-8(a)所示,在弯曲平面方向上的纵向壁板(及肋板)为基础支承板,对抗弯刚度起到主要作用;而与弯曲平面垂直的壁板(及肋板)为连接加强板,起到连接支承板形成稳定框架的作用。因此,对于抗弯刚度,将窗口开在基础支承板上对其影响较大,而将窗口开在连接加强板上对其影响较小,如图 6-2-8(b)所示。对于抗扭刚度,将窗口开在基础支承板或加强连接板上,对其影响效果相似;但当截面边长相差较大时,将窗口开在较窄的壁板上比开在较宽壁板上对其影响大。

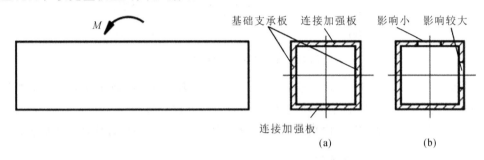

图 6-2-8　开窗位置影响关系示意图

由于结构和工艺要求需在壁板上开设窗口,使壁板刚度下降,从而使支承件整体刚度有所下降,并且窗口边沿处变得薄弱而易破裂。因此,通常在窗口处采取加强措施:① 在窗口处加翻边凸台,如图 6-2-9 所示,起到提高窗口处的强度和受力性能,有效降低窗口对支承件刚度影响的作用;② 在窗口上加紧固盖板,通过紧固螺钉和盖板的连接作用,使开窗壁板在一定程度上连为一体,有效减小窗口对壁板的影响。

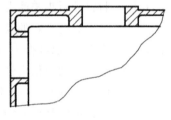

图 6-2-9　凸台措施

2. 提高支承件局部刚度、连接刚度和接触刚度的措施

1) 提高局部刚度措施

局部刚度是指支承件抵抗局部变形的能力。局部变形主要发生在载荷较集中的局部结构处,与局部变形处的结构和尺寸有关。例如,主轴箱通过导轨与立柱连接,主轴箱对立柱的作用力、力矩集中作用在与导轨的连接处,产生局部变形,这就涉及局部刚度。局部刚度的提高涉及结构的形式和尺寸,如图 6-2-10(a)所示,导轨处结构比较单薄,刚度不足,通常采用适当加大导轨厚度和设置加强肋条的方式,达到加强局部刚度的目的;如图 6-2-10(b)所示,增加了横向肋条,使抗扭刚度有所提高,但其抗弯刚度显然还是不足;如图 6-2-10(c)所示,进一步在导轨处增设了多根纵向肋条,纵、横肋条显著提高了立柱导轨刚度以及整体刚度,且铸造工艺性好,也没有增加太多质量。

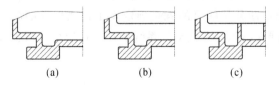

图 6-2-10　提高局部刚度措施示意图

2）提高连接刚度和接触刚度措施

连接刚度是指支承件在连接处抵抗变形的能力。由于连接涉及两个构件,因此连接结构涉及连接处的局部结构、结合面形式和连接螺栓及其分布。相应地,连接刚度包括连接部位的局部刚度、接触刚度和连接螺栓刚度,是多种刚度类型的复合。用于连接的局部结构通常采用凸缘结构形式,如图 6-2-11 所示。显然,图 6-2-11(b)采用了加强肋板,局部刚度显著提高,而图 6-2-11(c)采用凹口形式,局部刚度最高。为保证连接刚度,应采用高强度的连接螺栓,螺栓数量足够,尽可能均匀分布。

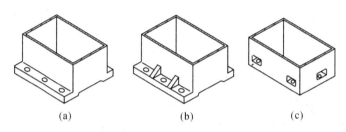

（a）　　　　　（b）　　　　　（c）

图 6-2-11　连接凸缘结构形式

接触刚度是指支承件在结合面处抵抗接触变形的能力。影响接触刚度的因素主要是结合处的材料、几何形状与尺寸、接触面硬度及表面粗糙度、几何精度等。为保证足够的接触刚度,结合面处的材料硬度要足够,表面粗糙度通常应在 $Ra1.6$ 以下,并具有较好的平面度。

6.2.4　支承件的动态特性

1. 动态特性分析相关问题

基础支承件具有良好的动态特性,是整机良好动态特性的基础。动态分析是在已知机床系统动力学模型、外部激振力、系统工作条件的基础上进行的,主要包括三个问题:固有特性问题、动力响应问题、动力稳定性问题。

（1）固有特性问题。如果将支承件作为简单系统,其固有特性主要是指系统的固有频率,因为简单系统自由度是单一的。但由于机床基础支承件规格相对较大、结构复杂,进行精确分析时应将其作为复杂系统,因此它是多自由度的,其固有特性包括各阶固有频率、阻尼和模态振型等。研究固有特性问题的目的是有针对性地采取措施,避免系统在运行时发生共振,并便于进一步的动态分析。

（2）动力响应问题。支承件的动力响应是指支承件在外部激振力作用下产生受迫振动的程度和状况。这样的动力响应可能引起过大的支承件动态变形或位移,影响机床的加工质量和正常工作,或导致构件的疲劳损坏,因此应尽可能抑制支承件的动力响应。

（3）动力稳定性问题。切削颤振、低速运动爬行都是机床的自激振动现象,是由系统本身的动力特性和运行过程所决定的,与外部激振无关。产生自激振动的系统称为不稳定系统,显然,不稳定系统对机床运行是不利的。动力稳定性分析的目的就是确定发生自激振动的临界条件,以便采取相应措施,避免机床在工作范围内出现自激振动。系统的动力稳定性分析也包括支承件的动力稳定性分析。

2. 支承件固有频率和振型分析

机床基础支承件为单体形式,但结构比较复杂,按多自由度系统进行简化和分析,且振动过程无阻尼,因此其固有频率和主振型可通过求解系统的无阻尼自由振动方程得到。具体分析方法参见第 13 章相关内容。

通过求解得到相应 n 个自由度的 n 个固有频率 $\omega_r (r=1,2,\cdots,n)$，从小到大排列为 $\omega_1 \leqslant \omega_2 \leqslant \cdots \leqslant \omega_n$，分别为一阶固有频率、二阶固有频率、$\cdots$、$n$ 阶固有频率。同时求得对应 ω_r 的非零向量 $\{A_{(r)}\}$，$\{A_{(r)}\}$ 表示对应频率 ω_r 的系统自由振动各自由度方向位移的比例，称为第 r 阶主振型(或主模态)，它只依赖于系统本身。从上述分析可知，n 个自由度的系统具有 n 个固有频率和 n 个相应的主振型，第 r 阶固有频率和第 r 阶主振型成对地描述系统的一个特性。

由于机床的激振频率都不太高，只有较低的几阶固有频率才有可能与激振频率重合或接近，从而发生共振，因此只需要对系统较低的几阶振型进行研究。根据实验和分析，机床较低的几阶振型主要有整机摇晃振动、弯曲振动、扭转振动、结合面间的平移或扭转等。理论上，各个振型是相互影响的，但机床部件的阻尼较小，共振峰较陡，当两个振型的固有频率相差超过 20% 时，可以近似认为这两个振型互不影响，并分别进行分析。

图 6-2-12 所示为卧式车床平车身低阶振型示意图，卧式平床身车床的结构和加工特点是，车刀在水平方向与主轴中心轴线(即工件中心轴线)对齐，刀尖与主轴中心轴线的距离决定了加工直径。图 6-2-12(a)所示为第一阶模态，整体摇晃，振动特点是各点的振动方向基本一样；如没有共振元件，对工件与刀具之间的运动影响不大，从而对工件加工表面质量影响不大；但如振幅大，对床身本身是有危害的。图 6-2-12(b)所示为第二阶模态，扭摆振动，可引起刀具和工件之间有害的相对振动，并引起两者的相对径向移动，对加工精度和工件表面质量影响较大。图 6-2-12(c)所示为第三阶模态，垂直弯曲振动，对刀具和工件之间的相对径向位置影响不大，因此对加工精度和工件表面质量影响小。图 6-2-12(d)所示为第四阶模态，水平弯曲振动，本振型振动方向直接反映在刀具和工件之间的距离方向上，因此对加工精度和工件表面质量影响最大。

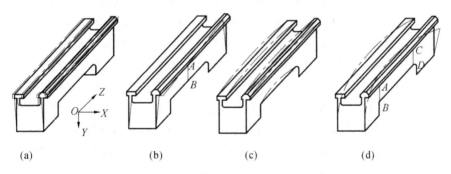

图 6-2-12　卧式车床平床身低阶振型示意图
(a) 整机摇晃振型；(b) 扭摆振型；(c) 垂直弯曲振型；(d) 水平弯曲振型

由于各支承件的连接构成机床本体框架，它们是相互作用的，这些作用实际成为结构影响因素之一，因此，支承件的主振型和固有频率除了与自身的结构有关外，也与机床整体结构和安装形式、各支承件工作时的相对位置有关。例如对于卧式车床，当纵向滑座部件位于床身的中部时，床身的弯曲振动频率下降；由于床身与地基相连，地基安装形式也影响其振动形式，如采用刚性连接安装则固有频率较高，若采用缓冲装置连接则固有频率较低。

3. 提高支承件动态特性的措施

改善支承件的动态特性、提高抗振性，关键是提高其动刚度。为方便讨论，下面以单自由度系统的动刚度表达式为例进行分析，但其定性结论同样适用于多自由度系统。受简谐力激

振时,单自由度系统动刚度为

$$K_{\mathrm{d}} = \frac{F}{A} = K \sqrt{\left(1 - \frac{\omega^2}{\omega_0^2}\right)^2 + \left(2\xi\frac{\omega}{\omega_0}\right)^2} \tag{6-12}$$

式中　K_{d}——动刚度;

　　　F——激振力幅值;

　　　A——振幅;

　　　K——系统静刚度;

　　　ω_0,ω——固有角频率和激振角频率;

　　　ξ——系统阻尼比。

从式(6-12)可以看出,要提高动刚度,可采取以下措施:提高系统的静刚度 K;提高系统的阻尼比 ξ;提高系统固有角频率 ω_0 或改变激振角频率 ω,使固有角频率和激振角频率两者相互远离。对于不同的频率段(可分为三个区),参数影响特点不同,提高动刚度的措施也应不同:如激振角频率落在"准静态区"($0 < \omega/\omega_0 < 0.6 \sim 0.7$)时,关键是提高系统的静刚度 K;如激振角频率落在"共振区"($0.6 \sim 0.7 \leqslant \omega/\omega_0 \leqslant 1.3 \sim 1.4$)时,主要是提高系统的阻尼比 ξ;如激振角频率落在"惯性区"($\omega/\omega_0 > 1.3 \sim 1.4$)时,主要是加大质量 m。

(1)提高静刚度措施。提高静刚度的措施主要有:合理设计结构截面结构和尺寸,合理布置肋板和肋条,合理设置整体刚度、局部刚度、连接刚度的匹配关系。

(2)提高系统阻尼比的措施。阻尼可以消耗能量、抑制振动,因此增加阻尼比可提高系统动刚度和抗振性。大部分机床支承件采用铸铁材料,阻尼系数为钢的 $2 \sim 4$ 倍,工艺相对简单和成熟;还可在铸件型腔中加减振材料,或保留砂芯不清除,起到消耗振动能量和衰减振动的效果;对于弯曲振动结构,特别是薄壁结构,表面喷涂高阻尼黏滞性材料,如沥青基制成的胶泥减振剂、高分子聚合物等,可显著增加阻尼比和提高抗振性;等等。由于单件和小批生产或结构强度的原因,少部分机床支承件采用钢板组焊形式,可采用在型腔中填充混凝土,其减振能力是纯钢板的 5 倍,可有效提高动态刚度;或采用减振焊缝,即两焊接件之间留有已贴合但未焊死的表面,振动时贴合面摩擦减振;或者在构件上增贴阻尼层;等等。有些高速机床的基础构件采用聚合物混凝土(人造花岗石):以大小不等金刚石颗粒作为填充料,用热固性树脂作为黏合剂,浇筑后进行聚合反应形成,可预埋金属构件,阻尼特性为铸铁的 $7 \sim 10$ 倍,并具有足够的强度和刚度,且热变形极其微小。有些精密机床采用花岗岩、大理石、陶瓷材料制作基础支承件。

(3)调整系统固有频率。一般振源的频率都较低,因此应提高支承件的固有频率,可采用提高刚度、减小质量的方法,效果较好;也可采用减小阻尼的方法,但效果不太明显。

(4)采用减震器。对于精度和抗振性要求较高的机床安装,可采用带有减振功能的地脚装置。在支承件结构内部设置减振机构,在某些情况下比单纯提高支承件刚度效果明显,但由于受到结构的限制,此方式应用较少。

6.2.5　支承件的结构设计

不同的机床类型,其基础支承件不同,如对于铣床类型,主要包括床身(底座)、立柱、横梁、滑鞍、主轴箱、工作台等;对于车床类型,主要包括床身、主轴箱、纵向滑座(大溜板)、横向滑座(小溜板)、尾座等。支承件的结构设计是机床结构设计的关键环节之一。

1. 支承件形状和尺寸

确定支承件形状和尺寸的依据,一是要满足设计方案和工作要求,如尺寸参数、装配结构、刚度、抗振性等,二是要满足机床总体外观、操作方便性要求。通常情况下,支承件的长度主要决定于尺寸参数,如移动行程、加工空间尺寸、装配尺寸等,宽度主要取决于尺寸参数和刚度要求,高度主要取决于刚度和装配结构要求;截面形状主要取决于刚度、外观、装配和工艺性要求;支承件的整体形状主要取决于结构形式、工艺性、外观和操作方便性要求。为确保足够的刚度,通常采用箱体形状或近似箱体形状,并合理布置肋板和肋条。下面简要介绍几种主要支承件。

1) 工作台

对于铣床、镗床、钻床、平面磨床、刨床、立式车床等类型机床,需要设置工作台,用于安装工件。工作台分为移动工作台、固定式工作台和回转工作台,多数机床为移动工作台。通常工作台以承受正压力为主,也承受一定的侧向载荷、弯矩和扭矩;工作台面一般都设置有 T 形槽,用于夹具定位和安装夹紧装置;平面磨床一般采用磁吸盘,不设 T 形槽。下面主要介绍典型的铣镗床工作台截面形状。图 6-2-13 所示为床身式铣床移动工作台截面图,工作台结构通常为五面封闭、底部开口;T 形槽槽数为单数,均匀分布,中央 T 形槽有较高的精度要求,可用于夹具定位,其他 T 形槽主要用于安装夹紧装置。通常 T 形槽沿着长度方向设置,但当工作台较长时也可采用沿着宽度方向设置的方式;大部分工作台只沿一个方向设置 T 形槽,也有部分工作台沿着相互垂直的两个方向设置 T 形槽。

2) 床身(底座)

床身是机床本体的基础,受力相对简单,一般以承受正压力为主,也承受一定的扭矩。图 6-2-14 为几种床身截面形状。图 6-2-14(a)所示的截面形状为五面封闭,铸孔在底部,铸造工艺性好、刚度高,上部凹槽可接收润滑油。图 6-2-14(b)所示的截面形状也是五面封闭,但铸孔在顶部,铸造工艺性好,但上部的导轨支承刚度相对较低。图 6-2-14(c)所示的截面形状为四面封闭,上下部均设置铸孔,铸造工艺性好,但刚度相对最低。图 6-2-14(d)所示的截面形状为五面封闭,铸孔在下部,中间设置加强肋板,铸造工艺性相对较差,但刚度相对最高,适用于跨度较大的床身,可设置多个导轨。图 6-2-14(a)、(b)、(c)所示的床身结构只设置了横向肋板,图 6-2-14(d)的床身结构则同时设置了纵向肋板和横向肋板;通常为了提高铸造工艺性,可在较大的肋板上设置铸孔。

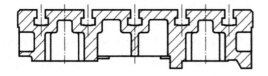

图 6-2-13　床身式铣床移动工作台截面图

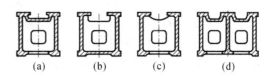

(a)　　(b)　　(c)　　(d)

图 6-2-14　几种床身截面形状

3) 立柱

立柱应用于多种机床类型,可按单柱式应用,如立式床身铣床、立式钻床、单柱式立式车床等;也可按双柱式应用,如龙门铣床、龙门立式车床等;还可按固定式立柱、移动式立柱区分。立柱承受的载荷主要有三类:弯曲载荷,如立式钻床中的立柱;弯曲与扭转的复合载荷,如立式床身铣床中的立柱;以压力载荷为主,如龙门式立柱。图 6-2-15 所示为几种立柱截面形状,其中图 6-2-15(a)为圆形,抗扭刚度相对较好,抗弯刚度相对较差,工艺性好,可用作旋转和直线复合运动的圆柱导轨,如摇臂钻床;图 6-2-15(b)为方形或近似方形,两个方向的抗弯刚度接近,抗扭刚度也较强,正面设置有导轨,可应用于铣床、镗床等机床类型的立柱;图 6-2-15(c)所示截面的特点和应用与图 6-2-15(b)的相同,但可用于安装滚动导轨;图 6-2-15(d)中没有设置导轨,主要用于定梁定柱龙门铣床,参见图 6-1-1;图 6-2-15(e)为对称矩形,尺寸较大的方向其抗弯刚度大,应用在以受弯曲载荷为主的立柱上,如大中型立式钻床、组合机床,也常用作龙门框架两边的立柱,如动梁龙门铣床、动梁龙门刨床、动梁立式车床等,如图 6-2-16 所示。参见图 2-3-15,移动立柱应用于数控龙门移动铣床上,立柱上部为平面与横梁固定连接,下部设置有导轨,与底座连接,中间设置加强肋板和肋条。

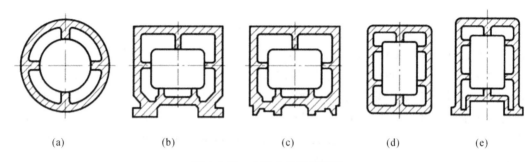

| (a) | (b) | (c) | (d) | (e) |

图 6-2-15　几种立柱截面形状

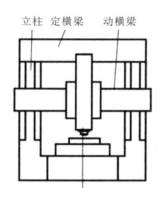

图 6-2-16　龙门框架示意图

4）横梁

横梁主要用于龙门式机床,作为龙门框架的连接梁(定横梁)和运动的动横梁。在受力分析时,可以把横梁看作两端铰支的梁。横梁本身质量较重,近似为均布载荷,或按其变化作近似分布;安置于其上的主轴箱、滑鞍(或刀架)部件为集中载荷;切削力为大小和方向变化的外载荷。以上载荷使横梁产生弯曲和扭转变形。横梁刚度特别是在垂直方向上的抗弯刚度对机床性能影响很大,横梁截面通常采用矩形或梯形的五面封闭形式。图 6-2-17(a)所示为上部开口的五面封闭截面形式,由于横梁以受向下弯曲扭矩为主,采用上部开口而不破坏两边支承板较为合理;内部各壁板设置肋条,结构较简单,工艺性好,但刚度相对较小。图 6-2-17(b)所示截面与图 6-2-17(a)类似,但开口改在后部,破坏了后部支承板,刚度不如图 6-2-17(a)形式的高。图 6-2-17(c)为内部设置纵、横向交叉肋板的截面形式,刚度最高,但结构较复杂,工艺性较差,一般在各肋板上开铸孔以提高铸造工艺性;如中间设置的纵向肋板足够,也可以根据需要将开口设在后侧面。图 6-2-17(a)、(b)、(c)所示横梁截面形式均设置有横向导轨,如果没有设置垂向导轨,则主要应用在定梁龙门机床上;当取消导轨,采用普通矩形截面形状,则主要作为动梁龙门机床的连接梁。图 6-2-17(d)为动梁龙门机床的动横梁结构形式俯视图,因为动横梁可作垂向调整运动,因此设置有垂向导轨,同时设置横向导轨用于机床横向进给运动导向。横梁总体形状通常类似于长方体,但根据所受载荷,中部所受弯矩最大,因此可以根据载荷分布而优化横梁结构形式,做成中间高、两头小的三角形式,如图 6-2-17(e)所示,但三角形式对机床外形美观性有影响,应综合考虑。图 6-2-17(f)为水平三角形结构动横梁示意图,在水平方向加大了中部的尺寸和刚度,且水平方向结构对外观影响较小,但形状不规则会增加加工和装夹难度,需要综合考虑。

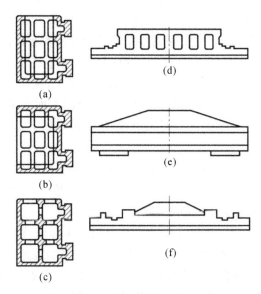

图 6-2-17　几种横梁截面形式示意图

图 6-2-18 所示为十字滑台立式床身式数控铣床的五大基础支承件示意图。

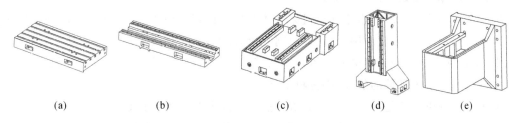

图 6-2-18　十字滑台立式床身式数控铣床五大基础支承件示意图

(a)工作台;(b)滑鞍;(c)床身(底座);(d)立柱;(e)主轴箱

2. 支承件结构工艺性

支承件的结构设计需要考虑和满足铸造、锻造、焊接和机械加工工艺要求。

铸造支承件结构设计的工艺性要求:采用空心形式,避免大块实心体,并设置足够的加强肋板和肋条,既保证较轻的质量,又可获得足够的刚度和较好的工艺性;在满足强度和刚度要求的前提下,应力求使铸件结构简单,并合理开设铸孔,确保拔模容易、型芯少并易于支撑、清砂;尽量避免截面的急剧变化、各处壁厚相差太大、太凸起的部位、很薄的壁厚、很长的分型线、材料的局部积聚等现象,以确保铁水流动顺畅和各处冷却速度均匀,避免出现气孔、砂眼、疏松等缺陷,减小内应力,避免铸件错位等;铸件要易于装夹和加工,尽量减少重新安装次数;应具有吊装部位,易于吊装。

焊接件结构设计的工艺性要求：在保证刚度和稳定性的前提下，尽量方便焊接操作，尽量减小焊接变形；具有吊装部位，易于吊装搬运。

6.2.6　机床本体的结构设计及基本原则

1. 机床本体的结构设计

机床本体的结构设计应满足机床总体方案设计要求及机床本体功能要求、刚度要求、工艺和维护性要求等，其主要设计内容包括前述的支承件结构设计和各支承件之间的连接设计、力学分析设计等。支承件的相互连接关系和方式主要按总体布局方案确定，一般连接方式有三种：一是固定连接，二是导轨连接，三是导轨与夹紧组合连接。通常机床的连接至少包括前两种，当机床配置有移动调整部件时，还包括第三种，参见图 6-1-1。

（1）固定连接。固定连接通常采用螺栓紧固和销子定位，螺栓大小、数量和分布要满足支承件的连接刚度和稳固性要求，需采用高强度螺栓；结合面表面质量好，包括较高的表面硬度和平面度、较低的粗糙度，一般粗糙度应不大于 $Ra1.6$（对于加工难度大的大支承件可适当加大），保证足够的接触刚度。

（2）导轨连接。所有机床都要进行坐标运动，因此具有运动导轨，坐标移动部件与其支承件通过导轨连接。导轨连接既要保证导向精度和运动灵敏度，又需具有足够的承载能力、刚度和抗振性，具体详见后续的导轨介绍部分。

（3）导轨与夹紧组合连接。当机床设置专门的用于坐标调整的部件时，则采用调整导轨连接。本连接类型与导轨连接相似，但调整导轨在加工时位置是固定的，因此可以设置若干个可控制的夹紧机构，当每次调整到位后对导轨进行夹紧锁定，提高稳定性。当采用伺服驱动调整方式时，由于伺服电机的使能作用，并结合传动机构的高刚度和无间隙特性，也可不用夹紧机构。夹紧机构一般采用液压缸装置，控制方便。

2. 机床本体结构设计的基本原则

机床本体结构设计的基本原则与机床总体布局设计基本原则相同，即移动部件轻量化原则、力封闭链最短及等刚度原则、短悬臂原则、对称性原则、作用力多路传递原则、结构重心最低原则、主切削力与结构主刚度方向重合原则、箱形结构原则等，具体参见第 2 章相关内容。

3. 机床本体和支承件的静、动态分析设计

机床力学分析设计是指通过力学分析方法进行机床本体和主要支承件的静力学和动力学分析计算，从而优化选择相关的结构形式和参数，满足刚度、固有特性和动力稳定性等方面的要求。有关机床本体和支承件的受力分析、支承件的动态特性分析已作了简要介绍，但要进行较为精确和详细的分析计算设计需应用有限元和动态分析等现代分析设计方法，这将在第 13 章进行介绍。

6.3　机床导轨设计

导轨既是机床本体的重要组成部分，也可以直接作为机床的关键部分之一，因而导轨设计是机床结构设计的关键环节之一。参见图 6-1-1(a)，在滑鞍和工作台之间安装有 X 向导轨，在滑鞍和床身之间安装有 Y 向导轨，在主轴箱和立柱之间安装有 Z 向导轨，确保机床三坐标运动的精确性和足够的承载能力。

6.3.1　导轨的作用和特点

1. 导轨的作用

机床导轨的主要作用:一是导向作用,对移动部件进行导向,确保各移动部件的运动精度和相对位置精度;二是承载作用,根据运行状态,承受运动部件及工件的重力、切削力和惯性力等;三是连接作用,将运动部件和支承部件连接在一起,形成机床本体的一部分。导轨对机床性能的影响很大,是决定机床刚度、承载能力、精度及精度保持性和运动灵敏度等性能的关键环节之一。

2. 导轨的组成和特点

导轨的组成体现在单副(组)导轨和多组导轨两个方面。每一副导轨由两个相对运动部件的配合面组成,其中,不动的配合面称为支承(固定)导轨,运动的配合面称为运动导轨。机床导轨需要多组配置,通常,对于一个运动部件的导向需要组合应用两组平行导轨副,如图 6-3-1(a)所示;当导轨支承跨距较大,或负载太大时,可增加设置 1～2 组辅助导轨副。

3. 约束特性

一般情况下,一个方向的导轨组合应约束 5 个自由度。当绕移动方向的颠覆力相对于移动部件重力和加工负荷产生的正压力很小时,也可忽略相应的 1 个自由度约束,而约束 4 个自由度,如图 6-3-1(b)所示,可去掉压板,实际上此时忽略约束的那个自由度是被正向压力负载所约束的。

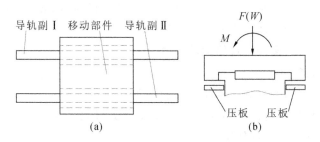

图 6-3-1　导轨组成和约束示意图

6.3.2　导轨的分类

导轨有多种形式,分类如下。

1. 按运动轨迹分类

导轨按运动轨迹可分为直线运动导轨和圆周运动导轨两类。导轨副相对运动轨迹为直线的导轨为直线运动导轨,是最常用的。导轨副相对运动轨迹为圆形的导轨为圆周运动导轨,如立式车床的工作台和底座之间的导轨。

2. 按工作性质分类

导轨按工作性质可分为主运动导轨、进给运动导轨和调整运动导轨三类。主运动导轨起到主运动部件的导向作用,运动速度高,如插床上的滑枕导轨、龙门刨床上的工作台导轨、立式车床的工作台导轨等。进给运动导轨起到进给运动部件的导向作用,相较于主运动导轨,其运动速度较低。主运动机构不一定需要设置导轨(回转主轴的轴承具有圆周运动导轨的作用,但一般不作为常规导轨看待),但进给运动机构一定要设置导轨,因此进给运动导轨在机床中起应用是最为广泛的。调整运动导轨起到调整运动部件的导向作用,运动速度相对较低,且不在加工过程中运动。

3. 按摩擦性质分类

导轨按摩擦性质可分为滑动导轨和滚动导轨两大类。总体来看,滑动导轨为面接触,承载能力大、抗振性好,但常用的混合摩擦滑动导轨摩擦因数较大;滚动导轨为点接触或线接触,承载能力和抗振性相对较弱,但由于是滚动摩擦,故摩擦因数小。

滑动导轨是指导轨副之间的运动摩擦性质为滑动摩擦的导轨。滑动导轨又可分为下述四种类型:

(1)液体静压导轨。两导轨工作面之间有一层静压油膜,为纯液体摩擦,摩擦因数小,同时也属于面接触,故承载能力大、抗振性好,主要用于进给运动导轨;液体静压导轨需要配置供油系统,导轨结构和供油系统较为复杂,成本高,主要用于大型、负载很大的机床。

(2)液体动压导轨。两导轨面之间储存有润滑油,当相对运动速度达到一定值时,液体动压效应使导轨面之间形成油膜,属于纯液体摩擦,摩擦因数小、负载能力大、抗振性好;但形成油膜需要较大的相对速度,因此多用于主运动导轨,如龙门刨床。

(3)混合摩擦导轨。相对运动后,混合摩擦导轨的导轨面之间能产生一定的动压效应,但相对速度还不足以形成完全的油楔,介于液体摩擦和干摩擦之间,摩擦因数比纯液体摩擦的大,但结构和应用相对简单,大部分进给运动导轨采用此类型。

(4)空气静压导轨。结构形式与液体静压导轨类似,但采用压缩空气作为介质,配置气动控制系统,摩擦因数极小,但承载能力小,适用于载荷很小的场合,如精密测量机等。

滚动导轨的特点是两导轨工作面之间设置有滚动体(滚珠、滚柱或滚针),运动摩擦性质为滚动摩擦,摩擦因数很小,多用于进给运动导轨。

4. 按受力状态分类

导轨按受力状态分为开式导轨和闭式导轨两类。如图 6-3-2(a)所示,开式导轨靠外载荷和自重,使两导轨面保持贴合。如图 6-3-2(b)所示,闭式导轨需要设置辅助导轨才能平衡颠覆力或其他方向的力,使两导轨面保持可靠贴合。

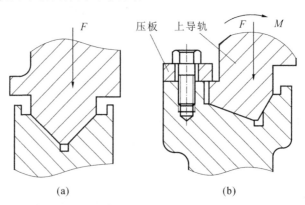

(a)　　　　　　　　　　　　(b)

图 6-3-2　开式和闭式导轨示意图

6.3.3　导轨的基本要求和设计内容

1. 导轨的基本要求

导轨的基本要求主要包括:满足要求的导向精度、良好的耐磨性、足够的刚度和承载能力、良好的低速运动平稳性。

1）导向精度

满足机床精度要求的导向精度是导轨的最基本要求。对于直线运动导轨，导向精度包括导轨在垂直平面和水平面内的直线度（即空间直线度）、组合导轨的各导轨副相互平行度，这两项要求能确保运动执行部件的运动直线度和平稳性。对于圆周运动导轨，导向精度包括导轨回转的端面跳动和径向跳动。

影响导轨精度的主要因素是导轨结构形式、导轨的制造精度和装配质量、导轨及其支承件的刚度和热变形、油膜刚度（对于动压导轨和静压导轨）。之所以导轨结构形式也会明显影响导向精度，是因为结构形式不同，其摩擦性质、受力性质亦不同，必然影响其运动灵敏度，从而影响导向精度。

2）耐磨性

导轨经过一段时间的运行后，导轨面会出现不均匀磨损，破坏导轨精度。因此导轨的耐磨性直接影响机床精度保持性，是导轨设计制造的关键环节之一。应提高导轨耐磨性，尽可能减小导轨磨损的不均匀程度，导轨磨损后能自动补偿或易于调整。影响导轨耐磨性的主要因素是导轨的摩擦性质、材料和热处理、加工工艺方法、受力状况、润滑和防护措施。

3）刚度

导轨刚度是指导轨抵抗变形的能力。导轨变形包括接触变形、扭转和弯曲变形、支承件变形而引起导轨的变形。显然，导轨变形会影响导向精度和运动部件的相对位置，加大相应方向的进给抗力，严重时影响机床的正常运行。影响导轨刚度的主要因素包括导轨的类型和规格、导轨与支承件的连接方式。根据刚度的特性，导轨的变形取决于导轨刚度和受力情况，即变形量与刚度成反比，与受力大小成正比，因此要确保导轨有足够的刚度。

4）承载能力

导轨有足够的承载能力是机床正常运行的保障之一，它主要反映在导轨的额定动载荷方面。在满足一定使用寿命的前提下，额定动载荷越大则承载能力越大。导轨额定动载荷主要取决于导轨类型、规格、材料和热处理方式。

5）低速运动平稳性

机床的进给运动速度通常包括低速段，因此低速运动的平稳性很重要。低速运动平稳性主要体现为低速爬行性，主要特点是运动部件低速运动时易产生爬行现象，而爬行现象会增大加工表面粗糙度，降低定位精度，影响机床运行平稳性，因此应确保爬行临界速度低于规定值。影响低速运动性质的主要因素是导轨动摩擦和静摩擦因数的差值、传动系统的刚度、运动部件的质量、导轨的结构和润滑条件等。

2. 导轨的主要设计内容

导轨设计是机床方案和结构设计的重要部分，其主要设计内容如下：

（1）选择导轨类型。根据工作条件选择合适的导轨结构类型，如滑动导轨、滚动导轨。

（2）选择导轨截面和结构尺寸。根据导轨受力情况、精度要求、刚度要求和工艺性，选择导轨的截面形状，确定导轨的结构尺寸，确保导轨具有足够的刚度，并使导轨面压强小于许用值。

（3）选择合理的导轨副配置和工艺方法，如材料、热处理方式、精加工方式等，确保导轨具有足够的耐磨性和较长的使用寿命。

（4）确定导轨组合形式。根据平稳性要求，确定导轨的组合形式，如双导轨、三导轨、四导轨布局,以及不同结构类型导轨副的组合方式等。

(5)导轨调整机构设计。确保导轨磨损后补偿或调整方便。

(6)润滑和防护系统设计。保证润滑充分、摩擦和磨损小,有效防止切屑、脏物进入导轨。

(7)确定导轨的精度和技术要求。

6.3.4　滑动导轨

滑动导轨包括混合摩擦导轨、液体静压导轨(简称静压导轨)、液体动压导轨(简称动压导轨)、空气静压导轨(也称为气浮导轨),应用的滑动导轨大多为混合摩擦导轨(普通滑动导轨),如果不特别注明,通常所称的滑动导轨就是指混合摩擦导轨。液体静压导轨和液体动压导轨在很大程度上已被技术和性能不断提高的滚动导轨所取代,应用场合已很少,本书不作具体介绍,可参见相关的设计手册和技术资料。

普通滑动导轨与液体静压和液体动压导轨相比,摩擦因数较大,因此磨损较快,寿命较短,低速易爬行;但与滚动导轨相比,具有刚度高、承载能力大、抗振性好、结构简单等优点,广泛应用于对低速性能、快速移动速度、运动灵敏度和定位精度要求不高的场合。

1.滑动导轨的结构及组合

滑动导轨主要用于直线运动导向,用于回转运动导向的很少,特别是当滚动导轨出现后,回转滑动导轨已极少应用,因此这里主要介绍直线滑动导轨。

1)直线滑动导轨的截面形状

直线滑动导轨一般由若干个平面组成,满足自由度约束条件,但从工艺性要求出发,平面数量应尽可能少。图6-3-3所示为滑动导轨常用结构形式,每一种结构形式,都对应有凸型和凹型两种,并各有优缺点。当导轨水平放置时,凸型导轨不利于存储润滑油,这是缺点,但也不易堆积切屑,这是优点,主要应用于移动速度较低的场合;而凹型导轨的特点正好相反,主要应用于移动速度要求较大的场合,同时须采取防积屑措施。

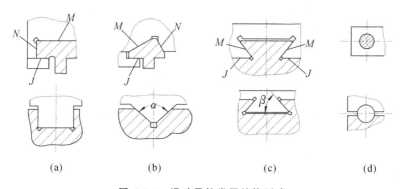

图6-3-3　滑动导轨常用结构形式
(a)矩形;(b)三角形;(c)燕尾形;(d)圆柱形

图6-3-3(a)为矩形导轨示意图,M、N面为导向面,M为主受力面,J面为压板面,达到五面约束;矩形导轨结构及制造工艺相对简单,刚度和承载能力大;但双向独立调整,磨损后不能自动补偿;应用广泛。图6-3-3(b)为三角形导轨示意图,三角形导轨主要用于水平安装场合,可自动补偿磨损量;导向性好,在满足强度的情况下,夹角越小则导向性越好,通常取夹角为90°,大机床为增加承载面积可采用钝角,精密机床可采用锐角以提高导向精度;两斜面M、N可不对称,以适应不同的载荷状况;可以在J面设置压板,提高抗倾覆能力。图6-3-3(c)为燕

尾形导轨示意图,燕尾形导轨磨损后不能自动补偿,但可通过一根镶条实现两个方向的调整;结构较复杂,制造维护较麻烦;由于存在锐角(通常夹角为 55°),摩擦力较大,但高度较小;主要应用于要求高度较小、调整方便的场合。图 6-3-3(d)为圆柱形导轨示意图,圆柱形导轨可实现直线和圆周复合导向功能,但不能承受较大弯矩,磨损后不能自动补偿;如果采用整体导轨形式则不宜调整间隙,通常采用外导轨部件切开,形成抱紧锁紧调整的结构形式,但会导致刚度下降;圆形结构制造工艺简单,常用于同时要求圆周和直线导向的场合。

2) 直线滑动导轨的组合形式

机床的运动导向通常采用两组或多组导轨副组合实现,确保稳定性。根据实际需要,可以是相同结构形式的组合,也可以是不同结构形式的组合,如图 6-3-4 所示,其中图 6-3-4(a)为双矩形组合,承载能力大,工艺性好,但导向性相对稍差。图 6-3-4(b)为双三角形组合形式(V-V型),导向性好,但需保证双三角形导轨同时贴合,工艺性较差。图 6-3-4(c)为三角形-矩形组合(山形-矩形型),导向性好,工艺性相比图 6-3-4(b)形式较好,因设置了导轨压板,承载性和抗颠覆力性能好。图 6-3-4(d)为三角形-平面组合(V-平面型),导向性好,工艺性较好,但抗颠覆力性能差。图 6-3-4(e)为矩形-三角形-矩形的三导轨组合,导向性好,承载能力大,工艺性较好,用于导轨跨距大的场合,由于设置了压板,也具有抗颠覆能力;如将压板去掉则成为平面-三角形-平面组合,基本特点与矩形-三角形-矩形组合相似,但抗颠覆力性能差。对于燕尾形导轨,其本身就是由对称的两部分组成,自身具有组合导轨的特点。

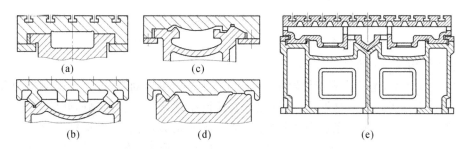

(a)　　　(c)

(b)　　　(d)　　　(e)

图 6-3-4　几种典型滑动导轨组合形式

3) 直线滑动导轨选择的原则

(1) 选择矩形导轨。要求有较大的承载能力和刚度时,采用矩形导轨。例如,中小型卧式车床采用山形-矩形型组合导轨,但重型车床采用双矩形组合导轨;大部分铣床采用双矩形组合导轨。

(2) 选择三角形导轨。要求导向精度高的机床采用三角形导轨,具有自动补偿功能,导向性好。

(3) 选择燕尾形导轨。要求结构紧凑、高度小、调整方便的机床,采用燕尾形导轨。

(4) 矩形导轨和圆柱形导轨工艺性好,制造和检验方便,而三角形导轨、燕尾形导轨工艺性较差,具体选择时应综合考虑。

2. 间隙调整机构

导轨运行一段时间后会发生磨损而产生间隙,有些导轨副如水平放置的三角形导轨可自动补偿间隙,而矩形导轨、燕尾形导轨则需要通过调整机构进行间隙调整。实际上,在机床装配时,也需要对导轨进行间隙调整,因此设计合理有效的导轨调整机构很重要。通常机床导轨间隙调整方式有两种:压板调整和镶条调整。

1) 压板结构及调整方式

如图 6-3-5 所示,压板实际就是置于导轨背面的副导轨。在矩形导轨中,采用压板作为副导轨,安装在导轨正面的背面,起到封闭导轨、抵抗颠覆力的作用,并通过调整压板形成合理的导轨副配合间隙。压板调整机构有多种形式,如图 6-3-5(a)为直接修正调整形式,即直接修配压板的副导轨面 n 面或安装结合面 m 面,结构简单,但修配麻烦;图 6-3-5(b)为垫片调整形式,通过更换或修配结合血上的调整垫片,达到间隙调整目的,调整操作相对较为方便,但增加了调整垫片,结构相对较复杂;图 6-3-5(c)为副压板调整形式,在压板的副导轨处增设副压板 5,通过螺钉 6 调整副压板与导轨的间隙,结构相对最为复杂,但调整最方便。从刚性和可靠性方面比较,图 6-3-5(a)的调整机构最好,图 6-3-5(c)的调整机构最差,图 6-3-5(b)的调整机构介于上述两者之间。

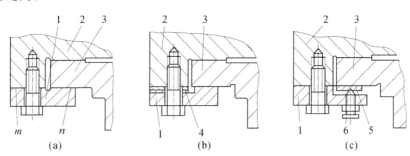

图 6-3-5　压板调整结构示意图

1—压板;2—动导轨;3—支承导轨;4—垫片;5—副压板;6—螺钉

2) 镶条结构及调整方式

如图 6-3-6 所示,镶条镶嵌于导轨副的侧边,用于调整侧向间隙,并可承受侧向力和力矩。图 6-3-6(a)为平镶条正向调整形式,通过螺钉直接调整镶条与导轨的侧向间隙,结构简单、调整方便。图 6-3-6(b)为平镶条斜向调整形式,适用于燕尾形导轨,通过螺钉调整镶条位置,结构相对稍复杂,调整方便。图 6-3-6(c)为斜镶条纵向调整形式,镶条为纵向斜形,配合的导轨面也相应为斜形,通过移动镶条的纵向位置来实现镶条与导轨的间隙调整,结构和工艺复杂,但调整方便。根据结构和受力特点,图 6-3-6(c)所示调整机构的刚性和可靠性好,因为侧向负载只由镶条承受,与调节螺钉无关,而图 6-3-6(a)、(b)所示调整机构的调节螺钉和镶条都要承受侧向负载,所以其刚性和可靠性相对较差。

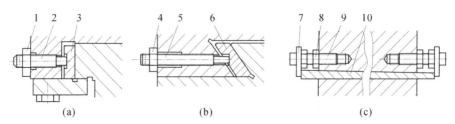

图 6-3-6　镶条调整结构示意图

1,4,8—螺母;2,5,9—螺钉;3,6—平镶条;7—压板;10—斜镶条

3. 导轨侧向导向面选择

(1)镶条安放位置选择。从刚度和导向性考虑,镶条应放在不受力或受力较小的一侧。这是因为设置镶条实际上增加了机构环节和作用面(或作用点),降低了接触刚度、可靠性和导

向精度;而非镶条侧导轨只有一个配合面,为导向基准,因而其导向精度、接触刚度和可靠性更好。

(2) 宽导向和窄导向选择。图 6-3-7 所示为宽导向和窄导向结构示意图。在结构允许和刚度足够的情况下,采用窄导向结构有利,因为窄导向结构具有更大的导向长宽比。

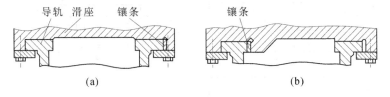

图 6-3-7　导轨侧导向示意图
(a) 宽导向;(b) 窄导向

4. 滑动导轨的设计计算

滑动导轨的设计计算内容主要包括受力分析、导轨面压强核算、磨损量验算、结构尺寸确定等。由于导轨损坏形式主要是磨损和接触变形,均与导轨表面压强有关,因此分析核算导轨面的压力、压强很重要;通过导轨受力分析计算,还可求出牵引力(驱动力),校核电机规格,以及判断结构形式和配置的合理性。

1) 受力分析计算

导轨受力分析计算一般方法和步骤:分析确定作用力类型,导轨所受外力如重力、切削力、驱动力等,导轨所受反力如正向支反力和支反力矩、侧向支反力和支反力矩等,此外还有导轨摩擦力;进行力学计算,取各力对坐标轴的力矩,列出力平衡方程和力矩平衡方程,求解出导轨支反力、支反力矩、驱动力。

以数控车床纵向导轨为例进行受力分析,如图 6-3-8 所示,建立坐标系 $O\text{-}XYZ$,F_x、F_y、F_z 分别为切削力在 X、Y、Z 坐标方向的分力,R_A、R_B 分别为两根导轨的正向支反力,R_C 为导轨侧向支反力,M_A、M_B 分别为两根导轨的正向支反力矩,M_C 为导轨侧向支反力矩,W 为重力,F_a 为进给驱动力,F_f 为导轨摩擦力,x_F、y_F、z_F 为切削处的位置坐标,x_a、y_a 为驱动力作用点在 X、Y 坐标方向距坐标原点 O 的距离,x_w 为重心在 X 坐标方向距坐标原点的距离,e 为两根导机中心距离。列出各坐标轴上的力平衡方程为

$$\begin{cases} R_C - F_x = 0 \\ F_y + W - R_A - R_B = 0 \\ F_z + F_f - F_a = 0 \end{cases} \tag{6-13}$$

各坐标轴上的力矩平衡方程为

$$\begin{cases} F_y z_F - F_z y_F - F_a y_a + M_A + M_B = 0 \\ F_x z_F - F_z x_F - F_a x_a + M_C = 0 \\ F_y x_F - F_x y_F - W x_w + R_B e = 0 \end{cases} \tag{6-14}$$

另外,根据结构和受力情况,可认为两根导轨的正向支反力矩相等,并假设导轨副处于正常单侧贴合状态而没有出现颠覆倾向,则有以下关系:

$$\begin{cases} M_A = M_B \\ F_f = (R_A + R_B + R_C)f \end{cases} \tag{6-15}$$

联立求解式(6-13)、式(6-14)、式(6-15),得

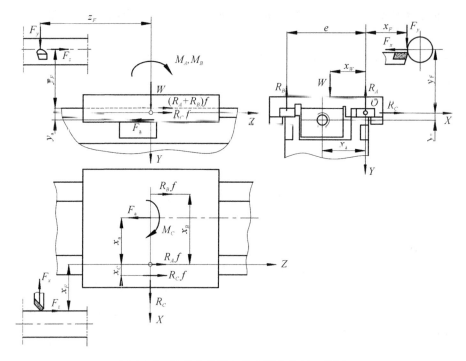

图 6-3-8　数控车床纵向导轨受力分析三视图

$$\begin{cases} M_A = M_B = \dfrac{1}{2}(F_z y - F_y z_F + F_a y_a) \\[2mm] M_C = F_z x_F - F_x z_F + F_a x_a \\[2mm] R_A = F_y + W - \dfrac{1}{e}(F_x y_F - F_y x_F + W x_W) \\[2mm] R_B = \dfrac{1}{e}(F_x y_F - F_y x_F + W x_W) \\[2mm] R_C = F_x \\[2mm] F_a = F_z + (F_x + F_y + W)f \end{cases} \tag{6-16}$$

2）导轨面压强核算

导轨面所受作用力和作用力矩分别等于支反力和支反力矩，如图 6-3-9(a)所示，通常导轨长度比宽度大得多，因此作用力和力矩沿宽度均匀分布；假定导轨自身变形比接触变形小得多，则作用力 F 按均匀分布对导轨面产生压强 P_F，如图 6-3-9(b)所示，得

$$P_F = \frac{F}{al} \tag{6-17}$$

式中　F——对导轨面的作用力，N；

　　　P_F——作用力 F 对导轨面的压强，MPa；

　　　l, a——导轨的长度和宽度，mm。

同时可认为作用力矩 M 沿长度按对称线性变化对导轨面产生压强，如图 6-3-9(c)所示，根据力矩三角形求得

$$1000M = \frac{1}{2}\left(P_M \times \frac{al}{2}\right) \times \frac{2l}{3} = \frac{1}{6}al^2 P_M$$

$$P_M = \frac{6000M}{al^2} \tag{6-18}$$

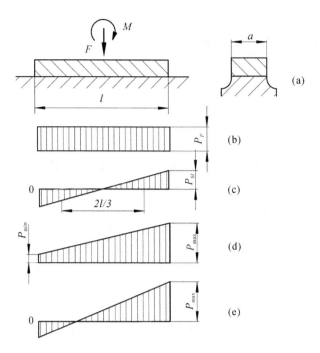

图 6-3-9　滑动导轨压力分布示意图

式中　M——对导轨面的作用力矩，N·m；

　　　　P_M——作用力矩对导轨面产生的最大压强，MPa。

导轨面所受压强为上述两种压强的叠加，如图 6-3-9(d)所示，为线性分布，最大压强 $P_{\max}$、最小压强 $P_{\min}$ 分别为

$$\begin{cases} P_{\max} = \dfrac{F}{al} + \dfrac{6000M}{al^2} \\[2mm] P_{\min} = \dfrac{F}{al} - \dfrac{6000M}{al^2} \end{cases} \tag{6-19}$$

导轨所受最大压强不大于材料许用平均压强（参见机床设计手册资料）。

压板配置判断如下：图 6-3-9 是假设压板间隙为 0 的理想状态（实际上是有一定间隙的），当正导轨面所受压强都大于 0，说明导轨正面总是贴紧的，则可以不配置压板；当导轨面所受压强出现小于或等于 0 的情况，如图 6-3-9(e)所示，压强小于 0 部分说明压板起到了作用，这时必须设置压板，否则会出现倾覆现象。

5. 导轨的失效形式及导轨副的材料和硬度匹配

1）导轨的主要失效形式

滑动导轨的主要失效形式有以下几种：

（1）磨损。磨损包括磨粒磨损和咬合磨损。导轨面存在着磨粒，这些磨粒切刮导轨面，从而产生磨粒磨损，其磨损速度和磨损量与相对滑动速度和压强成正比。咬合磨损是指相对滑动的两个表面相互咬合，产生咬裂痕迹（即擦伤），严重时导致无法运动。咬合磨损为润滑不足后产生的冷焊现象，同时磨粒磨损也往往会导致咬合磨损产生，而咬合磨损又加剧磨粒磨损。

（2）疲劳。导轨表面总是受到交变接触应力的作用，循环变形一定次数后形成龟裂，产生剥落片而失效。显然材料总存在一定的疲劳极限，因此疲劳难以避免，只能尽量延长其正常工作时间。

（3）压溃。接触应力过大，使导轨表面产生塑性变形，形成凹坑而失效。压溃失效可避免，主要方法有控制接触压强、提高导轨硬度、减小表面粗糙度等。

2）导轨副材料的基本要求

导轨副材料是决定导轨性能的重要因素，应满足以下要求：具有良好的耐磨性，这主要取决于导轨副的材料和硬度的匹配、导轨工作表面的质量；具有良好的摩擦特性，摩擦因数小，静、动摩擦因数相差小；运行时由于残留应力产生的变形小；热变形小。

3）导轨副的材料和硬度匹配

根据理论和试验分析验证，导轨副的材料和硬度应采用不同特性的匹配方式，具有如下要求和原则：

（1）异种材料匹配。导轨副尽量由异种材料相配组成。

（2）不同硬度相匹配。如果导轨副相配两个面的材料相同，应采取不同的热处理方式，形成不同的硬度。

（3）直线导轨副中，长导轨选择耐磨性相对较好、硬度相对较高的材料。这是因为长导轨为导向基准，且长导轨损坏后的修复或更换成本更高。圆周导轨副中，固定导轨选择耐磨性相对较好、硬度相对较高的材料。

机床常用的滑动导轨材料匹配主要有铸铁-铸铁、铸铁-淬火钢、铸铁-耐磨塑料等，数控机床主要采用铸铁-耐磨塑料匹配形式。

6. 铸铁-耐磨塑料导轨

相对而言，铸铁-耐磨塑料导轨（简称塑料导轨）具有优越的性能，主要优点是耐磨性好，具有自润滑功能，摩擦因数小，动、静摩擦因数相差小，减振性好，具有良好的阻尼特性，加工工艺性好，工艺简单，维护方便，成本低，是目前数控机床滑动导轨的常用形式；如果铸铁表面淬硬则性能更佳。类似地，还有镶钢-塑料结构形式，镶钢结构较为复杂，已较少应用。在塑料导轨配置中，耐磨塑料用于直线导轨中的短导轨、圆周导轨中的动导轨。塑料导轨主要有两种结构形式，即涂层导轨和贴塑导轨。

1）耐磨塑料涂层导轨

耐磨塑料涂层导轨是现场制作而成的，其材料为双组分塑料，以环氧树脂和二氧化钼为基体，加入增塑剂混合成膏状，作为一组分；固化剂为另一组分。这种注塑材料的特点是附着力强，具有良好的加工工艺性，抗压强度高，尺寸稳定，特别适用于重型机床或不宜采用贴塑软带的复杂配合导轨型面。

涂层导轨工艺过程如下：

（1）在导轨位置处预先加工好注塑腔或槽，其表面应较为粗糙以确保良好的黏附力，如图 6-3-10 所示；同时将与塑料导轨相配的金属导轨面用溶剂清洗后涂上一薄层硅油或专用脱模剂。

（2）将按配方调好的耐磨塑料涂到导轨腔上，涂层厚度为 1.5～2.5 mm，放上形成润滑槽的模板。

（3）然后将塑料导轨按组合位置组合到金属导轨上进行固化，固化持续 24 h 后即可分离导轨副，再持续干化 3 天，取出润滑槽模板后便可进行加工或配刮。

2）贴塑导轨

贴塑导轨是将预先制作好的耐磨塑料软带粘贴在导轨贴面上并与铸铁导轨相配而成的。贴塑材料以聚四氟乙烯为基材，添加合金粉或氧化物，简称聚四氟乙烯软带，或耐磨塑料软带。

塑料软带已商品化,厚度为 1.1 mm、1.8 mm 等,形状可按需求裁剪。贴塑导轨应用方便,在数控机床滑动导轨结构中最为常用,工艺过程如下:

(1) 加工导轨粘贴面,粗糙度 $Ra6.3 \sim Ra3.2$;粘贴面可加工成 $0.5 \sim 1$ mm 深的槽,便于定位软带,如图 6-3-11 所示。

(2) 以丙酮清洗粘贴面,采用胶黏剂将塑料软带粘贴在导轨粘贴面上,加压初固化 $1 \sim 2$ h。

(3) 组合到相配的金属导轨或专用夹具上,施加一定的压力固化 24 h,取下金属导轨或夹具,开设油槽,进行精加工或配刮。

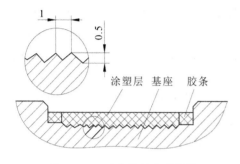

图 6-3-10　耐磨塑料涂层导轨

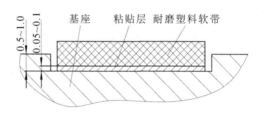

图 6-3-11　耐磨贴塑导轨

6.3.5　滚动导轨

滚动导轨的结构特点是在导轨副的两导轨面之间放置滚动体,形成滚动摩擦,滚动导轨应用已非常广泛。图 6-3-12 所示为滚珠型和滚柱型滚动导轨示意图。

(a)　　　　　　　　　　　(b)

图 6-3-12　滚动导轨示意图

(a) 滚珠型;(b) 滚柱型

1. 滚动导轨的特性

滚动导轨因为具有以下优点而广泛应用:

(1) 摩擦因数很小,运动灵敏度高,移动轻便,所需驱动力小。单个滑块摩擦因数为 $0.0025 \sim 0.005$(如果是多根导轨、多个滑块,则摩擦因数适当加大),而滑动导轨的静摩擦因数为 $0.2 \sim 0.4$,动摩擦因数为 $0.1 \sim 0.2$;并且,动、静摩擦因数相差极小,低速运动平稳性好。

(2) 定位精度高,精度保持性好。这是因为滚动导轨摩擦因数很小,耐磨性好,且导轨制造精度较高。

(3) 润滑简单,维护方便,很多情况下导轨维修主要是更换滚动体。

(4) 已制定有技术规范,制造技术较为成熟,已实现专业化生产;应用和安装方便,安装部位加工相对简单。

滚动导轨的缺点如下:

（1）承载能力、刚度比滑动导轨低，抗振性比滑动导轨差。因为滚动导轨是点接触或线接触，而滑动导轨是面接触。

（2）滚动体的精度和导轨滚道精度、直线度要求高。这是因为在多点接触或线接触情况下，如果制造精度不高，会导致接触性差、摩擦阻力增大，出现接触干涉、滑块倾斜等现象。

（3）防护要求较高，结构和制造工序复杂，成本较高。

综上，滚动导轨主要用于对运动灵敏度、精度、快速移动速度要求高的机床，现在应用已很广泛。

2. 滚动导轨的类型及应用场合

滚动导轨按运动轨迹分为直线滚动导轨和圆周滚动导轨两大类，其中圆周滚动导轨又有扇形和封闭圆形两种；按滚动体形式分为滚珠型导轨、滚柱型导轨、滚针型导轨三类，其中滚针型导轨可作为滚柱型导轨的特殊类型。滚动导轨最常应用的类型还是直线滚动导轨，因此后面的介绍主要以直线滚动导轨为例。

（1）滚珠型导轨。滚动体为滚珠，与滚道为点接触，因此在三种类型中摩擦因数最小、移动速度和运动灵敏度最高，但承载能力最小、刚度最低，制造相对容易，成本相对较低，主要应用于相对载荷较小、快速移动速度高的场合。尽管承载能力最低，但选择适当的规格和滑块数，其可以满足常规数控机床的要求。

（2）滚柱型导轨。滚动体为滚柱，与滚道为线接触，因此在三种类型中承载能力最大、刚度最高，但摩擦因数相对较大，对导轨滚道精度较敏感，制造精度要求较高，制造相对复杂，成本相对较高，主要应用于载荷和刚度要求高、快速移动速度相对较小的场合。但滚柱型导轨移动速度仍比混合摩擦导轨大得多。

（3）滚针型导轨。其特性与滚柱型导轨类似，但滚针较细，承载能力和刚度介于上述两者之间；摩擦因数和性能与滚柱型相似，但结构紧凑，主要应用于导轨高度小的场合。

3. 滚动导轨的结构形式

滚动导轨主要有两种结构形式——滚动导轨副和滚动导轨块，前者可直接形成导轨，后者需与滑动导轨配合使用。

1）滚动导轨副

在滚动导轨发展早期，滚动导轨往往按专用结构设计制造，没有成为独立组件。随着技术的发展和应用的逐步普及，滚动导轨已成为标准功能部件。标准滚动导轨副由长导轨体和带有滚动体的滑块组成，滑块通常又由滑块体、滚动体、保持器、端部密封垫、端部挡板、侧边密封垫、润滑油嘴等组成，如图6-3-13所示。长导轨体为支承导轨，滑块中配置有4组滚动体，通过滚动体不同程度的过盈配合，实现不同的预加载荷作用。运行时，滑块部件在长导轨体上移动，4组滚动体在各自的滚道和回珠孔中不断循环，端部挡板起到挡珠作用。

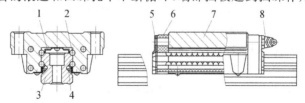

图 6-3-13　滚动导轨结构示意图

1—保持器；2—钢球；3—导轨；4—侧密封；5—密封端盖；6—返向器；
7—滑块体；8—油杯

　　由于设置对称且互成角度的 4 个滚道,滚动导轨在被约束的各个方向都可承受载荷,包括作用力和力矩,如图 6-3-14 所示。在机床导轨设计中,根据要求直接选用相应的标准规格,其中长导轨体的长度可任意选择,可拼接,所以应用方便,并适用于大行程场合。标准滚动导轨设计图应完整表达导轨形式和形状、规格、精度等级、根数、滑块配置、长度、基准面(边)、预紧等级、技术要求等。

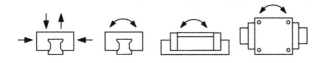

图 6-3-14　滚动导轨各向负载示意图

　　2) 滚动导轨块

　　滚动导轨块俗称“坦克轴承”,如图 6-3-15 所示,采用循环式圆柱滚子形成滚动摩擦单元,由于滚子接触线垂直作用于支承面,相较于直线滚动导轨副,其承载能力和刚度更高,但摩擦因数相对略大。滚动导轨块不能独立导向,须与机床滑动导轨配合使用,不受行程限制。应用时采用螺钉将滚动导轨块固定在短导轨上,支承导轨(长导轨)通常采用淬硬镶钢导轨形式。滚动导轨块主要有以下两种应用结构形式:

　　(1)卸荷式导轨。滚动导轨块镶嵌在滑动导轨的主要作用面中,与滑动导轨配合使用,起到主要作用方向的辅助支承作用,即卸荷作用,而导向功能主要由滑动导轨执行,属于滑动-滚动复合导轨。

　　(2)组合式滚动导轨。按照导轨的约束要求,在相应方向上均配置滚动导轨块,长轨道采用淬硬镶钢形式,其组合作用可实现滚动导轨副的功能。

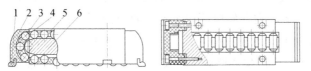

图 6-3-15　滚动导轨块结构示意图
1—防护板;2—端面挡板;3—滚柱;4—导向片;5—保持器;6—导轨块

4. 滚动导轨的预紧

　　滑动导轨副在使用时必须保持一定的间隙,但滚动导轨却不一样,滚动导轨在应用时可采用零间隙或预紧的方式,而且通常在零间隙或预紧状态下使用。导轨的刚度除了取决于结构、规格外,还与导轨制造精度有关,制造精度高则其刚度高,同时,对滚动导轨预加载荷(即施加预紧力)能显著提高导轨的刚度、抗振性和稳定性;但预紧力也会导致摩擦力的增加,从而需增加驱动力。

　　(1)刚度、摩擦力与预紧力的关系　　刚度、摩擦力与预紧力的关系为,刚度随着预紧力的增加而明显增加,但预紧力达到一定值后刚度增加缓慢;而摩擦力也随着预紧力的增加而增加,但开始时增加不明显,当预紧力达到一定值后,摩擦力显著增加,如图 6-3-16 所示。因此预

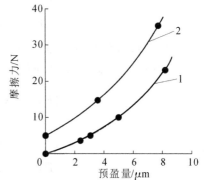

图 6-3-16　预紧力-摩擦力关系
1—滚珠型导轨;2—滚柱型导轨

紧力不应太大,也不应太小,有一个适当的预紧力值。

(2)预紧力选择原则和规范　预紧力的取值原则是能明显提高刚度,但摩擦力增加不明显。导轨制造精度达到一定等级,才能施加预紧力;预紧力等级越大,制造精度要求越高。对于标准滚动导轨,预紧力等级一般分为四级:无预紧、轻预紧、中预紧、重预紧。各制造商根据其产品特点具体确定相应预紧力值,以及测定和注明相应的刚度特性,机床设计师根据具体要求选择。对于水平导轨,当颠覆力较小,移动部件重力和垂直切削力较大而起到预载作用,并足以抵抗颠覆力时,可不预加载荷,或采用轻预紧等级。

(3)预加载荷方法　通常采用过盈配合预紧方式,即通过适当加大滚动体尺寸,或减小安装空间尺寸,使滚动体与滚道之间形成过盈配合,适用于标准导轨;施加作用力预紧方式,即通过锁紧螺钉、弹簧等元件对导轨施加作用力,实现预加载荷,适用于专用导轨。

5. 滚动导轨的受力分析和计算

滚动导轨的受力分析和计算主要包括两大部分:在工作负载作用下滚动导轨的受力分析计算和滚动导轨的计算选择。

1)在工作负载作用下滚动导轨的受力分析计算

在数控机床应用中,一组标准滚动导轨由1根导轨体和2个以上滑块组成,导轨体通过若干螺钉密集锁紧在支承体上,刚度足够,因此导轨的受力分析主要针对滑块处。在受力分析时作以下简化处理:尽管滑块在各约束方向上都可承受力和力矩,但是一个方向的滚动导轨至少由两根导轨副组成,若干个滑块可视作若干个受力点,并呈空间分布,因此可忽略各滑块自身的支反力矩作用;由于滚动导轨摩擦因数很小,可忽略摩擦力。因此,切削加工时导轨所受外力主要是切削力(或惯性力)和重力,导轨滑块反力主要是正向支反力和侧向支反力。

以图 6-3-17 所示的数控立式床身铣床立柱滚动导轨为例进行分析,图中切削分力及力矩分别为 F_x、F_y、F_z、M_s;Z 轴向导轨由两根滚动导轨组成,每根导轨两个滑块,其中上部两个滑块 A1、A2,下部两个滑块 B1、B2;R_{A1}、R_{A2}、R_{B1}、R_{B2} 分别为 4 个滑块的正向支承反力,R_{A1T}、R_{A2T}、R_{B1T}、R_{B2T} 分别为 4 个滑块的侧向支承反力,F_{az} 为 Z 向的进给驱动力,l_b、l_w、l_a 分别为切削力作用点、主轴箱部件重心、丝杠轴线至 Z 向导轨滚道中心面的距离,l_d 为左、右滑块的距离,h 为切削作用点至下滑块中心的距离,h_z 为导轨上下滑块的间距。首先只考虑切削分力 F_z,可列出力和力矩平衡方程如下:

$$\begin{cases} R_{A1} + R_{A2} + R_{B1} + R_{B2} = 0 \\ F_z - (F_{az} + W) = 0 \\ l_b F_z + l_a F_{az} - l_w W - h_z (R_{A1} + R_{A2}) = 0 \end{cases} \tag{6-20}$$

垂向导轨为左右对称布局,切削力和驱动力作用点在中线轴上,所以 $R_{A1} = R_{A2}$,$R_{B1} = R_{B2}$,且侧向支反力均为 0,从而得

$$\begin{cases} R_{A1} = R_{A2} = \dfrac{(l_a + l_b) F_z - (l_a + l_w) W}{2 h_z} \\ R_{B1} = R_{B2} = \dfrac{(l_a + l_w) W - (l_a + l_b) F_z}{2 h_z} \\ R_{A1T} = R_{A2T} = R_{B1T} = R_{B2T} = 0 \\ F_{az} = F_z - W \end{cases} \tag{6-21}$$

同理可解出对应 F_x 作用下各滑块正向支反力和侧向支反力、进给驱动力为

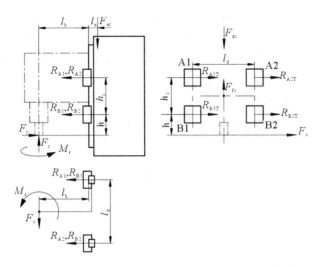

图 6-3-17　数控立式床身铣床立柱滚动导轨受力分析三视图

$$\begin{cases} R_{A1} = R_{B1} = -R_{A2} = -R_{B2} = -\dfrac{l_b F_x}{2l_d} \\[2mm] R_{A1T} = R_{A2T} = \dfrac{h F_x}{2h_z} \\[2mm] R_{B1T} = R_{B2T} = -\dfrac{(h + h_z) F_x}{2h_z} \\[2mm] F_{az} = 0 \end{cases} \tag{6-22}$$

对应 F_y 作用下各滑块正向支反力和侧向支反力、进给驱动力为

$$\begin{cases} R_{A1} = R_{A2} = -\dfrac{h F_y}{2h_z} \\[2mm] R_{A2} = R_{B2} = \dfrac{(h + h_z) F_y}{2h_z} \\[2mm] R_{A1T} = R_{A2T} = R_{B1T} = R_{B2T} = 0 \\[2mm] F_{az} = 0 \end{cases} \tag{6-23}$$

对应 M_s 作用下各滑块正向支反力和侧向支反力、进给驱动力为

$$\begin{cases} R_{A1} = R_{B1} = -R_{A2} = -R_{B2} = -\dfrac{M_s}{2l_d} \\[2mm] R_{A1T} = R_{A2T} = R_{B1T} = R_{B2T} = 0 \\[2mm] F_{az} = 0 \end{cases} \tag{6-24}$$

　　每个滑块的总支承反力就是上述四种情况下支承反力的叠加,丝杠总进给驱动力就是上述四种情况下丝杠进给驱动力的叠加。类似地,可以进行纵向(X)、横向(Y)导轨的受力分析;承受惯性力、配置升降平衡装置从而具有向上拉力时,分析计算方法一样。

　　2) 滚动导轨的计算选择

　　在已知导轨受力结果后,根据设计寿命计算选择导轨规格;或初定导轨规格,验算导轨预期寿命。滚动导轨的计算选择涉及以下几个技术参数:

　　(1) 额定动载荷和额定寿命　滚动导轨的计算与滚动轴承相似,即在一定载荷下行走一定的距离,90%的支承处不出现点蚀,则这个载荷称为额定动载荷,行走的距离称为额定寿命。

（2）预期寿命　滚动导轨的实际载荷不一定与额定动载荷相同，故其实际寿命就不一定与额定寿命相同，而实际寿命就是预期寿命。预期寿命除了与额定动载荷和实际工作载荷有关外，还与导轨的实际硬度、滑块部分的工作温度、承载的滑块数目、润滑情况等因素有关。

（3）当量载荷　实际工作载荷往往是变动的，不宜直接代入相关计算式计算，须把变动的实际载荷换算成当量载荷（也可称为平均载荷），这一当量载荷所达到的作用与实际载荷等同。

对于标准滚动导轨副，额定动载荷已经由制造商试验确定，可由样本资料查得。预期寿命计算如下：

$$L_S = 50 \left(\frac{f_C f_T f_H C_a}{f_w F_d} \right)^3 \tag{6-25}$$

对于滚动导轨块

$$L_S = 100 \left(\frac{f_C f_T f_H C_a}{f_w F_d} \right)^{\frac{10}{3}} \tag{6-26}$$

式中　L_S——滚动导轨的预期寿命，km；

C_a——导轨上一个滑块的额定动载荷，N；

F_d——导轨上一个滑块所受的当量载荷，N；

f_C、f_T、f_H、f_w——接触系数、温度系数、硬度系数、载荷系数，具体取值参见表 6-3-2。

表 6-3-1　直线滚动导轨副的接触系数、温度系数、硬度系数、载荷系数表

接触系数	一根导轨滑块数量	2	3	4
	f_C	0.81	0.72	0.66
温度系数	工作温度/℃	100	150	200
	f_T	1	0.92	0.73
硬度系数	导轨面硬度/HRC	58～64	55	50
	f_H	1	0.8	0.53
载荷系数	工况和载荷速度/(m/min)	无冲击振动，≤15	轻冲击振动，15～60	有冲击振动，>60
	f_w	1～1.5	1.5～2	2～3.5

式(6-25)、式(6-26)可作多种变换，从而可以验算预期寿命、当量载荷或额定动载荷。实际工作载荷通常可归纳为图 6-3-18 中的 4 种类型，当量载荷与实际工作载荷的计算关系可相应按如下 4 种情况确定。

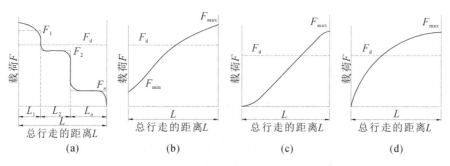

图 6-3-18　载荷分布类型示意图

图 6-3-18 为 4 种典型的载荷分布类型示意图，其中图 6-3-18（a）中载荷按阶梯变化，则当

量载荷为

$$F_d = \left[\frac{\sum\limits_{i=1}^{n} F_i^3 L_i}{L} \right]^{\frac{1}{3}} = \left(\sum_{i=1}^{n} F_i^3 \xi_i \right)^{\frac{1}{3}} \tag{6-27}$$

式中　F_i——第 i 种工作载荷，N，$i = 1, 2, \cdots, n$；

　　　L_i——对应 F_i 行走的行程，m；

　　　L——总行程，m；

　　　ξ_i——行程比，即对应 F_i 行走的行程占总行程的比例。

图 6-3-18(b)中载荷为单调变化，则当量载荷为

$$F_d = \frac{F_{min} + 2F_{max}}{3} \tag{6-28}$$

式中　F_{min}，F_{max}——最小、最大载荷，N。

若载荷近似按正弦曲线变化，第一种情况如图 6-3-18(c)所示，则当量载荷为

$$F_d \approx 0.65 F_{max} \tag{6-29}$$

第二种情况如图 6-3-18(d)所示，则当量载荷为

$$F_d \approx 0.75 F_{max} \tag{6-30}$$

6. 标准直线滚动导轨的布局和安装

1）标准直线滚动导轨的布局形式

每一个方向滚动导轨的布局涉及采用几根导轨组合、导轨如何放置的问题。通常一个方向的导轨由两根导轨组合而成，当跨距较大则采用 3 根或 4 根组合。导轨的放置根据实际受力情况确定，水平工作台导轨通常采用水平共面放置形式。垂向导轨的布局则有多种形式，如图 6-3-19 所示，其中图 6-3-19(a)为正向布局形式，加工和装配方便，常用于各种类型垂直移动部件的导向，但具有非对称性，热变形影响较大；图 6-3-19(b)为相向布局形式，适用于滑枕部件类型的导向，属于对称布局，受力性能好、热变形影响小，但加工和装配工艺性较差，通常须在其一侧配置调整垫；图 6-3-19(c)为四周布局形式，适用于滑枕部件类型的导向，负载能力强、稳定性好、热变形影响小，但加工和装配工艺性差，且安装基座的结构较复杂，刚度要求高，通常可设置加强连接件以提高基座的整体刚度。

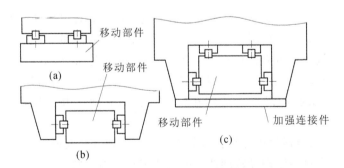

图 6-3-19　几种常见垂向滚动导轨布局形式

非工作台部件（如立柱、滑座等）的水平导轨布局也有多种形式，主要根据移动部件的结构形式和整机刚度要求确定。如图 6-3-20(a)、(b)所示，分别为共面水平放置和共面垂直放置布局形式，最为常用，工艺性好；图 6-3-20(c)为错位水平放置布局形式，受力特性好，工艺性也较好；图 6-3-20(d)为交叉错位布局形式，抗颠覆力特性好，常用于龙门机床的横梁水平导向，工

艺性也较好;图 6-3-20(e)为一种特殊的滚动与滑动复合导轨布局形式,滚动导轨用于承受垂向负载,以减小摩擦力,滑动导轨用于提高抗颠覆力和抗振性性能,可用于负载能力和抗振性及运动灵敏度要求较高的场合,如定梁定柱龙门铣床的横向导轨,但工艺性和维护性较差,成本高,只在个别场合应用。

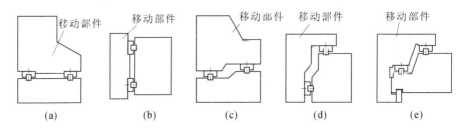

图 6-3-20　几种立柱、滑座水平移动滚动导轨布局形式

2)标准直线滚动导轨的安装和固紧

标准直线导轨的安装要满足可靠定位、稳固结合、安装精度等方面的要求。可靠定位方面既要满足导轨安装的定位要求,还不应出现过定位现象。可靠定位和稳固结合要求均体现在导轨的安装固紧结构中。

(1)安装固紧基本原则和要求　对于长导轨体,需要全部侧向定位和固紧;对于滑块,侧向定位和固紧一根导轨体上的所有滑块,浮动固紧其他导轨体上的滑块,如图 6-3-21 所示。

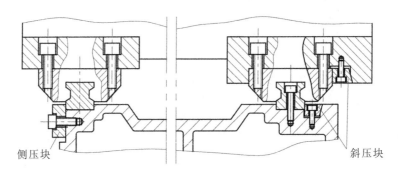

图 6-3-21　滚动导轨安装和固定形式

(2)固紧方式　如图 6-3-21 所示,对于有侧向定位的导轨体和滑块,侧向固紧方式最常用的有斜压块和侧压块两种;其中斜压块压紧作用更稳定,但结构和工艺较为复杂,用于重要的且结构允许的场合;侧压块可靠性相对差一些,但结构和工艺简单,用于要求不太高或结构不允许采用斜压块的场合;其他个别场合或一般传动装置,也可采用螺钉顶紧结构形式。正向固紧则通过导轨体的沉头孔和滑块上的螺孔(或光孔)将导轨体和滑块直接锁紧在相应的基体上。

导轨安装精度要求包括每根导轨自身的直线度和滑块等高允差、两根(或三根、四根)导轨副的平行度,具体可参见各滚动导轨制造商的说明书和样本资料。

6.3.6　静压导轨和动压导轨简介

1. 静压导轨

静压导轨包括液体静压导轨和气体静压导轨,通常液体静压导轨简称为静压导轨,而气体静压导轨简称为气浮导轨。

1) 液体静压导轨

液体静压导轨的系统构成和工作原理与静压轴承相同。静压导轨系统构成包括导轨单元、液压系统,其基本原理是将压力油泵入导轨的油腔,形成油膜,从而使导轨处于纯液体摩擦状态,因此工作运行时摩擦因数极低(0.0005~0.001),低速无爬行,摩擦发热小;由于是面接触且液体具有吸振作用,因而导轨抗振性好、承载能力大、刚性好。但静压导轨的结构复杂,还需要配置液压控制系统,制造成本高,维护不方便,主要应用于承载能力要求很高、精度要求高或有特殊要求的大型、重型机床上。静压导轨按结构可分为开式结构和闭式结构两种,按供油情况可分为定量式供油和定压式供油两种。

(1) 开式和闭式静压导轨结构及工作原理　如图 6-3-22 所示,开式静压导轨主要适用于水平导轨形式,液压泵油压 P_0 经过节流阀调节后进入导轨油腔,将动导轨浮起,导轨副间形成一层油膜;压力油不断从导轨缝隙流回油箱,压力降为零;节流阀和油腔回油缝隙的联合作用形成工作油压 P_1。当动导轨受到外负荷作用时,动导轨下降一定位移从而使回油缝隙减小,油腔油压 P_1 增大,实现平衡。如果负载超过工作油压所能产生的最大导轨支承力,回油缝隙为零,导轨面直接接触,静压导轨失效。如图 6-3-23 所示,闭式静压导轨在导轨各配合面上均开设油腔,因此闭式静压导轨可以承受各个方向的载荷,不仅可以应用在水平导轨上,也可以应用在垂向或其他空间角度的导轨上。

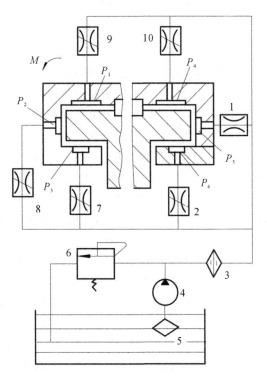

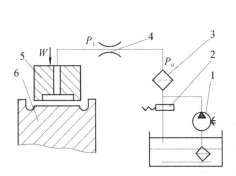

图 6-3-22　开式静压导轨结构示意图

1—液压泵;2—溢流阀;3—过滤器;4—节流阀;
5—动导轨;6—床身导轨

图 6-3-23　闭式静压导轨结构示意图

1—固定节流阀;2,7,8,9,10—可调节流阀;
3,5—过滤器;4—液压泵;6—溢流阀

(2) 定压式供油和定量式供油导轨原理　定压式供油导轨是指节流阀进口处的油压是恒定的,是目前应用较多的形式。定量式供油导轨是指流经油腔的液压油量是恒定的,这种导轨不用节流阀,而是对每个油腔直接配置一个定量泵供油。由于流量不变,当外载荷作用而使导轨间隙即回油缝隙变小时,油压上升,载荷得到平衡。由载荷的变化所引起的导轨间隙变化很小,因而油膜刚度较高,液压系统较复杂。

2）气浮导轨

气浮导轨是以空气为介质的空气静压导轨,其摩擦因数更小,具有良好的冷却作用,能减小热变形,但承载能力和刚度小。

2. 动压导轨

动压导轨与动压轴承一样,通过相对运动产生压力油膜,将运动部件浮起,形成纯液体摩擦。形成导轨压力油膜的条件是,两导轨之间具有楔形间隙和一定的相对速度,并需要具有一定黏度的润滑油流入楔形间隙。形成油膜的相对速度一般较大,因此动压导轨主要应用于主运动导轨。

对于直线导轨,油腔开设在动导轨上,确保油腔在全行程中不外露;在支承导轨上存油,使动导轨不管移动到何处均能得到充足的润滑油,确保油膜压力和形成的浮力在全行程上一致。对于圆周导轨,可仿照直线导轨的结构形式,如果动导轨与支承导轨全周接触,则油腔可开设在支承导轨上。不管是直线导轨还是圆周导轨,油腔都要对称分布,确保正、反运动能产生基本一样的油膜压力和浮力。

6.3.7　机床整机导轨的组合形式

一个方向的常规导轨组合形式已在上述相关内容中作了介绍,本小节主要从机床整机或机床总体方案设计层面进行导轨配置方案的分析。

机床整机具有多少个运动坐标轴,就要相应设置多少个方向的导轨,但并不一定所有导轨都采用相同的类型,如都采用滑动导轨或都采用滚动导轨。整机导轨的配置是机床总体方案设计的重要内容,要根据实际受力状况和运动要求进行分析确定,下面以三轴数控铣床为例进行分析,主要有以下组合配置形式:

（1）全部滑动导轨组合形式　本组合形式的主要性能特点是各向导轨都采用滑动导轨类型,都具有滑动导轨的性能特点,主要用于负载能力大、抗振性好、速度较低的场合。

（2）全部滚动导轨组合形式　本组合形式的主要性能特点是各向导轨都采用滚动导轨类型,都具有滚动导轨的性能特点,主要用于负载能力和抗振性要求相对不高,但速度和运动灵敏度要求高的场合。

（3）滚动和滑动导轨组合形式　根据整机不同坐标方向负载和速度及灵敏度的不同要求,进行不同的导轨类型配置,形成组合形式。最常用的是纵向、横向滚动导轨＋垂向滑动导轨的组合形式,这是因为在切削状态时垂向移动部件往往承受颠覆力矩,容易产生振动,而在非切削状态时垂向部件所受导轨正压力较小,从而摩擦力较小;同时,通常垂向行程相对较小,快速移动速度要求可以小些,根据加工特点垂向精度要求往往也小些;而纵向、横向坐标运动通常行程相对较大,速度和运动灵敏度及精度要求相对较高。当然,如果垂向坐标运动速度和精度要求也较高,则应采用滚动导轨。

（4）静压（动压）导轨组合形式　大型、重型机床采用静压（或动压）导轨时,根据负载和结构特点,通常只在水平工作台方向采用静压导轨,其他方向采用普通滑动导轨或滚动导轨;有两个坐标方向采用静压（或动压）导轨的机床较少。

习题和思考题

1. 数控机床本体的连接方式主要有哪几种？各有什么特点？

2. 数控机床本体和支承件应满足的技术要求主要有哪些？

3. 机床本体和支承件承受哪些负载？

4. 简要论述数控铣床受力分析和计算的一般方法和过程。

5. 一般支承件受力变形包括哪几个部分？各有什么特点？

6. 提高机床静刚度的措施主要有哪些？

7. 支承件固有频率和振型有什么特点？

8. 数控车床平床身的低阶振型有哪几种？对加工精度有什么影响？

9. 进行支承件结构设计时,形状和尺寸设计的主要依据是什么？应满足哪些工艺要求？

10. 机床导轨的作用是什么？导轨的组成特点是什么？有什么约束特性？

11. 滑动导轨按摩擦性质主要分为哪几类？各有什么特点？

12. 导轨须满足哪些基本要求？

13. 简述滑动导轨选择的一般原则。

14. 滑动导轨间隙调整方式主要有哪些？各有什么特点？

15. 数控机床采用滑动导轨时,通常采用什么导轨结构形式？

16. 滚动导轨分为哪几种类型？各有什么特点和适用于什么场合？

17. 采用滚动导轨为什么需要预紧？预紧原则是什么？通常有哪些预紧等级？什么应用场合可采用"无预紧"或"轻预紧"等级？

18. 直线滚动导轨的安装和固紧原则是什么？为什么？

第7章 数控机床的辅助系统

数控机床的辅助系统主要包括润滑、冷却、自动排屑、防护、气动和液压系统等。辅助系统是数控机床的重要组成部分,而且润滑系统、冷却系统、防护系统是必不可少的。润滑系统主要用于导轨、丝杠、齿轮箱、轴承等机械传动零部件的润滑;冷却系统主要用于加工区域的冷却,需要时也可对齿轮箱、主轴组件、刀具部件进行冷却;自动排屑系统用于将加工过程中产生的铁屑自动排出;防护系统主要是对各重要部件、环节和整机进行防护,确保机床的正常运行和安全操作。

7.1 润滑系统

7.1.1 润滑系统的主要类型和功能

数控机床润滑系统主要类型和功能如下:

(1) 自动定时定量集中润滑系统 采用自动集中润滑站和相应润滑器件、管路,通过电气控制、润滑泵和油量分配器,实现定时、定量润滑,主要用于润滑导轨、丝杠和个别齿轮、轴承。自动润滑站及其器件已形成专业化生产。

(2) 自动浴式润滑系统 采用润滑泵(立式主轴箱)或齿轮浸油飞溅润滑方式(卧式主轴箱)对主传动齿轮箱中的齿轮、轴承进行不间断油润滑。

(3) 手动润滑方式 对于不需要经常润滑,或不宜采用自动润滑的部位,可采用手动油润滑或脂润滑方式。

(4) 长期保持性脂润滑 对于丝杠轴承、主轴轴承,很多情况下可采用长期保持性脂润滑方式,一次脂润滑可保持至下一次大维护。

一台数控机床可同时采用上述几种润滑方式分别用于不同的润滑部位,其中自动定时定量集中润滑系统是必须配置的。

7.1.2 自动定时定量集中润滑系统

1. 自动定时定量集中润滑系统的组成

自动定时定量集中润滑系统(简称自动集中润滑系统或自动润滑站)一般由自动集中供油装置、油量分配装置(定量注油器)、油管及接头等附件和控制装置组成,如图 7-1-1 所示。

1) 自动集中供油装置

自动集中供油装置也称为自动集中润滑站,是自动定时定量集中润滑系统的核心,其功能是为润滑系统提供一定压力和流量的润滑油。目前自动集中润滑站主要有三种类型:齿轮泵润滑站、柱塞泵润滑站、大型润滑站。齿轮泵润滑站由电机驱动的齿轮泵供油,适用于容积式润滑系统;油箱容量一般为 2~20 L,油压通常为 0.8~2.5 MPa,可满足绝大部分数控机床的润滑要求。柱塞泵润滑站由微型电机驱动的弹簧柱塞泵供油,适用于单线阻尼式润滑系统,油箱容量一般为 1~5 L,油压通常为 0.3~0.45 MPa,润滑管路长度和供油高度相对较小,可用

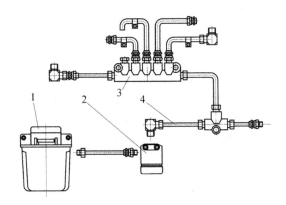

图 7-1-1　自动定时定量集中润滑系统组成示意图
1—润滑站;2—过滤器;3—油量分配器;4—管路与接头

于管路长度 10 m 以内、高度 5 m 以内的中小型数控机床。大型润滑站油箱容量可达 200 L 以上,油压可大于 40 MPa,可用于远距离、大流量润滑,适用于大型数控机床,可用于容积式、单线阻尼式、递进式三种润滑系统类型。各种类型的自动润滑站均设置有油位检测装置。

2) 油量分配装置

油量分配装置可将供油装置提供的润滑油按设定的油量定量分配到各润滑点。油量分配装置按出油点(头)具有多种规格,并可串联使用。

3) 控制装置

控制装置用于控制油泵启停、润滑时间、周期、压力等参数,并结合油位检测装置进行油位监控和报警。有些润滑系统自带控制装置,有些润滑系统由机床控制系统的 PLC 实现控制,可根据实际情况进行选择。

2. 自动集中润滑系统类型

润滑系统按润滑介质可分为油润滑和脂润滑两种方式,但数控机床主要采用油润滑方式,因此主要介绍油润滑类型。自动集中润滑系统按油量分配装置的形式可分为容积式、单线阻尼式、递进式三种类型,其中容积式为数控机床常用形式。

(1) 容积式润滑系统　容积式润滑系统简称为 PDI 润滑系统,采用定量分配器作为油量分配装置,实现各润滑点的精确定量供油,每个润滑点每次供油量为 0.016~0.4 mL,可预先调整好具体油量;系统供油压力可达 25 MPa 左右。容积式润滑系统在数控机床中的应用最为广泛。

(2) 单线阻尼式润滑系统　单线阻尼式润滑系统简称为 SLR 润滑系统,它可把供油装置提供的润滑油按一定比例分配到各润滑点,采用阻尼式油量分配器作为油量分配装置,按比例供油,控制比可达 1:128。单线阻尼式润滑系多用于低压润滑,润滑工作压力通常为 0.17~2.5 MPa。

(3) 递进式润滑系统　递进式润滑系统简称为 PRG 润滑系统,采用递进式油量分配器作为油量分配装置。递进式油量分配器中的活塞可按一定的顺序差动、往复运动,各出油点按一定的顺序依次出油,若某一点堵塞则下一出油点就不会动作,系统可配置堵塞报警器。该系统工作压力可达 40 MPa,油量范围为每次 0.05~20 mL,可用于高压润滑系统,但在数控机床中应用较少。

各种类型润滑系统的具体参数、性能和应用特性可参见相关制造商的样本资料。

3. 自动集中润滑系统的配置和安装布置

1）自动集中润滑系统配置方案

自动集中润滑系统的具体配置需根据机床整机润滑点及其位置关系进行确定。某三轴数控立式床身铣床的自动定时定量集中润滑系统采用容积式润滑系统,图 7-1-2 为其润滑原理图,图 7-1-3 为其润滑系统器件连接图,通过 PLC 电气控制实现定时润滑,通过定量注油器实现每次每个润滑点的定量润滑;采用三个分配器分别对 X、Y、Z 三个运动方向进行润滑,每个方向有 5 个润滑点,包括滚动导轨 4 个滑块各 1 个润滑点、滚珠丝杠副 1 个润滑点,整机共 15 个自动润滑点。

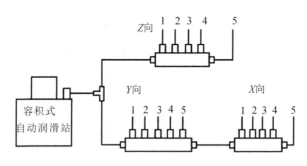

图 7-1-2　三轴数控铣床润滑原理图

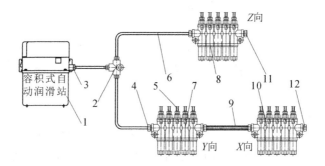

图 7-1-3　三轴数控铣床润滑系统器件连接图

1—润滑站;2—三通;3,4—组合接头;5—$\phi 4$ mm 油管;6—$\phi 6$ mm 油管;
7,8,10—定量注油器;9—防护套;11,12—堵头

该数控铣床整机采用一个润滑站对三个运动方向 15 个润滑点进行润滑,如果运动轴数和润滑点多,或大型机床润滑点相距较远,可采用两个或多个润滑站。

2）自动集中润滑系统的安装布置

根据自动集中润滑系统连接图和机床布局结构形式,将润滑器件装配至机床各相关部件的合适部位上,并满足以下要求:符合润滑系统图的连接要求,连接管路尽量短,器件和润滑管布置整齐并用管夹可靠固定,移动润滑管部分应采取拖链等防护措施。

7.2　冷却和排屑系统

机床冷却系统和排屑装置通常结合在一起,排屑器放置在冷却液箱上方,切屑和冷却液混合流入排屑器,切屑通过排屑装置排到接屑斗,冷却液通过过滤网流回冷却液箱。因此,通常也将冷却系统和排屑器作为一个部分。

7.2.1　冷却系统

数控机床冷却系统主要包括以下两种冷却类型：

（1）加工区域冷却　主要用于加工区域的冷却、底盘冲屑（选择）、喷枪冲洗（选择），其中加工区域的冷却能确保加工过程的正常进行，是所有机床都必须具备的，并要确保冷却充分、可靠。

（2）部件强制冷却　数控机床主传动和主轴运转速度及精度性能要求较高，必要时配置冷却系统对齿轮箱、主轴组件进行强制循环冷却；对于高速加工机床，往往还要配置刀具中心冷却装置，以有效降低刀具温度，保护刀具，保证加工精度；对于其他一些特殊要求的部件如高速滚珠丝杠，也需要采取冷却措施，如采用冷却机输送冷却液通过丝杠中空部位进行循环冷却。

1. 加工区域冷却系统

通常数控机床的冷却系统包括液体冷却系统和气体冷却系统两大部分。图 7-2-1 所示为数控机床加工区域液体冷却系统示意图，主要由冷却液箱及过滤装置、冷却泵及滤油器、液位指示装置、控制阀、节流阀、分配块、喷头、管路及接头附件等零部件组成；冷却液箱除了配置有过滤网外，还可采用隔板形成曲形结构形式，延长冷却液在冷却液箱的流动路径而起到散热和沉淀杂质的作用；根据实际情况如果直接由冷却泵启停控制，也可不采用控制阀。

气体冷却系统采用压缩空气对加工区域进行冷却，以满足某些加工工艺要求，根据实际需要选择和转换。气体冷却系统主要由气源、控制阀、压力表、管路及接头附件等组成；控制功能通常由机床控制系统的 PLC 完成，不单独设置控制装置。图 7-2-2 所示为包括油冷和气冷的冷却集成块。

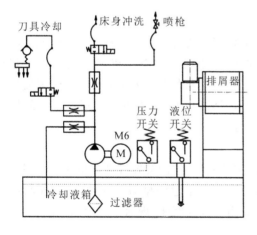
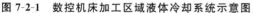
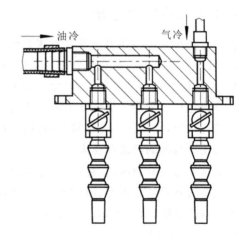

图 7-2-1　数控机床加工区域液体冷却系统示意图　　　　图 7-2-2　油冷、气冷集成块

不同的数控机床，其冷却系统功能配置可能有所不同，应根据实际要求确定。气冷部分的气源要与机床其他气动部分气源分开，或采取大气罐与独立支路措施，因为气冷过程用气量大，如果共用气源而没有隔离措施，会影响其他气动控制部分的压力。

2. 强制冷却系统

图 7-2-3 为主轴组件和主传动齿轮箱的强制循环冷却系统示意图。冷却回路分为两个支路，冷却机泵出的冷却油通过支路Ⅰ进入主轴壳体螺旋槽，依靠泵出压力循环流动，最后流回

冷却机,实现自循环冷却。但主传动齿轮箱的冷却过程不宜采用自循环形式,冷却油从支路Ⅱ进入齿轮箱内部进行喷淋冷却,然后沉积在箱底部,再从箱底部的回油口流回冷却机;因此流进和流出要达到平衡,或流进要略慢于流出,避免冷却油积满齿轮箱,通常可采取在流进回路上设置调节阀进行调节等措施;为弥补自然回油的不可靠性,可以采用双泵冷却机的方式,增设抽油泵,主动抽回齿轮箱底部的冷却油,同时在回油支路配置流量感应开关进行监控,如果监控到没有流量,则报警暂停,此时有可能出现回油支路堵塞或抽油泵停转等故障。

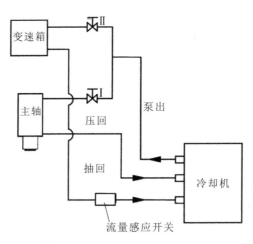

图 7-2-3　强制循环冷却系统示意图

如果只对主轴组件进行冷却,则可只留下图 7-2-3 中的支路Ⅰ,且采用单泵冷却机。根据实际需要,有些部件如主轴的循环冷却也可采用压缩空气冷却方式。

7.2.2　自动排屑系统

很多普通机床和一些普通数控机床采用手动排屑方式,排屑时需暂停机床运行,影响工作效率,因此现在很多数控机床特别是加工中心和许多封闭防护的数控机床,或自动线上运行的数控机床,均配置自动排屑装置,以便在加工过程中自动将切屑排出,确保数控机床加工作业持续和高效进行。自动排屑器已形成专业化生产,通常设计员可根据各专业制造商的样本资料参数进行选择,也可作部分特殊改动设计再进行生产制造。

1. 自动排屑器的组成和类型

自动排屑器主要由电机、减速器、输送装置、传动机构、控制装置等部分组成。常用的自动排屑器主要有螺旋式排屑器、链式排屑器、磁性分离器和纸过滤排屑器四种类型,前两种类型主要用于数控铣床、数控车床等,后两种类型主要用于数控磨床,现简要介绍如下。

1）螺旋式排屑器

螺旋式排屑器的特点是采用螺旋形状的部件作为切屑输送装置,电机通过减速器驱动螺旋部件旋转,将切屑直线移动排出,再通过挤推提升而落入收集箱,冷却液通过过滤网落入冷却液箱,如图 7-2-4 所示。螺旋式排屑器结构简单、体积小、成本较低,但其排屑能力较差,不适用于长条形、纤维形等形状的切屑;另外,挤推提升方式不适用于大角度提升的场合。

2）链式排屑器

链式排屑器的特点是采用移动链板作为切屑输送装置,电机通过减速器和传动机构驱动链轮带动链板输送带循环运行,实现切屑移动、切屑和冷却液分离,并提升排入收集箱,如

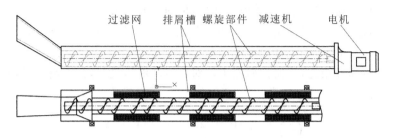

图 7-2-4　螺旋式排屑器

图 7-2-5 所示,从图中还可看出排屑器与冷却液箱的集成关系。

链式排屑器结构较复杂,占地空间较大,成本较高,但实用性和排屑能力强。链板有平板和刮板两种形式,平板链式排屑器对钢、铝合金等中、长切屑的排出效果好,但不适合粉末状切屑的排出;刮板链式排屑器适合短、小切屑和粉末状切屑的排出,适用性和排屑能力强,但太长的切屑容易发生卡阻,且工作负载相对较大,需采用较大的驱动电机。

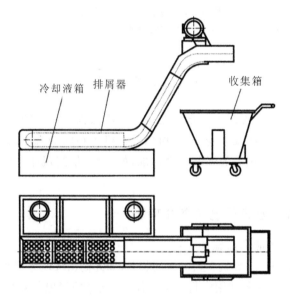

图 7-2-5　链式排屑器

3)磁性分离器和纸过滤排屑器

磁性分离器的输送装置由不锈钢板和永磁材料组成,利用永磁材料产生的磁力将铁屑吸附在不锈钢板上而实现排屑。磁性分离器可用于干式和湿式金属导磁材料的粉状、颗粒状等切屑的分离排出,多用于数控磨床。纸过滤排屑器的输送带为链式传动网状带,上面覆盖有一层过滤纸,过滤精细,效果很好,不但能过滤各种粉末状切屑,还能够过滤油污等微粒杂质;纸过滤排屑器体积大,过滤速度较慢,需不断更换过滤纸,成本高,适用于高精度磨削加工机床。

2. 排屑器的布局和安装

排屑器的布局需要根据机床总体布局方案和具体结构确定,基本要求是确保能够适应机床布局和加工状况,高效地排出和接收切屑。如果结构允许,排屑器应尽可能靠近切削加工区域;如果结构无法实现排屑器靠近加工区域,则应安置在床身或工作台回水部位下方;对于全封闭防护的机床,排屑器应安置在底盘回水口下方,并采取底盘倾斜结构和冲屑等措施,使得冷却液和切屑容易快速地流到回水口而落入排屑器。

中小型数控机床通常配置一套排屑器即可,但对于较大型、大型或特殊布局的机床,可能需要多套排屑器,甚至需要多种类型排屑器的组合。图 7-2-6 所示为数控龙门铣床采用两套螺旋式排屑器和一套链式排屑器的组合示例。通常冷却液和切屑是混合流入排屑器的,因此排屑器应安装在冷却液箱上,并使排屑器出口对着冷却液箱进口,便于流经排屑器的冷却液流回冷却液箱,形成循环。

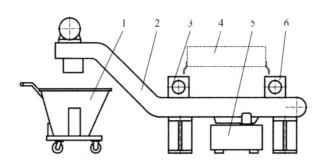

图 7-2-6　排屑器组合布局示例

1—积屑箱;2—链式排屑器;3,6—螺旋式排屑器;4—机床工作台;5—冷却液箱

7.3　防　护　系　统

防护系统是数控机床不可缺少的部分之一。机床操作和运行的安全不仅涉及机床的正常运行和生产加工要求,而且涉及人身安全,所以包括机床在内的机器操作和运行安全要求是国家强制性要求,制定有国家相关的强制安全标准,如《金属切削机床　安全防护通用技术条件》(GB 15760—2004)等。

7.3.1　数控机床防护系统功能和措施

数控机床防护系统功能和措施如下:

(1)重要零部件防护。对导轨、丝杠、检测装置(如光栅)、线缆等重要部件和部位进行防护。

(2)过载过流防护。主要利用电机电流限制、空气开关等电气器件对电流进行限制,起到过载限制的安全防护作用;有些数控机床还配置有安全离合器等机械安全防护部件。

(3)运动和凸出部位防护。对人员容易忽略和碰触到并有可能产生危害的运动部件及其运动空间、凸出固定部件进行警示和防护,如对于进给运动执行部件、刀库、升降部件及其运动空间,通常可采用警示标志或围栏等防护措施。

(4)坐标运动超程限制和防护。主要是针对坐标运动轴的行程限制,因为运动超程会导致运动部件的损坏。运动超程限制和防护通常采取如下措施:通过软件限位形成第一道防护,采用行程限位开关形成第二道防护,采用弹性缓冲碰块进行实体限位形成第三道防护;也可根据实际情况采用上述各项措施的不同组合。

(5)加工区域和整机空间防护。对加工区域或整机进行整体防护,避免加工过程切屑和冷却液向外飞溅伤人和污染周边环境,防止人员误入加工区域而造成伤害。主要的防护措施如下:采用半防护围板,即只在加工区域设置四周防护围板,结构简单,成本低,但防护效果有限,只用于中低档机床;采用整机全围板防护,并设置开门断电安全功能,结构较为复杂,成本高,但防护效果好,用于中高档数控机床。

7.3.2　重要零部件和整机的防护

1. 重要零部件的防护

数控机床需要专门设置防护装置的重要零部件通常包括导轨、滚珠丝杠、光栅、电缆和油管、气管等。

1）导轨防护

由于运动执行部件在导轨上移动,因此机床运行时导轨防护装置也处于运动状态。导轨防护装置的要求是,既要保障防护可靠,又要尽可能少占用空间,并且结构简单。图 7-3-1 所示为常用的导轨防护装置。

 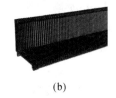 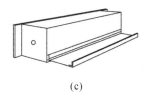

　　　　(a)　　　　　　　　　　　　(b)　　　　　　　　　　　　(c)

图 7-3-1　几种常用的导轨防护装置

图 7-3-1(a)为不锈钢伸缩罩,由若干节不锈钢板折弯罩壳依次套装构成,其安装特点是两端分别固定于运动部件和基座(往往采用辅助支架固定)上,随着运动部件的移动而相应伸缩;为保证伸缩移动过程的稳定性好和摩擦力小,伸缩罩与导轨或辅助导向件之间一般采用滚动支承或耐磨件滑动支承形式,结构较复杂,成本较高,但可靠性好,防护效果好,应用广泛。图 7-3-1(b)为风琴式伸缩罩,采用耐热、耐油、耐腐蚀的高强度帆布材料,结构简单,成本较低,但耐用性较差,且不宜用在铁屑散落较多的区域。图 7-3-1(c)为卷帘式防护罩,其特点是钢带(或纤维布)弹性卷曲在钢盒里,运动部件的来回移动拖动钢带(或纤维布)从钢盒中伸出或卷回,结构较简单,但只能防护导轨主面,卷曲机构可靠性相对较低,只适用于小规格导轨主面的防护。

以上几种导轨防护装置均已形成专业化生产和基本的结构与技术规范。根据实际需要,导轨防护装置还有其他多种结构形式。

2）滚珠丝杠防护

对于大部分的机床结构,滚珠丝杠副安装在两导轨副之间,因此也在导轨防护罩的防护范围内,不再专门配置丝杠防护装置。如果丝杠外露,需要设置专门防护罩,通常采用图 7-3-2 所示的不锈钢螺旋伸缩套,具有弹性伸缩功能,通过连接套连接在固定端和移动端上。也可采用风琴式伸缩圆套,材料和上述风琴式伸缩罩一样,但由于其柔性较大,只适用于垂向丝杠防护。

图 7-3-2　丝杠不锈钢螺旋伸缩套

3）光栅防护

光栅尺是精密直线检测装置,用于直线坐标运动部件的闭环检测和反馈,防护要求很高,特别是安装在加工区域附近如工作台侧面的光栅,容易接触到切屑、油雾,极易导致光栅故障,因此要采取防护措施。通常在光栅中通入洁净的压缩空气,达到阻止油雾、灰尘侵入的目的,标准光栅配置有通气接口;同时设置尽可能封闭的防护罩。

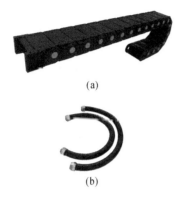

图 7-3-3　移动线缆防护装置

4）移动线缆防护

移动线缆防护通常采用拖链或波纹软管保护形式，即将电缆、油管、气管穿入适当规格的拖链或波纹管中，便可随拖链或波纹管移动和弯曲，达到防护效果，如图 7-3-3 所示，其中图 7-3-3（a）为拖链形式，只能在一个固定平面内移动和弯曲，但规格范围大，而图 7-3-3（b）所示的波纹防护软管可在空间自由移动和弯曲，但规格范围小，故应根据实际防护和外观需要进行选择。电缆与油管要分置于不同的防护装置，避免漏油而影响电缆使用甚至产生故障。拖链有闭式和开式两大类型，暴露于加工区域的移动线缆应采用闭式拖链，非加工区域的移动线缆可采用开式拖链。防护拖链和波纹管已形成标准化产品，可根据制造商样本资料直接选用，长度可任意选择。

2. 整机封闭围板防护

如图 7-3-4 所示的立式加工中心全围板防护装置，其封闭围板（全围板）防护装置主要由底盘、围板、正门、侧门、门导轨、开门断电装置等部分组成；根据实际需要，有些防护装置采用完全封闭围板，有的采用顶部适当敞开的四周围板形式，自动化线上的数控机床通常还要配置气动自动门；底盘形状应有利于冷却液和切屑的流动收集，并应与冷却液箱、排屑器集成，统一考虑和设计，确保冷却液和切屑顺畅流入排屑器和冷却液箱；右围板要与系统操作站集成，围板与围板之间、围板与底盘之间采用相扣等结构形式连接，以防渗漏。显然，防护围板形状和质量在很大程度上决定了机床的外观，因此防护围板的造型美观设计和高质量制作非常重要。

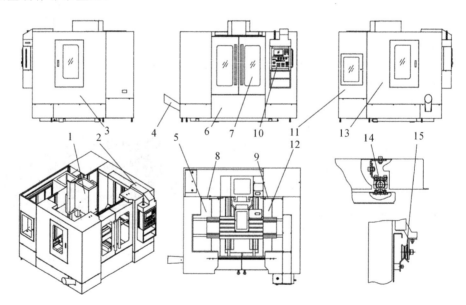

图 7-3-4　立式加工中心全围板防护罩

1—主轴箱罩；2—走线槽；3—右围板；4—排屑器；5—左底盘；6—前挡板；7—左、右正门；8—左后围板；
9—右后围板；10—操作站；11—后罩；12—右底盘；13—左围板；14—上门轨；15—下门轨

7.4　气动系统与液压系统

7.4.1　气动系统

气动系统除了用于加工冷却外,主要用于实现数控机床的自动化功能。确定气动功能后,机床气动系统的设计原理和方法与常规气动系统完全一样。用于数控铣床和加工中心的气动系统最为典型,其常规功能如下,根据实际需求选择确定:

（1）加工气冷　参见冷却系统的介绍内容。

（2）自动松刀功能　数控机床的自动松夹刀装置大多采用碟形弹簧锁紧、气动松开的方式,此时须由气动系统给自动松刀装置(气缸或气液转换松刀缸)提供气源动力和实现动作控制。

（3）主轴自动吹净功能　在刀具自动交换时,由气动系统完成对主轴锥孔的自动吹净。

（4）刀库运动功能　几乎所有加工中心刀库的部分运动均由气动系统提供动力,如圆盘式刀库的倒刀运动(刀库上交换刀具的卧式-立式状态转换)、斗笠式刀库的刀盘体移动等。

（5）数控回转台夹紧功能　许多数控机床配置的数控回转台采用气动夹紧方式,由气动系统提供动力。

（6）自动夹具夹紧功能　有些数控机床配置自动夹具,当夹紧力要求不太大时往往采用气动夹紧方式。

（7）其他自动化功能　如有些自动上下料装置中的夹持和移动、防护门开和关、加工区域和工件的吹净等也采用气动方式。

如图 7-4-1 所示的加工中心气动系统示例,具有上述部分气动系统功能。

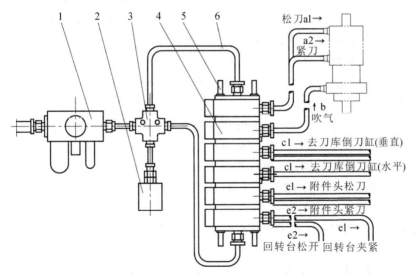

图 7-4-1　加工中心气动系统示例
1—气动三联件;2—压力开关;3—四通接头;4—换向阀集成;5—消音器;6—气管

7.4.2　液压系统

有些数控机床需要配置液压系统,以实现部分自动化功能,其中有些功能与气动系统类似。确定液压控制功能后,机床液压系统的设计原理和方法与常规液压系统完全一样。液压系统应用于不同的数控机床类型,其具体功能有所不同,下文对典型的数控铣床和加工中心、全功能数控车床和车削中心两大类进行介绍,并阐述相应的液压系统节能方法。

1) 数控铣床和加工中心

数控铣床和加工中心的液压系统常规功能如下,根据具体需求选择和确定:

(1) 自动松夹刀功能　对于数控机床自动松夹刀装置,当松刀力太大,或由于结构上的限制使松刀缸直径较小时,则采用碟形弹簧锁紧、油缸松开的方式,此时由液压系统提供松刀动力和实现控制功能。

(2) 刀库运动功能　加工中心需要配置刀库,有些刀库的部分运动由液压系统提供动力。

(3) 数控回转台夹紧功能　当数控机床配置的数控回转台需要较大的夹紧力时,通常采用液压夹紧方式。

(4) 自动夹具夹紧功能　有些数控机床配置自动夹具,当要求夹紧力较大时需要采用液压夹紧方式。

(5) 主传动齿轮自动变挡功能　当数控机床的主传动系统采用齿轮自动变挡机构如齿轮高、低挡两段自动变速机构时,通常采用油缸变挡操纵装置,由液压系统提供动力,通过换向阀改变油路方向从而使油缸运动换向,实现变挡运动。为避免齿轮运行过程的振动影响齿轮位置稳定性,油缸进油和回油路采用双向液控单向阀,变挡结束后换向阀回到中位。

(6) 升降部件液压平衡功能　升降部件始终存在重力载荷,这对于垂向进给机构极为不利,为了减小垂向进给机构的负载,提高升降运动平稳性,大部分数控机床都配置升降平衡装置。中小型立式加工中心通常可采用重锤平衡方式,但较大型、大型机床或不便安装重锤机构的机床,常采用液压平衡机构,如卧式加工中心、龙门加工中心。当运动速度和随动性要求不高时,可采用较为简单可靠的蓄能罐液压独立平衡回路方式,由蓄能罐和平衡液压缸形成内部自循环平衡,此时蓄能罐容量应较大,以减小速度波动;当运动速度和随动性要求较高时,可采用较为复杂的蓄能罐随动液压平衡回路方式,平衡动力由蓄能罐和液压泵共同提供,通过压力检测开关信号控制液压泵的启动和停止,此时蓄能罐容量可较小。

(7) 其他自动化功能　如在工作台自动交换、铣头角度自动转换、铣头自动交换等自动化装置中采用液压系统提供动力。

图 7-4-2 所示为加工中心液压系统示例,具有部分上述液压系统功能,其中在自动铣头松夹回路中,如果铣头采用碟形弹簧夹紧方式,则可取消保压回路;主传动高低挡转换回路中设置了减压阀,是因为高低挡转换所需压力较小;液压自循环平衡回路中截止阀 E 的作用是,正常工作时截止阀 E 关闭,当平衡系统油液泄漏导致压力下降至限定值时,截止阀 E 打开,由总回路进行补压。

2) 全功能数控车床和车削中心

全功能数控车床和车削中心的液压系统常规功能如下,根据具体需求选择和确定:

(1) 卡盘自动松夹功能　卡盘自动松夹功能通常通过液压缸运动来实现,即通过油缸活塞的前后运动,带动拉杆推动卡盘松夹装置,实现卡盘的夹紧和松开。

(2) 刀塔运动功能　车削中心配置刀位数 6 以上的自动刀塔,刀塔中刀盘的回转分度可由液压马达配合定位机构实现,刀盘的松开和夹紧由液压缸运动实现。

(3) 尾座伸缩功能　尾座伸缩功能主要是指尾座中顶尖部件的自动伸缩,达到顶紧和支承工件的作用;顶尖的自动伸缩运动由伸缩油缸的前后运动实现。

(4) 其他自动化功能。

图 7-4-3 所示为车削中心液压系统示例,具有上述液压系统功能。

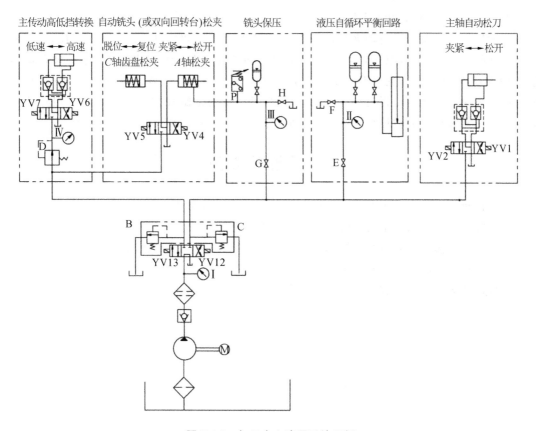

图 7-4-2　加工中心液压系统示例

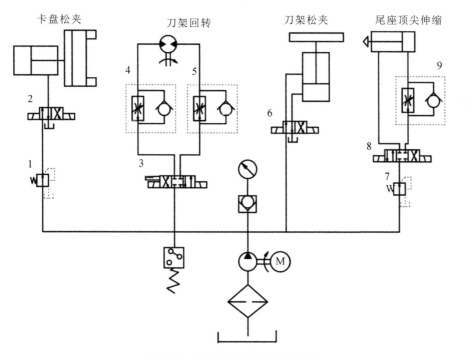

图 7-4-3　车削中心液压系统示例

1,7—减压阀;2,6—二位四通换向阀;3,8—三位四通换向阀;4,5,9—单向节流阀

3）机床液压系统变频调速节能方法

当液压系统主要用于自动夹具夹紧功能，且夹紧持续时间相对于松开时间较长时，可采用变频调速技术实现节能，原理如下：由于夹紧持续过程主要处于保压状态，理论上只需要小流量维持压力，因此可采用变频电机作为液压站驱动电机，采用变频调速器，配置位置检测装置，通过电气控制按照运行流程自动改变电机转速，可以实现油缸在快速移动时电机相应高转速而在慢速夹紧和持续夹紧过程中电机相应低转速的自动调节功能，节能效果显著。

习题和思考题

1. 数控机床润滑系统主要有哪些类型？各有什么功能和特点？

2. 数控机床冷却系统主要有哪些类型？各有什么特点？

3. 通常自动排屑器和冷却系统如何安装放置？运行过程有什么特点？

4. 数控机床的防护功能和措施主要有哪些？

5. 数控机床气动系统和液压系统主要有什么功能？

第8章 刀具自动交换系统和数控回转台

8.1 刀具自动交换系统

8.1.1 概述

在零件加工过程中,由于工序、工步的不同以及刀具的磨损,需要经常更换刀具,普通机床和部分普通数控机床的刀具采用手动更换方式,费时费力,显著影响生产效率,且无法实现自动化加工。随着时代的发展,对生产效率和自动化水平提升的需求,以及数控机床技术的不断进步,刀具自动交换技术及交换系统出现了。配置刀具自动交换系统的数控机床,可一次装夹工件自动进行多工序加工,大大提高了自动化水平和加工效率。由于空间布局、结构和实际功能的不同,应用于数控铣床和数控车床的刀具自动交换系统在形式和具体功能方面有所不同,具体如下:

(1)应用于数控铣床。刀具自动交换系统由刀库和刀具自动交换装置组成,具有存放刀具和自动交换刀具的功能,通常可简称为刀库。普通数控铣床在配置刀库及相关增强数控功能和自动化功能后,成为加工中心,如图 8-1-1 为配置刀库的立式加工中心。

(2)应用于数控车床。刀具自动交换系统主要由多刀位刀架和自动分度机构组成,可简称为自动刀架或自动刀塔。普通数控车床在配置容量为 6 把以上自动刀塔及相关增强数控功能和自动化功能后,成为车削中心;在配置动力刀塔及相关增强数控功能后,成为车铣复合加工中心。有些车削中心如龙门式车削中心也采用与加工中心类似形式的刀库,刀具容量更大。图 8-1-2 所示为配置自动刀塔的车削中心。

图 8-1-1 配置刀库的立式加工中心

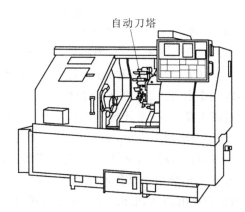

图 8-1-2 配置自动刀塔的车削中心

刀具自动交换系统是加工中心和车削中心及其他可多工序自动化加工机床的重要组成部分,应满足如下要求:刀具交换时间短、定位精度高,刀具存储容量足、规格满足要求,运行灵活、准确、安全、可靠。刀具自动交换装置具有多种类型和规格,满足不同的布局、功能和刀具容量的需要,常用的刀具自动交换装置已形成专业化生产。应用于车削中心的常用自动刀架主要有四方回转刀架(四工位电动回转刀架)、多刀位自动刀塔、动力刀塔等。应用于加工中心的刀库类型很多,常用刀库类型主要有斗笠式刀库、圆盘式刀库、链式刀库、转塔式刀库等,其中链式刀库类型又包括多种形式和规格。除了上述常用刀具自动交换系统类型外,根据机床实际布局,以及容量、高速交换等不同需求,还有其他多种不断创新的布局及交换形式的刀具交换系统。

8.1.2　车削中心和车铣复合加工中心自动刀架

应用于车削中心和车铣复合加工中心的自动刀架通常由机座、刀架(刀盘)、传动与分度机构、定位机构、锁紧机构、驱动装置、检测装置等部分组成,具有 4 把、6 把、8 把或更多的刀具容量,可按数控指令自动换刀。回转刀架的交换方式:各刀位上已安装好相应的刀具,通过刀架的回转,使已使用刀具离开工作位置,并使选定的刀具转至工作位置。

1. 四方回转刀架

四方回转刀架是一种具有 4 个刀位的最简单的自动刀架,如图 8-1-3 所示。习惯上,应用四方回转刀架的数控车床仍属于普通数控车床。

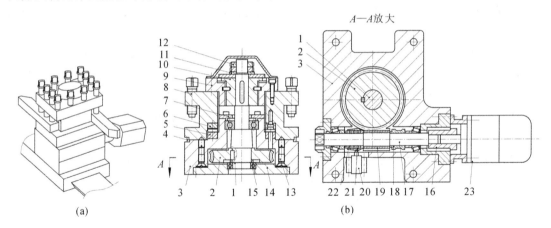

图 8-1-3　四方回转刀架结构图

1,17—轴;2—蜗轮;3—刀座;4—密封圈;5,6—端面齿盘;7—压盖;8—刀架;9—带槽套筒;10—带销轴套;11—垫圈;12—螺母;13—挡销;14—底盘;15—轴承;16—联轴套;18—套;19—蜗杆;20—开关;21—锥套筒;22—弹簧;23—电机

　　四方回转刀架从外形和布局、安装形式看类似于普通车床的刀架,但其能自动完成转位,整个装置主要由刀座、刀架、传动机构、定位机构、检测装置、驱动电机等部分组成,其中定位机构采用端面齿盘(又称齿牙盘、齿盘、鼠牙盘)形式,确保定位准确可靠,工作原理和动作顺序为:数控装置发出换刀指令,电机 23 驱动蜗轮蜗杆副 2、19,从而带动带销轴套 10 旋转;带销轴套 10 径向对称设置有两处凸销,与带有螺旋槽的带槽套筒 9 配合,抬起刀架 8 从而脱开定位端面齿盘 5、6,电机驱动传动机构继续旋转,带动刀架 8 转过 90°(或 180°、270°)到达指令刀位,检测开关发出信号,电机 23 停止并反转,挡销 13 阻止刀架反转,并通过带槽套筒 9 的反向作用带动带销轴套 10 连同刀架 8 下降,从而使端面齿盘 5、6 啮合实现准确定位,电机 23 带动蜗杆 19 继续旋转并产生轴向位移,压缩弹簧 22,并带动锥套筒 21 触发开关 20 发出信号,系统控制电机停止,交换结束。

2. 多刀位自动刀塔

刀位数量在 6 以上(如 6、8、10、12 等)的自动刀架,通常也称为自动刀塔,如图 8-1-4 所示,其外形和布局、安装方式有别于普通刀架,呈卧式安装。安装自动刀塔的数控车床,往往会配置可与进给轴联动的主轴 C 功能和自动排屑器等自动化装置,功能明显增强,成为车削中心。

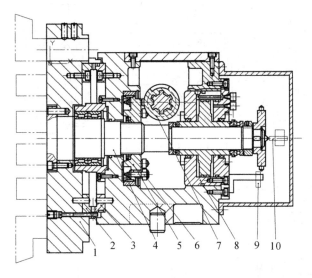

图 8-1-4　自动刀塔结构图

1—刀盘;2,3—端面齿盘;4—中心轴;5—回转盘;6—分度柱销;7—转位凸轮;8—液压缸;9,10—检测开关

自动刀塔具有多种规格,具体结构可有多种形式。图 8-1-4 所示的 12 刀位自动刀塔采用液压驱动方式,主要由基座、刀盘、分度机构、定位机构、锁紧机构、检测装置、驱动液压马达等部分组成,其中刀盘的分度、松夹都采用液压驱动方式,定位机构采用精确可靠的端面齿盘定位形式。工作原理和动作顺序如下:控制系统发出换刀指令,液压缸 8 右腔进油,活塞左移,通过中心轴 4 推动脱开端面齿盘 2、3,检测开关 10 发出转位信号,液压马达驱动转位凸轮 7 旋转,通过凸轮柱销组合机构 5、6、7 带动中心轴 4 连同刀盘 1 做分度运动,选中预定刀位后,根据检测开关 9 信号系统控制液压马达停止,液压缸 8 左腔进油,活塞带动中心轴 4 连同端面齿盘 2 右移,端面齿盘 2、3 啮合定位,检测开关 10 发出到位停止信号,交换结束。其中,分度位置信号由中心轴 4 尾端的分布感应块触发检测开关 9 产生,每转过一个刀位触发一个信号,经控制系统计数形成分度到位指令。

检测开关可采用多种形式,如感应开关、微动开关等。凸轮柱销分度机构的分度原理:圆柱凸轮旋转一周则柱销盘转过一个柱销位,实现一个刀位的转位。尽管凸轮柱销分度机构本身精度较低,但刀塔的最终定位是由端面齿盘实现的,定位精度高。刀盘的分度也可采用伺服电机直接驱动、端面齿盘精确定位的方式,结构更为简单。

3. 动力刀塔

自带主切削动力的自动刀架称为动力刀塔(也称为动力刀架)。动力刀塔的特点是,不仅可以安装常规车削加工刀具如车刀、中心钻头和中心镗刀等,实现车削和中心钻削、镗削加工功能,还可以安装铣、钻、镗等刀具,由动力刀塔提供回转主切削动力,结合附加进给坐标运动,实现铣削、钻削、镗削等加工功能。因此,动力刀塔的运动包括刀具交换运动、主切削运动、进给运动。数控车床配置动力刀塔和相关的增强数控功能(如主轴 C 轴功能等)及自动排屑等自动化功能后,可实现车铣复合加工,成为车铣复合加工中心。

安装了动力刀塔的车铣复合加工中心内容参见第 12 章的相关介绍。图 8-1-5(a) 为动力刀塔总体结构示意图,动力刀塔包括刀具交换系统、主传动和动力主轴系统、Y 轴进给系统三大部分,其中刀具交换系统的功能、结构和原理与不带动力的自动刀塔相同。

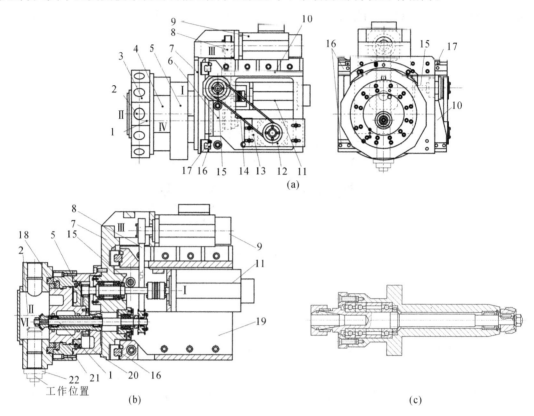

图 8-1-5　动力刀塔结构图

(a) 动力刀塔总体结构示意图;(b) 动力刀塔回转分度和主传动系统结构剖视图;(c) 动力钻铣削刀座组件 22

1—动力刀具传动轴组件;2—刀盘回转轴;3—刀盘;4—松夹定位装置;5—减速齿轮机构;6—主传动箱;

7—Y 轴滑座;8—主传动同步带副;9—动力刀具主电机;10—箱体;11—刀盘分度电机;12—Y 轴伺服电机;

13—安装板;14—Y 轴同步带;15—Y 轴丝杠;16—Y 轴导轨;17—斜压块;18—齿牙盘副;19—箱体;

20—安装座;21—油缸;22—动力钻铣削刀座组件

结合各部分的具体组成和结构,动力刀塔的工作原理简述如下:

(1) 刀具交换运动　刀具交换运动由刀具交换系统执行。刀具交换系统包括刀盘的分度机构、定位机构和松夹机构,如图 8-1-5(a)、(b) 所示,其工作原理为:刀盘分度电机 11 通过减速齿轮机构 5 驱动刀盘 3 回转,实现刀具交换;在分度和交换过程中通过松夹定位装置 4 中的中空油缸 21 进行松开和夹紧,由齿牙盘副 18 精确定位。根据结构空间,刀盘上间隔安装有若干个动力钻铣削刀座组件 22 和若干个固定刀座组件(图 8-1-5 中未表示)。

(2) 主切削运动　主切削运动由主传动和主轴系统执行。主传动和主轴系统由主电机、主传动机构、主轴等部分组成,如图 8-1-5(a)、(b) 所示,其工作原理为:动力刀具主电机 9 通过主传动同步带副 8、动力刀具传动轴组件 1 及其上伞齿轮驱动动力钻铣削刀座组件 22,从而带动刀具做回转主切削运动。由于动力传动轴 Ⅳ 与刀盘回转轴 Ⅱ 存在偏心,当刀盘 3 分度使动力钻铣削刀座组件离开工作位置后,动力钻铣削刀座组件的伞齿轮即与动力传动轴齿轮脱开,不再做旋转运动。动力钻铣削刀座组件有多种规格,图 8-1-5(c) 为其一种结构示意图。

（3）动力刀塔进给运动　动力刀塔要实现动力钻、铣、镗削加工，还要能进行 Y 向进给运动。其工作原理如下：Y 轴伺服电机 12 通过 Y 轴同步带 14 带动 Y 轴丝杠 15，驱动 Y 轴滑座 7 沿 Y 轴导轨 16 移动，执行 Y 向坐标进给运动，结合机床原有的 X、Z 向坐标运动，实现钻、铣、镗削加工所需要的三轴坐标进给运动。

8.1.3　加工中心刀库

加工中心刀库是指在普通数控铣镗床的基础上增加配置的刀具自动交换系统，由于数控铣镗床刀具是安装在主轴上的，因此其刀具交换过程比车削中心要复杂，不仅涉及刀盘的回转运动，还需要主轴的相关配合运动及刀库和主轴之间的新、旧刀具交换运动；铣、镗刀具在使用时是安装在刀柄上的（也有刀具、刀柄是一体式的），刀具的交换实际是刀具、刀柄整体交换，以下如不特别说明，所描述的刀具交换即为刀具、刀柄整体交换。目前常用的加工中心刀库主要有斗笠式刀库、圆盘式刀库、链式刀库、转塔式刀库等，其中圆盘式刀库、链式刀库应用最广。

1. 斗笠式刀库

斗笠式刀库是较早应用的加工中心刀库，实际就是一种刀库移动式自动换刀装置。图 8-1-6 为斗笠式刀库的安装示意图，图 8-1-7 为斗笠式刀库结构示意图。斗笠式刀库采用斗笠状布局形式，主要由基座、刀盘、分度机构、移动机构、检测装置、防护罩等部分组成，其中，分度机构包括分度减速电机和定位机构，刀具安装在定位盘上。其工作原理和换刀过程如下：主轴箱上升至换刀点，主轴准停至规定角度，气缸 14 推动刀盘 1 及组件移动至换刀位置，刀盘 1 空位卡爪卡入主轴刀具 V 形槽（刀盘抓住旧刀），主轴箱上松刀缸动作使刀具拉爪松开，主轴箱继续上升使刀具退出主轴（拔刀），同时主轴锥孔自动气动吹净，减速电机 13 驱动分度定位盘 6 选到新刀，主轴箱下降至换刀点使新刀插入

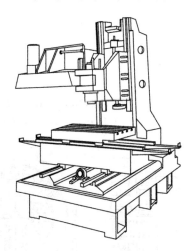

图 8-1-6　斗笠式刀库安装示意图

主轴（装刀），松刀缸活塞回退，主轴拉爪拉紧新刀（主轴抓住新刀），气动吹净停止，同时气缸拉动刀盘 1 及组件退回到原始位置，刀具交换结束，主轴箱继续下降进入加工状态。在刀具交换过程中各动作和位置环节均设置有接近开关 2、5、17 发送信号，确保交换动作正确、可靠。分度定位机构通常采用平面外槽轮机构，结构简单，定位可靠。

从上述描述可知，斗笠式刀库采用无臂换刀方式，即没有换刀机械手而由刀库（刀盘）与主轴直接交换刀具，不能预选刀具，换刀时间长，刀具与刀库中的刀具座号一一对应，刀库布置形式和整体移动对工作空间有一定影响；刀库容量不大于 24 把，主要应用在较小和经济型立式加工中心。

2. 圆盘式刀库

圆盘式刀库是目前应用最为广泛的刀库形式，由于整个刀库外形似一个圆盘而得名，如图 8-1-1 所示。圆盘式刀库主要由基座、盘形刀库和交换装置三大部分组成；盘形刀库又由刀盘、驱动电机、减速机、分度机构、气缸倒刀机构、检测元件等部分组成，分度机构采用圆柱凸轮-柱销机构形式；交换装置由双爪式机械手、驱动电机、减速机、平面-圆柱组合凸轮机构、检测装置等部分组成，其中平面-圆柱组合凸轮机构实现换刀机械手的回转和上下组合运动功能。因此，圆盘式刀库是一种凸轮机构换刀装置，如图 8-1-8(a) 所示，其工作原理和换刀过程如下：

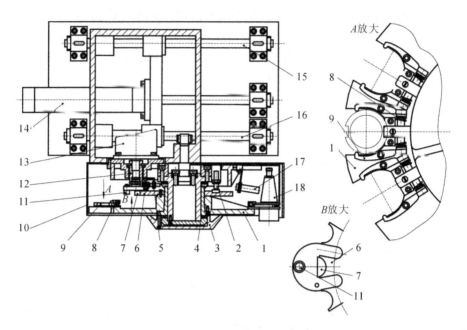

图 8-1-7　斗笠式刀库结构示意图

1—刀盘；2,5,17—接近开关；3—端盖；4—平面轴承；6—分度定位盘；7—定位块；8—弹簧；
9—卡爪；10—罩壳；11—滚轮；12—联轴器；13—减速电机；14—气缸；15,16—导向杆；18—刀柄

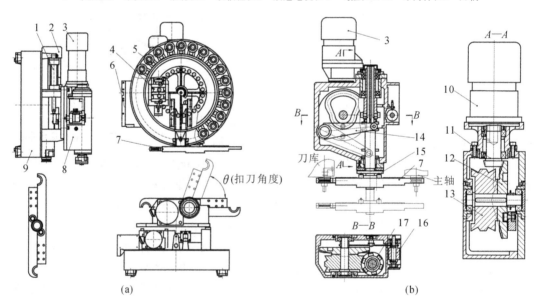

图 8-1-8　圆盘式刀库总体示意图和组合凸轮换刀装置结构图

（a）圆盘式刀库总体示意图；（b）组合凸轮换刀装置结构图

1—刀座转位气缸；2—分度电机；3—换刀电机；4—凸轮-柱销机构；5—刀座；6—基座；7—双爪机械手；8—刀具交换装置；
9—刀盘；10—减速机；11—锥齿轮；12—平面凸轮；13—弧面凸轮；14—连杆机构；15—连锁机；16—检测组件；17—柱销轮

（1）刀库选刀运动。分度电机 2 通过减速机驱动凸轮-柱销机构 4 带动刀盘 9 旋转分度，选择到新刀后通过刀座转位气缸 1 动作将新刀倒至垂直角度（倒刀）；选刀过程可与加工或主轴准停过程同时进行。

（2）主轴准停。可与上述分度选刀运动同时进行，主轴箱上升至换刀点，主轴准停至换刀角

度;主轴准停是为了在刀具交换过程刀臂卡爪的定位键能准确插入主轴刀柄(旧刀)上的键槽中。

(3) 换刀臂旋转扣刀。如图 8-1-8(b)所示,交换装置中由平面凸轮 12、弧面凸轮 13 构成组合凸轮。换刀电机 3 经减速机 10 和锥齿轮 11 驱动组合凸轮,并首先通过其中的弧面凸轮 13 推动柱销轮 17 运动使双爪机械手(也称为换刀臂)7 从初始角度旋转设定角度(扣刀角度可根据机床结构尺寸确定,通常为 60°～90°),两端的卡爪同时扣到新刀和旧刀,此时平面凸轮 12 处在圆弧静止段,连杆机构 14 不动作。

(4) 松刀缸进行松刀运动。松刀缸活塞推出,推动主轴锁刀拉杆带动拉爪移动,从而松开刀柄拉钉,实现松刀;同时接通气动锥孔吹净回路。

(5) 卸刀和锥孔吹净。组合凸轮中的平面凸轮 12 运行至变化段,通过连杆机构 14 带动双爪机械手 7 向下运动,双爪将新、旧刀具同时拔出(卸刀);双爪机械手 7 下移后其上的连锁销 15 松开,通过连锁机构锁住卡爪,即刚性锁住刀柄;此时弧面凸轮 13 和柱销轮 17 处于静止段,双爪机械手 7 没有回转运动;在刀具交换的同时,气动系统对主轴锥孔进行吹气清洁。

(6) 双爪机械手旋转交换。接着,组合凸轮中的弧面凸轮 13 和柱销轮 17 又进入运动阶段,带动双爪机械手 7 继续旋转 180°,实现新、旧刀具调换,此时平面凸轮 12 处于圆弧静止段,双爪机械手 7 没有上下运动。

(7) 装刀运动。平面凸轮 12 进入变径弧形段,通过连杆机构 14 带动双爪机械手 7 向上运动,将新、旧刀具同时插入主轴锥孔和刀盘 9 垂直刀座锥孔中(装刀),同时,双爪机械手 7 上的连锁销 15 被压下,连锁机构松开使卡爪恢复弹性;此时弧面凸轮 13 和柱销轮 17 处于静止段,双爪机械手 7 没有旋转运动。

(8) 紧刀运动。松刀缸反向动作,活塞退回,在碟形弹簧作用下主轴锁刀拉杆带动拉爪回退,从而拉紧刀柄拉钉,将新刀刀柄锁紧在主轴锥孔中,实现紧刀;同时气动吹净回路断开,停止吹气。

(9) 返回原位。组合凸轮中的弧面凸轮 13 和柱销轮 17 进入运动状态,带动双爪机械手 7 回转至初始角度方向,同时刀座转位气缸 1 退回,垂直刀座回到水平位置,刀具交换结束,进入下一加工工序。

(10) 过程检测。刀具交换过程中各节点通过检测组件 16 检测,各阶段运动到位后相应发出信号,系统根据换刀程序和检测信号进行控制,使刀具交换过程的动作连贯、准确、可靠。

可以看出,圆盘式刀库由于配置有双爪机械手(换刀臂)交换装置,具有如下特点:可预选刀具,采用换刀臂实现新、旧刀具同时对调交换,换刀时间短;每次交换旧刀放入刀库的刀座号是变动的,可通过 PLC 程序算法确认;刀库安装和刀具交换对工作空间影响很小,刀库容量通常不超过 30 把,主要应用于立式加工中心。

圆盘式刀库通常通过安装基座安装在机床立柱的侧面,如图 8-1-9 所示,应综合考虑机床结构空间和刀库常规尺寸进行安装设计,确保换

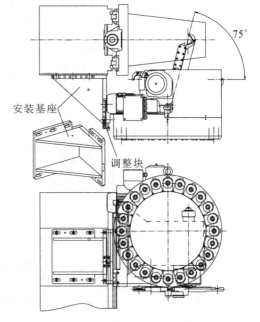

图 8-1-9　圆盘式刀库安装图

刀臂双爪的中心距适当小些,机械手及刀具的回转与立柱不发生干涉。

3. 链式刀库

圆盘式刀库容量可比斗笠式刀库大,但也不能太大,否则圆盘直径太大,使用不方便。为进一步提高刀库容量,将圆盘形变为椭圆形、曲形等形状,相应的刀具选择运动机构就改用链条拖动方式,形成链式刀库。图 8-1-10 所示为椭圆形链式刀库总体示意图。

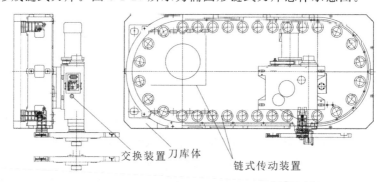

图 8-1-10　椭圆形链式刀库总体示意图

　　链式刀库主要由链式刀库体、交换装置组成,其中链式刀库体又由刀库座、链传动与刀具座部分组成;交换装置结构和工作原理则与圆盘式刀库一样。链传动与刀具座结构示意图如图 8-1-11 所示,采用伺服电机经蜗轮蜗杆传动机构减速,产生适中的转速和较大的扭矩,驱动链轮带动链条及刀具座移动,通过传感计数确定换刀位,并采用气动插销定位方式准确定位。显然,链式刀库也具有预选刀具和新、旧刀具同时交换功能,刀具交换较为迅速。

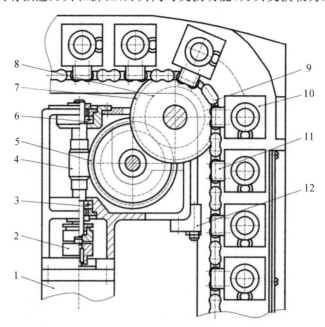

图 8-1-11　链传动与刀具座结构示意图

1—伺服电机;2—联轴器;3—前轴承;4—蜗杆;5—蜗轮;6—后轴承;
7—链轮;8—齿轮;9—链条;10—刀座;11—连接板;12—胀紧机构

　　为适应多种类型的加工中心,如常规立式和卧式、龙门式、立柱移动式等加工中心,其布局和安装方式较为多样,交换装置也从双爪机械臂衍生出多种结构形式,如立卧转换交换机械臂、带轨道机械臂等,从而也衍生出多种形式的链式刀库。图 8-1-12 所示为带移动导轨链式刀库示意图。

　　椭圆形链式刀库结构相对较为简单,但容量通常不超过 50 把,当容量再增加则多采用曲形结构,如图 8-1-13 所示,配置了立卧转换交换机械臂,容量可达 60 把以上,应用于大型以上加工中心,如立柱移动加工中心、龙门加工中心等。链式刀库同样也按照交换位置要求采用安装座固定在机床立柱或基础座上,也可以与机床相对独立安装固定。

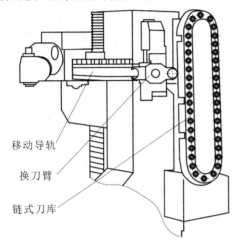 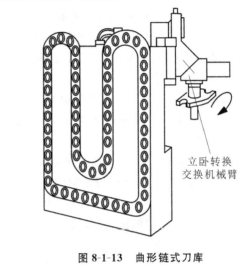

移动导轨

换刀臂

链式刀库

立卧转换
交换机械臂

图 8-1-12　带移动导轨链式刀库　　　　　　　　图 8-1-13　曲形链式刀库

4. 转塔式刀库

　　转塔式刀库的刀柄规格较小,通常采用 30 号规格的锥柄,主要应用于较小型加工中心,如钻铣加工中心。如图 8-1-14 所示,转塔式刀库安装在与主轴箱同侧的立柱正上方,主要由刀盘、分度装置、卡刀板、联动机构、检测装置等部分组成。刀盘分度选刀机构通常采用平面外槽轮机构形式,刀具交换方式为刀库与主轴直接交换。

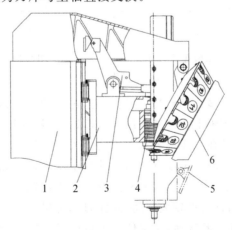

图 8-1-14　转塔式刀库示意图

1—立柱;2—主轴箱;3—联动松刀机构;4—主轴;5—联动卡板;6—转塔刀库

　　转塔式刀库工作原理和交换过程如下:系统发出换刀指令,主轴准停,主轴箱上升至换刀点,通过联动机构使主轴上升运动、松刀动作、刀库卡刀板摆动三者联动以使卡刀板卡入旧刀及旧刀松开,主轴箱继续上升,脱开旧刀具(卸刀),刀盘分度选刀,主轴箱下降至换刀点,同样通过联动机构使新刀装入主轴锥孔、锁紧,主轴箱继续下降至加工位置,刀具交换结束。转塔式刀库尽管不能预选刀具,但由于采用联动机构,换刀迅速。

5. 其他刀库和刀具自动交换形式

上述介绍的是几种典型的、相对固定的、专业化生产的常用刀库形式,但实际上加工中心的布局和结构类型繁多,且随着技术的发展和各种不同需求的增加,出现了各种先进、高效和实用的刀库布局及刀具交换形式,并在不断创新和发展中,下面简要介绍几种。

（1）固定排布式刀库　固定排布式刀库的特点是刀具按照一定规则固定排布,刀库中的刀具完全固定,直接由主轴头移动至交换点进行交换。显然,此类刀库结构简单,在占地面积相对较小的情况下刀库容量大,但不能预选刀具,且主轴头运动行程加大,主要应用于各种较大规格的立式加工中心。

（2）置顶鼓盘式刀库　置顶鼓盘式刀库其实是圆盘式刀库的一种变形,它们的分度和交换原理相同,但前者安装在机床顶部,交换过程完全不影响加工空间,且没有倒刀机构和动作,结构更为简单,如图 8-1-15 所示。

（3）多主轴转塔刀库　多主轴转塔刀库的特点是刀库中每个刀位都配置有主轴,如图 8-1-16 所示。多主轴转塔刀库中的工作位置主轴其实就是机床的主轴头,因此刀具交换过程实际就是多主轴刀库的分度选刀过程,显然其刀具交换时间比斗笠式刀库短,比圆盘式刀库长,刀盘内置多套主轴机构,容量较小。

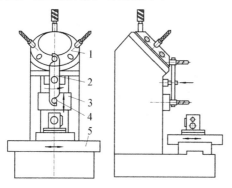
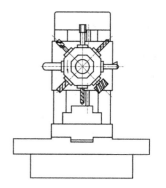

图 8-1-15　置顶鼓盘式刀库　　　　　　　　**图 8-1-16　多主轴转塔刀库**
1—刀库;2—机械手;3—主轴箱;4—主轴;5—工作台

多主轴转塔刀库由基座、多主轴转塔、分度机构、定位锁紧机构、主传动机构、检测装置等部分组成,刀具手动锁紧在主轴上。其基本结构原理如下:采用电机-槽轮机构进行分度,油缸松夹和端面齿盘定位;主运动在工作位置末端齿轮传入,与工作位置的主轴齿轮啮合,实现主切削运动,因此不在工作位置的主轴没有动力。其基本交换过程如下:主传动末端齿轮脱离,定位端面齿盘脱开,转塔分度,定位锁紧,末端齿轮与工作位置主轴齿轮啮合,刀具交换结束。多主轴转塔刀库由于主轴组件占据较大空间,因此刀库容量小;采用多套主轴成本相对较高;主轴随着刀具的不断交换而不断变换,主轴位置不易达到高精度,因此加工精度相对较低。

（4）两级组合刀库　两级组合刀库由预交换刀库和双主轴转塔两部分组成,参见图 2-3-13,其中双主轴转塔中的工作主轴即为机床的主轴头。当工作主轴处在加工状态时,根据需要系统控制预交换刀库将新刀具交换至双主轴转塔的待工作主轴中,原主轴加工结束后旋转 180°,使待工作主轴进入工作位置,开始新的加工,因此交换时间相对很短,且刀库容量比单个多主轴转塔刀库容量大。

8.2　数控回转工作台和分度工作台

8.2.1　数控回转工作台

数控回转工作台是指可通过系统控制回转的工作台，可任意分度和定位，因此可根据系统控制方式实现调整控制运动或联动控制运动。数控回转工作台又包括单轴数控回转台（简称数控回转台）和双轴数控回转台两大类。在三轴数控铣镗床上配置单轴数控回转台及其相应控制和驱动系统，与 X、Y、Z 直线坐标运动结合，可实现四轴联动，或四轴控制三轴联动；配置双轴数控回转台及其相应控制和驱动系统，可实现五轴联动，或五轴控制三轴联动等。配置数控回转工作台后可大大扩展数控机床的加工范围，可加工更为复杂的零件，如螺旋形状轮廓（四轴）、螺旋桨（五轴）等。

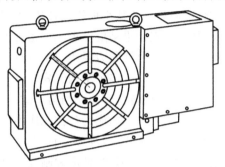

本节主要介绍单轴数控回转台，与主机相对，通常数控回转台有一体化式和独立式两种。通常独立式数控回转台采用立、卧两用的形式，既可按立式状态安装也可按卧式状态安装，如图 8-2-1 所示。

图 8-2-1　立、卧两用数控回转台

数控回转台包括机械传动形式和力矩电机直接驱动形式两种，其中前者较为常用。图 8-2-2 为机械传动式数控回转台结构示意图，主要由底座、工作台、传动机构、松夹机构、伺服电机、间隙消除机构、检测装置、润滑部分等组成，其中松夹机构由若干个均匀分布的夹紧油缸、钢球组件构成。其工作运行原理如下：

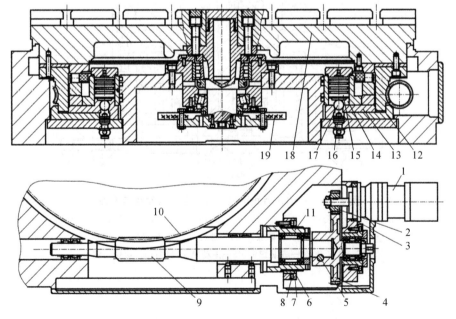

图 8-2-2　机械传动式数控回转台结构示意图

1—伺服电机；2,4—齿轮；3—偏心环；5—楔形拉销；6—压块；7—螺母；8—锁紧螺钉；9—蜗杆；10—蜗轮；11—调整套；12,13—夹紧瓦；14—夹紧油缸；15—活塞；16—弹簧；17—钢球；18—工作台；19—光栅

（1）工作台松开。系统发出回转控制指令，圆周均布的若干个夹紧油缸 14 卸油，活塞 15 和钢球 17 在弹簧 16 的作用下松开。

（2）回转运动。伺服电机 1 经齿轮 2、4 和蜗轮蜗杆 9、10 两级减速驱动工作台旋转，系统控制旋转运动。

（3）工作台锁紧。回转运动到位后，电机停止运转，同时夹紧油缸 14 进油，活塞 15 通过钢球 17 压下夹紧瓦 12、13，抱紧蜗轮 10 从而锁紧工作台 18。

数控回转台之所以没有设置机械定位机构，是因为要实现连续分度功能，需要通过尽可能消除各环节间隙、提高传动精度和采用可靠锁紧机构等措施来保障分度精度以及静止状态下工作台的稳定性，如通过偏心环 3 调整尽量减小齿轮 2、4 的传动侧隙，通过移动调整变螺距蜗杆的位置而尽可能减小蜗轮蜗杆传动侧隙。配置光栅 19，可以实现闭环检测和控制，显著提高位置精度，但如果精度要求不高也可取消光栅检测而采用半闭环控制方式。锁紧机构也可采用气缸形式，但锁紧力要小得多，应用于切削力较小的场合。机械传动式数控回转台的具体传动、锁紧机构可有多种结构形式。

上述数控回转台为独立结构形式，可作为数控机床的一个附件转台。数控回转台也可以和数控机床集成一体，成为数控机床不可分割的一部分，即将回转台底座作为机床的滑座部件或底座部件，如图 8-2-3 所示。同时，对于高配置的应用场合，通常采用无须机械传动环节的力矩电机直接驱动形式，精度和刚度高，效率高，快速特性好，但成本较高。图 8-2-3 所示为力矩电机驱动型数控回转台，力矩电机的定子 3 与滑座 1 固定连接；转子 4 与连接套 5 固定连接，从而通过连接盘 15 与工作台 8 连接，实现力矩电机直接驱动；工作台静止时通过油缸 6、摩擦片 10 进行制动；通过滚动导轨滑块 18 与基座滚动导轨连接，使回转台与机床集成一体，同时作为直线坐标执行部件。

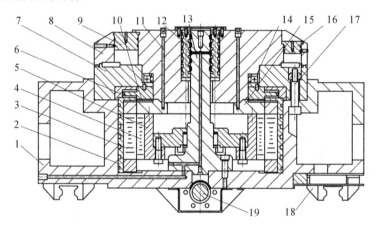

图 8-2-3　一体化力矩电机型数控回转台结构示意图

1—滑座；2—冷却套；3—定子；4—转子；5—连接套；6—油缸；7—底座；8—工作台；
9,12,16—分油器；10—摩擦片；11—螺钉；13—芯轴；14—平面轴承；
15—连接盘；17—安装螺钉；18—滚动导轨滑块；19—滚珠丝杠

8.2.2　数控分度工作台

数控分度工作台的功能特点:只能进行有限的规定角度的分度运动,并可通过数控系统进行分度运动控制,实现多个规定角度方向的加工。其主要组成部分包括底座、工作台、分度与传动机构、松夹机构、定位机构、驱动部分、检测装置、润滑部分等。通常可采用端面齿盘或定位销作为定位机构,端面齿盘结构较为复杂,成本较高,但齿数可以很多,而最小分度角度为360°与齿数的比值,可以达到1°,适于较小角度的分度定位,定位精度和可靠性高;如采用定位销,则结构简单,成本低,但定位精度和可靠性较低,且只适于分度角度较大的场合。驱动部分可采用伺服电机、普通电机或液压气动机构等,但配置于数控机床的数控分度工作台多采用伺服电机驱动方式,其分度控制性能更好,可达到的最小分度角度小,分度机构相对较简单。其他构成部分要求和结构形式与数控回转台类似。

图 8-2-4 为数控分度工作台结构示意图,分度运动过程包括压紧油缸和消隙油缸松开、工作台升起脱离定位、工作台回转分度、重新定位和锁紧等环节,具体工作原理如下:控制系统发出分度指令,液压系统控制压紧油缸 8(圆周均布若干个)从油槽 13 卸油,在弹簧 12 的作用下活塞 11 松开,消隙油缸 5(若干个均布)松开;中心油缸 17 下腔进油,活塞 16 通过螺栓 15、支座 4、锥套 2 托起工作台 1,并带动 8 个定位销 7 脱开定位孔衬套 6;伺服电机经齿轮传动减速驱动工作台 1 旋转分度到位;中心油缸 17 卸油,工作台依靠自重下降,定位销 7 插入新位置定位孔衬套 6 实现定位,消隙油缸 5 压紧从而消除间隙,压紧油缸 8 上腔进油从而使活塞 11 向下压紧工作台,分度运动结束。

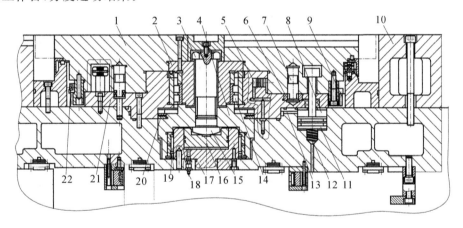

图 8-2-4　数控分度工作台结构示意图

1—工作台;2—锥套;3—螺钉;4—支座;5—消隙油缸;6—定位孔衬套;7—定位销;
8—压紧油缸;9—齿轮;10—长方形工作台;11—活塞;12—弹簧;13—油槽;14,19,20—轴承;
15—螺栓;16—活塞;17—中心油缸;18—油管;21—连接座;22—挡块

在机构的各环节位置都设置有检测开关,进行位置检测和发出到位信号,确保分度运动正确进行。图 8-2-4 所示结构采用定位销定位,定位孔的均布数量 n 即为分度数,最小分度角度为 $360°/n$。

图 8-2-4 中,分度台镶嵌在长方形工作台 10 中,台面等高,成为固定-分度组合式工作台,可以固定加工较大型工件,也可以分度加工中小型工件,加工功能得到拓展。

习题和思考题

1. 刀具自动交换系统具有什么功能?

2. 动力刀架具有什么功能和结构特点? 数控车床配置动力刀架和相应增强数控功能后具有什么特点?

3. 斗笠式刀库、圆盘式刀库、链式刀库在刀具交换速度和刀库容量方面各有什么特点?

4. 圆盘式刀库刀具交换装置和交换运动控制特点是什么? 交换过程包括哪些步骤?

5. 数控回转台具有什么功能? 其基本组成部分有哪些? 包括哪些基本运行步骤?

6. 数控分度工作台和数控回转工作台有什么区别?

7. 端面齿盘定位和定位销定位各有什么优缺点?

第9章 数控与电气控制系统

数控机床的特征就是应用数字控制系统进行机床坐标轴的坐标运算和运动控制,使各坐标轴按规定路径和速度运行,实现复杂轮廓零件的加工,因此数控系统是数控机床的指挥大脑和关键部分。但数控系统不能独立发挥作用,必须与数控系统之外的机床侧相关电气部分、检测元件和相应电路连接,数控系统发出的控制信号要通过外部(机床侧)的电气部分实现对机床运行的控制。也就是说,数控机床中执行运行控制功能的系统不仅包括数控系统,也包括常规的电气控制部分,因此将数控机床的控制部分统称为数控与电气控制系统。而数控系统以外的相关电气部分通常称为机床电气部分或外部电气部分。

从原理上讲,数控系统是指进行数字运算、分析和产生控制指令的数字控制系统,以及紧密相关的输入和显示等部分,这是狭义含义;但长期以来,在数控机床设计和制造实践过程中,在很多场合习惯将与数字控制系统相配套的输入输出(I/O)单元、伺服驱动系统及伺服电机等部分都作为数控系统的组成部分,这是广义含义。随着技术进步,数控系统已从初期的分离元件型数字控制模式发展到现在的计算机控制模式,直接采用微型计算机作为核心控制部件的控制系统,称为计算机数控(computerized numerical control)系统,简称 CNC 系统。CNC 系统涉及控制技术、电子工程、计算机及软件、数值计算、可靠性工程等跨学科综合技术的应用。本章不涉及以上具体技术原理内容,侧重介绍 CNC 系统的应用原理和方法。

9.1 数控与电气控制系统的组成和工作原理

9.1.1 数控与电气控制系统的组成、布局和安装

1. 数控与电气控制系统的组成

如图 9-1-1 所示,数控机床数控与电气控制系统主要包括 CNC 控制装置、输入输出和显示装置(显示装置、操作面板、电子手轮)、进给伺服系统、主轴伺服系统、驱动电源模块、I/O 模块、机床电气部分、进给伺服电机、主轴伺服电机、检测装置(位置检测装置和其他检测装置)。其中,按照通常的界定,数控系统主要包括控制装置(CNC 装置)、输入输出和显示装置、进给伺服装置(进给伺服系统及伺服电机)、主轴伺服装置(主轴伺服系统及伺服电机)、位置检测装置、其他数控系统配套部分(电源模块、I/O 模块等),其中控制装置为核心部分,控制装置也称为控制单元或数控装置、CNC 装置。

机床电气部分主要负责数控系统和机床侧功能执行的电器连接,主要包括相关的接触器、中间继电器、电源开关、保护开关、变压器、电源模块、辅助电机、其他控制量检测元件、操作器件、接线端、电缆等,因此它通常也可称为外部电气部分。当附加自动化控制功能时,可能还包括外置 PLC 及相应的伺服系统、电机等。

2. 数控与电气控制系统的布局和安装

数控与电气控制系统在机床上的布局和安装要符合电气布局、安装内在规律要求和操作要求。图 9-1-2 为立式加工中心数控与电气控制系统的整体布局,控制系统安装于操作站内

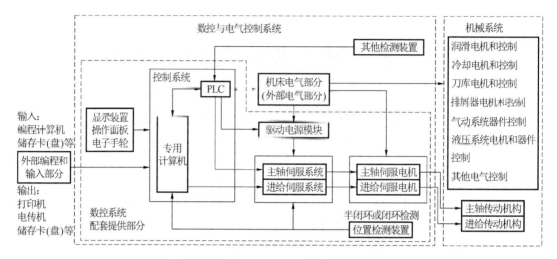

图 9-1-1 数控与电气控制系统组成关系图

部,显示和操作装置安装在操作站的正面,伺服模块、电源模块、接触器等电气器件安装在电控柜中,电机、检测装置等终端执行器件分布安装在机床各相应的位置,各个电器部分通过电缆连接。控制系统为弱电系统,因此安装在操作站中,与安装有强电器件的电控柜拉开适当距离。如果配置了功率较大的变压器,则该变压器应独立安装在电控柜外部。

图 9-1-2 立式加工中心数控与电气控制系统整体布局

9.1.2 数控与电气控制系统的运行和控制流程

如图 9-1-3 所示,数控与电气控制系统运行和控制流程如下:

(1)数控程序的编制。根据数控加工工艺过程及切削量、参数,按照编程规则编制数控加工程序。

(2)程序输入。较简单的程序可直接通过系统输入面板输入,较复杂的程序通过 U 盘、R232 通信等输入装置输入控制系统中。

(3)系统处理与计算。通过控制系统内部的系统软件,对加工程序进行处理和计算,产生控制指令,包括数字控制指令和开关量逻辑控制指令两类。数字控制指令:通过系统专用计算机(及专用软件)进行运动数据处理、分析和插补运算,产生运动坐标的位置控制指令,其中通过插补运算确保各联动进给轴的位置指令数据相关联,实现规定轨迹的运动;位置指令经位置控制单元转换成相应的速度控制指令。开关量逻辑控制指令:控制润滑、冷却、手动操作等的开关量指令由系统内置 PLC 输出。

(4) 系统输出控制指令。控制系统向各进给轴伺服系统输出速度控制指令;通过 PLC 向主轴、润滑、冷却、刀库等控制器件和各运动轴输出开关量控制指令,如主轴的启动、停止、正转、反转、转速,刀库、润滑、冷却、液压、气动系统的运行等控制。

(5) 控制指令执行。速度控制指令经主轴伺服系统和进给伺服系统的处理、转换、放大,形成相应频率的驱动电流,驱动主轴伺服电机和进给伺服电机运动,带动机械运动执行部件实现坐标运动。由 PLC 输出的开关量控制指令经中间继电器、接触器等电气开关控制润滑、冷却、刀库、排屑器、气动系统等部分的电机和控制阀,实现相应的辅助功能,以及主轴启停和转速控制、进给轴手动操作控制功能。

(6) 检测信号反馈。伺服电机末端或丝杠末端的回转检测装置(半闭环)和运动轴最终位置检测装置(闭环)检测的位置信号反馈至位置控制单元,速度信号反馈至伺服系统。通过各环节设置的检测开关如感应开关、微动开关、压力开关等,对其他物理量如极限位置、油位、压力等进行检测,检测信号反馈至控制系统中的 PLC。

(7) 电源提供。系统电源模块向控制系统提供 24 V 电源。驱动电源模块向主轴和进给模块提供直流母线电压;24 V 电源模块向各中间执行电器、电磁阀等提供电源。

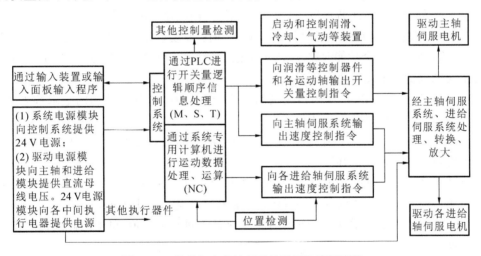

图 9-1-3　数控与电气控制系统运行和控制流程

9.2　数控装置和伺服驱动单元

9.2.1　数控装置的功能

一台数控机床能够实现复杂轮廓零件的自动和高效加工,有赖于数控系统的运算和控制功能,也就是数控装置的功能,它包括基本功能和选择功能。基本功能是数控系统必备的,包括控制轴功能、G 指令代码功能、插补功能、进给和主轴功能、补偿功能、辅助功能(开关量控制功能);选择功能是根据机床的特点和用途进行选择的功能,包括编程功能、图形模拟功能、监测和诊断功能、测量和校正功能、用户界面功能、通信功能、单元功能及其他功能。部分选择功能实际上也是常规数控机床所需要的,因此数控机床的功能包括基本功能和部分选择功能。

1. 基本功能

(1) 控制轴功能　数控装置能够对若干运动轴进行控制(调整控制轴)和部分运动轴进行协同控制(联动轴),是数控机床能够实现数控加工功能的重要特征。控制轴包括直线运动轴和回转运动轴,控制轴数特别是联动轴数越多,则机床能够实现的加工功能就越强,但数控装置也就越复杂,编程也越困难,成本也越高。在加工中通过联动轴实现轮廓轨迹运行,因此常规数控车床需要两轴控制两轴联动,常规数控铣床需要三轴控制三轴联动,常规加工中心需要多轴控制三轴联动,五轴加工中心则需要多轴控制五轴联动。

(2) 准备功能　准备功能也就是 G 指令代码功能,它指令数控机床做好某种运行方式的准备,包括坐标轴的基本移动、程序暂停、平面选择、坐标设定、刀具补偿、返回基准点、固定循环、公英制转换等。这些准备指令采用字母 G 和两位数字组合表示,即 G00~G99,目前不少数控系统已使用超过 G99 以外的代码。

(3) 插补功能　插补功能是实现运动轨迹加工所必需的运算环节。CNC 装置通过软件对给定运动轨迹进行插补计算,产生各轴协调运动指令信息,以这些指令信息为依据形成各轴运动合成,实现给定的刀具运动轨迹。一般数控装置都具有直线和圆弧插补功能,高档数控装置还具有抛物线插补、螺旋线插补、极坐标插补、正弦插补、样条函数插补等功能。

(4) 进给功能　数控机床实现复杂的进给运动轨迹就是依靠数控系统的进给功能。CNC 装置通过几何数据处理(加工程序段的几何变换、补偿计算、速度预计算和插补计算等)功能依次形成位置指令、速度指令,且将速度指令发给每一个伺服驱动单元。进给功能适用于直线坐标轴和回转坐标轴;在先进的全功能型数控系统中,主运动轴也可以参与插补运算,成为回转伺服轴。

进给功能包括以下几种速度控制:

① 切削进给速度。以 F 代码指定进给速度,直线轴以每分钟移动的毫米数来表示,如 200 mm/min,回转轴以每分钟旋转角度来表示。

② 快速移动速度。它为机床进给轴的最高移动速度,通过参数设定,用 G00 指令指定快速移动速度,执行快速移动功能。

③ 同步进给速度。同步功能通常是指主轴与指定进给轴的运动关联关系,此功能可用于螺纹加工等。而同步进给速度以主轴每转进给轴移动的毫米数来表示,如 0.05 mm/r。

④ 进给倍率。使用操作面板上的倍率开关来改变进给倍率值,可不用修改程序指令来改变进给速度。

(5) 主轴功能　主轴功能是指定数控机床主轴转速的功能,用 S 和数字组合表示,单位为 r/min。主轴功能还包括以下两个特定功能:恒定线速度功能,通常用于数控车床和磨床加工端面、锥面的同步,保证在加工过程中随着加工半径的变化,实时改变主轴转速而始终具有相同的切削线速度,以确保表面质量;主轴准停功能,可控制主轴准确停止在规定角度,常用于具有刀具自动交换、镗刀自动退出等要求的场合。

(6) 补偿功能　数控机床的零部件和装配质量总会导致一定的进给轴定位误差;同时,加工过程采用不同的刀具尺寸规格,如果不进行计算修正会导致加工轮廓的变化。补偿功能就是针对上述两项误差和变化进行修正。

① 螺距误差和反向间隙补偿。机床传动机构(如丝杠、齿轮齿条等)的制造误差、装配误差

等会导致机床进给轴的定位误差和反向间隙,通过预先测量实际定位误差和反向间隙值,并形成相应的补偿量输入系统,在实际加工时实现自动补偿,可显著提高机床的加工精度。

② 刀具尺寸补偿。包括刀具半径补偿和长度补偿,采用该补偿功能,可以适应加工过程中刀具半径、长度和安装位置的变化,只要输入相应补偿值即可,由数控系统自动进行运算处理,不必人为重新计算运动轨迹尺寸,大大提高加工操作的方便性。

(7) 辅助功能　辅助功能包括主轴启、停和转向,润滑和冷却的启、停,刀库和排屑器的运行等开关量功能,通常由内装 PLC 控制。辅助功能对机床运行很重要,特别是主轴、润滑和冷却这三项是必需的。

2. 选择功能

选择功能提高了数控机床加工操作的方便性,扩大了数控系统的应用范围。在实际应用中,很多常用的选择功能是应该具备的,也配置在常规数控系统中。

(1) 编程功能　编程功能是数控加工操作必备的,包括手工编程、自动编程两种。

① 手工编程。按照系统指令规则人工编写程序,通过输入面板直接手动输入,适用于简单的、程序工作量少的编程场合,通常 CNC 装置都配置有此项功能。当 CNC 装置配置有专用于编程的 CPU 时,可在机床加工过程中进行手工编程,不占用加工时间,称为后台编程或在线编程。

② 自动编程。复杂轮廓加工程序无法进行手工编程,需采用计算机自动编程方式。如果 CNC 装置配置有自动编程语言系统,则数控系统就具有自动编程功能,否则需采用外部的自动编程系统。目前较流行的自动编程系统为交互式自动编程。

(2) 输入、输出和通信功能　一般 CNC 装置可通过 RS-232C 接口连接多种外部输入、输出设备,实现程序和参数的输入、输出。对于各种自动化智能化制造系统如柔性制造单元(flexible manufacturing cell,FMC)、柔性制造系统(flexible manufacturing system,FMS)、计算机集成制造系统(computer integrated manufacturing system,CIMS)及智能制造系统(intelligent manufacturing system,IMS)等,作为加工主机的数控机床 CNC 装置必须能够与制造系统主计算机通信,以便实现与制造系统各环节的数据和信息交换,实现有序、高效运行。通信功能还可以实现网络通信、远程通信。

(3) 图形模拟功能　在不启动机床的情况下,可在系统显示屏上模拟加工路径和图形,从而可以检查加工程序、参数、形状的合理性和正确性。

(4) 监测和诊断功能　它为确保数控机床正常运行的重要功能,包括多个子功能,根据 CNC 装置的档次和需要配置,可以直接配置在 CNC 装置的控制程序中,也可以作为附加的可直接执行的功能模块。

① 监测功能。可监测机床运行过程中的多个关键环节,如电机负载电流、极限行程、润滑油位、气动压力等,以及 CNC 系统内部连接和运行状况,从而可以直接或间接监测机床运行,若发现非正常状态和故障,如过载、油量过少、超程、压力超出范围、刀具磨损或断裂等,立即报警和停机。

② 自诊断功能。系统可对上述监测状况进行自诊断,并显示相应故障状况的故障序号,便于维护人员及时、快速查找故障部位和原因。应用网络通信功能,还可以进行远程诊断和维护。

(5) 单元功能　对于各种自动化智能化制造系统,数控机床作为加工主机,通过单元功能实现任务管理、托盘管理和夹具管理等制造系统运行所需的管理功能。

除了上述功能外,CNC 装置还可具有其他多种适应自动化生产和管理的功能,并随着技术的发展,功能还在不断丰富和改进,以适应自动、智能、高效的生产制造需要。

9.2.2 数控装置的组成及各部分功能

数控装置也称为计算机数控装置、CNC 装置或控制系统,是 CNC 系统的核心部分。其组成和配置就是围绕和实现上述 CNC 装置功能来设置的。

1. 数控装置的组成

数控装置总体上由硬件和软件两大部分组成。

(1) 数控装置的硬件组成 图 9-2-1 为数控装置的硬件组成及关系图,竖实线左边为数控装置,其硬件主要包括微处理器(以中央处理器 CPU 为主)、系统总线、存储器、位置控制单元、输入/输出(I/O)接口、可编程控制器(PLC)、系统电源模块等。其中,微处理器、存储器、输入/输出接口以及时钟、译码等电路组成微型计算机,是数控装置的核心。

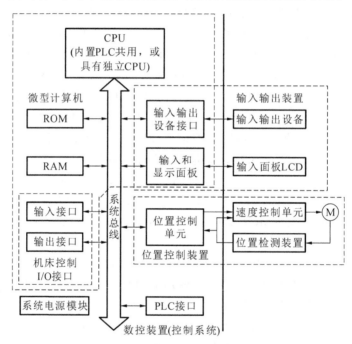

图 9-2-1　数控装置硬件组成及关系图

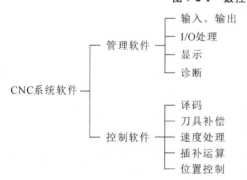

图 9-2-2　数控装置系统软件组成及功能

(2) 数控装置的软件组成 数控装置的软件包括系统软件和应用软件,系统软件是为了实现 CNC 装置各项功能而编制的专用软件,应用软件是用户为实现某些控制功能而编写的各种控制和管理程序。图 9-2-2 为数控装置系统软件的组成及功能,包括管理软件和控制软件两大部分,管理软件主要负责零件加工程序的输入输出和 I/O 处理、系统显示和故障诊断等;控制软件主要负责程序译码处理、刀具补偿、速度处理、插补运算、位置控制等。

2. 数控装置各部分功能

1) 微型计算机

微型计算机是数控装置完成数字信息运算处理和控制的专用计算机,是数控装置的核心部分,主要包括微处理器 CPU、存储器、输入/输出(I/O)接口等。

(1) 中央处理器 CPU CPU 由运算器和控制器两部分组成。运算器主要负责对存储器提供的数据进行算术和逻辑运算,并将运算结果送回存储器保存。控制器是负责统一指挥管理数控装置各部分的中央机构,它从存储器取出组成程序的指令,经过译码后向控制装置各部分按顺序发出执行操作的控制信号,使指令得以执行;控制器既发出指令,又接收执行部件发回的反馈信息,根据指令信息和反馈信息,确定下一步操作指令。

(2) 存储器 用于存储系统软件(ROM)和零件加工程序、运算中间结果及处理后的结果(RAM)。

(3) 输入/输出(I/O)接口 I/O 接口是 CPU 和外界联系的通路,它采用光电隔离等形式,完成数据格式和信号形式的转换。I/O 接口包括通用 I/O 接口和机床控制 I/O 接口两类:通用 I/O 接口用于连接常规的输入/输出设备;机床控制 I/O 接口则用于连接机床侧的控制和检测装置。

2) 输入/输出装置

输入/输出装置主要包括外部输入/输出设备、输入面板等和相应的输入/输出接口,用于输入和输出系统程序、加工程序、系统参数等。常用输入/输出设备主要有输入面板、U 盘、R232 通信装置、CF 储存卡等。

3) 可编程控制器 PLC

数控机床的控制功能不仅包括运动坐标轴的数字控制,而且还需要进行运动轴和机床侧辅助功能相关的开关量逻辑控制。可编程控制器 PLC 的主要作用就是处于专用计算机和机床侧之间,对专用计算机和机床执行装置及检测装置的输入、输出信息进行处理,通过应用软件实现运动轴和机床侧的开关量逻辑顺序控制,满足数控机床不同的功能要求,如手动操作、润滑、冷却、排屑器、主轴启停等(M 功能),主轴转速(S 功能),刀具自动交换(T 功能)等的控制。实际上,应用相同型号、规格数控系统的数控机床,其控制内容和特点的不同主要体现在 PLC 控制的不同。数控机床采用的 PLC 有两种类型:内装型(内置型)PLC 和外装型(外置型、独立型)PLC。

(1) 内装型 PLC 内装型 PLC 也称为 PMC(programmable machine controller),是数控装置的一部分,从属于数控装置,其 CPU 可与 CNC 共享,也可单独配置 CPU。

(2) 外装型 PLC 外装型 PLC 独立于数控装置,自身具有完备的硬件和软件功能,可以独立完成规定的控制任务。

常规数控机床通常配置内装型 PLC,便可满足控制要求。当数控机床附加控制功能增加,控制点增多而内装型 PLC 无法满足要求时,则增加配置外装型 PLC。设计人员根据数控机床不同的控制和功能要求,进行 PLC 程序设计和编制。PLC 程序通常采用梯形图表示,可采用专用编程器进行编制。

4) 位置控制装置

如图 9-2-1 所示,位置控制装置主要由位置控制单元(包括在数控装置中)、伺服驱动单元(也称为速度控制单元)、伺服电机组成。其工作原理如下:

(1) 经运算器插补运算得到的各坐标轴位置指令发送至位置控制单元,由位置控制单元生成相应的速度控制指令发送给速度控制单元(伺服驱动单元),速度控制单元将速度指令进行处理、转换和功率放大生成相应频率的电流,驱动进给伺服电机。

(2) 位置检测装置的速度信息反馈至速度控制单元,位置信息反馈至位置控制单元,实现反馈控制。

5）系统总线

系统总线是一种传送信息的公共通道，是一组信号线的集合，通常包括数据总线信号、地址总线信号、控制总线信号、时钟信号和电源信号。其原理是在时钟信号的协调下，通过控制信号指挥，使指定的数据按相应地址在规定的时钟段内交替传送，从而实现利用一组总线在系统各部分之间高效有序的通信，且显著提高数据通信环节的可靠性。

9.2.3 数控装置的工作流程和原理

CNC 装置在其硬件环境的支持下，按照系统软件的控制逻辑，对输入、译码、运算处理、刀具和螺距补偿、速度控制、插补运算和位置控制、I/O 处理、显示和诊断等方面进行控制。

图 9-2-3 为数控装置工作流程图，其主要工作环节和原理如下：

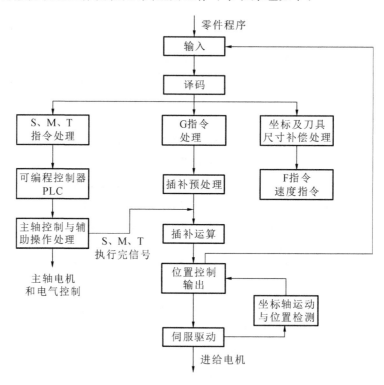

图 9-2-3　数控装置工作流程图

（1）输入。输入的内容主要包括机床参数、补偿数据和零件加工程序。机床参数和补偿数据通常在机床安装调试时输入和设定好，其中补偿数据可根据实际变化在机床投入使用后重新输入修正。输入方式有面板输入、磁盘输入、连接上级计算机的 DNC 接口输入、网络输入等。从运行方式看，CNC 输入还可分为存储式输入方式（整体输入方式）和实时输入方式（分段输入方式），存储式输入方式是将零件加工程序一次性输入 CNC 装置的内部存储器中，加工时再将程序一段一段调出，此方式较为常用；实时输入方式是边加工边输入，即在进行前一段程序加工的同时，输入后一段程序的内容。在输入过程中，CNC 装置还须进行代码校验、无效码删除、代码转换等工作。

（2）译码处理。译码处理是将零件程序以一个程序段为单位进行处理，把程序中零件轮廓信息（如直线、圆弧、起点和终点等）、加工速度（进给速度 F、主轴转速 S）、刀具信息（T）及其他辅助功能(M)等信息按一定的语法规则编译(解释)成计算机能够识别的数据形式,并以一定的格式存放在内存专用区域。

(3) 刀具尺寸补偿。刀具尺寸补偿包括刀具半径补偿和长度补偿,而刀具半径补偿功能是把编程所依据的零件轮廓轨迹自动转换成刀具中心轨迹,刀具长度补偿功能则相应自动修正坐标值,极大方便零件编程计算。目前档次较高的 CNC 装置还具有程序段之间的自动转接和过切削判断功能,即刀具补偿功能。

(4) 进给速度处理。零件程序的进给速度为合成速度,需由系统将其分解为相应各进给坐标轴的运动分速度,便于后续形成各坐标轴的速度指令。有些 CNC 装置可以同时进行最低和最高速度、自动加减速等处理。

(5) 插补运算。工件的加工轮廓轨迹大部分由直线和圆弧这种简单、基本的线型构成,若加工的轮廓含有其他类型曲线,可以用若干小段直线或圆弧来逼近和拟合,这种拟合方法就是"插补"。应用插补运算功能,CNC 装置可以对给定起点和终点的轮廓轨迹计算出中间各点的各坐标轴移动增量,并根据进给速度要求,形成坐标轴运动指令。插补有多种方法,如直线插补和圆弧插补,还可分为粗插补和精插补,插补方式、分点密度、计算速度和精度直接影响系统运行速度和控制精度,从而影响加工速度和精度,因此对于轮廓控制系统,插补功能是核心功能。

(6) 位置控制。经插补运算形成的坐标指令通过位置控制单元转换成速度指令,经由速度控制单元(伺服驱动单元)转化放大,驱动伺服电机产生坐标轴运动。位置控制功能可由软件完成,也可由硬件完成,它的主要控制任务是在每个采样周期内,将由插补运算产生的理论位置与实际反馈位置进行比较,根据差值产生新的运动指令。通常,位置控制功能还要完成位置控制回路的增益调整、螺距和反向间隙补偿,以提高机床的定位精度。

(7) 输入/输出处理。输入/输出处理部分主要处理 CNC 装置和机床电气部分之间往来信号的输入、输出和控制,这些输入、输出信号须经过光电隔离电路进行隔离,以确保 CNC 装置运行可靠。

(8) 参数和状态显示。显示功能给 CNC 装置和数控机床运行操作带来极大的方便,主要包括加工程序显示、参数显示、机床状态显示(如坐标值、电流值、加工参数等)、加工轨迹图形动态显示、报警显示等功能。

(9) 诊断程序。CNC 装置利用内部自诊断程序可进行数控机床运行的监测和故障诊断,主要包括启动诊断和在线诊断两种。启动诊断是指 CNC 装置每次从通电到进入正常运行状态前的准备过程中,系统的自诊断程序通过扫描自动检查系统硬件、软件及有关外部设备是否正常,只有当检查的各环节都正常,系统才能进入正常运行准备状态,否则将通过显示屏、外部指示元件或网络发出报警,并显示报警号。在线诊断是指 CNC 装置和数控机床正常运行过程中,系统利用自诊断程序,通过定时中断扫描方式检查 CNC 装置本身、传送回 CNC 装置的监测信号以及相关外部设备状况,在线诊断一直持续到系统断电。

9.2.4　伺服驱动器的类型及特点

1. 伺服驱动器工作原理和分类

伺服驱动器也称为驱动模块,简称驱动器,处于 CNC 装置和执行电机之间,可接收 CNC 装置的指令,进行信号转换和功率放大,从而驱动和控制伺服电机、主轴电机的运行。驱动器是通过调节电流频率来实现速度控制的,其基本工作原理是将输入的交流电源整流为直流电,再按照 CNC 速度指令将直流电逆变成相应频率的交流电,驱动执行电机,并接收速度反馈信号进行修正控制。

驱动器包括进给伺服驱动器(或称为伺服驱动模块,有时简称为伺服驱动器)和主轴伺服驱动器(或称为主轴驱动模块)。伺服驱动器用于进给伺服电机的驱动和控制,主轴驱动器用于主轴电机的驱动和控制。主轴驱动器主要分为通用变频器和交流主轴驱动器两种,前者用于驱动变频电机或普通交流电机,可进行无级调速控制,但属于开环控制,精度较低,多用于经济型数控机床;后者用于驱动主轴交流伺服电机,可进行具有闭环特性的伺服控制,控制性能和精度好,主要用于中高档数控机床。

2. 驱动器结构类型及特点

驱动器主要有独立型、模块化型、一体化型三种结构形式。

(1)独立型　独立型驱动器一般是单轴形式,自配有电源整流、逆变部分和控制部分,可以根据需要任选规格,选用灵活方便,但体积较大,成本较高。如主轴采用通用变频器控制则一定为独立型驱动器。

图 9-2-4　华中系统的组合驱动模块

(2)模块化型　模块化型驱动器的特点是电源模块与驱动模块(包括主轴模块和伺服模块)分开,根据需要进行组合,多个驱动模块共享电源。电源模块负责输入电源的整流及其公共控制任务,并向主轴和伺服模块输出直流电源;主轴模块和伺服模块各自包括逆变回路和相关的控制部分。模块化型驱动器可以根据实际需要,在规定范围内选择主轴模块和伺服模块的个数、规格,以及一个相应规格的电源模块,按照一定的连接方式进行组合。另外,对于伺服模块,通常还有单轴模块、双轴模块结构形式。显然,模块化型驱动器组合使用灵活,相对体积小,成本也较低,应用较为广泛。图 9-2-4 为华中系统的组合驱动模块。

(3)一体化型　有些数控系统制造商(如 FANUC 公司)根据市场对某些驱动系统类型和规格组合的较大应用需求,将这些驱动模块集成一体,形成包括电源部分、若干个主轴和进给轴模块的多轴集成模块,其中整流和公共控制为多轴共用,而逆变和速度控制为各轴独立。因此,一体化型驱动器体积小、成本低,但各轴驱动规格配置固定,不能随意选择。一体化型驱动器在中档数控机床中应用广泛,主要有两类:一类配置为 1 个主轴、2 个伺服轴,常用于数控车床;另一类配置为 1 个主轴、3 个伺服轴,常用于数控铣床或加工中心。

9.3　数控系统的连接

包括 CNC 装置、输入和显示面板、操作面板、主轴驱动系统、伺服驱动系统、主轴电机、伺服电机、I/O 单元等部分在内的 CNC 系统的连接是数控机床电气控制连接的主要内容,下面以常用的华中 HNC-8 型数控系统和 FANUC 公司 FS-OiD 数控系统为例作简要介绍。

9.3.1　CNC 网络系统

数控机床的数控与电气控制系统是较为复杂的系统,CNC 装置与外部的各控制部分、数据信号传输部分的连接关系较为复杂,特别是对于控制轴数和控制环节及监测点较多的场合。为了简化连接和提高可靠性,现代全功能型数控系统一般采用网络控制技术,CNC

单元与主轴驱动器、伺服驱动器、I/O 单元等控制装置之间的信号传输均可通过网络通信实现，且 CNC 装置、输入面板和显示单元集成一体，大大简化控制系统的连接电路。图 9-3-1 为华中 HNC-8 型数控系统的网络连接示意图，CNC 装置和伺服驱动器、I/O 单元等采用工业现场总线（NCUC）以串联方式进行连接，与 PC、其他机床数控系统及其他外部设备通过以太网连接。

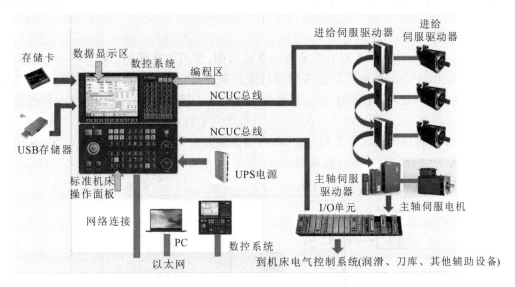

图 9-3-1　华中 HNC-8 型数控系统网络连接示意图

图 9-3-2 为 FANUC 公司 FS-OiD 数控系统网络连接示意图，CNC 单元与伺服驱动器的连接采用串行伺服总线；内装型 PLC 与主轴驱动器、机床操作面板、I/O 单元间的连接采用 I/O 连接总线（I/O Link）；同时还可以利用 I/O Link 实现内装型 PLC 与带有 I/O Link 接口的伺服驱动器的连接和控制，具有可扩展的不需要插补运算的控制轴功能；CNC 与外部设备间的通信连接采用以太网。

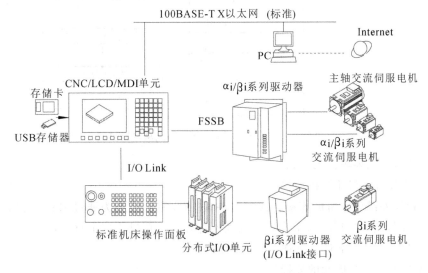

图 9-3-2　FANUC 公司 FS-OiD 数控系统网络连接示意图

数控系统的连接环节繁多，且对于不同品牌和规格的数控系统，其具体连接、接口设置和相关符号有所不同；随着技术的发展和产品的升级，同一品牌和规格的数控系统在性能、具体连接形式和接口设置方面也会有所变化。因此在进行数控机床的控制部分设计时，须详细参阅数控系统制造商提供的相应连接手册。本节主要对数控系统基本、重要的连接部分作简要介绍，而不涉及所有部分与具体接口及其代号和定义。

9.3.2　华中数控系统的连接

1. 总体连接

图 9-3-3 为华中 HNC-8A 型数控系统总体连接图，采用工业现场总线（NCUC）以串联方式通过控制单元（IPC）的总线接口连接控制总线式伺服驱动单元、总线式 I/O 单元等总线设备，最多支持 128 个设备。控制单元与手持单元之间有少量 PLC 输入输出接口，可通过总线 I/O 扩展 PLC 接口，通过总线最多可扩展 16 个总线式 I/O 单元。图 9-3-3 中，"前面板"为输入面板，用于手工程序的输入和参数设定输入；当操作面板（MCP）与控制单元（IPC）从内部接口连接则成为华中 HNC-8B 型数控系统。

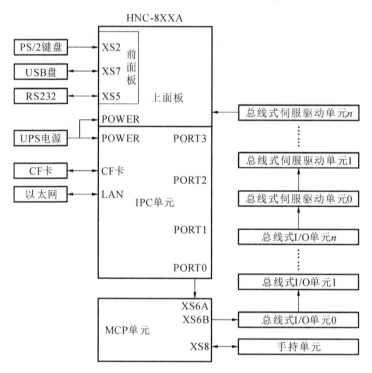

图 9-3-3　华中 HNC-8A 型数控系统总体连接图

2. 数控装置与主要单元的连接

1）数控装置与外部计算机的连接

数控装置与外部计算机的连接方式有多种，图 9-3-4（a）所示为通过 RS232 接口与外部计算机连接示意图，图 9-3-4（b）所示为通过以太网与外部计算机连接示意图，图 9-3-4（c）所示为通过集线器（HUB）与外部计算机连接示意图。

2）数控装置与手持单元的连接

图 9-3-5 为手持单元示意图，手持单元通过接口插头直接连接到数控装置的手持控制接口 XS8 上，从而实现与内装型 PLC 的通信连接。

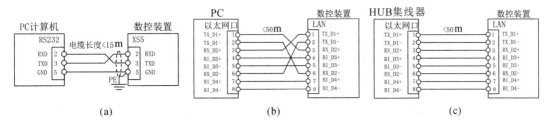

图 9-3-4　华中 HNC-8 型数控装置与外部计算机的连接方式

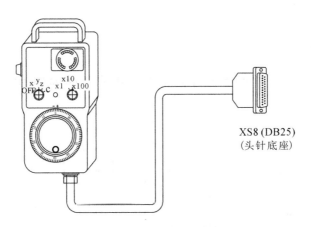

图 9-3-5　手持单元示意图

3）数控装置与伺服单元的连接

图 9-3-6 为数控装置与总线式伺服驱动单元的连接示意图，采用工业现场总线以串联方式连接。

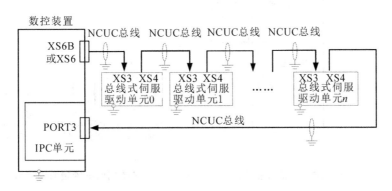

图 9-3-6　华中 HNC-8 型数控装置与总线式伺服驱动单元连接示意图

4）数控装置与 I/O 单元的连接

图 9-3-7 为数控装置与总线式 I/O 单元的连接示意图，通过总线式 I/O 单元可以扩展 PLC 输入输出接口、非总线式轴控制接口等。

3. 数控装置与伺服单元、I/O 单元的总连接

图 9-3-8 为数控装置与一个伺服主轴、三个伺服进给轴的连接示意图，通常适用于三轴数控铣床。如果去掉 Y 轴，则适用于两轴数控车床。

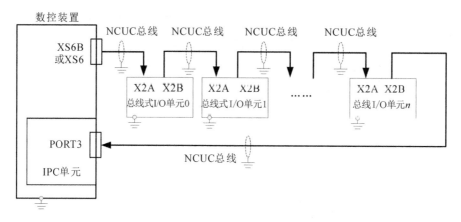

图 9-3-7　华中 HNC-8 型数控装置与总线式 I/O 单元连接示意图

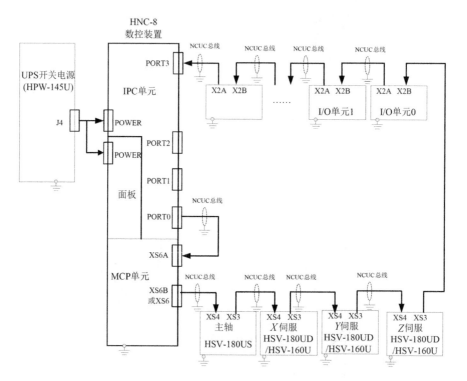

图 9-3-8　华中 HNC-8 型数控装置与一个伺服主轴、三个伺服进给轴的连接示意图

4. 驱动器的连接

图 9-3-9 为伺服驱动器与周边器件的连接示意图,图中伺服驱动器自带电源部分,因此不需要专门的伺服电源模块。伺服驱动器与伺服电机的连接包括动力线和位置信号反馈线,其中动力线采用四线制,设置零线;而对于位置信号反馈线,除了设置电机内置编码器接口外,还设置有第二编码器(外置编码器)接口供需要时连接。对于伺服主轴,当减速比不为 1,且需要 1∶1 检测主轴角度位置时,则不仅需要连接电机后部的内置编码器,也需要通过第二编码器接口连接与主轴成 1∶1 传动关系的外置编码器。电源输入端连接交流电抗器,用于抑制因驱动器负载变化和电网电源波动而引起的对电路的影响。

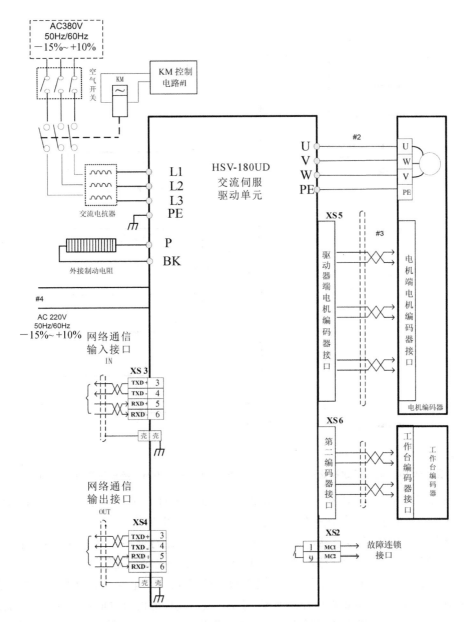

图 9-3-9 华中 HSV-180UD 驱动器与周边器件连接示意图

5. 数控铣床典型系统连接

图 9-3-10 为应用于数控铣床(加工中心)的华中 HNC-818B-MU 数控系统连接示意图,基本配置为主轴伺服控制、进给三轴联动;图 9-3-11 为相应的驱动器连接示意图。该数控铣床采用独立伺服驱动器,每个驱动器自带驱动电源;Z 轴伺服电机带抱闸功能,具有断电制动以防升降部件下滑的作用。

9.3.3 FANUC 数控系统的连接

1. FANUC 数控系统总体连接

FANUC 公司 FS-OiD 数控系统控制装置、驱动模块与伺服电机总连接图,如图 9-3-12 所

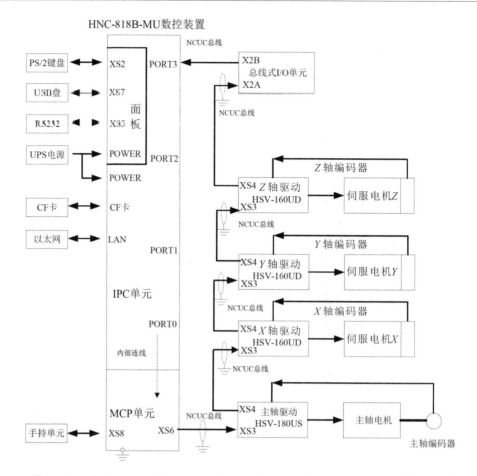

图 9-3-10　应用于数控铣床(加工中心)的华中 HNC-818B-MU 数控系统连接示意图

示,其中,显示器 LCD 已集成在 CNC 基本单元中,而输入面板 MDI 单元通常采用分离型,通过接口与 CNC 基本单元组装成一体,形成 CNC/LCD/MDI 单元。

(1)该数控系统驱动器包括驱动电源模块;CNC 单元与伺服驱动模块采用伺服总线连接,分离型检测单元为外置的检测装置,如用于闭环控制的光栅检测装置。

(2)CNC 装置与主轴驱动模块采用串行 I/O Link 主轴总线连接,此时主轴的控制虽然属于数字控制,但可通过 PLC 逻辑顺序控制实现。JA40 接口连接的模拟主轴驱动通常为外加的变频驱动器,即主轴采用变频器驱动控制,因此 CNC 装置只给出对应主轴转速的模拟量信号,通常为 −10～10 V;变频器驱动的主轴不易实现准确的角度位置控制,当需要 1:1 检测和反馈主轴角度位置时,可设置外加的主轴编码器,从与串行主轴总线同一个接口(JA41)连接到 CNC 装置。对于先进的全功能型数控系统,主轴控制具有闭环位置控制功能,不仅可以实现精确的速度和位置控制,而且可以参与插补运算,成为回转联动轴,从而实现与直线轴的联动控制,常用于车铣复合加工中心。此时主轴驱动模块与 CNC 装置的连接也通过伺服总线实现。

(3)输入面板(MDI 单元)通过内部 JA2 接口与 CNC 装置连接,操作面板和机床侧的执行电器通过 I/O 单元经 I/O Link 总线接口与 CNC 装置连接。

2. 模块化驱动器的连接

1)驱动器连接

如图 9-3-13 所示,该模块化驱动器组合包括一个电源模块(PSM)、1 个主轴模块(SPM,

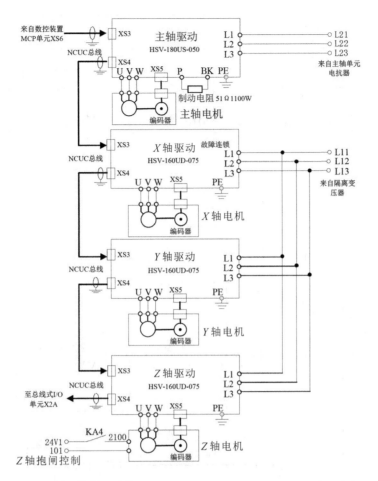

图 9-3-11　应用于数控铣床(加工中心)的华中 HNC-818B-MU 数控系统驱动器连接示意图

也称为主轴伺服模块)和 2 个伺服模块(SVM,也称为进给伺服模块),安装顺序为 PSM—SPM—SVM,主轴模块和伺服模块数量可根据需要增减。如果主轴驱动采用通用变频器,则独立配置,模块化驱动器中没有主轴模块。图 9-3-14 为模块化驱动器连接示意图,从中可以看出:

(1) 电源模块(PSM)的连接包括控制电源和主电源(动力电源)的输入、相关控制信号的输入/输出,交流动力电源经过整流后通过直流母线向主轴模块和伺服模块输送逆变需要的直流电源。

(2) 主轴模块(SPM)通过 I/O Link 主轴总线与 CNC 装置连接,经过逆变的交流动力电源通过 4 根动力线输出给主轴电机电枢,并通过反馈线连接置于电机后端的内置编码器,另外根据需要还可连接外置编码器,接收检测反馈信号。

(3) 伺服模块(SVM)通过 FSSB 伺服总线与 CNC 装置连接,经过逆变的交流动力电源通过 4 根动力线输出给伺服电机电枢,并通过反馈线连接内置编码器,接收检测反馈信号。

2) 驱动器主输入回路

图 9-3-15 为模块化驱动器主输入回路设计示意图,电网输入电源为 3～AC380V,驱动器输入端主电源为 3～AC200V,控制电源为单相 AC200V。

(1) 电网电压 3～AC380V 与驱动器要求的 AC200V 不一致,因此应配置伺服变压器。

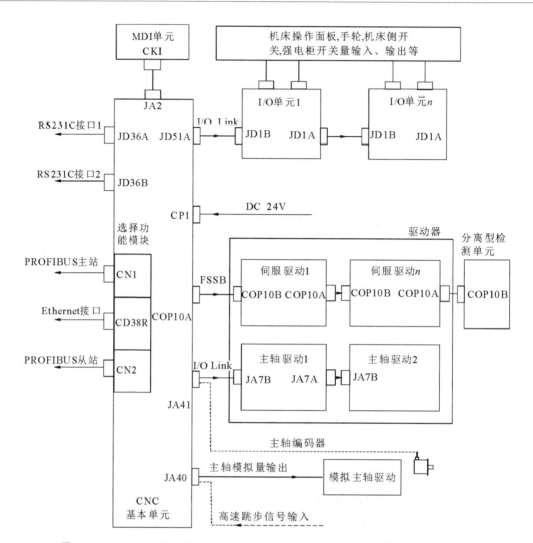

图 9-3-12　FANUC 公司 FS-OiD 数控系统控制装置、驱动模块与伺服电机总连接图

伺服变压器不仅可以转换电压,而且可以起到隔离作用。在各输入端分别设置断路器进行保护。

（2）由于驱动器的电流变化较大,同时电网也可能存在较大的电压波动,产生有害的电压浪涌冲击,因此配置 RC 浪涌吸收器。浪涌吸收器为易损器件,由控制电源回路的断路器对其进行保护。同样,为抑制驱动器负载变化和电网电源波动而产生的影响,在主电源输入端设置安装电抗器。

（3）驱动器的输入和启动顺序是,先通入控制电源进行驱动器的检测,如检测正确,则再接通主电源。因此在主电源输入端须设置接触器,并在控制回路设置该接触器的控制触点,如果驱动器正常,则控制触点闭合,接触器接通主电源;如果驱动器出现故障,则控制触点断开,接触器不接通主电源。

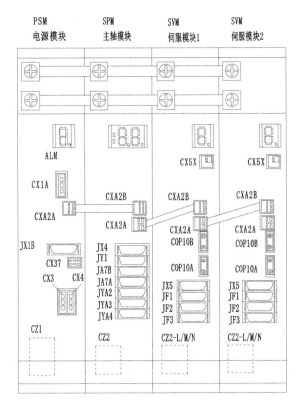

图 9-3-13　模块化驱动器组合图

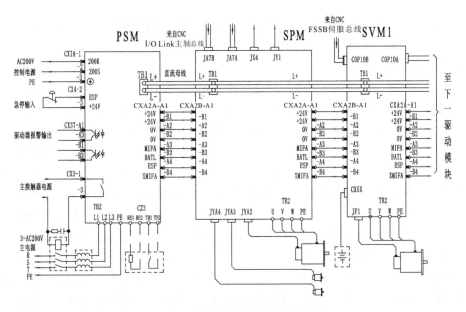

图 9-3-14　模块化驱动器连接示意图

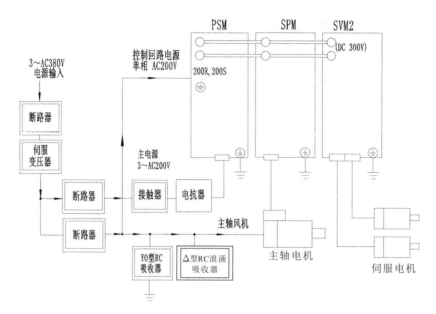

图 9-3-15   模块化驱动器主输入回路设计示意图

9.4   数控机床电气控制要求、内容和设计步骤

9.4.1   电气设计准则和基本要求简介

数控机床的电气设计与常规电气设计相同,同样要遵守相关的安全标准和技术标准,只是其具体控制内容和要求又具有自身的特点。

1. 电气设计准则

在安全和技术标准方面,产品电气设计必须遵循国家和行业标准,对于出口产品,还须符合使用国或国际标准的规定。在质量保证方面,在产品电气设计和制造时,须采用符合质量标准的配套电器,选择电器元件、部件时不仅要考虑性能参数和价格,还需要确保所选择电器通过相关质量认证,达到安全、电磁兼容性和环保要求,如国内的 3C 认证(中国强制性产品认证)、欧洲的 CE 认证等。在适应电源和环境方面,各国使用的电源电压、频率及波动情况不一样,设计时要考虑。各国自然环境各不相同,国际电工委员会(International Electrotechnical Commission,IEC)对工业机械电气设备制定了针对温度、湿度、海拔等使用要求条款,具体参见 IEC 60204 标准(我国国家标准 GB 5226 系列等同采用)。在接地系统要求方面,电气设备的接地保护措施是一种保护人身安全的基本措施,各国接地系统有所不同,设计时应认真考虑,可参见 IEC 60204 标准;同时,数控机床 CNC 控制系统为弱电系统,接地要求还要有利于防止外部对系统信号的干扰。因此,数控机床都有接地系统,一般接地电阻小于或等于 4 Ω。

2. 电气设计基本要求

进行电气控制、电气设备设计时,应充分考虑和满足下列要求:电气标准和规范要求、人身安全和设备安全要求、操作规范和设备安装要求、设备标志和警示要求、设备使用状况和自然环境条件要求、控制功能要求等。

9.4.2　数控机床电气控制内容及控制方式

本节讨论不涉及数控系统内在固化的数控功能,而主要谈及数控机床方案设计时所应考虑的除系统固化功能之外的控制内容,讨论中有时直接称为"电气控制功能和内容"。

数控机床的电气控制功能和内容多种多样,如坐标运动控制、主轴控制、润滑系统控制、冷却和排屑系统控制、刀库控制、液压与气动系统控制、其他调整轴控制、检测监控等,不同类型和规格的数控机床,其控制内容不相同。因此,在进行数控机床方案设计时应明确控制功能、内容和要求,在进行数控与电气控制系统设计时应合理确定各控制内容的控制方式和措施,这是数控机床电气控制部分设计的首要问题。表 9-4-1 为数控机床可能涉及的电气控制功能、内容及控制方式示例。

表 9-4-1　数控机床电气控制功能、内容及控制方式示例

控制项目	功能	控制内容	控制方式
运动轴电机	主轴运动,执行主切削运动	主轴电机及其控制	CNC 装置(内置 PLC)＋主轴伺服驱动系统
	进给运动,执行坐标进给运动	进给伺服电机及其控制	CNC 装置(插补器＋位置控制单元＋PLC)＋进给伺服驱动系统
	调整运动,执行位置调整功能	伺服电机及其控制	CNC 装置(内置 PLC)＋伺服驱动系统
润滑、冷却、排屑系统	执行集中润滑功能	润滑电机及其控制	内置 PLC
	执行加工冷却功能	冷却电机、控制阀及其控制	
	执行自动排屑功能	排屑电机及其控制	
	执行强力循环冷却功能	冷却机电机及其控制	
手动操作	紧急停机	急停	内置 PLC
	进给和调整运动手动操作	坐标选择,速度倍率选择,手动、手轮控制	
	主轴手动操作	主轴启动、停止,转向,速度倍率选择,手动控制等	
	其他辅助功能手动操作	润滑、冷却、排屑等电机手动启动和停止等	
刀库	选择新刀具	选刀分度电机及其控制	内置 PLC
	刀具交换	刀具交换电机及其控制	
	换刀过程其他运动	气动阀、液压阀等控制	
	检测反馈	选刀到位、动作到位等检测	
液压系统	油泵启动、停止	油泵电机及其控制	内置 PLC
	油路换向、截止等	液压电磁阀控制	
	检测反馈	液位、压力等检测	
气动系统	气路换向、截止	气动电磁阀控制	内置 PLC
	检测反馈	气压检测	

控制项目	功能	控制内容	控制方式
其他状态检测	机床回原点	机床原点检测	内置 PLC
	极限位置监控等	极限位置检测、报警等	
安全防护	运动电机过载保护	电机电流监控	驱动器控制
	辅助电机和电路过载保护	电流监控	断路器＋内置 PLC
	空间保护	电柜、防护门开门断电控制	内置 PLC
	电路保护	总回路、支路的过载保护	断路器等
	抑制波动	抑制电源波动、伺服驱动变化的影响	电抗器、浪涌吸收器等
自动化装置	自动夹具夹紧	液压或气动系统控制	PLC(内置或外置)＋CNC 交互
	自动上下料	关节式工业机器人运动控制	PLC(内置或外置)＋机器人控制器
		直角坐标机械手运动控制	PLC(内置或外置)＋CNC 交互
	工作台自动交换	交换运动所需驱动、动作控制和检测	PLC
	过程监控	自动化装置运行过程的重要环节、部位的监控	PLC
其他部分	其他功能	其他功能相应的控制	PLC

说明：采用 PLC 控制形式时，如内置 PLC 控制点不够则采用"外置 PLC＋CNC 交互"控制方式。

9.4.3　数控机床典型电气原理图

下面以应用于某三轴立式加工中心的华中 HNC-8 型数控系统为例进行介绍，其主要控制功能如下：进给三轴控制三轴联动，其中 Z 轴采用带抱闸功能的伺服电机；主轴伺服控制；其他辅助控制功能，如刀库、润滑、冷却、排屑、气动系统等的控制。图 9-4-1 为华中 HNC-8 型数控系统电气原理图中的主电路图。

1. 电源电路

如图 9-4-1 所示，总电源进线、变压器输入端等处的抗干扰磁环和高压瓷片电容未在图中显示。总电源经过空气开关进入，接入各控制和驱动分支，如进给轴驱动电源、主轴驱动电源、刀库电机电源、润滑电机电源等，总回路和各支路上都设置空气开关（断路器）进行保护。QF0～QF4 为三相空气开关，QF5～QF11 为单相空气开关，KM1～KM11 为交流接触器，RC0～RC3 为三相阻容吸收器（灭弧器），RC4～RC12 为单相阻容吸收器，KA0～KA11 为直流 24 V 继电器，VX 为续流二极管，YVZ 为 Z 轴电机抱闸电磁阀。限于篇幅，图 9-4-1 中有部分电器未显示。

2. 继电器与输入输出开关量接线图

图 9-4-2 为华中 HNC-8 型数控系统电气原理图中的继电器连接图（部分），图 9-4-3 为输入模块开关量连接图，图 9-4-4 为输出模块开关量连接图（部分）。输入 PLC 的开关量主要包括进给驱动装置和主轴驱动装置、润滑、冷却、刀库、排屑等需要控制部分的状态信息和报警信

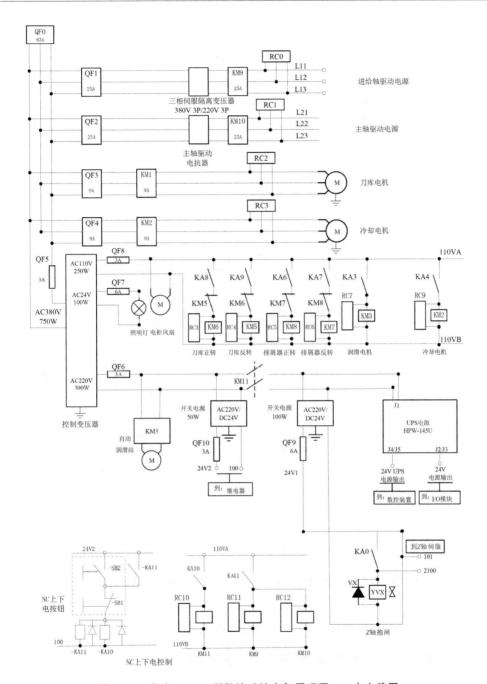

图 9-4-1　华中 HNC-8 型数控系统电气原理图——主电路图

息。由 PLC 输出开关量控制继电器，并通过继电器触发接触器，控制和驱动相应的执行器件或电路通断，如伺服驱动电源上电、断电，润滑、冷却、刀库电机驱动等；对于 24 V 执行器如电磁阀，则由继电器直接控制通断。

3. 伺服驱动器接线图

伺服驱动器的接线参见图 9-3-11。驱动器接线图包括驱动器与数控装置总线、伺服电机、其他外部器件的连接关系，其中华中数控系统配套的主轴驱动器需采用外部制动电阻进行停转制动，可简化驱动器内部电路。对于部分其他品牌的自带制动功能的驱动器，则不需要外加

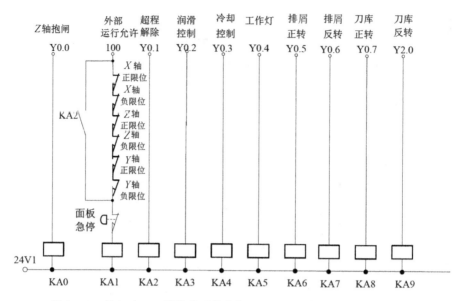

图 9-4-2　华中 HNC-8 型数控系统电气原理图——继电器连接图(部分)

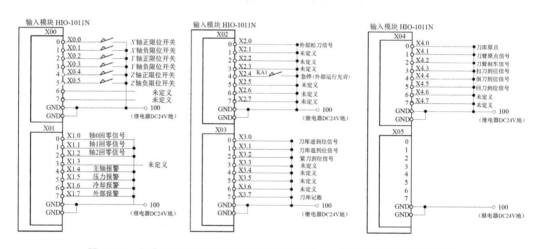

图 9-4-3　华中 HNC-8 型数控系统电气原理图——输入模块开关量连接图

制动电阻。

其他电路和接线根据数控系统连接要求设计,参见数控系统连接手册。

9.4.4　数控与电气控制系统的设计步骤及内容

通常数控机床数控与电气控制系统的设计可分为五个阶段:数控与电气控制系统的方案分析和确定、数控系统规格和配置选择和确定、数控与电气控制系统具体方案和原理图设计、数控与电气控制系统详细图纸设计、PLC 编程和调试。具体设计步骤、流程及内容可参考图 9-4-5。

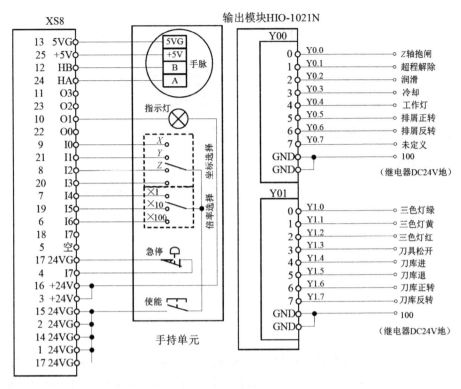

图 9-4-4　华中 HNC-8 型数控系统电气原理图——输出模块开关量连接图(部分)

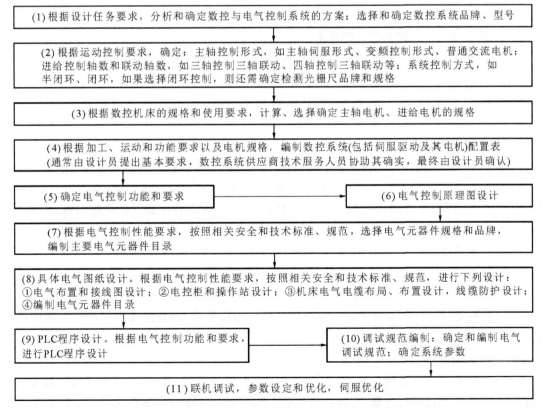

(1) 根据设计任务要求，分析和确定数控与电气控制系统的方案；选择和确定数控系统品牌、型号

(2) 根据运动控制要求，确定：主轴控制形式，如主轴伺服形式、变频控制形式、普通交流电机；
进给控制轴数和联动轴数，如三轴控制三轴联动、四轴控制三轴联动等；系统控制方式，如
半闭环、闭环，如果选择闭环控制，则还需确定检测光栅尺品牌和规格

(3) 根据数控机床的规格和使用要求，计算、选择确定主轴电机、进给电机的规格

(4) 根据加工、运动和功能要求以及电机规格，编制数控系统(包括伺服驱动及其电机)配置表
(通常由设计员提出基本要求，数控系统供应商技术服务人员协助其确实，最终由设计员确认)

(5) 确定电气控制功能和要求　　　　　　　　　　　　　(6) 电气控制原理图设计

(7) 根据电气控制性能要求，按照相关安全和技术标准、规范，选择电气元器件规格和品牌，
编制主要电气元器件目录

(8) 具体电气图纸设计。根据电气控制性能要求，按照相关安全和技术标准、规范，进行下列设计：
①电气布置和接线图设计；②电控柜和操作站设计；③机床电气电缆布局、布置设计，线缆防护设计；
④编制电气元器件目录

(9) PLC程序设计。根据电气控制功能和要求，　　　　　(10) 调试规范编制：确定和编制电气
进行PLC程序设计　　　　　　　　　　　　　　　　　　调试规范；确定系统参数

(11) 联机调试，参数设定和优化，伺服优化

图 9-4-5　数控与电气控制系统设计步骤、流程和内容

9.5 数控机床的位置检测装置

数控机床检测装置包括应用于数控机床的各种检测装置,如位置检测、状态检测、电流检测装置等,其中最关键的是位置检测装置。本节简要介绍位置检测装置。

9.5.1 位置检测装置的类型、作用和要求

1.位置检测装置的常用类型

目前广泛应用于数控机床的位置检测装置主要有两大类型:光栅检测装置和脉冲编码器。光栅检测装置又分为用于直线位置检测的直线光栅尺和用于角度检测的圆光栅;脉冲编码器主要用于角度检测。

2.位置检测装置的安装特点和作用

直线光栅尺检测装置安装于机床移动执行部件末端,对最终位置和速度进行检测;圆光栅或脉冲编码器安装于电机尾部或旋转传动链末端,对角度位置和转速进行检测。检测装置将检测量转变为电信号反馈给数控系统,进行比较和纠正,从而提高定位精度,可弥补机械系统本身位置精度的不足。当应用直线光栅尺于直线运动执行部件位置进行检测,应用圆光栅或脉冲编码器于旋转运动执行部件末端进行检测,则形成闭环检测,是闭环控制的条件;当应用脉冲编码器于伺服电机端或直线运动的旋转传动链末端(如滚珠丝杠末端)进行检测,则形成半闭环检测,是半闭环控制的条件。因此,检测装置的性能和精度是数控机床达到高精度的重要保证之一。

3.数控机床对位置检测装置的要求

数控机床对位置检测装置的要求:工作可靠、抗干扰性强,满足精度和速度要求,安装和维护方便,适应机床的工作环境,使用寿命长,成本合适。

9.5.2 光栅检测装置

1.基本类型和特点

光栅是利用光的透射、衍射现象形成莫尔条纹,并对莫尔条纹及其移动进行数字脉冲转换的光电检测装置。光栅类型包括长光栅和圆光栅两种,长光栅即直线光栅尺,按长方向分布,用于测量位移;圆光栅按圆周分布,用于测量转角,其构造和工作原理与长光栅相同。

光栅检测装置具有如下特点:

(1)测量精度高。设有几个等级,一般检测精度可达 0.002~0.01 mm;特殊应用时还可达到 0.001 mm 以下。

(2)精度保持性好。两光栅间不接触,无磨损,精度保持性好,使用寿命长。

(3)适应速度高。可适应各种数控机床的移动速度要求,高性能光栅尺的移动速度可达100 m/min以上。

2.光栅的构造

下面主要介绍直线光栅尺构造。图 9-5-1 为光栅尺外形图,图 9-5-2 为光栅装置组成示意图。光栅装置主要由标尺光栅、光栅读数头两大部分组成。标尺光栅为采用真空镀膜方法光刻上均匀密集线纹的透明玻璃。光栅读数头主要由光源、透镜、指示光栅、光敏元件和驱动线

路组成。指示光栅的形式与标尺光栅相同,两者平行安装。标尺光栅与光栅读数头为非接触式,无磨损,使用寿命长。图 9-5-3 为光栅尺构造示意图。

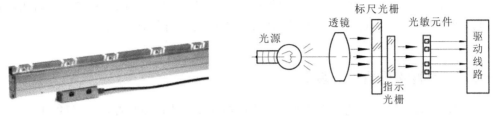

图 9-5-1　光栅尺外形图　　　　　　　　图 9-5-2　光栅装置组成示意图

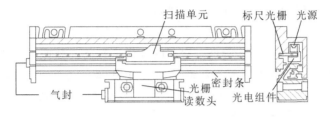

图 9-5-3　光栅尺构造示意图

3. 工作原理

标尺光栅与指示光栅的线纹间距(栅距)相同,栅面相互平行,线纹方向成一个小的角度 θ。在光照射下,由于干涉作用形成明暗相间的条纹,称为莫尔条纹,如图 9-5-4 所示。莫尔条纹具有如下性质:

(1)光强度变化近似符合余弦函数。当用平行光照射时,透过莫尔条纹的光强度变化近似符合余弦函数。

(2)放大作用。莫尔条纹的间距是光栅条纹间距的数倍,使得光栅检测具有很高分辨率和精

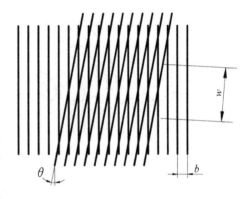

图 9-5-4　莫尔条纹示意图

度。设光栅栅距为 b,莫尔条纹间距为 w,线纹夹角为 θ,因为 θ 很小,则几何关系为

$$w = \frac{b}{\sin\theta} \approx \frac{b}{\theta} \tag{9-1}$$

若取 $b=0.01$ mm,$\theta=0.01$ rad,则 $w=1$ mm,显然光栅装置把光栅栅距转换成约为其 100 倍的莫尔条纹间距。

(3)平均误差效应。莫尔条纹由若干条光栅条纹共同干涉而成,因此莫尔条纹对栅距误差具有平均效应,可减小栅距误差的影响。

(4)对应效果。莫尔条纹的移动速度和方向与两光栅之间的相对移动速度和方向对应,因此可以进行位移、位移方向、移动速度的检测。

4. 安装要求

通常标尺光栅部分安装在机床的移动部件上,光栅读数头安装在相对固定部件上,因为光栅读数头配置有线缆,这样有利于线缆保护。特殊情况下也可以按相反的方式安装。光栅装置安装时,可根据实际结构情况,适当安装调整零件或机构,以保证标尺光栅与运动部件的运

动平行度要求(一般在 0.1/1000 mm 以内,具体按光栅尺出厂安装要求确定),并保证标尺光栅尺与指示光栅读数头的间隙和平行度要求(一般分别为 1~1.5 mm 和 0.03~0.05 mm,具体按光栅尺出厂安装要求确定)。同时须确保光栅装置安装牢固、可靠,并设置全封闭防护装置,避免切屑、油雾和灰尘进入光栅装置;在油雾大的场合可接通压缩空气,形成气封,效果更好。

9.5.3　脉冲编码器检测装置

脉冲编码器是一种将机械转角转换为数字脉冲的光电式检测装置,用于转角和转速检测,具有增量式和绝对式两种形式。脉冲编码器通常直接安装在伺服电机尾部,也可通过弹性联轴器安装在丝杠端头或其他需要检测的旋转轴端头。

1. 原理和构造

脉冲编码器外形如图 9-5-5(a)所示。常用的分辨率较高的脉冲编码器,其构造和原理与光栅尺原理相同,只是采用圆周分布的方式,主要由光源、指示光栅、圆光栅、光敏元件、透镜和信号处理电路组成,如图 9-5-5(b)所示。如果脉冲编码器输出脉冲数较少,也可采用光直射的检测方式,这类编码器没有指示光栅。

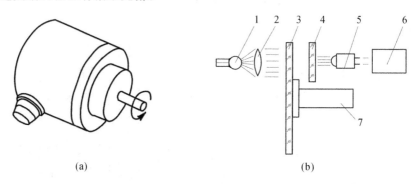

(a)　　　　　　　　　　　　　　　(b)

图 9-5-5　脉冲编码器外形、组成和结构示意图

(a) 外形;(b) 组成和结构

1—光源;2—透镜;3—圆光栅;4—指示光栅;5—光敏元件;6—放大电路;7—转轴

2. 增量编码器和绝对编码器

如果编码器的圆光栅只刻有一圈条纹,则其输出脉冲信号只能是增量式的,表示角度增量,为增量编码器。因为只刻有一圈条纹,条纹可以很密,因此输出脉冲较多。如果圆光栅上刻有多圈循环二进制编码条纹或格雷码条纹,每个角度位置对应唯一的多位编码信息组合,则输出的编码信息可表示绝对角度位置,为绝对编码器。当采用二进制编码时,多位二进制编码就可以换用十进制表示。格雷码制是一种与每一角度位置一一对应的特定编码,其特点是任何相邻的编码只有一位信息变化,可靠性高。

3. 脉冲数和倍频处理

增量编码器规格:每转脉冲数一般为 2000、2500、3000、5000 等,常用的为 2500 和 3000。在高速、高精度伺服系统中,采用高分辨率脉冲编码器,每转脉冲数可达到 20000 以上。

在实际应用中,通常数控系统对脉冲编码器信号进行倍频处理(通常为 4 倍频),以提高分辨率。如选用每转脉冲数为 2500 的脉冲编码器时,经系统 4 倍频处理后可形成每转 10000 个脉冲信号,显然提高了分辨率。

习题和思考题

1. 数控与电气控制系统主要包括哪些部分？各起什么作用？

2. 数控机床的基本控制方式有哪几种？

3. 简述数控与电气控制系统的运行和控制流程。

4. 数控装置的基本功能和选择功能有哪些？

5. 数控装置包括哪些基本组成？各基本组成又包括哪些部分？

6. 可编程控制器的作用是什么？可编程控制器可分为哪几类？各有什么特点？

7. 伺服驱动器的作用是什么？主要有哪些类型？各有什么特点？

8. 简述数控系统的一般连接方式及特点。

9. 数控机床的电气控制内容通常有哪些？各采用什么控制方式？

第 10 章　数控机床布局结构形式

本章主要介绍典型的、常用的数控机床布局结构形式及特点,包括应用最为广泛的车削类数控机床、铣镗切削类数控机床两种类型。铣镗切削类数控机床的功能、布局和结构形式多种多样,其变化和创新空间最大、最具典型性,本章将重点对常用、典型的铣镗切削类数控机床按照其功能和布局结构的演变脉络和内在关系进行介绍、分析,尽量做到系统性和连贯性。

常规普通机床和数控机床的型号命名已有国家推荐标准,但实际上由于数控机床发展迅速,布局变化和类型越来越多,很多新机床产品型号和名称已偏向于根据制造商自身风格和特点来确定。下面介绍的各系列机床都具有不同的规格甚至子系列,故在具体规格方面就不作介绍。

10.1　车削类数控机床布局结构形式

车削类数控机床主要包括普通数控车床、车削中心和动力刀塔式车铣复合加工中心等。其中,车削中心是在普通数控车床的基础上配置 6 刀位数以上自动刀塔、自动排屑以及相应增强数控功能而形成;动力刀塔式车铣复合加工中心是在车削中心的基础上将自动刀塔改为动力刀塔,并增加必要的直线运动轴,实现以车削为主,具有一定的铣、钻、镗削等加工功能,这一类型通常也归到车削中心。图 10-1-1 为普通数控车床、车削中心外形图,车铣复合加工中心参见第 12 章。

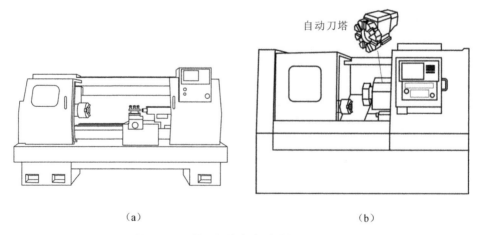

自动刀塔

（a）　　　　　　　　　　　　　　　　　　（b）

图 10-1-1　普通数控车床、车削中心外形图

10.1.1　机床总体布局和结构形式及特点

第 1 章已经介绍,常规车削类数控机床的总体布局和结构类型通常以床身形式和主轴方向作为区分方式,主要包括卧式平床身数控车床、卧式斜床身数控车床(车削中心)、卧式立床身数控车床(车削中心),以及单柱立式数控车床、龙门立式数控车床(车削中心)等。图 10-1-2

为卧式平床身、斜床身、立床身数控车床布局示意图。

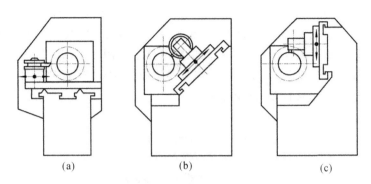

图 10-1-2　卧式床身式数控车床布局示意图

（a）卧式平床身；（b）卧式斜床身；（c）卧式立床身

1. 卧式平床身布局结构

图 10-1-2（a）为卧式平床身数控车床布局示意图，图 10-1-3 为其机床本体示意图，这是最为传统和普通的数控车床布局结构形式，主要特征是床身及其导轨横截面呈水平布置形式，主轴中心线呈水平方向。其优点是床身总体结构为长方体，结构简单，制造工艺性好，床身及导轨承受垂向力特性好，平稳性好。其缺点是由于水平布置，加工过程切屑易堆积，且床身下部空间较小，因此排屑性能不好；Z 向丝杠机构须置于前方而无法靠近负载中心，受力性能不好；安装刀架的空间相对较小，刀架容量较小，且由于受到刀架的阻碍，加工操作和观察相对不方便。这种布局结构一般应用于中小规格的经济型和普及型数控车床。

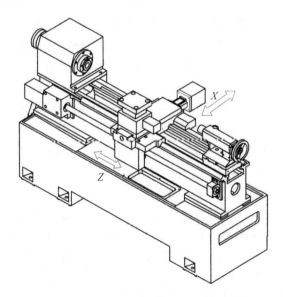

图 10-1-3　卧式平床身数控车床本体示意图

2. 卧式斜床身布局结构

图 10-1-2（b）为卧式斜床身数控车床布局示意图。显然，这一布局形式有利于切屑自然下落至下方空间，便于安装排屑装置和防护围板，便于安装自动化装置如上下料机械手、大容量自动刀塔等，也利于加工操作和观察，且相同的床身宽度 X 向机构长度相对较大，可达到较大行程。但斜床身结构较复杂，制造工艺性相对较差，主要用于中小型、中高档数控车床和车削

中心。斜床身角度可以是30°、45°、60°、75°,角度越大,排屑性能越好,但导轨受垂向力的侧向作用影响越大,导向稳定性越差,须综合考虑,通常采用45°或60°两种结构。斜床身结构的导轨通常采用矩形滑动导轨或滚动导轨形式,相比于燕尾形导轨,其受力性能和工艺性更好。图10-1-4为卧式斜床身车铣复合加工中心的机床本体示意图。当床身倾斜角度达到90°时则成为卧式立床身型,如图10-1-2(c)所示,显然更易于排屑和观察,也便于加工和装配,但导轨受力性能和导向稳定性相对较差,较少应用。

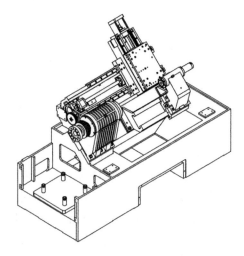

图 10-1-4　卧式斜床身车铣复合加工中心机床本体示意图

3. 立式布局结构

立式布局的数控车床和车削中心主要包括单柱立式布局和龙门立式布局两大类型,如图 10-1-5所示。立式布局的基本结构特点:主轴为回转台形式,主轴轴线呈倒立式,台面呈水平式布置,刀架做垂向和水平移动;工件安装在回转台式的大型卡盘上,因此可装夹和加工较大规格工件。

(1) 单柱式　如图 10-1-5(a)所示,X、Z向进给部件由滑枕、滑座和横梁及传动机构组成,通过横梁安装在单立柱上,刀架安装在滑枕下端。横梁沿立柱做垂向(W 向)运动以适应大位移调整,滑座连同滑枕在横梁上做横向(X 向)进给运动,滑枕在滑座上做垂向(Z 向)进给运动。单柱式布局的结构尺寸不宜太大,因此与下述的龙门式相比,其刚度、工件规格和加工行程相对较小,适于中型或中大型工件的加工。

(2) 龙门式　图 10-1-5(b)所示为动梁龙门式,X、Z向进给部件由滑枕、滑座和动横梁及传动机构组成,通过动横梁安装在龙门上,刀架安装在滑枕下端。动横梁沿龙门双立柱做垂向(W 向)运动以适应大位移调整,滑座连同滑枕在动横梁上做横向(X 向)进给运动,滑枕在滑座上做垂向(Z 向)进给运动。由于采用龙门框架结构,横向行程可显著加大,整机刚度、工件规格和加工空间可显著加大,适于大型工件的加工。

龙门式结构还有利于机床布局结构的变化和功能增强,更利于多轴、多功能、复合化和自动化的实现。如在动横梁原安装一组车刀架部件的基础上,可再增设一组铣加工部件,并分别在两边安装自动刀塔和刀库,加工能力和自动化性能可显著提高,参见第 12 章。

数控车床和车削中心除了上述常用布局结构外,还出现多种特殊和先进布局结构,如主轴倒立布局结构形式等。

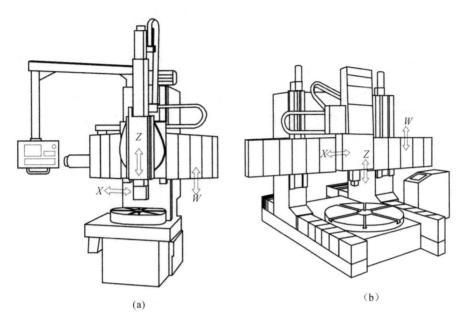

(a)　　　　　　　　　　　　　　　　　　(b)

图 10-1-5　单柱式和龙门式立式布局类型

(a) 单柱式;(b) 龙门式(双柱)

10.1.2　传动系统和结构部件

1.主传动和进给传动系统

1) 主传动系统

与常规数控铣床的主传动形式一样,数控车床的主传动系统主要有三种形式:一挡皮带传动无级变速形式、高低挡两段无级变速形式、高速电主轴形式。其中,第一种形式结构简单,选用合适的主电机规格后可满足常规数控车床的加工要求,应用广泛;第二种形式由于结构较复杂,应用较少;第三种形式应用于高速精密的车削中心。有的普通数控车床还采用普通电机和机械有级变速相结合的传统传动方式,但因结构复杂、操作使用不方便,目前已较少应用。如果在车削主传动系统中采用变频电机驱动或非同步带传动形式,以及非 1∶1 传动方式,则需通过设置与主轴 1∶1 严格同步的同步带传动机构,连接外置编码器,确保主轴与进给轴的同步加工功能。主传动系统原理和结构形式参见第 3 章。

2) 主传动与 C 轴结合系统

由于车床的特点是主轴带着工件旋转,因此数控车床的 C 轴轴线通常与主轴轴线重合。C 轴运动是进给运动,转速相对较慢,主要工作在电机的恒扭矩段,因此对于中小规格车削中心,C 轴电机和主电机及其传动链难以统一;而对于大型立式车削中心,主轴转速也较慢,则可以统一。因此,通常中小规格车削中心的主传动系统除了设置有车削主传动机构外,还要设置 C 轴传动机构,存在两种传动机构相结合的问题。C 轴传动机构有多种形式,但都要保证传动链间隙小甚至无间隙,刚性好,运动灵敏度高,因此既要保证传动比较大,还须使传动链尽可能短。

图 10-1-6 为较常用的 C 轴与主传动机构结合示意图,C 轴采用蜗轮蜗杆传动形式,主电机 1 的运动通过带传动副 2(可采用同步带或三角带)并经结合的双向离合器 6,传至主轴 11;通过与主轴 1∶1 传动的同步带传动副 3 并经弹性联轴器连接脉冲编码器 5,确保对主轴位置的准确检测;蜗轮 8 配置轴承套装在主轴 11 上,C 轴电机 9 通过蜗轮蜗杆传动副 8、10 减速传

动,通过双向离合器 6 与主轴连接或断开;主传动从动轮 4 也是通过轴承套装在主轴上,由控制系统通过转换装置 7 控制双向离合器 6 与主传动从动轮 4、蜗轮 8 的通断,确保主传动链和 C 轴传动链不能同时与主轴结合,实现主切削运动与 C 轴运动的安全切换。蜗轮蜗杆传动形式的优点是减速比大、传动链短、结构紧凑,并且具有自锁性,运行稳定,缺点是效率较低,因此应综合考虑;蜗轮蜗杆传动副需设置间隙调整机构,确保小间隙传动;转换装置 7 可以是电磁铁或油缸。也可以采用齿轮减速方案,传动效率高,但不易达到大减速比,或传动链较长,且没有自锁性,运行稳定性相对较差。

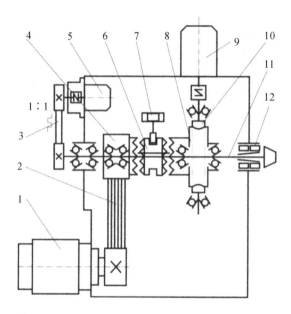

图 10-1-6　主传动＋C 轴结构示意图

1—主电机;2—带传动副;3—同步带传动副;4—主传动从动轮;5—脉冲编码器;6—双向离合器;
7—转换装置;8—蜗轮;9—C 轴电机;10—蜗杆;11—主轴;12—主轴轴承

3）进给传动与支承系统

数控车床和车削中心的进给传动系统通常采用直联滚珠丝杠传动形式和同步带减速滚珠丝杠传动形式两种。车削中心由于具有较快的移动速度和较高的定位精度,通常采用直联滚珠丝杠传动形式。由于常用数控车床的横向行程较小,横向结构空间较小,因此可采用结构简单、机构尺寸小的一端固定、一端自由的安装支承形式;而纵向行程相对较大,因此需采用具有两端支承功能的其他几种安装支承形式。对于大行程数控车床的进给传动,同样需要采用减速齿轮齿条传动方式。进给传动系统原理和结构形式参见第 5 章。

2. 液压自动卡盘

配置自动卡盘是数控车床和车削中心实现高效、自动加工的重要条件之一,特别是车削中心。自动卡盘主要有两种形式:卡爪型专用自动卡盘、通用自动卡盘。

1）卡爪型专用自动卡盘

自动卡盘中的卡爪可以是三爪或四爪形式,但其结构形式和夹紧原理是一样的。图 10-1-7 为液压自动三爪卡盘结构示意图,主要由液压系统和回转油缸、拉杆和驱动爪组件、卡盘组件组成,以液压为动力实现卡盘的自动锁紧。其结构特点和工作原理如下:旋转油缸 2 通过油缸盖 4、连接盘 5 与主轴 8 连接,与主轴 8 同步旋转;液压系统通过液压旋转连通部件 1 与旋转油缸 2 连通油路,旋转油缸 2 的空心活塞 3 与空心拉杆 7 固连;空心活塞 3 的来回运动通过楔形驱动爪 9 驱动锁紧滑块 10,从而推动卡爪 11 径向移动,实现对工件的锁紧和松开。

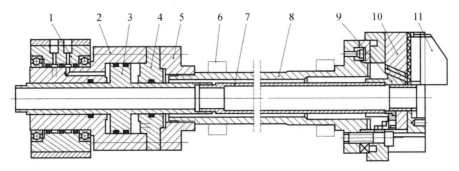

图 10-1-7 液压自动三爪卡盘结构示意图

1—液压旋转连通部件;2—旋转油缸;3—空心活塞;4—油缸盖;5—连接盘;6—主轴轴承;
7—空心拉杆;8—主轴;9—驱动爪;10—锁紧滑块;11—卡爪

图 10-1-7 所示结构采用旋转油缸和旋转连通部件,结构较为复杂,对可靠性也有影响。如图 10-1-8 所示,采用碟形弹簧 6 锁紧和固定油缸组件 4、5 松开的结构形式,松夹机构 4、5、6 通过平面轴承 3 连接空心拉杆 1,结构较为简单,可靠性也较好;其前端的连接结构与图 10-1-7 相同。

2) 通用自动卡盘

液压自动卡盘使用过程中不便于将自动卡盘更换为自动弹簧夹头组件,从而转换为弹簧夹头松夹形式,通用性较差。图 10-1-9 为通用型自动松夹装置结构示意图,其液压部分和图 10-1-7 相似,但主轴前段结构和卡盘形式不同,主轴前端具有外锥和内锥孔,利用外锥安装定位自动卡盘,如图 10-1-9(a) 所示;利用内锥孔安装定位自动弹簧

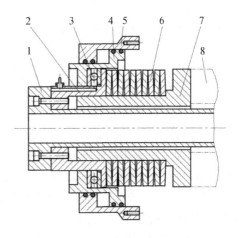

图 10-1-8 碟簧锁紧式结构示意图

1—空心拉杆;2—连接套;3—平面轴承;4—空心活塞;
5—固定缸体;6—碟形弹簧;7—连接座;8—主轴

夹头,如图 10-1-9(b)、(c) 所示;从而易于实现自动卡盘形式和自动弹簧夹头形式的转换。

如图 10-1-9(a) 所示,安装卡盘时,卡盘体 6 安装定位在主轴外锥面上,拉杆 9 与油缸连杆 1 连接,锁紧滑块 8 通过齿牙与卡爪 10 连接;油缸活塞杆的来回运动通过连杆 1、拉杆 9 带动杠杆式驱动爪 7,推动锁紧滑块 8 从而带动卡爪 10 做径向运动,实现对工件的自动松夹动作。如图 10-1-9(b) 所示,安装弹簧夹头时,弹簧夹头直接通过主轴内锥孔安装定位,适用于小直径棒料的装夹;如图 10-1-9(c) 所示,增加设置过渡锥套,可用于安装加大直径的弹簧夹头,适用于较大直径棒料的装夹。弹簧夹头通过其尾端螺纹直接与连杆 1 连接。

对于弹簧夹头和卡盘的安装,传递松夹驱动力的连杆是相同的,所以卡盘和弹簧夹头的更换方便。

10.1.3 数控车床和车削中心主要技术参数

主要技术参数体现机床的主要规格、加工能力和性能。数控车床和车削中心的主要技术参数基本相同,主要如下:加工范围,包括最大加工直径和长度;运动行程;运动速度,包括快速

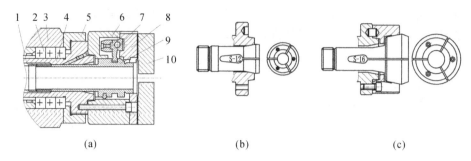

图 10-1-9　通用型自动松夹装置结构示意图

（a）前端安装卡盘结构形式；（b）前端安装弹簧夹头结构形式；（c）设置过渡套结构形式

1—连杆；2—轴承；3—箱体；4—主轴；5—端盖；6—卡盘体；7—杠杆式驱动爪；8—锁紧滑块；9—拉杆；10—卡爪

移动速度、进给速度范围、主轴转速范围；主轴规格；电机规格，包括主电机功率、进给电机扭矩；刀架（或自动刀架、自动刀塔）规格和容量；尾座规格；位置精度，包括定位精度、重复定位精度；数控系统、外形尺寸、机床质量等部分。对于车削中心，刀塔容量更大，精度要求更高，则其参数值不同；有些车削中心配置有更多的加工功能，则增加相应的参数。

10.2　铣镗切削类数控机床布局结构形式

数控铣床由于具有定位和数控加工功能，综合加工能力大大增强，除了具有铣削加工功能外，还具有常规的镗削、钻削、铰削、螺纹加工等功能。虽然专门的数控镗削机床和数控钻削机床在镗削加工和钻孔功能方面性能相对更强、更丰富，但在较大程度上，数控铣床特别是加工中心已可以满足镗、钻两类常规加工，而且这三类数控机床除了主轴具体结构有一定差别外，在布局结构形式、传动机构等方面均相同，所以我们将数控铣、镗、钻三类机床综合按铣镗切削类数控机床进行介绍，在很多场合直接以"铣床"统称。

在铣床类型区分中，一般将工作台做升降运动的机床称为升降台系列铣床大类，而工作台不做升降运动的铣床类型太多，其命名就较为多样。铣床类型还按主轴轴线方向的不同有立式、卧式和万能之分，立式是指主轴轴线呈垂直状态，卧式是指主轴轴线呈水平状态，而万能是指主轴和工件之间可相对形成多种空间角度。

由于前面各章节均主要以数控铣床和加工中心为例进行介绍，所以本节不再介绍具体结构方面，而主要介绍机床的布局和类型。铣镗类加工特别是铣削加工，需要三轴或四轴以上控制和联动，同时机床的进给运动可以由刀具执行，也可以由工件执行，或两者组合。运动轴的不同分配和各种组合与布置，使数控铣镗床和加工中心在功能、布局和结构方面的变化多种多样，创新空间广阔，新颖的布局结构形式不断出现。限于篇幅，本节重点介绍若干典型的铣镗切削类数控机床，如数控升降台铣床系列、十字滑台数控立（卧）式床身铣床系列、动柱式数控立（卧）式床身铣床系列、数控卧式（万能）滑枕床身式铣床系列、动柱式数控卧式（万能）滑枕床身式铣床系列、数控定梁定柱龙门铣床系列、数控动梁定柱龙门铣床系列、数控龙门移动铣床系列、数控桥式龙门铣床系列等。上述各系列中，每一系列又都具有多种子系列和规格；除了升降台系列一般不配置刀库外，其他系列都可增加配置刀库而形成相应的加工中心系列。

数控铣床和加工中心布局结构差别主要在刀库配置方面，在后续介绍中将直接以相应布局类型的加工中心为例。

10.2.1 数控升降台铣床

数控升降台铣床是对普通升降台铣床进行进给传动系统的数控化而较早形成的数控机床类型。由于运动部件的不同组合,数控升降台铣床又有多种形式,如数控立式升降台铣床系列、数控卧式升降台铣床系列、数控万能滑枕升降台铣床系列等。图 10-2-1 为常见数控升降台铣床布局形式示意图,图 10-2-2 为三种典型数控升降台铣床。显然,由于工作台做升降运动,升降部件和工件质量都对垂向进给机构起到负载作用,因此工作台承重能力相对较小。

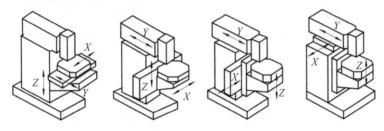

图 10-2-1　常见数控升降台铣床布局形式示意图

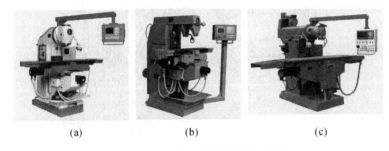

　　　(a)　　　　　　　　　　(b)　　　　　　　　　　(c)

图 10-2-2　三种典型数控升降台铣床

1. 数控立(卧)式升降台铣床系列

如图 10-2-2(a)、(b)所示,这两种机床为较早出现的传统铣床,采用工作台做 X、Y、Z 三向运动的结构形式,机床主体包括工作台、滑鞍、升降台、立柱、底座和铣头等部件,立柱与底座固连成立式床身;对于卧式形式,还配置横梁支架部件。其运动关系为,工作台在滑鞍纵向导轨上做纵向(X 向)运动,滑鞍连同工作台在升降台横向导轨上做横向(立式为 Y 向,卧式为 Z)运动,升降台沿着立柱导轨做垂向(立式为 Z 向,卧式为 Y 向)运动。主传动系统通常仍沿用传统机械变速形式,安置在立柱内部。对于立式机床,立式主轴安置在立柱前方的铣头内;对于卧式机床,卧式主轴安置在立柱的上部。显然,三向运动部件和导轨集为一体成为升降组合部件,因此结构尺寸不能太大,工作台承重、整机刚度和行程都较小,特别是横向行程,涉及铣头和升降台的悬伸量,对机床整体刚度和制造工艺性影响最大,行程限制更大。三向导轨通常采用滑动导轨形式,其中纵向、横向采用燕尾形导轨,垂向采用矩形导轨,坐标轴移动速度较低。这一类型布局结构主要应用于经济型数控机床,且规格相对较小。这里描述的"机床主体"类似于前面的"机床本体",但包含了本体上所安装的传动机构等零部件,以下均同。

2. 数控万能滑枕升降台铣床系列

图 10-2-2(c)所示为数控万能滑枕升降台铣床,虽然还是升降台式,但布局结构有了较大变化,故机床功能和性能发生了明显变化。该类型机床采用滑枕升降台式布局结构,机床主体由工作台、升降台、滑枕、立柱、底座和万能铣头等部件组成,立柱与底座固连成立式床身。其运动关

系为,工作台在升降台纵向导轨上做纵向(X向)运动,升降台连同工作台沿着立柱垂向导轨做垂向(Z向)运动,滑枕在立柱上方的横向导轨上做横向(Y向)运动。主传动系统安装在滑枕部件内,万能铣头置于滑枕前端;三向导轨配置与上述两种类型相同。主轴设置在滑枕前端的万能铣头内。它与上述两种类型机床的根本区别在于,将横向(Y向)运动部件从升降组合部件中分离出来,由滑枕独立执行,运动部件和导轨的连续叠加相对减少,因此工作台承重能力和横向行程更大,整机刚度更高。图10-2-3所示为带自动松夹刀功能的普通45°型万能铣头结构示意图,该铣头部件主要由基座、转座、铣头壳、伞齿轮组件、主轴组件、碟簧锁刀机构、松刀缸等组成,具有两个互成45°的回转轴Ⅰ、Ⅱ,两个回转轴调整角度的不同组合可使主轴指向前半球任意空间角度方向,因此可进行前半球任意空间角度方向的加工,故名称冠以"万能",后续很多机床系列都具有这个功能。

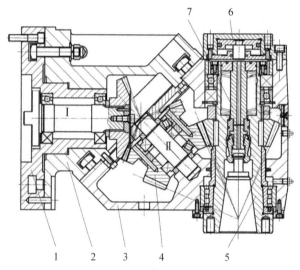

图 10-2-3　带自动松夹刀功能的普通 45°型万能铣头结构示意图
1—基座;2—转座;3—铣头壳;4—伞齿轮组件;5—主轴组件;6—松刀缸;7—碟簧锁刀机构

相对于立(卧)式升降台铣床,这一类型可选取较大规格;当规格较大时,为了减小垂向丝杠的负载,提高垂向运动稳定性,可在升降台下部设置自循环液压平衡装置,具体工作原理参见后续介绍。

3. 进给传动系统

数控升降台铣床的纵向、横向进给传动系统通常采用直联滚珠丝杠传动方式,也可以采用同步带减速滚珠丝杠传动方式;由于升降部件和工件都对垂向传动机构形成负载作用,同时由于结构的特点无法按直联形式安装传动机构,且升降运动速度一般相对较小,因此垂向进给传动系统采用大减速比同步带或齿轮减速滚珠丝杠传动方式,以实现采用较小的电机规格产生较大的丝杠驱动扭矩。

铣镗类机床系列基本上都会有垂向坐标运动,存在升降部件,为避免电机断电后由于重力的作用,滚珠丝杠副产生逆传动而出现升降部件下滑现象,故垂向伺服电机须配置断电抱闸功能,以下均同。

10.2.2　十字滑台数控立(卧)式床身铣床及加工中心

升降台机床系列即使采用了滑枕布局形式,但由于工作台和工件仍做升降运动,其行程规格和承重能力受到限制,如需进一步提高,应采用工作台不升降的布局形式,而最简单的变化形式就是本节介绍的十字滑台数控立(卧)式床身铣床。

1. 基本布局和结构

1) 布局形式

图 10-2-4 为几种十字滑台数控立(卧)式床身铣床布局形式示意图,其中十字滑台存在纵、横向运动部件安装叠加顺序的不同,这与具体的行程和加工受力有关,也影响部件和基础件的尺寸;由于工作台纵向长度和行程通常比横向的要大,采用图 10-2-4(b)、(d)布局形式时床身尺寸较大。机床主体由工作台、滑鞍、床身、立柱、立式(卧式)主轴箱、平衡部件等部件组成,立柱与床身固连为一体;其中卧式铣床立柱通常采用龙门框架式,卧式主轴箱安装在框架立柱内。以图 10-2-4(a)、(c)为例,其运动关系为,工作台在滑鞍导轨上做纵向(X 向)运动,滑鞍连同工作台在床身导轨上做横向(立式为 Y 向,卧式为 Z 向)运动,主轴箱在立柱导轨上做垂向(立式为 Z 向,卧式为 Y 向)运动;主传动系统和主轴安装在主轴箱中。与数控立(卧)式升降台铣床相比较,本类型铣床垂向运动由主轴箱沿立柱导轨实现,工作台不做升降运动,因而部件和导轨连续叠加相对减少,工作台承重能力明显增强;床身宽度、滑鞍长度可以较大,纵向导轨可以实现较大的支承和配合长度,三向行程可比升降台铣床系列的大,特别是纵向、垂向;横向行程涉及主轴箱悬伸量(针对立式铣床)和机型规格,故其增大有限。尽管有上述优点,但十字滑台数控立(卧)式床身铣床由于工作台部件仍存在纵、横向导轨叠加,行程和承重能力还是受到较大限制。图 10-2-5 为十字滑台数控立式床身铣床。图 10-2-6 为十字滑台数控卧式床身铣床。

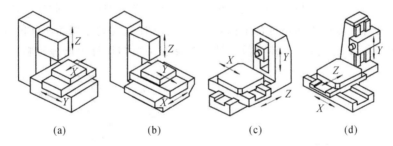

(a)　　　　　　(b)　　　　　　(c)　　　　　　(d)

图 10-2-4　几种十字滑台数控立(卧)式床身铣床布局形式

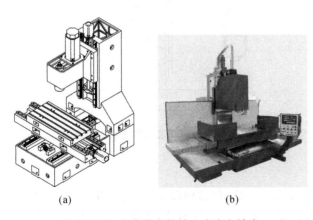

(a)　　　　　　　　　　(b)

图 10-2-5　十字滑台数控立式床身铣床

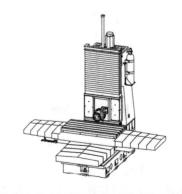

图 10-2-6　十字滑台数控卧式床身铣床

2）三向导轨

本系列数控机床及加工中心的三向导轨可采用矩形滑动导轨、滚动导轨或两者组合，以适应不同的性能要求。当采用组合形式时，通常是纵向、横向采用滚动导轨，垂向采用矩形滑动导轨，这是因为纵、横向导轨受力以垂向压力为主，滚动导轨可以很好适应；而垂向导轨由于主轴箱的前伸（立式）或后挂（卧式）而受到颠覆力矩作用，滑动导轨的抗颠覆性能和稳定性更好，且垂向移动速度通常相对较小。当导轨跨距较大时，可增加设置 1~2 个辅助导轨。

3）升降部件的平衡

为尽可能减小重力负载对垂向传动机构的影响，应对升降部件进行平衡，通常有以下两种形式：

（1）重锤平衡。利用重锤通过链条、滑轮组件与升降部件连接，形成重锤平衡机构，达到对升降部件的重力平衡作用，如图 10-2-7 所示。平衡力与重锤质量、牵拉位置有关，考虑重锤体积和质量不宜太大，通常不一定要求达到完全平衡，能达到大部分平衡即可。重锤需放置在立柱空腔中，而卧式铣床的龙门式立柱空腔太小且其平衡质量较大，因此重锤平衡一般只适用于具有较大空腔的单立柱形式。同时，重锤也具有惯量，进行加速度和惯量匹配计算时应考虑重锤质量；如果所设计的机床为高速机床，通常取消重锤平衡机构以减小运动惯量。

（2）自循环液压平衡。液压平衡也称为油缸平衡或氮气平衡。如图 10-2-8 所示，自循环液压平衡系统由油缸、蓄能罐、支架和管路等部分组成。其工作原理如下：蓄能罐中加有适量液压油，气囊中充有适当压强的氮气，从而使液压油具有压强；蓄能罐压力油与油缸连通，使油缸产生向上的拉力，实现对升降部件的平衡；平衡力与蓄能罐容积、氮气压强、液压油量、油缸活塞作用面积、移动行程等因素有关，通常能达到大部分平衡即可。自循环液压平衡只依靠蓄能罐和油缸之间的内部封闭回路进行平衡，显然运行过程中气囊体积和压强的变化，会导致平衡力的波动，因此应综合考虑，具体计算方法可参阅有关机械设计手册等资料。

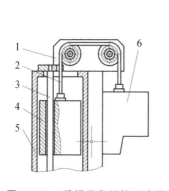

图 10-2-7　重锤平衡结构示意图
1—平衡架；2—链条；3—导向杆；
4—重锤；5—立柱；6—升降部件

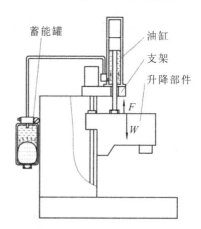

图 10-2-8　自循环液压平衡系统示意图

自循环液压平衡方式虽然具有压力波动的不足，但结构简单、运行可靠，广泛应用于没有重锤放置空间或平衡质量较大的场合，如数控卧式铣床系列，同样也可以应用于数控立式铣床。同时，自循环液压平衡方式仅依靠气囊氮气压力作用，如要求波动小、响应快，则需采用大容量蓄能罐。当需要大行程、小蓄能罐、波动小、响应快的平衡方式时，可以采用带油泵的随动液压平衡系统,详见后续龙门铣床系列的介绍内容。

2. 相应的加工中心系列

在该类型数控铣床的基础上配置刀库即成为相应的立式加工中心系列和卧式加工中心系列,它们通常配置的刀库类型不同。立式加工中心主要配置圆盘式刀库,刀库通过安装支座固定在立柱左侧,个别情况下固定在右侧,如图 10-2-9 所示。对于较大规格立式加工中心,也可配置卧式的容量更大的链式刀库。卧式加工中心往往规格较大,通常配置链式刀库。加工中心可实现一次安装工件自动进行多种工序的加工,自动化程度和效率更高,通常需要配置自动排屑系统和防护围板。全围板立式加工中心如图 10-2-10 所示。

图 10-2-9　立式加工中心　　　　10-2-10　全围板立式加工中心

本系列加工中心配置数控分度台或数控回转台,如图 10-2-11 所示,可实现四轴控制三轴联动或四轴联动,实现多面加工和更复杂形状加工;特别是卧式加工中心,回转台可以平放,更易于实现较大型工件的四轴加工。配置五轴及以上的加工中心将在第 12 章介绍。

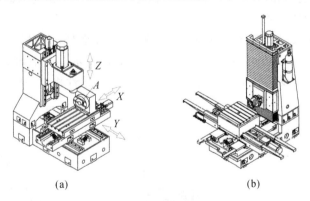

(a)　　　　　　　　　　　(b)

图 10-2-11　配置第 4 轴布局示例
(a) 立式铣床配第 4 轴;(b) 卧式铣床配第 4 轴

10.2.3　动柱式数控立(卧)式床身铣床及加工中心

十字滑台数控立(卧)式床身铣床的布局结构有一个特点,即立柱是固定的,工作台做纵、横向两个坐标运动,行程和承重能力不能太大,如需进一步提升,显然应将十字滑台的 X、Y(Z)向运动之一移出,由立柱移动完成,这就形成动柱式数控立(卧)式床身铣床的布局形式,其中立柱横向移动和立柱纵向移动为常见的两种形式。

1. 立柱横向移动的动柱式数控立(卧)式床身铣床系列

图 10-2-12 为立柱横向移动的数控卧式床身铣床,立柱连同主轴箱做横向(Z 向)前后运动,显然工作台只做纵向(X 向)左右运动,与工作台相关的运动部件和导轨叠加进一步减少,

因此工作台的承重能力提高。由于本布局形式的固定床身纵向长度可以较大,因而工作台的长度和纵向行程可以进一步加大;但也不能太大,否则运动部件太长太重,再加上工件质量,形成太大的惯量,而床身更是成倍地加长,制造难度明显加大甚至不可能。

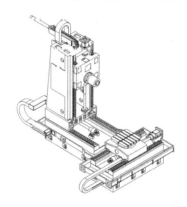

图 10-2-12　立柱横向移动的数控卧式床身铣床

2. 立柱纵向移动的动柱式数控立(卧)式床身铣床系列

图 10-2-13 为三种立柱纵向移动的数控立(卧)式床身铣床。与立柱横向移动形式相比,本系列数控铣床纵、横向运动部件相互调换,立柱连同主轴箱做纵向(X 向)运动,显然工作台只做横向运动(立式为 Y 向,卧式为 Z 向),同样工作台的承重能力提高;由于工作台通常为长方体,工作台长度较大时,机床占地面积比立柱横向移动形式的小,但沿长边分布的横向导轨跨距较大,因而承重能力和稳定性相对略差。因此,工作台纵向长度不宜增加太大,相应地,立柱纵向行程也不能增加太大。

立柱纵向移动形式的纵向导轨布局主要有两种:一种是双导轨共面式,如图 10-2-13(b)所示;一种是双导轨前低后高错位式,如图 10-2-13(a)、(c)所示。由于加工和作用力在前方,因此第二种纵向导轨布局受力性能和稳定性更好,但制造工艺性相对差些,须综合考虑。

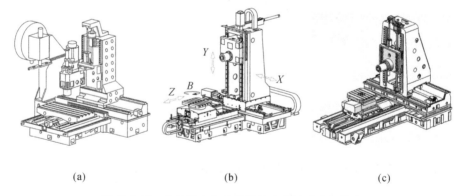

(a)　　　　　　　　　　(b)　　　　　　　　　　(c)

图 10-2-13　立柱纵向移动的数控立(卧)式床身铣床

3. 相应的加工中心和四轴形式

图 10-2-13、图 10-2-14 均为配置刀库或第 4 轴的立柱移动布局结构形式。从原理上讲,刀库固定安装是最稳定的。本系列铣床立柱连同主轴箱做纵向或横向运动,如采用刀库与立柱分离的固定位置安装方式,刀具交换时立柱需做返回交换点运动,增加交换时间,因此刀库固定形式主要适用于回交换点行程较小的场合,如图 10-2-13(a)、图 10-2-14 所示。图 10-2-13(a)

为立柱纵向移动立式加工中心,配置圆盘式刀库,容量较小。图 10-2-14(a)为立柱横向移动卧式加工中心,配置固定链式刀库、双链式排屑器,同时采用矩形和回转台复合工作台,回转台共面镶嵌在矩形工作台中央,既可三轴加工较大规格零件,也可四轴加工中小规格零件。图 10-2-14(b)为固定安装圆盘式刀库的结构形式,也可以将圆盘式刀库更换为链式刀库,增加刀库容量。图 10-2-14(c)为立柱横向移动卧式加工中心,配置固定链式刀库,并设置独立型数控回转台,实现四轴加工功能;当加工较大规格零件时,可卸下回转台,扩大加工空间。当采用刀库与立柱相连的随动方式时,刀具交换运动相对简单,但刀库随动会增加立柱部件的惯量,对运行稳定性也有影响,对于大容量刀库是不合适的,应综合考虑。图 10-2-13(b)、(c)为配置一体化数控回转台(第 4 轴)的布局结构形式。

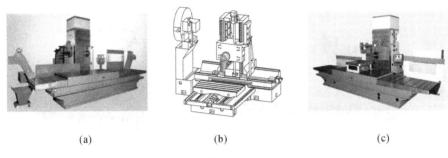

| (a) | (b) | (c) |

图 10-2-14　动柱式立(卧)式床身加工中心

　　动柱式数控立(卧)式床身铣床及加工中心布局结构的升降平衡通常采用液压平衡方式。即使立柱内腔较大,足以容纳重锤,也不会采用重锤平衡方式,因为重锤随立柱移动会增加移动惯量,而且立柱移动容易引起重锤摇晃而不稳定。

10.2.4　数控卧式(万能)滑枕床身式铣床及加工中心

　　数控卧式(万能)滑枕床身式铣床及加工中心主要包括工作台移动和工作台固定两种系列。

1. 工作台移动数控卧式(万能)滑枕床身式铣床及加工中心系列

　　对于立柱做横向移动的动柱式数控立(卧)式床身铣床布局形式,立柱部件较重、惯量较大,对立柱运动快速响应和敏捷性是不利的,相应方向的伺服电机规格需较大。采用滑枕床身式铣床布局结构形式可以克服上述缺陷,本类型包括卧式和万能式两种,两者总体布局结构和运动形式相同,下面以万能式为例进行分析和说明。图 10-2-15 为数控万能滑枕床身式铣床布局结构示意图,其布局和运动关系特点如下:立柱与床身固定连接形成稳固的基础,工作台在床身导轨上做纵向(X 向)运动,滑座沿着立柱垂向导轨做垂向(Z 向)运动,滑枕在横向水平导轨上做横向(Y 向)运动;主传动机构置于滑枕部件中。由于横向为滑枕运动,与立柱做横向运动相比,整体占地空间较小,运动部件更轻,故运动质量和惯量更小,运动速度可以更高,运动灵敏度更高;但滑枕横向运动存在悬臂问题,故刚性和稳定性较差。本系列数控铣床的滑枕结构和运动空间便于配置万能铣头,如图 10-2-15 所示,即在图 10-2-3 所示普通万能铣头的基础上增加自动回转和定位装置,实现两个回转轴自动分度转换形成多种空间角度,自动实现立式、左卧、右卧、前卧和多种空间角度加工,因此也称为“多面体”;采用端面齿盘定位,精确、稳定、可靠。如配置手动式万能铣头,则可实现前半球任意空间角度方向的转换和加工。图 10-2-16(a)为多面体数控万能滑枕床身式铣床,图 10-2-16(b)为多面体万能滑枕床身式加工中心,本示例配置链式刀库,就近固定,便于刀具快速交换,结构简单。

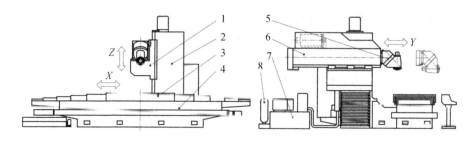

图 10-2-15　数控万能滑枕床身式铣床布局结构示意图

1—滑座；2—立柱；3—工作台；4—床身；5—万能铣头；6—滑枕；7—液压站；8—蓄能罐

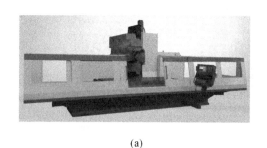

(a)　　　　　　　　　　　　　　　　　(b)

图 10-2-16　多面体数控万能滑枕床身式铣床及加工中心

(a) 多面体数控万能滑枕床身式铣床；(b) 多面体万能滑枕床身式加工中心

图 10-2-17　数控卧式滑枕床身式铣床

图 10-2-17 为数控卧式滑枕床身式铣床，它以图 10-2-15 的铣床为基础，将万能铣头改为卧式主轴，除了没有多种空间角度加工特性，其他性能一样。

滑枕运动过程容易出现滑枕弯曲现象而影响运动直线度，为克服这一现象，从整体布局结构方面采用主传动系统后置的方式，有利于滑枕部件的平衡，并采用下述三种方法进行补偿：

① 反向翘曲。根据弯曲量，在滑枕加工制造时有意使滑枕反向翘曲，使之对在安装和运行时的向下弯曲起到基本补偿作用，如图 10-2-18(a) 所示。

② 重心支承。如图 10-2-18(b) 所示，采用滑动-滚动复合导轨，在滑枕两侧导轨重心处进行滚动支承，并通过反向翘曲补偿使之正好处于平直状态。由于采用重心滚动支承，滑枕移动过程平直状态基本不变。

③ 软件交叉补偿。采用软件进行垂向-横向交叉随动补偿，即通过试验测定误差后，对相应的不同横向位置进行垂向调整补偿，使主轴端的运动轨迹始终保持平直状态。此补偿方法要求数控装置具有交叉补偿功能，但只能保证主轴端部的移动平直度，并不能真正保证滑枕的平直移动，因而对改善表面加工质量效果不好。

另外，由于滑枕的前后运动也会导致滑座受力的变化而出现倾覆倾向，故一方面主要加强导轨的刚性和应用软件交叉补偿方法；另一方面，在必要时可增设液压自动补偿装置，如图 10-2-18(c) 所示，根据滑枕位置自动控制调整前、后端牵拉力，形成反向力矩抵抗滑座倾斜的作用，需要应用较为复杂的液压动态平衡和控制技术，如果加入传感检测技术，则可形成该

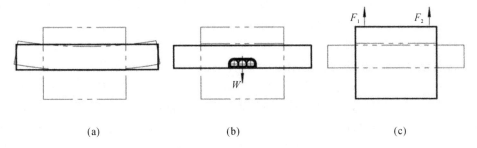

图 10-2-18　滑枕弯曲补偿方法示意图

部件和环节的智能化监控。

　　滑枕和滑座部件可采用侧挂式,也可以采用内含式,此时立柱为龙门框架式,刚度更高和热稳定性更好,但制造工艺性较差。刀库也可以安装在立柱右侧,并设置换刀机械手移动装置,集成性好,占地空间减小,但结构较为复杂。

2. 工作台固定数控卧式(万能)滑枕床身式铣床及加工中心系列

　　前面介绍的几种床身式铣床,工作台只做一个坐标运动,相对于工作台做两个坐标运动的形式,承重能力和运动行程已明显提高,但仍存在结构性限制。为进一步提高工作台承重能力和纵向行程,需要继续减少工作台的运动轴数,即采用将工作台完全固定、立柱执行纵向运动功能、由主轴执行所有坐标轴运动的形式。工作台固定、立柱移动的万能滑枕床身式加工中心布局结构和实物图如图 10-2-19 所示,它具有如下特点:

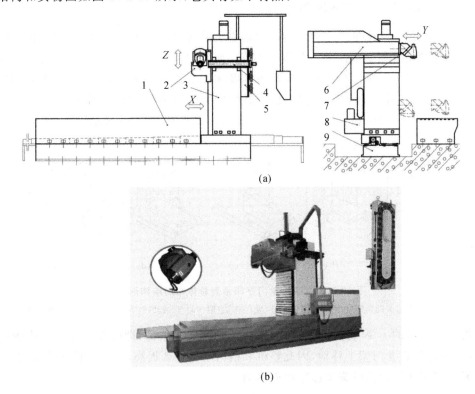

图 10-2-19　工作台固定万能滑枕床身式加工中心

(a)布局结构示意图;(b)实物图

1—工作台;2—滑座;3—立柱;4—换刀机械手移动导轨;5—刀库;6—滑枕;7—自动万能铣头;8—液压系统;9—底座

（1）工作台长度增加，承载能力大大提高。由于工作台完全固定，容易通过拼接做得很长；固定工作台的刚度和强度可以很大，没有部件和导轨叠加，而且工作台和工件质量不形成惯量，因而承重量可以很大。

（2）纵向行程可显著增加。由立柱执行纵向（X 向）运动，不论行程多大，立柱宽度总是一定的且是较小的，因而床身（底座）长度大约为纵向行程与立柱底座宽度之和，并不成倍加长，而且同样也可以通过拼接做得很长；同时质量恒定的立柱部件，其运动惯量是一定的，与工作台长度和行程无关，所以纵向行程可以很大。行程不是太大（如 6 m 以内）时传动机构通常采用螺母旋转并移动的滚珠丝杠传动形式，大行程（如 6 m 以上）时通常采用可消隙双齿轮齿条传动机构，齿条可以通过拼接做得很长；滚动导轨通过拼接方式也可以达到很大的长度，因此得到普遍应用，其中由于移动部件较重且切削负载较大，采用的导轨以滚柱型为多。

（3）由于三向直线运动集成于立柱部件，因此立柱部件的刚度和稳定性要求相对提高，其设计和制造难度相对增大。

综上，本系列机床适用于工作台长度和纵向行程大，或承重要求很大的场合。当应用于工作台和纵向行程大的场合时，为便于观察，操作站或操作台亦随立柱移动，且刀库安装宜采用与立柱集成的形式。实际上，由于工作台完全固定，如果专用于特定加工场合，也可以取消这种规范式工作台，而采用其他简易的、更有效的适合于特定工件装夹的工件支承形式和结构。图 10-2-19 所示的加工中心配置了自动万能铣头，可实现多种空间角度方向加工；随动式链式刀库安装于立柱右侧，配置换刀机械手移动导轨，刀具更换快速、方便。

10.2.5　数控龙门铣床及加工中心

工作台固定的滑枕床身式布局结构形式解决了纵向大行程问题，但横向行程还不能太大，横向运动部件的刚度和稳定性是一个薄弱环节。而龙门铣床系列就能同时解决纵向、横向大行程问题和提高整体刚度。数控龙门铣床系列及加工中心是一个大系列装备，主要包括数控定梁定柱龙门铣床、数控动梁定柱龙门铣床、数控定梁龙门移动铣床、数控动梁龙门移动铣床、数控桥式龙门铣床及相应加工中心等，其总体布局形式如图 10-2-20 所示。

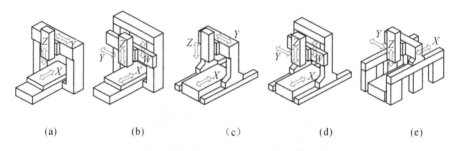

（a）　　　　　　（b）　　　　　　（c）　　　　　　（d）　　　　　　（e）

图 10-2-20　数控龙门铣床系列总体布局结构形式
（a）定梁定柱型；（b）动梁定柱型；（c）定梁动柱（龙门移动）型；（d）动梁动柱（龙门移动）型；（e）桥式龙门型

数控龙门铣床的主要布局结构特点是采用了龙门框架结构，即由双立柱和定梁构成龙门架，横向运动部件在龙门架上移动，因此整机和横向刚度显著提高，横向行程显著增大。

1. 数控定梁定柱龙门铣床及加工中心系列

数控定梁定柱龙门铣床在龙门铣床大系列装备中属于规格范围最小、布局结构最为简单、应用最为广泛的系列。

1) 布局结构

如图 10-2-21 所示,数控定梁定柱龙门铣床(加工中心)总体结构特点是,由双立柱和固定式横梁组成的固定式龙门与床身连接形成稳固的机床框架,刀库置于龙门侧边,主传动系统置于滑枕部件中,主轴或铣头部件置于滑枕下端。其坐标运动关系为,工作台在床身导轨上做纵向(X 向)坐标运动,滑枕在滑座垂向导轨上做垂向(Z 向)坐标运动,滑座连同滑枕在横梁导轨上做横向(Y 向)坐标运动。由于工作台仍然做纵向运动,因此其纵向行程和承载能力受到一定的限制;同时由于垂向运动和位置调整只能通过滑枕的升降运动实现,显然垂向行程也不能太大,否则当进行低位加工时,滑枕悬伸量太大,导致刚度不足。

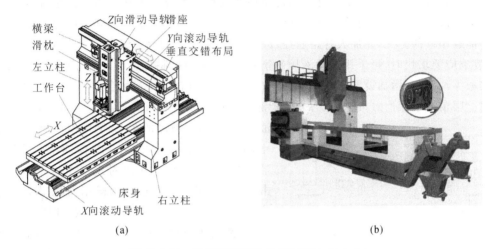

图 10-2-21　数控定梁定柱龙门铣床(加工中心)

(a) 布局结构示意图;(b) 实物图

2) 导轨和进给传动

该系列机床的导轨根据性能要求可以采用滑动导轨、滚动导轨或滑动-滚动组合导轨形式,其中采用 X、Y 向为滚动导轨,Z 向为滑动导轨的组合导轨形式以其较好的综合性能,应用最为广泛。横梁滑座部件、横梁和横向导轨受力均较为复杂,横向导轨采用垂直交叉错位布局结构形式具有很好的综合受力性能,如图 10-2-21(a)所示。由于部件和工件质量较大、切削负载较大,龙门铣床中采用的滚动导轨通常以滚柱型为多。由于长形滑枕容易受热变形影响,滑枕导轨(垂向导轨)的结构形式很重要。如图 10-2-22(a)所示,为传统型结构,工艺性好,但为非对称结构,受力性能和刚性较差,容易受热变形影响;如图 10-2-22(b)所示,导轨压板面靠近中心,工艺性、受力性能和刚性较好,但仍为非对称结构,容易受热变形影响,只是影响程度比图 10-2-22(a)的小;图 10-2-22(c)所示为对称型结构,受力性能好,受热变形影响小,刚性与导轨厚度有关,工艺性比图 10-2-22(a)、(b)的略差;图 10-2-22(d)为四周包容的对称型结构,刚性最好,受热变形影响小,但工艺性相对最复杂。但是从图 10-2-22(a)至图 10-2-22(d),滑座悬伸量越来越大,显然刚性相对越来越差,因此滑枕、滑座要统一考虑,综合选择导轨结构形式。滑枕结构还有采用圆柱形的,完全对称,但间隙调整方便性较差、抗弯刚度较小,很少应用。

对于进给传动,由于负载较大,通常采用同步带减速滚珠丝杠传动形式,以便获得较大的进给驱动力,特别是工作台纵向和滑枕垂向运动方向。同样地,当纵向和横向行程较大时,采用螺母旋转并移动的丝杠传动形式。

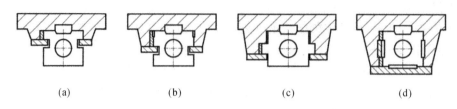

(a)　　　　　　　(b)　　　　　　　(c)　　　　　　　(d)

图 10-2-22　龙门铣床滑枕导轨（垂向导轨）结构形式

3）平衡系统

升降部件（滑枕）的平衡系统可采用自循环液压平衡系统和随动液压平衡系统两种形式，其中自循环液压平衡系统简单、可靠性好，最为常用，参见图 10-2-8，为减小压力波动，可采用多个蓄能罐串联的方式，并加大管路通径，以减小压力损失、提高流畅性。当行程大、蓄能罐较小、速度响应要求快时，可采用随动液压平衡系统，其液压控制特点如下：在图 7-4-2 的平衡回路中接通主油路，并增加设置压力开关、换向阀等；升降部件上下运行会导致压力波动，当波动值超过上限值或下限值时，通过压力开关检测触发信号使换向阀换向，相应接通卸油回路或供油回路；当压力波动值在上、下限值内时，换向阀截止，由蓄能罐保持压力；由于换向阀换向瞬间会对油路产生一定冲击，从而对进给系统形成一定冲击，因此需综合考虑选择。根据滑枕-滑座结构形式，平衡装置一般采用双油缸机构，如图 10-2-23 所示，平衡架在滑枕上端与滑枕连接，安装在滑座两边的双油缸与平衡架采用球面连接方式，实现对滑枕的双缸支承和平衡。

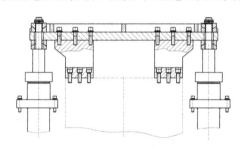

图 10-2-23　滑枕垂向平衡机构示意图

4）刀库形式

定梁定柱龙门加工中心需要的刀库容量较大，通常采用多种布局形式的链式刀库，如图 10-2-21（b）所示。链式刀库可通过安装座固定安装在龙门立柱侧面，或独立安装在龙门的侧边。

2. 数控动梁定柱龙门铣床及加工中心系列

数控定梁定柱龙门铣床的垂向行程相对较小，为适应更大垂向行程、更高工件的加工，以定梁定柱布局为基础，设置动梁（动横梁）部件，定梁（定横梁）只起到龙门连接作用，形成数控动梁定柱龙门铣床布局形式，如图 10-2-24 所示。其结构和坐标运动关系如下：工作台在床身导轨上做纵向（X 向）坐标运动，滑枕在滑座垂向导轨上做垂向（Z 向）坐标运动，滑座连同滑枕在动横梁导轨上做横向（Y 向）坐标运动，动横梁在两边立柱导轨上做垂向（W 向）位置调整运动；垂向行程约为调整行程 L_w 与进给行程 L_z 之和，即 L_w+L_z，因此可适应的加工高度大大增加，且不存在滑枕大悬伸量加工而使刚度不足的缺陷，当然它的进给加工或联动加工行程还是与定梁定柱形式相似。

动横梁长度比较大，因此其驱动和传动方式是关键问题，通常采用双边同步驱动和传动方式，即重心驱动方式：在两边立柱各配置一套完全相同的伺服电机及传动机构和光栅检测装置，通过光栅检测反馈和数控系统的同步控制功能实现动梁两端驱动轴 W_1、W_2 的同步驱动控制，从而保证动横梁调整坐标轴 W 运动的运行稳定性和位置精度。同样，为保证动横梁部件的整体刚度和稳定性，动横梁运动导轨常采用双边四矩形滑动导轨形式或双边四滚动导轨形

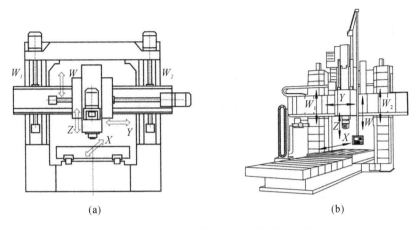

(a)　　　　　　　　　　　　　　　　　(b)

图 10-2-24　数控动梁定柱龙门铣床布局形式

式(每边两根导轨)。

3. 数控定梁龙门移动铣床及加工中心系列

与工作台固定滑枕床身式铣床相似,本系列龙门铣床是为了实现纵向大行程而发展起来的,其主要特点是工作台完全固定,定梁龙门双立柱在两边底座导轨上做纵向(X 向)坐标运动,横向和垂向布局结构与定梁定柱布局结构形式相同。如图 10-2-25 所示,龙门移动加工中心工作台、底座较长,可采用拼接结构;为避免立柱或底座过高,很多场合采用工作台下沉的布局结构形式。龙门移动机床的纵向驱动、传动和导轨主要形式如下:

1) 纵向驱动和传动

当龙门跨距较大时,为保证运动稳定性,采用与动横梁驱动传动方式相同的重心驱动方式,即双边同步驱动和传动、光栅闭环检测的方式。当龙门跨距较小(如跨距不大于2000 mm)时,可以采用双边同步驱动传动方式,也可以采用单边驱动传动方式,但传动稳定性和刚性相对较差。

2) 纵向导轨

由于整个龙门移动部件较重,为减小摩擦力、保证运动灵敏度,通常采用滚柱型滚动导轨。如果龙门跨距较大,一般采用双边四导轨(每边两根导轨)形式。如果龙门跨距较小,可采用双边双导轨形式(每边一根导轨);或采用双边三导轨形式,主要用于单边驱动传动方式,显然此时驱动传动侧为双导轨。当采用单边驱动传动方式时,驱动传动侧导轨结合长度比常规的要大,随龙门跨距加大而加大,一般可为常规的 1.5～2 倍。

由于龙门移动铣床纵向行程大,因此其加工中心形式通常配置随动式刀库。图 10-2-25(a)所示的龙门移动五面体加工中心在左立柱安装了链式刀库,换刀方便、迅速;同时操作台置于右立柱,随龙门移动,操作与观察方便。

4. 数控动梁龙门移动铣床及加工中心系列

数控动梁龙门移动铣床也称为数控动梁动柱龙门铣床,为动梁定柱式和定梁龙门移动式的组合,因此整机的结构性能、特点为这两种布局形式的综合,但结构和工艺性更为复杂。如图 10-2-26(a)所示,龙门水平移动方向和动横梁垂直移动方向都采用双边同步驱动传动方式,龙门部件质量和惯量都较大;由于立柱高度比定梁龙门移动式的还要高,因此很多场合也采用工作台下沉的布局形式;配置了 $A(B)$、C 轴摆动旋转铣头,可实现五轴联动加工。如图 10-2-26(b)所示,动梁动柱龙门加工中心配置了安装于左立柱的随动链式刀库和置于右立

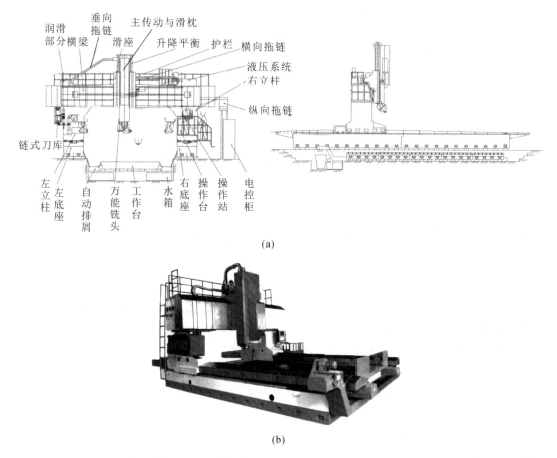

(a)

(b)

图 10-2-25　龙门移动加工中心总体方案和实物图
（a）龙门移动五面体加工中心总体方案图；（b）龙门移动加工中心实物图（未配置自动万能铣头）

柱的随动操作台；没有配置工作台，这是工作台固定机床的特点，由于工作台固定，故工作台形式可以是多样的，甚至不需要通用工作台，可由用户自行选择。

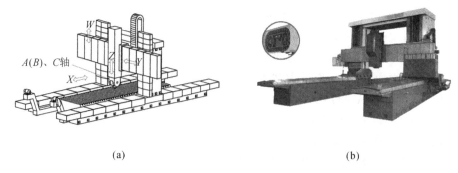

(a)　　　　　　　　　　　　　　　　　(b)

图 10-2-26　数控动梁动柱龙门铣床及加工中心
（a）动梁动柱龙门五轴联动铣床；（b）动梁动柱龙门加工中心

5. 数控桥式龙门铣床及加工中心系列

对于较大规格龙门铣床，当需要快速移动和加工进给速度大、响应特性好时，须尽量减小移动部件的惯量，提高稳定性，因而采用加高两边底座，取消立柱，只由横梁、滑鞍和滑枕组件执行纵向运动功能的布局结构形式，如图 10-2-27 所示。

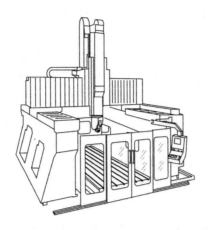

图 10-2-27　桥式龙门五轴联动加工中心

桥式龙门加工中心通常采用链式刀库或排式刀库,置于机床的后部。桥式龙门布局结构具有快速响应特性好的特点,多应用于配置双摆动铣头而实现五轴联动加工的场合。

6. 龙门五面体加工中心系列

万能铣头同样也可以安装在上述数控龙门铣床及加工中心系列上,当采用自动万能铣头时,形成相应系列的龙门五面体加工中心,如图 10-2-28 所示。

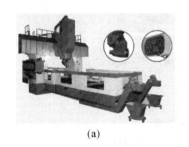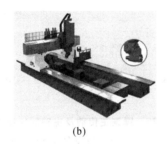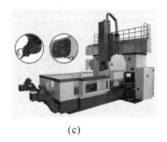

(a)　　　　　　　　　　　　　(b)　　　　　　　　　　　　　(c)

图 10-2-28　龙门五面体加工中心系列

(a)、(c) 定梁定柱龙门五面体加工中心;(b) 龙门移动五面体加工中心

如图 10-2-28(a)所示,万能铣头安装在滑枕下端,由于滑枕为垂向运动形式,与床身式铣床相比,其扩展加工范围更大、效果更好。如图 10-2-28(a)、(b)所示,采用 45°型自动万能铣头,五面、多面转换运动关系为:铣头壳绕 45°轴做 180°旋转实现立、卧转换;整个铣头绕着立轴旋转,可实现前、后、左、右及其他分度值倍数的水平角度方向转换,因而可实现立式、前卧、后卧、左卧、右卧五个常用角度和其他多个均匀分布的水平角度的转换和加工。如果绕 45°轴也可以多个角度转换,则万能铣头可实现的空间角度转换更多。还可以配置其他结构形式的万能铣头,如图 10-2-28(c)所示,配置侧挂直角型万能铣头。自动万能铣头也可以无级分度,但其刚度较低。

如图 10-2-28(b)所示,龙门移动五面体加工中心工作台完全固定,因而工作台可以根据实际加工需要采取其他形式,图中采用了数控回转台和固定工作台组合的形式。

10.2.6　镗铣削部件结构

对于以镗削加工为主的数控镗铣床、镗铣加工中心,主轴部件结构采用相对特殊的形式。

如图 10-2-29 所示,镗铣主轴部件主要包括镗铣主轴组件、主轴进给系统(W 轴)、主轴部件箱体三个部分,其结构和工作原理如下:主轴组件轴承配置关系及安装结构与铣主轴结构相同,轴承及相关零件安装在前支座 1 和主轴箱体上;主轴 2 小间隙配合安装在主轴套筒 4 内,在后端进给系统(主轴进给电机 12、滚珠丝杠 9 及同步带传动副)的驱动传动下在主轴套筒 4 中做镗削进给运动(W 轴);主轴套筒 4 连同主轴 2 在主电机 7 及传动机构 6、5 驱动下做镗铣主切削运动。这种套筒进给运动方式有利于较深孔的镗削加工,并避免镗杆悬伸量太大,显著提高主轴加工刚度。同时,机床 Z 轴仍可作为进给轴,因此通常数控镗铣床及加工中心至少具有 X、Y、Z、W 四轴控制功能;W 轴进给传动机构也可采用直联传动方式。从图 10-2-29 中可看出,主传动采用高、低挡两段无级变速形式;主轴自动松夹机构采用碟簧 10 锁紧、油缸 11 松开且机构外置于主轴,中间通过平面轴承连接,从而不随主轴旋转的结构形式。用于固定主轴进给丝杠螺母的螺母座 8 具有导轨支承(图中未表示),并通过角接触球轴承与主轴尾端连接,在主轴进给电机 12 经滚珠丝杠 9 的驱动下,起到推动主轴移动和辅助支承作用。有些镗铣床在主轴部件端部还设置了花盘,在花盘上安装有可自动横向移动的刀头装置,适于端面刮削和短孔镗削加工,但由于数控机床进给轴及数控功能的不断增强,花盘机构已较少应用。

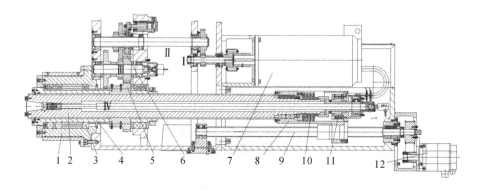

图 10-2-29 镗铣主传动及主轴部件结构示意图

1—前支座;2—主轴;3—轴承;4—主轴套筒;5—末端齿轮;6—主传动机构;
7—主电机;8—螺母座;9—滚珠丝杠;10—碟簧;11—油缸;12—主轴进给电机

10.2.7 数控镗铣床及加工中心主要技术参数

各个系列数控镗铣床及加工中心的技术参数基本相同,具体参数大同小异。表征技术参数体系的主要部分包括:工作台参数、行程范围、主轴运动、进给运动、精度、刀库参数(加工中心需要)、机床尺寸和净重等。以常用的立式加工中心为例,产品介绍时的主要技术参数如下:

(1) 工作台 包括台面尺寸(宽×长)、T 形槽宽度、槽数、间距。

(2) 行程和加工空间范围 包括三向行程、主轴端面至工作台距离、主轴中心线至立导轨距离。

(3) 主轴 包括主电机额定功率、主轴锥孔规格、主轴转速范围(或最高转速)。

(4) 进给 包括三向快速移动、三向进给速度、进给电机扭矩。

(5) 精度 包括位置精度、重复定位精度。

(6) 刀库 包括刀库容量、刀具最大质量、刀具最大长度、刀具最大直径(满刀时、左右空刀时)。

(7) 其他 包括工作台最大承重、机床净重、机床体积等。

习题和思考题

1. 数控车床的基本布局结构形式有哪些类型？各有什么特点？一般适用于什么场合？

2. 简述车削中心主传动机构和 C 轴装置的关系特点以及一般结合方式。

3. 简述通用自动卡盘的结构特点。

4. 简述数控铣床(加工中心)基本布局结构形式从升降台式到龙门式的变换关系和脉络。

5. 数控铣床整机通常采用哪些导轨组合形式？各具有什么特点？

6. 数控龙门铣床主要分为哪几大类型？其内在变化关系是什么？各有什么特点？

7. 为什么工作台大长度和大行程的数控机床,采用工作台固定的布局结构形式？

8. 在常规的卧式加工中心中,如要实现多面加工,通常采用什么结构方案？由几轴控制？请说明其工作原理。如要实现包括顶面在内的五面加工,需要作什么改动？并说明实现五面加工的工作原理。

第11章 数控机床精度体系及原理

11.1 概　　述

11.1.1 机床精度的特点

机床(数控机床)精度是机床装备的关键性能指标之一,是产品出厂检验的主要和重要部分,是有别于其他机电产品性能指标要求的重要特征,是影响机床加工精度的决定性因素之一,是体现机床特别是数控机床性能水平和先进性的重要指标之一。高精度也是数控机床的发展方向和研究重点。机床精度具有以下特点:

(1)体系性。机床精度包括机床所有加工运动及其相互关系所应具备的完整的精度要求项目,不仅包括机床自身的几何和运动精度,而且包括实际加工精度要求项目,对于数控机床,还包括位置精度、数控功能试件加工精度项目,构成一个具有内在逻辑性、完整性和外在要求完备性的精度体系。

(2)精度项目多。机床精度包括多个部分,每一部分又包括多个具体项目;与普通机床相比,数控机床增加了位置精度和数控功能试件加工精度两大项目。

(3)出厂检验。机床精度项目不仅是机床产品设计制造的依据,具有质量保障作用,而且是机床出厂时需检验的项目。

11.1.2 数控机床精度项目组成和标准

数控机床出厂检验精度项目繁多,主要包括几何精度、位置精度、加工精度(工作精度)三大部分。

(1)几何精度　包括坐标运动、主轴运动和工作台面(或工件安装支承面)所形成的形状、相互位置关系的精度。

(2)位置精度　包括坐标运动的定位精度、重复定位精度、反向差值。

(3)工作精度　包括普通机床试件的加工精度、数控功能试件的加工精度。

常规数控机床的精度要求已制定有国家标准或行业标准,均为推荐标准;世界主要工业国家也都制定有各自的国家标准。数控机床精度具有客观性,因此各国机床精度标准大同小异,主要差别在于位置精度的统计检验方法以及精度指标值差异。同时,各制造企业可根据自身产品和技术发展实际情况,制定高于国家或行业标准的企业精度标准;针对尚未制定国家或行业标准的新产品,可参照国家或行业标准有关规定制定企业标准。

在精度指标值方面,通常普通数控机床的精度要求比普通机床略高,加工中心又比普通数控机床略高。

11.2　数控机床的精度体系原理

11.2.1　数控机床精度体系组成的确定

数控机床的精度要求就是要满足其作为机械加工母机进行工件机械加工而必须达到的加工精度,包括几何精度和尺寸精度。因此,数控机床精度体系及其项目要根据机床完成工件加工的原理、方法和运动关系进行确定。以数控铣床为例,其精度组成依据如下:

(1) 工件安装支承部位满足工件安装精度的要求;

(2) 进给运动执行部件的坐标运动所形成的形状精度、位置精度满足工件加工精度的要求,包括工件的尺寸、形状、结构要素位置等精度要求;

(3) 主切削运动执行部件的运动精度满足工件加工要求;

(4) 刀具安装部位的形状精度满足刀具安装和加工精度要求。

图 11-2-1 为数控铣床精度体系组成示意图。

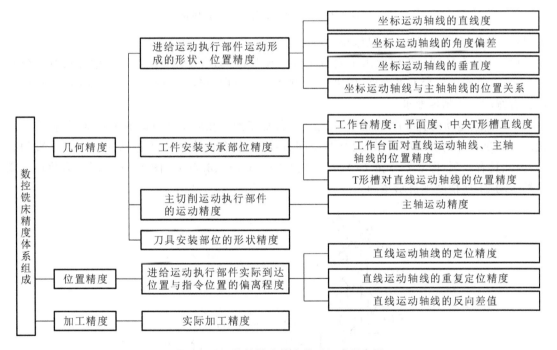

图 11-2-1　数控铣床精度体系组成示意图

11.2.2　数控机床精度项目

以应用最为广泛并具有代表性的十字滑台数控立式床身铣床(图 11-2-2)为例进行介绍,其精度体系项目构成及原理如下。

1. 几何精度

一个工件在机床上进行加工,与机床状态和运动相关的主要涉及四个环节:工件安装面、刀具安装面、主轴切削运动、进给运动。显然,这四个环节的自身精度以及它们之间相互关系的精度都影响加工精度。刀具安装面由主轴锥孔形式和规格所确定,由设计制造保障,不在此

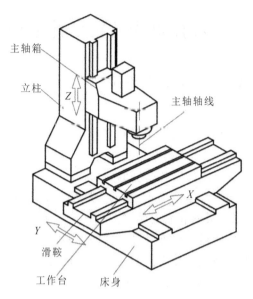

图 11-2-2　十字滑台数控立式床身铣床

处讨论。根据工件安装方式、机床布局与运动形式,几何精度构成及其原理如下:

(1) 工作台精度　工作台用于安装工件或夹具,台面应平整,中央 T 形槽应具有定位作用,因此应具有工作台面平面度、中央 T 形槽侧面长方向直线度的要求;另外,中央 T 形槽还应具有宽度尺寸精度要求。

(2) 轴线运动的直线度　显然,要保证工件加工面在相应坐标方向的平直度,各直线坐标运动需满足一定的直线度要求,而且是空间直线度,故各向直线度均包括两个相互垂直的分量,因此具有 6 项,即 $\delta_y(x)$、$\delta_z(x)$、$\delta_x(y)$、$\delta_z(y)$、$\delta_x(z)$、$\delta_y(z)$。图 11-2-3 所示为数控铣床三轴运动 21 项精度项目示意图。

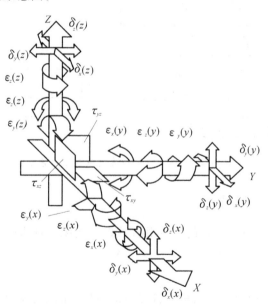

图 11-2-3　数控铣床三轴运动 21 项精度项目示意图

（3）轴线运动的角度偏差　理论上我们希望部件移动时机床各部分都稳定，不发生偏摆或倾斜，但实际上当执行部件移动时，重力作用点相应变动，使机床整体受力状态变化，可能导致机床地脚、基础支承件和导轨产生一定的弹性变形或变动（如滑动导轨间隙的变动），从而可能导致机床整体或局部发生倾斜或偏摆；当运动部件产生相对倾斜或偏摆时，会影响机床工作状态和加工精度，这种相对倾斜或偏摆也就是轴线运动的角度偏差，应限制在一定的范围内。如图 11-2-3 所示，每个轴都可能产生俯仰、偏摆、倾斜角度偏差，共 9 项，即 $\varepsilon_x(x)$、$\varepsilon_y(x)$、$\varepsilon_z(x)$、$\varepsilon_x(y)$、$\varepsilon_y(y)$、$\varepsilon_z(y)$、$\varepsilon_x(z)$、$\varepsilon_y(z)$、$\varepsilon_z(z)$。

（4）轴线运动的垂直度　机床运动轴采用直角坐标布局形式，因此 X、Y、Z 轴线运动应两两相互垂直，具有垂直度要求，才能保证加工工件的形状精度，显然垂直度项目有 3 项，即 τ_{xy}、τ_{xz}、τ_{yz}，如图 11-2-3 所示。

（5）主轴精度　主轴是执行主切削运动的部件，主轴自身运动的精度当然会影响工件的表面质量。以旋转运动类型（如铣、车、磨加工等）为例，如果主轴旋转过程中出现径向跳动、轴向窜动，将直接反映到刀具与工件表面切削处，影响加工表面的光滑度，即表面粗糙度增大；如果跳动和窜动太大，则影响工作稳定性，降低主轴组件、传动件等相关零部件的使用寿命。因此，须保证主轴自身较好的精度。主轴精度主要涉及主轴自身的几何特点，即几何精度，实际上当主轴速度较高时，由于动态性能的影响，还伴随出现与运动速度相关的误差，这部分误差体现的运动精度一般通过加工精度要求加以检查和限制。

以上讨论了工作台工件安装面、轴线运动、主轴运动三个决定工件轮廓形成的环节自身精度要求，但机床加工运动是综合性的运动，如果上述三个环节没有关联性要求，则加工出的工件将达不到要求。下面介绍上述三个环节的关联精度项目。

（6）工作台面及其中央 T 形槽与轴线运动间的位置精度　根据机床布局结构和进给运动形式，工作台面一定与三个直线运动中的两个平行，与另外一个直线运动垂直，从而要求工作台面与相平行的两个轴线运动具有平行度要求，与相垂直的轴线运动具有垂直度要求；根据中央 T 形槽的布置特点，中央 T 形槽两侧面与相平行的轴线运动应具有平行度要求。

（7）工作台面与主轴轴线间的位置精度　根据机床为立式或卧式的布局形式，工作台面与主轴轴线呈垂直或平行关系，因此工作台面与主轴轴线之间应具有垂直度或平行度要求。

（8）主轴轴线与轴线运动的位置精度　根据机床坐标系设置方法，主轴轴线与 Z 向轴线运动为平行关系，因此两者之间应具有平行度要求；同样，主轴轴线与 X、Y 向轴线运动应具有垂直度要求。

由于三个坐标直线轴为直角坐标关系，本身具有关联性，因此上述描述的工作台面及其中央 T 形槽、三个轴线运动、主轴三个环节的关联精度项目，有些重复了，可以取消。

以上讨论了进给运动只具有 X、Y、Z 坐标运动机床的几何精度，实际上，很多机床还具有回转坐标运动（如 A、B、C 轴），因而根据其运动特点及与工作台面、直线坐标运动的关系，也相应具有回转坐标轴相关的精度项目。同时，机床加工运动除了主切削运动和进给运动外，有时还设置有位置调整运动，如回转台的分度、执行部件的位置调整、铣头主轴轴线的方位调整等。调整运动的运动过程精度对加工精度没有影响，但运动目标位置的几何精度对加工精度则是有影响的，因此依照类似的原理，也相应具有调整轴的精度项目。

2. 位置精度

由于数控机床具有复杂和精确轨迹自动加工的功能，需要具备对直线坐标轴或回转坐标轴运动位置的精确控制性能，这就产生了位置精度要求。因此，相对于普通机床，位置精度是数控机床的特征精度项目。位置精度包括定位精度、重复定位精度和运动反向差值三个部分。

（1）定位精度 定位精度是指执行部件运动实际到达位置与指令位置的偏离程度，偏离程度小则位置精度高。这里使用"偏离程度"而不直接使用"误差值"，是因为定位精度的确定方法有多种，采用统计计算方法较为常用，而这一方法是间接反映误差程度的。三轴运动分别形成三向定位精度，即 $\delta_x(x)$、$\delta_y(y)$、$\delta_z(z)$，如图 11-2-3 所示。

只采用定位精度项目对数控机床进行位置精度方面的检测和规定是不足够的，因为定位精度只体现为实际位置对指令位置的平均偏离程度，每次定位误差值是不一样的，存在重复程度，即重复定位精度，因此还应增加重复定位精度项目作为位置精度的监控项目。

（2）重复定位精度 重复定位精度是指执行部件依照相同位置指令，若干次运动实际到达位置的重复程度。重复定位精度的特点如下：定位精度差的，其重复定位精度不一定差，如某一目标位置的定位精度所反映的平均偏差值为 0.1 mm，显然很差，但其每次实际到达位置所产生偏差的一致性可能比较好。重复定位精度体现了精度的变动特性，出现精度变动的原因和影响因素很多，比较复杂，并具有一定的随机性，主要与传动部件刚度、摩擦特性、装配精度、温度变化、控制稳定性等因素有关。因此，重复定位精度实际上也体现了机床运行的稳定性，对其进行规定限制是很重要的。

（3）运动反向差值 运动反向差值是坐标执行部件做反向运动时，由于传动机构间隙、弹性变形等因素而导致的实际反向到达位置与反向指令位置的差值。

测量、统计和表达方式的不同，形成了多种不同的位置精度标准，如我国国家标准（GB/T 17421.2）、国际标准（ISO 230-2）、德国标准（VDI/DGQ 3441）、日本标准（JIS B 6336）等，其中前三者的方法基本一致，都采用了数理统计中的方差方法，前两者等效。

3. 加工精度

加工精度也称为工作精度，是通过对特定试件进行实际加工而达到的实际精度，而这一特定试件的形状和加工要素体现了数控机床的加工功能和精度特点。

几何精度、位置精度体现了数控机床本身的运动精确程度，但它们只体现了机床空载、慢速运行时的精度，显然还不能全面体现数控机床的实际精度；机床进入实际加工状态时，其精度是变化的，其精度状态体现了机床结构和控制系统本身、工具系统、工件系统和加工参数选择的综合作用，是机床实际运行精度的反映，因此加工精度是表征机床精度的重要组成部分。显然，几何精度和位置精度是确保数控机床精度的基础，几何精度和位置精度好，加工精度不一定好；但几何精度和位置精度不好，加工精度一般不会好。

加工精度试件包括普通试件和数控功能试件两种，用于考核不同的精度项目。普通试件与普通机床加工试件一样，主要用于考核机床常规几何精度，如平行于坐标方向的平面度、直线度、平行度；数控功能试件为特殊试件，主要用于考核体现数控加工功能和精度的项目，如斜方形精度、圆度、位置精度等。

11.3 精度项目及检测和计算

11.3.1 几何精度项目及检测

根据精度体系原理，针对每一类型数控机床都相应制定一个精度项目体系及检测方法，作为每一台数控机床出厂检测和评定的标准，通常集合为精度检验项目表。不同类型的数控机床,其精度检验项目不同,但原理是相同的。以应用最为广泛的十字滑台立式床身式加工中心为例,如不包含回转台项目,根据国家标准《加工中心检验条件　第 2 部分:立式或带垂直主回转轴的万能主轴头机床几何精度检验(垂直 Z 轴)》(GB/T 18400.2—2000),其精度检验项目包括 G1～G18 大项,按照布局结构关系,列出立式加工中心几何精度检验项目,见表 11-3-1。表 11-3-1 主要列出检验项目和检验工具,具体精度指标要求、检验规范请参阅国家标准或机床设计手册。

表 11-3-1　立式加工中心几何精度检验项目

序号	检验项目	检验工具
1.线性运动的直线度		
G1	X 轴线运动(工作台纵向运动)的直线度: a) 在 ZX 垂直平面内;b) 在 XY 水平面内	a) 平尺、指示器,或光学方法; b) 平尺、指示器,或钢丝和显微镜或光学方法
G2	Y 轴线运动(滑鞍横向运动)的直线度: a) 在 YZ 垂直平面内;b) 在 XY 水平面内	同上
G3	Z 轴线运动(主轴箱垂向运动)的直线度: a) 在平行于 Y 轴线的 YZ 垂直平面内;b) 在平行于 X 轴线的 ZX 垂直平面内	角尺和指示器,或钢丝和显微镜或光学方法
2.线性运动的角度偏差		
G4	X 轴线运动的角度偏差: a) 在平行于移动方向的 ZX 垂直平面内(俯仰);b) 在 XY 水平面内(偏摆);c) 在垂直于移动方向的 YZ 垂直平面内(倾斜)	a) 精密水平仪或光学角度偏差测量工具; b) 光学角度偏差测量工具; c) 精密水平仪
G5	Y 轴线运动的角度偏差: a) 在平行于移动方向的 YZ 垂直平面内(俯仰);b) 在 XY 水平面内(偏摆);c) 在垂直于移动方向的 ZX 垂直平面内(倾斜)	同上
G6	Z 轴线运动的角度偏差: a) 在平行于 Y 轴线的 YZ 垂直平面内; b) 在平行于 X 轴线的 ZX 垂直平面内	精密水平仪或光学角度偏差测量工具
3.线性运动间的垂直度		
G7	Z 轴线运动和 X 轴线运动间的垂直度	平尺或平板、角尺和指示器
G8	Z 轴线运动和 Y 轴线运动间的垂直度	同上
G9	X 轴线运动和 Y 轴线运动间的垂直度	同上
4.主轴		
G10	a) 主轴的周期性轴向窜动;b) 主轴端面跳动	指示器
G11	主轴锥孔的径向跳动: a) 靠近主轴端部;b) 距主轴端部 300 mm 处	主轴检验棒和指示器
G12	主轴轴线和 Z 轴线运动间的平行度: a) 在 YZ 垂直平面内;b) 在 ZX 垂直平面内	同上

序号	检验项目	检验工具
G13	主轴轴线和 X 轴线运动间的垂直度	平尺、专用支架、指示器
G14	主轴轴线和 Y 轴线运动间的垂直度	同上
5. 工作台		
G15	工作台面的平面度	精密水平仪或平尺、量块、指示器或光学方法
G16	工作台面和 X 轴线运动间的平行度	平尺、量块、指示器
G17	工作台面和 Y 轴线运动间的平行度	同上
G18	工作台纵向基准(中央)T 形槽和 X 轴线运动间的平行度	平板、角尺或圆柱形角尺、指示器

其中,检测工具本身的误差数值应不大于所检测项目允差的 1/10～1/4。下面介绍几何精度中的两类重要项目的检测方式。

1. 线性运动的直线度

对于线性运动的直线度,当行程小于或等于 1600 mm 时,常采用标准平尺和指示器(指示表)进行检测;当行程大于 1600 mm 时,一般采用精密水平仪、光学仪器,或钢丝和显微镜进行检测。采用平尺和指示表检测时,实际就是将标准平尺作为基准,将运动线性程度与平尺进行比较。如针对 G1～G3 检验项目,由于机床几何误差相对较小,因此可以近似按以下检测步骤和方式进行:① 将平尺沿所检运动方向放置在工作台上,固定指示表且测头垂直接触平尺测量面;② 做坐标运动,调整平尺使行程两端处的指示表指示值相等(目的是消除位置误差的影响),则全程的指示表变化量即为全程直线度误差,每 300 mm 行程指示表变化值的最大值为局部直线度误差;③ 分别在相互垂直的两个平面内检测。其他检测方式的步骤和方法可参阅相关的检测标准。

2. 线性运动的垂直度

对于线性运动的垂直度,通常采用标准角尺、角尺与平尺的组合或方尺和指示器(指示表)进行比对检测。其中,角尺仅适用于水平面上的垂直度检测,角尺与平尺的组合、方尺适用于垂直面上的垂直度检测,而方尺同时也适用于水平面、垂直面上的垂直度检测。如针对 G7～G9 检验项目,以采用方尺检测为例,检测步骤和方法如下:① 将方尺的两个测量边沿着待检测的两个方向(如 X-Y)放置在工作台上,固定指示表且测头垂直接触测量面(行程较大方向,如 X 向);② 做坐标运动(即其中行程较大方向的运动,如 X 向),调整方尺使行程两端处的指示表指示值相等,表示行程较大的运动方向已和方尺的一条边平行,即等同;③ 调整指示表,测头垂直接触另一垂直测量边,做另一方向(如 Y 向)运动,观察每 500 mm 指示表指示值的变化值,其变化值的最大值即为该两个坐标方向间的垂直度误差。

11.3.2　位置精度检测和统计计算原理及评定方法

如前所述,位置精度的检测和统计计算及表示有多种标准,如我国国家标准、国际标准、德国标准、日本标准。其中,我国国家标准等同于国际标准,并与德国标准基本一致。下面主要按照国家推荐标准《机床检验通则　第 2 部分:数控轴线的定位精度和重复定位精度的确定》(GB/T 17421.2—2016)进行介绍。

1. 位置精度调试

由于数控系统具有较强的误差补偿功能,因此在进行最终精度检测前都应进行预检测,并根据预检测结果进行误差补偿,然后进行终检测。预检测和补偿过程如果出现异常,则可以对检测结果(包括检测图线)进行分析判断,对机床相应部件和装配环节进行检查和调整,使位置检测结果处于正常范围。以上预检测—补偿(或调整—检测—补偿)—终检测的过程实际就是位置精度调试和检测过程,如图 11-3-1 所示。

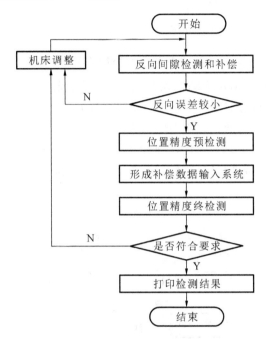

图 11-3-1　位置精度调试和检测流程

2. 位置精度检测装置简介

位置精度的检测一般可采用双频激光干涉检测仪进行自动检测,或采用步距规进行人工检测,前者是目前最常用、最方便、检测精度高的自动检测方式。

1) 双频激光干涉检测仪及检测方式简介

激光波长很短且非常稳定,并具有高度相干性的特点,而激光干涉检测仪就是利用激光的相干性原理工作的。目前应用的激光干涉检测仪主要有单频激光干涉检测仪和双频激光干涉检测仪两种。如图 11-3-2 所示,单频激光干涉检测仪检测原理如下:激光器发出的激光束通过分光镜分解为两束激光,并分别经过固定反射镜和移动反射镜反射返回合束,产生明暗相间的干涉条纹,形成光强信号,通过光电接收器转换为直流性质的电信号;当移动反射镜移动时,相应的反射激光束相位发生变化,干涉条纹光强信号随之发生变化,电信号也相应发生变化,这一交替变化经过计数和数据处理后形成检测结果。激光干涉检测仪通常采用稳频的氦氖激光器作为光源,波长很短且稳定,可以进行长距离和精密的测量。

由于单频激光干涉检测仪存在较大的零漂,且当出现环境影响(如空气湍流、机床油雾等)时,光强信号减弱或变化,使电信号受到明显影响,因而计数测量也会受到明显影响。可见这一检测方式受环境影响较大,实际使用效果不好。现在主要应用双频激光干涉检测仪,可以克服上述缺陷。如图 11-3-3 所示,双频激光干涉检测仪主要是利用光的干涉原理和多普勒效应产生频差的原理来进行检测的,其工作原理如下:激光器置于磁场内,发出两个方向相反且具

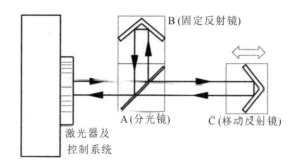

图 11-3-2　单频激光干涉检测仪检测原理图

有一定频差的右旋圆偏振光和左旋圆偏振光；其中一部分光经分光镜 M_1 反射后作为参考光频率；另一部分光继续经过分光镜 M_2 使两个偏振光分开，一束经固定反射镜返回，另一束经移动反射镜返回，反射回来的两束光干涉信号为频率信号，转换为交流电信号；当移动反射镜移动时，由于多普勒效应产生光频变化，因而干涉信号产生的电信号仍为交流信号，可以采用放大倍数较大的交流放大器进行信号放大，没有零漂，抗干扰性强。

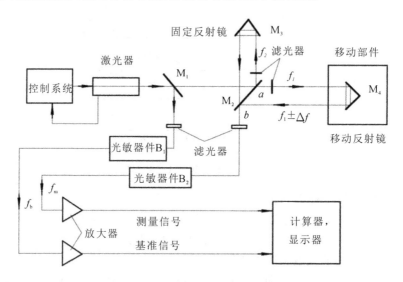

图 11-3-3　双频激光干涉检测仪检测原理图

激光干涉检测仪的光路镜头安置和检测示意图如图 11-3-4 所示。

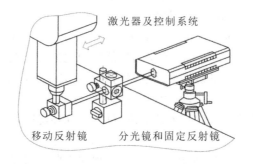

图 11-3-4　激光干涉检测仪光路镜头安置和检测示意图

　　通过配置不同反射镜头和数据处理软件,双频激光干涉检测仪可以对数控机床的位置精度(定位精度、重复定位精度)、几何精度(俯仰扭摆角度、直线度、垂直度等)进行精密测量。回转轴回转精度的检测原理为,当回转轴旋转一定角度后,测量光束与参考光束产生光程差,从而形成相应不同的干涉信号。

　　为提高检测精度,激光干涉检测仪可配置多种环境传感和补偿单元,如环境温度补偿、材料温度补偿、湿度补偿等,应用时将相应的传感器放置在规定之处。激光干涉检测仪配置有数据分析软件,可自动输出补偿数据、检测结果数据,可自动绘制检测结果图线,可根据选择进行不同标准的检测结果数据转换和输出。

　　2) 步距规检测

　　如图 11-3-5 所示,步距规装置由热变形极小的基座和标准量块组件、指示器(指示表或检测表)组成,若干标准量块按一定距离和规则排列安装在基座上,其校准方法已制定有国家标准。步距规检测原理如下:校准零点位置的指示器指示值为零,按已校准的步距向坐标轴某一目标量规位置做相对移动

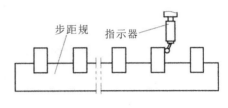

图 11-3-5　步距规检测示意图

(脱离—移动—进入测量),指示器检测的指示值即为该目标位置的误差,按所依据的标准进行循环检测和数据处理。

　　步距规检测的实质是采用已校准的步距与移动距离进行比对而确定误差,其优点是检测装置结构简单、稳定可靠、携带方便、成本低;缺点是一次安装和校准后步距固定,如要变动需重新安装和校准,不宜在使用过程调整。步距规检测装置通常采用人工读数方式,如配置信号发射和接收系统及数据处理软件包,也可实现自动检测。在数控机床位置精度检测中,特别是对于批量生产和检测的场合,步距规检测方式已很少应用。

3. 位置精度检测方法

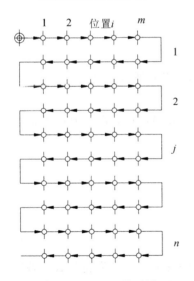

图 11-3-6　标准检测循环图

位置精度检测方法详见国家标准《机床检验通则 第 2 部分:数控轴线的定位精度和重复定位精度的确定》(GB/T 17421.2—2016)。图 11-3-6 为标准检测循环图,根据循环图和必要的采集停顿时间,通过数控编程和执行,实现 m 个目标位置的正、反向检测,循环 n 次。m 个目标位置要基本覆盖运动轴的行程。

标准循环法的特点就是多点正反循环检测,其中,多点检测确保覆盖行程范围内的定位误差检测,正反向检测反映反向误差,循环检测具有重复定位误差检测的效果。目标位置的选择一般应按下述公式确定:

$$P_i = (i-1)P + r_i \qquad (11-1)$$

式中　P_i——第 i 个目标位置;

　　　　i——目标位置序号,$i=1,2,\cdots,m$;

　　　　P——目标位置主间距;

　　　　r_i——相应第 i 个目标位置设置的差异值。

　　设置 P 是为了保证目标位置间距大致相等,设置 r_i 是为了获得全测量行程上各目标位置间适当的不均匀间隔,以保证传动机构(如滚珠丝杠副)周期误差被充分采样和检测。

循环参数的选取与坐标行程有关：

（1）线性坐标行程在 2000 mm 以内　　每 1000 mm 至少设置 5 个目标位置，全程不足 1000 mm 的也至少设置 5 个目标位置；检测循环按标准循环形式，次数 n 为 5 次。

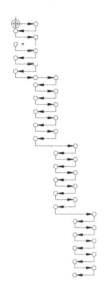

（2）线性坐标行程超过 2000 mm　　通常选择 $P \leqslant 250$ mm，循环次数 n 为 1。当需要参照（1）的检测方式时，应按供方/制造商和用户的约定在正常工作范围内进行。

（3）回转坐标行程在 360° 之内　　行程小于或等于 90° 时，最少目标位置数为 3 个；行程大于 90° 而小于或等于 180° 时，最少目标位置数为 5 个；行程大于 180° 时，最少目标位置数为 8 个。按式（11-1）确定目标位置，主要位置 0°、90°、180° 和 270° 应包括在里面。按标准循环检测，循环次数为 5 次。

（4）回转坐标行程超过 360°　　当行程为 360°～1800°（5 r）时，通常选择 $P \leqslant 45°$（每转至少 8 个目标位置），循环次数 n 为 1。当需要参照（3）的检测方式时，应按供方/制造商和用户的约定在正常工作范围内进行。

（5）阶梯循环形式　　当处于特殊情况（如重型机床）时，检测循环可采用阶梯循环形式，如图 11-3-7 所示，其特点是从任一方向趋近每个目标位置的时间间隔较短，而初始点和终点目标位置的测量时间

图 11-3-7　阶梯循环

间隔较长。因此对于阶梯循环形式，热效应对各目标位置的反向差值和重复定位精度的影响较小，而对于标准循环形式则热效率对其影响较大。

4. 位置精度的统计计算和评定方法

位置精度统计计算和评定方法详见国家标准《机床检验通则　第 2 部分：数控轴线的定位精度和重复定位精度的确定》（GB/T 17421.2—2016）。

1）某一位置的误差统计计算

（1）位置偏差 X_{ij}。

$$X_{ij} = P_{ij} - P_i \tag{11-2}$$

式中　P_{ij}——运动部件第 j 次向第 i 个目标位置趋近时实际测得的到达位置；

　　　　P_i——运动部件编程要达到的第 i 个目标位置；

　　　　X_{ij}——运动部件到达的实际位置与目标位置之差，当从正方向趋近时得到的参数记为 $X_{ij}\uparrow$，当从负方向趋近时得到的参数记为 $X_{ij}\downarrow$。

（2）某一位置的单向平均位置偏差 $\overline{X_i}\uparrow$ 或 $\overline{X_i}\downarrow$。

$$\overline{X_i}\uparrow = \frac{1}{n}\sum_{j=1}^{n} X_{ij}\uparrow \tag{11-3}$$

$$\overline{X_i}\downarrow = \frac{1}{n}\sum_{j=1}^{n} X_{ij}\downarrow \tag{11-4}$$

式中　$\overline{X_i}\uparrow, \overline{X_i}\downarrow$——运动部件 n 次从正方向、负方向趋近第 i 个目标位置所得位置偏差的算术平均值。

（3）某一位置的双向平均位置偏差 $\overline{X_i}$。

$$\overline{X_i} = \frac{\overline{X_i}\uparrow + \overline{X_i}\downarrow}{2} \tag{11-5}$$

（4）某一位置的反向差值 B_i。

$$B_i = \overline{X_i} \uparrow - \overline{X_i} \downarrow \tag{11-6}$$

（5）轴线反向差值 B。

$$B = \max[\,|B_i|\,] \tag{11-7}$$

式中　B——沿轴线（直线轴）或绕轴线（回转轴）的各目标位置反向差值的绝对值 $|B_i|$ 中的最大值。

（6）轴线平均反向差值 $\overline{B}$。

$$\overline{B} = \frac{1}{m}\sum_{i=1}^{m} B_i \tag{11-8}$$

（7）在某一位置的单向轴线重复定位精度的估算值 $S_i \uparrow$ 或 $S_i \downarrow$。

针对某一位置，每一次趋近到达的位置误差与平均误差有一定的偏差，这些偏差体现了该位置的位置误差值（或称为偏差值）的不确定程度，可采用如下统计方式估算：

$$S_i \uparrow = \sqrt{\frac{1}{n-1}\sum_{j=1}^{n}(X_{ij}\uparrow - \overline{X_i}\uparrow)^2} \tag{11-9}$$

$$S_i \downarrow = \sqrt{\frac{1}{n-1}\sum_{j=1}^{n}(X_{ij}\downarrow - \overline{X_i}\downarrow)^2} \tag{11-10}$$

式中　$S_i \uparrow$，$S_i \downarrow$——对某一位置 P_i 的 n 次正方向和反方向趋近所获得的位置偏差标准不确定度的估算值。

（8）某一位置的单向重复定位精度 $R_i \uparrow$ 或 $R_i \downarrow$。

某一位置的单向重复定位精度的估算值确定的范围，按覆盖因子 2 扩展，取其 4 倍作为该位置的单向重复定位精度，计算见式（11-11）、式（11-12）。

$$R_i \uparrow = 4S_i \uparrow \tag{11-11}$$

$$R_i \downarrow = 4S_i \downarrow \tag{11-12}$$

（9）某一位置的双向重复定位精度 R_i。

某一位置的双向重复定位精度不仅与单向重复定位精度相关，还与该位置的反向差值相关，应按下式取最大值。

$$R_i = \max[2S_i\uparrow + 2S_i\downarrow + |B_i|\,;R_i\uparrow\,;R_i\downarrow] \tag{11-13}$$

2）位置精度综合评定

根据上述检测数据的统计计算，得出下述位置精度的综合评定指标。

（1）轴线单向定位系统偏差 $E\uparrow$ 或 $E\downarrow$。

从单方向趋近的各目标点平均位置偏差可能各不相同，其最大值与最小值的代数差即为轴线单向定位系统偏差，体现了单向趋近平均位置偏差的变动幅度，按式（11-14）、式（11-15）计算，如图 11-3-8 所示。

$$E\uparrow = \max[\overline{X_i}\uparrow] - \min[\overline{X_i}\uparrow] \tag{11-14}$$

$$E\downarrow = \max[\overline{X_i}\downarrow] - \min[\overline{X_i}\downarrow] \tag{11-15}$$

（2）轴线双向定位系统偏差 E。

综合正方向、反方向趋近的各目标位置点平均位置偏差，其最大值与最小值的代数差即为轴线双向定位系统偏差，体现了双向趋近的平均位置偏差的总变动幅度，计算见式（11-16），如图 11-3-9 所示。

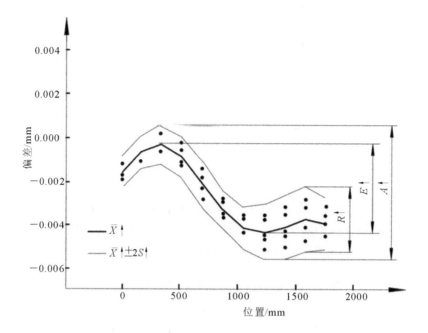

图 11-3-8　单向定位和重复定位误差示意图

$$E = \max[\overline{X_i}\uparrow\,;\overline{X_i}\downarrow] - \min[\overline{X_i}\uparrow\,;\overline{X_i}\downarrow] \tag{11-16}$$

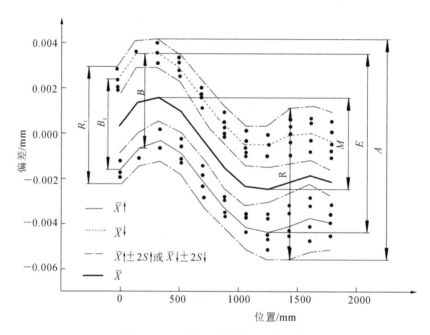

图 11-3-9　双向定位和重复定位误差示意图

（3）轴线双向平均定位系统偏差 M。

如图 11-3-9 所示，M 的计算式如下：

$$M = \max[\overline{X_i}] - \min[\overline{X_i}] \tag{11-17}$$

（4）轴线单向定位精度 $A\uparrow$ 或 $A\downarrow$。

由单向定位系统偏差和单向轴线重复定位精度估算值的正负 2 倍组合确定，其最大变动范围表示轴线单向定位精度,计算见式(11-18)、式(11-19),如图 11-3-8 所示。

$$A \uparrow = \max[\overline{X_i} \uparrow + 2S_i \uparrow] - \min[\overline{X_i} \uparrow - 2S_i \uparrow] \tag{11-18}$$

$$A \downarrow = \max[\overline{X_i} \downarrow + 2S_i \downarrow] - \min[\overline{X_i} \downarrow - 2S_i \downarrow] \tag{11-19}$$

(5) 轴线双向定位精度 A。

由双向定位系统偏差和双向轴线重复定位精度估算值的正负 2 倍组合确定,其最大变动范围表示轴线双向定位精度,计算见式(11-20),如图 11-3-9 所示。

$$A = \max[\overline{X_i} \uparrow + 2S_i \uparrow; \overline{X_i} \downarrow + 2S_i \downarrow] - \min[\overline{X_i} \uparrow - 2S_i \uparrow; \overline{X_i} \downarrow - 2S_i \downarrow] \tag{11-20}$$

因此,由国家标准 GB/T 17421.2 计算确定的定位精度值比直接根据检测结果取最大值更合理,更能体现整体状况,也比日本 JIS 标准采用局部最大误差值的表达方式更严谨。

(6) 轴线单向重复定位精度 $R \uparrow$ 或 $R \downarrow$。

轴线各位置单向重复定位精度的最大值为轴线单向重复定位精度,即

$$R \uparrow = \max[R_i \uparrow] \tag{11-21}$$

$$R \downarrow = \max[R_i \downarrow] \tag{11-22}$$

(7) 轴线双向重复定位精度 R。

轴线各位置双向重复定位精度的最大值为轴线双向重复定位精度,按下式计算,如图 11-3-9 所示。

$$R = \max[R_i] \tag{11-23}$$

(8) 轴线平均反向差值 $\overline{B}$。

$$\overline{B} = \frac{1}{m} \sum_{i=1}^{m} B_i \tag{11-24}$$

(9) 轴线反向差值 B。

轴线各位置反向差值的绝对值的最大值为轴线反向差值,计算见式(11-25),如图 11-3-9 所示。

$$B = \max[|B_i|] \tag{11-25}$$

3) 位置精度的出厂检验项目

根据各类数控机床结构和使用特点,并非必须检验上述所有精度项目,通常可选择第(2)、(3)、(4)、(5)、(6)、(7)、(9)项参数中的若干项作为机床出厂检验项目,其中第(5)、(7)、(9)项是必须选择的,即"轴线双向定位精度""轴线双向重复定位精度""轴线反向差值"。检验报告内容主要包括:检验参数、检验条件、检测结果数值、检测结果图线等。

11.3.3　加工精度检验

对于加工精度检验,从设施方面涉及机床、刀具、工件、夹紧件状况及其精度等因素,从方法方面涉及工艺、加工参数、编程等因素,并受环境状况影响。因此,在制订和实施加工精度检验计划时,须综合考虑各方面因素;在确保机床本身合格的精度前提下,采用精加工方式,合理选择刀具品牌并保证较高的品质,合理确定加工参数,并保证试件本身的加工适宜性、刚性和安装稳固性;保证适宜的环境温度和湿度,如环境温度保持在 20 ℃左右。

加工试件包括普通试件和数控功能试件两种类型,针对各种数控机床类型已制定相应的国家标准或行业标准,包括结构形式和尺寸、加工和检验要求等。下面以立式加工中心为例介绍加工试件及检验项目。

1.普通试件及要求

　　普通试件用于考核一般几何精度,不同的数控机床普通试件形式不同,已制定相应国家或行业标准,特殊订货可与用户约定。根据工作台和行程大小,将若干件相同的普通立方(或长方)体试件组合,按一定间隔均匀安装在工作台上,进行顶面、侧面的加工,然后检测试件顶面的等高度、每个侧面的直线度、侧面与顶面的垂直度、各侧面的相互垂直度等。对于中小型加工中心,普通试件采用端铣试件平面进行重叠加工,考核平面度,具体参见相应类型的数控机床精度标准。

2.数控功能试件及要求

　　根据国家标准,数控机床数控功能试件体现数控加工功能的主要特点,如数控铣床类数控功能试件的主要加工项目包括铣外圆、铣正方形和斜方形(菱形)、铣小角度斜边、镗中心孔、钻镗四周孔等,对应上述加工结构要素通常集成在一个试件上,也称为轮廓加工试件、精加工试件,根据国家标准《加工中心检验条件　第 7 部分:精加工试件精度检验》(GB/T 18400.7—2010),包括大规格和小规格两种,图 11-3-10 为小规格试件,检验项目和要求见表 11-3-2,具体精度指标要求和检验规范请参阅国家标准或机床设计手册。

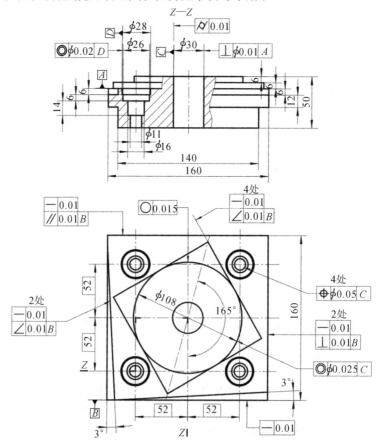

图 11-3-10　数控铣床数控功能试件图

　　可以看出,数控功能试件的加工和检验要求主要针对 X、Y 轴运动的精度,没有体现 Z 向精度,尽管有所不足,但也集中体现了数控铣削类机床的主要加工形式和精度特点,且便于测量。

表 11-3-2　立式加工中心数控功能(精加工)试件几何精度检验项目　　　（单位：mm）

检　验　项　目	检　验　工　具
中心孔 a) 圆柱度；b) 孔轴线对基准 A 的垂直度	坐标测量机
正四方形 c) 边的直线度；d) 相邻边对基准 B 的垂直度；e) 相对边对基准 B 的平行度	c) 坐标测量机或平尺和指示器；d) 坐标测量机或角尺和指示器；e) 坐标测量机或高度规或指示器
菱形 f) 边的直线度；g) 四边对基准 B 的倾斜度	f) 坐标测量机或平尺和指示器；g) 坐标测量机或正弦规和指示器
圆 h) 圆度；i) 外圆和中心孔 C 的同心度	h) 坐标测量机或指示器或圆度测量仪；i) 坐标测量机或指示器或圆度测量仪
斜面 j) 面的直线度；k) 斜面对基准 B 的倾斜度	j) 坐标测量机或平尺和指示器；k) 坐标测量机或正弦规和指示器
镗孔 n). 周边 4 个孔相对于中心孔 C 的位置度；o) 内孔与外孔 D 的同心度	n) 坐标测量机；o) 坐标测量机或圆度测量仪

习题和思考题

1. 以数控铣床为例，简述数控机床精度体系组成。

2. 参照数控铣床，简要论述数控车床的精度体系组成特点，绘制其精度体系构成框图。

3. 数控机床的精度项目包括哪几大类？各大类对机床加工精度起什么保障作用？

4. 位置精度检测的标准循环方式具有什么特点？其实质作用是什么？

5. 试根据卧式加工中心的布局结构形式，参照表 11-3-1，编制卧式加工中心（不带回转台）的几何精度检验项目表。

第 12 章 多轴与先进功能及其结构技术简介

本章所介绍的多轴与先进功能是相对的,主要是指与现有常规结构和功能不同的,结构性能、加工性能更优越的布局结构形式,以及自动化复合化功能部件及其应用。这些内容范围很广,所涉及的布局结构形式繁多,并且在不断发展。本章主要介绍部分目前已得到有效应用的重心驱动技术、五轴联动结构技术、工作台自动交换系统、铣头自动交换系统、复合加工中心等内容,以及正在发展的并联机床技术。

12.1 重心驱动技术

12.1.1 重心驱动技术原理和力学分析

1. 技术原理

重心驱动主要应用于进给传动系统。我们知道,对于一个方向的进给系统,一般都采用单轴驱动,结构简单,能满足常规的运行要求,如图 12-1-1 所示。在进给系统运行过程中,存在轴向驱动力和轴向抗力的作用和平衡问题,根据不同的运行状态,轴向抗力包括切削力、导轨摩擦力、惯性力等,为这些力的合力。当驱动力与轴向进给抗力合力作用线正好或近似对齐,则驱动效果最好,对导轨的影响最小,如图 12-1-1 中的 A 位置。但部分机型轴向进给抗力的作用线位置是经常变化的,可能与进给驱动力作用线错开,当错开距离不大时,影响不大,但当错开距离较大时,则形成较大的附加弯矩,对轴向驱动机构和导轨机构影响大,甚至会产生整个部件倾斜或变形的有害影响,如图 12-1-1 中的 B 位置。

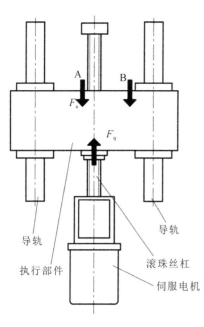

图 12-1-1 单轴驱动受力图

出现轴向抗力作用线变化较大的原因很多,如切削力作用线位置变化较大,或移动部件沿与驱动力作用线垂直方向移动行程较大而导致惯性力作用线变化较大等,这种状况可称为进给抗力作用线宽移动状况。根据结构特点,进给系统的轴向驱动作用线位置是不宜变化的,为适应进给抗力作用线宽移动状况,需提高轴向驱动性能和整体稳定性,可采用双轴(双边)驱动系统,如图 12-1-2 所示。当双轴驱动跨距覆盖轴向力作用线移动范围时,双轴驱动力合力的作用线总能与轴向抗力作用线对齐,形成最好的驱动效果,轴向抗力作用线也可以理解为类似于重力作用线,而双轴驱动力的合力总能对着这个"重心",因此双轴(双边)驱动通常也形象地称为重心驱动。显然,双轴(双边)驱动系统必须保证双边传动的一致性,包括电机控制的一致性和传动机构的一致性,以保证双边运动的严格同步。

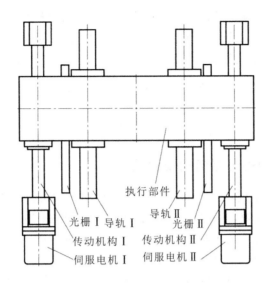

图 12-1-2　双轴驱动示意图

综上，重心驱动技术的特点是采用同步控制和传动的双轴驱动形式，双轴跨距覆盖轴向抗力作用线的变化范围；作用是使双轴驱动合力作用线总是与轴向抗力作用线对齐，实现最佳的轴向驱动效果。

2. 力学分析

这里主要讨论双轴驱动力与轴向抗力及其位置的关系。在加速运动时，将惯性力作为轴向抗力的一部分，因此双轴驱动的合力与轴向抗力平衡。在运行过程中，某一个坐标方向的轴向抗力主要包括该方向的导轨摩擦力、切削力或惯性力，由于切削力作用位置或运动部件位置的不同，摩擦力可能会发

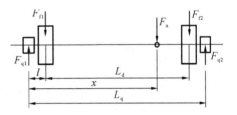

图 12-1-3　重心驱动力学分析示意图

生变化，两方面的变化导致双轴驱动系统两边的驱动力变化。图 12-1-3 所示为重心驱动力学分析示意图，有如下平衡方程：

$$\begin{cases} F_{q1} + F_{q2} = F_{f1}(x) + F_{f2}(x) + F_a \\ L_q F_{q2} = l F_{f1}(x) + (L_d + l) F_{f2}(x) + x F_a \end{cases} \tag{12-1}$$

式中　F_{q1}，F_{q2}——第一、二驱动轴的轴向驱动力，N；

　　　　F_a——轴向切削力或惯性力，N；

　　　　x——轴向切削力（或惯性力）作用位置至第一驱动轴的距离，m；

　　　　$F_{f1}(x)$，$F_{f2}(x)$——两侧导轨的摩擦力，N，是 x 的函数；

　　　　L_q，L_d——两驱动轴线之间的距离和两导轨中心之间的跨距，m；

　　　　l——第一根导轨中心与第一驱动轴间的距离，m。

解之得

$$\begin{cases} F_{q1} = \dfrac{L_q - l}{L_q} F_{f1}(x) + \dfrac{L_q - L_d - l}{L_q} F_{f2}(x) + \dfrac{L_q - x}{L_q} F_a \\ F_{q2} = \dfrac{l}{L_q} F_{f1}(x) + \dfrac{L_d + l}{L_q} F_{f2}(x) + \dfrac{x}{L_q} F_a \end{cases} \tag{12-2}$$

导轨摩擦力主要与导轨所受压力有关，所以当切削力作用位置或移动部件重心位置改变

时,两侧导轨所受压力变化从而使产生的摩擦力亦改变,因此导轨摩擦力与位置 x 相关,可同样采用平衡方程求出,这里不再进一步展开分析。当两侧驱动轴和导轨对称布置时,则关系式(12-2)可进一步简化。当两侧驱动轴和导轨很靠近,近似重合时,则关系式可近似为

$$
\begin{cases}
F_{q1} - F_{f1}(x) + \dfrac{L_q - x}{L_q} F_a \\
F_{q2} = F_{f2}(x) + \dfrac{x}{L_q} F_a
\end{cases}
\tag{12-3}
$$

12.1.2　重心驱动的布局结构及应用

如图 12-1-2 所示,采用直联滚珠丝杠传动形式,两组传动机构的传动参数如丝杠螺距、精度等级应相同,尽量消除间隙,并通过反向误差和螺距补偿措施使两组传动机构的精度尽可能提高;同时控制系统和伺服系统须具有同步控制功能,使两组驱动和传动系统的运动严格同步。如果两组传动系统分别采用精度规格完全相同的光栅检测装置进行闭环控制,则能达到最佳的同步效果,这是常用的同步措施。同时,须保证高的运动灵敏度,应采用滚动导轨。

传动机构也可以采用同步带减速滚珠丝杠传动形式或减速齿轮齿条传动形式,同样也须保证两组机构的传动参数完全相同,此时两者特别是后者的机构本身精度相对低,更应该采用两边光栅闭环检测和控制措施。如图 12-1-4 所示,两个示例都采用了框中框结构,确保机床整体稳定性。

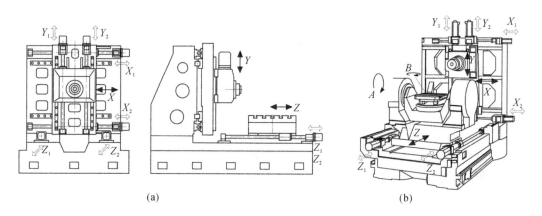

(a)　　　　　　　　　　　　　　　　　　(b)

图 12-1-4　三坐标重心驱动数控机床布局结构示例

(a) 重心驱动四轴卧式数控铣床(主视图未表示工作台部件);(b) 重心驱动五轴联动铣床

显然,重心驱动系统的传动机构和控制系统较为复杂,成本较高,因此主要应用于部件跨度较大、轴向抗力作用线位置变化范围较大,同时驱动性能、加速性能、动态性能和稳定性能要求较高的场合。

12.2　五轴联动结构技术

常规三轴联动数控机床可加工较为复杂形状的工件,如果配置四轴控制三轴联动或四轴联动,则可明显扩大加工范围,如螺旋形状加工、多面加工等,但还是有局限。如果需要加工轮廓更为复杂的工件如多片螺旋桨等,或需要空间任意角度的自动变换和加工,则必须采用五轴联动结构技术,即 3 个直线轴＋2 个旋转轴的五轴联动。

12.2.1　布局结构类型

根据实际使用要求,满足五轴联动要求的机床,可采取各种不同的布局结构。对于 3 个直线坐标运动,其布局可按通常的结构形式。因此,五轴联动机床的布局结构特点主要体现在 2 个回转坐标轴的布局结构方面。

1. 五轴联动布局形式分类

尽管两个回转坐标轴的具体布局结构多种多样,但主要可归纳为三大类型:

(1) 由铣头执行两个回转坐标运动,简称Ⅰ型,如图 12-2-1 所示。

(2) 由工作台执行两个回转坐标运动,简称Ⅱ型,如图 12-2-2 所示。

(3) 由铣头执行一个回转坐标运动,由工作台执行另一个回转坐标运动,简称Ⅲ型,如图 12-2-3 所示。

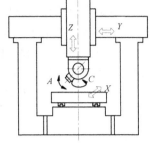

图 12-2-1　Ⅰ型五轴联动布局图

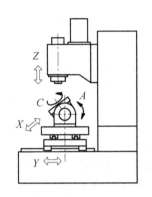

图 12-2-2　Ⅱ型五轴联动布局图

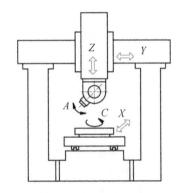

图 12-2-3　Ⅲ型五轴联动布局图

2. 整机布局结构类型简述

按照以上三大类型,直线坐标轴和回转坐标轴以及整机布局结构类型可以进行多种组合,实现多种布局结构形式,以适应各种不同的使用场合,创新空间很大。常见的整机布局结构大类型有五轴联动龙门铣床(包括定梁定柱结构、龙门移动结构、动梁结构、桥式结构等)、五轴联动床身式铣床(包括立式、卧式、滑枕式、立柱移动式等)、五轴联动升降台铣床等。图 12-2-4 为几种典型的五轴联动加工中心。

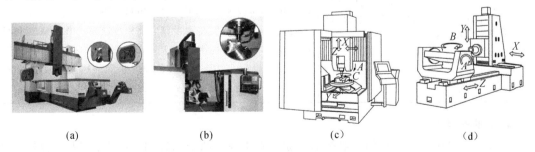

(a)　　　　　　　　(b)　　　　　　　　(c)　　　　　　　　(d)

图 12-2-4　几种典型的五轴联动加工中心

(a) 定梁定柱龙门Ⅰ型;(b) 十字滑台床身式Ⅱ型;(c) 小龙门Ⅲ型;(d) 立柱移动式Ⅱ型

在以上结构基础上,加入铣头自动交换、工作台自动交换等功能,则布局结构类型更多,创新空间更大。

12.2.2　布局结构性能

1. 各类布局结构组合的性能分析比较

以下分析主要基于三向直线轴布局相似,按Ⅰ、Ⅱ、Ⅲ三大类型从承载能力、加工范围、机构复杂性、运动灵活性和机构刚度等方面进行论述,详见表12-2-1。如再考虑三向直线坐标轴不同布局的组合,以及不同的规格,则具体分析结论又有所不同,这里不再论及。

表 12-2-1　不同回转轴布局结构类型的性能分析比较表

性能	布局结构类型		
	Ⅰ型:由铣头执行两个回转坐标运动	Ⅱ型:由工作台执行两个回转坐标运动	Ⅲ型:由铣头和工作台分别执行一个回转坐标运动
承载能力	由于工作台不参与回转运动,工作台可以按较大规格设置,结构环节少,因此承载能力大,可加工中、大规格的零件	由于工作台参与两个回转运动,结构环节相对较多,因此承载能力显著降低,适应于加工中、小规格零件	工作台参与一个回转运动,因此承载能力比Ⅰ型小,而比Ⅱ型大,可加工中等规格零件
加工范围	回转部件体积相对较小,工作台可以较大,因此加工范围和空间大	由于工作台参与两个回转运动,工作台规格较小,摆动角度较小,因此加工范围和空间较小	由于工作台参与一个回转运动,相对限制了加工范围和空间,因此加工范围和空间比Ⅰ型小,但比Ⅱ型大
机构复杂性	由于两个回转运动机构和主传动及主轴机构复合在一起,且整体机构空间小,所以结构复杂	虽然两个回转运动机构复合在一起,结构较为复杂,但整机空间还是相对较大,且不含主轴机构,所以机构复杂性比Ⅰ型小	由于两个回转运动机构没有复合在一起,故结构相对较简单
运动灵活性	铣头执行两个回转运动,回转部件体积相对较小,因此加工运动相对最为灵活	工作台和工件参与两个回转运动,而工作台属于较大部件,因此运动灵活性差	比Ⅰ型差,而比Ⅱ型好
机构刚度	由于两个回转运动机构复合在一起,传动与结合环节多,且整体机构空间小,所以机构刚度较小	虽然两个回转运动机构复合在一起,结构较为复杂,但整机空间较大,易于采用高刚度结构和零件,所以机构刚度比Ⅰ型高	两个回转运动机构没有复合在一起,可采用高刚度结构和零件,一般来说,机构刚度相对较高。当Ⅱ型的空间较大而能采用高刚度结构时,Ⅱ型的机构刚度也可能比Ⅲ型大

2. 技术关键点

五轴联动机床机械结构的一般技术关键主要体现在两个回转轴机构方面,主要包括整体结构和组成、高效率和足够的回转驱动力、运动稳定性和回转精度、有效润滑、定向稳定性、电气与液气的回转连通等。

（1）整体结构和组成　五轴联动机床的每个回转轴机构必须设置驱动电机、传动机构、执行机构、检测机构、锁紧机构、润滑系统等；如果是复合式双回转台机构，则还要设置电气与气液回转连通机构；如果是复合式双回转铣头，则还涉及与主传动机构和主轴组件的复合问题；以上机构复合在一个较小的空间里，在结构布局分析和设计中是一个很复杂和关键的问题。

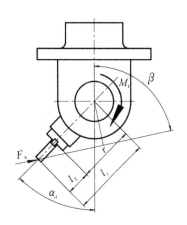

图 12-2-5　双回转铣头的摆动轴受力分析图

（2）机构受力特点　相较于Ⅱ、Ⅲ型布局结构，Ⅰ型即双回转铣头由于机构集成最为复杂，空间和传动机构件规格小，机构受力状况最为不好，相应的零部件力学性能不易保证。图 12-2-5 为双回转铣头的摆动轴受力分析图，摆动轴部件为悬臂机构，加工进给力导致刀具、主轴受到弯矩作用，使摆动驱动部件受到扭矩作用，根据受力平衡分析，得

$$M_t = l_z F_a \sin(\beta - \alpha_\Lambda) = (l_T + r)F_a \sin(\beta - \alpha_\Lambda) \qquad (12\text{-}4)$$

式中　M_t——摆动轴进给扭矩，N·m；

$\quad\quad F_a$——刀具端切削力，N；

$\quad\quad l_z$——刀具端到回转中心的距离，m；

$\quad\quad l_T$——刀具长度，m；

$\quad\quad r$——主轴端至回转中心距离，m；

$\quad\quad \alpha_A, \beta$——在回转平面上主轴、切削力方向与垂向轴线间的夹角，(°)。

当切削力 F_a 较大、力臂 l_z 较长时，弯矩和扭矩较大；根据结构形式，l_z 明显比回转驱动、传动部件直径大，同时五轴联动摆动轴机构相对较为复杂，精度和性能要求高，并需与其他机构复合在一起，所以摆动轴驱动与传动机构的强度和刚度保证相对较为困难，刚度问题显得更为突出。

（3）润滑问题　有些五轴联动机构润滑问题较易解决，但对于复合的机械式摆动回转铣头机构，润滑问题很突出。铣头机构一般不便采用油润滑而要采用脂润滑，效果受到限制，特别是对于采用蜗轮蜗杆机构的装置，润滑问题更为突出。

12.2.3　典型结构示例

对于两个回转运动轴的各种布局类型，其结构特点和技术措施各有不同，下面针对最典型的摆动回转铣头（Ⅰ型）和可倾回转台（Ⅱ型）的结构特点、技术性能进行介绍。

1. 摆动回转铣头结构

通常摆动回转铣头的摆动轴作为 A 轴（或 B 轴），回转轴作为 C 轴，整个铣头部件主要包含以下部分和机构：铣头壳、两套支承机构、两套驱动电机及传动机构、主传动和主轴机构、两套锁紧机构、两套检测机构、润滑系统、旋转连通机构、其他辅助机构等。布局结构要满足紧凑性、工艺性、足够的强度和刚度。为减小切削加工过程铣头机构的受力，应遵循以下原则：在结构方面，在满足加工要求的前提下主轴端至摆动中心的距离应尽可能小，主轴中心线至回转轴中心的错位距离应尽可能小；在刀具选择方面，在满足加工要求的情况下，刀具长度应尽可能小。

常用的摆动回转铣头布局结构形式主要有以下两种：

（1）对称式（或内置式）　主轴组件置于铣头壳体中央，刚性好，但结构较为复杂，工艺性较差，如图 12-2-6 所示。

（2）偏置式　主轴组件偏置于铣头壳侧边，结构较简单，工艺性好，但刚性相对较差，如图 12-2-7 所示。

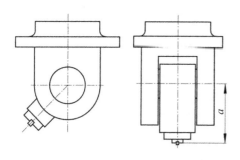

图 12-2-6　对称式摆动回转铣头布局形式

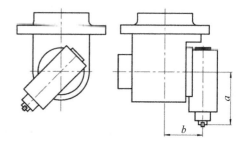

图 12-2-7　偏置式摆动回转铣头布局形式

还有 45°型的摆动回转铣头布局，但在五轴联动机构中较少应用，主要用于自动分度。下面以最常用的对称式摆动回转铣头为例进行介绍。

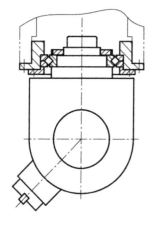

图 12-2-8　交叉滚子轴承支承结构示意图

1）支承结构形式

C 轴支承机构作为整个铣头部件的支承，其结构性能对于整个铣头的精度、刚性、稳定性非常重要。其支承形式主要有以下 3 种：采用两组相对安装的角接触球轴承支承结构、采用两组相对安装的圆锥滚子轴承支承结构、采用一组交叉滚子轴承支承结构。第 1 种支承结构刚度较低，但成本也相对较低。其他两种支承结构刚度较高，都可以选择，但从结构和安装简易性来看，第 3 种支承结构（即交叉滚子轴承）综合性能较好。图 12-2-8 为交叉滚子轴承支承结构示意图。A 轴的支承结构与常规的回转支承结构类似。

2）传动类型及特性

这是摆动回转铣头的关键性问题。主要传动类型有齿轮减速传动形式、蜗轮蜗杆传动形式、同步带传动形式、力矩电机驱动形式等。

（1）齿轮减速传动形式　由于结构空间限制，所采用电机规格较小，通常采用多级传动结构（可包括同步带传动组合），以获得足够的输出扭矩。齿轮减速传动形式优点是传动机构简单，传动效率高。其缺点是传动链较长，累积弹性变形和间隙大，即使消除了初始间隙，但工作一段时间后仍会出现运动间隙，导致稳定性差且易出现振荡；齿轮传动机构没有自锁功能，抗振性和受力性能相对较差；结构相对复杂。可采取的技术措施：采用消隙结构；采用同步带传动组合，以利于消除间隙，并放在第一级适应初级小载荷；最末一级传动在保证齿轮刚度和啮合系数的前提下，采用尽可能大的减速比、大末端齿轮的齿轮机构，以适应末端扭矩大的特点，并起到缩小间隙传递从而提高精度和稳定性的作用；采用高性能的齿轮润滑脂进行润滑，并设置注脂空间和管路。图 12-2-9 为齿轮减速传动摆动回转铣头结构示意图。

（2）蜗轮蜗杆传动形式　本传动形式优点是传动级数少，易达到大减速比，结构紧凑、简单，具有自锁功能，受力状况好，当润滑良好时传动较稳定；缺点是传动效率低，有传动间隙，需

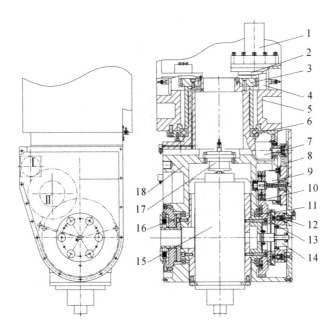

图 12-2-9　齿轮减速传动摆动回转铣头结构示意图

1—C 轴电机；2—C 轴减速机构；3—C 轴末端齿轮；4—C 轴制动装置；5— 铣头座；6—C 轴轴承；7—A 轴电机；
8—A 轴同步带传动副；9—A 轴减速机构；10—A 轴末端齿轮副；11—A 轴轴承；12—A 轴制动油缸；13—A 轴制动锥盘；
14—A 轴编码器；15—电主轴；16—A 轴阻尼装置；17—松刀油缸；18—铣头壳

要经常调整。可采取的措施：采用高效的润滑方式，最好能设置油腔，实现油润滑；如不能采用油润滑，也要采用高品质润滑脂润滑，并设置润滑接头，便于定期润滑；采用合适的材料和热处理方式，提高蜗轮蜗杆副的耐磨性；设置操作方便的间隙调整环节。本传动形式可以设置初级齿轮减速传动，形成齿轮-蜗轮蜗杆组合传动形式，减速比更大。

（3）同步带传动形式　本传动形式优点是容易消除间隙，结构简单，传动效率高；缺点是传动扭矩较小，没有自锁功能，较少使用。

（4）力矩电机驱动形式　本传动形式是后期发展起来的先进技术，由高性能、大扭矩电机直接驱动回转轴，电机转子与回转轴直接无间隙连接，没有中间传动机构，效率高、刚性好、灵敏性和快速性能好，整体结构简单，且可采用大规格电机；但电机及驱动部件成本高，主要应用于高档配置场合。图 12-2-10 为力矩电机型摆动回转铣头结构示意图。

显然，齿轮减速传动和同步带传动形式适用于小负载加工场合，蜗轮蜗杆传动和力矩电机驱动形式适用于中小负载加工场合。随着技术的进步和制造成本的降低，力矩电机驱动形式在摆动回转铣头中的应用已较为普遍。

3）一种简易实用的旋转连通结构形式

如采用相对滑动的旋转连通装置，则结构较为复杂，密封性和精度要求高，成本高，且电气连通可靠性相对较低。从可靠性方面来讲，机构越简单越好，其实，也不是所有的机构都须采用滑动式旋转连通装置，当铣头采用电主轴，机构中空部分较大，且不设置铣头自动交换功能时，可以通过设计布置，将所需旋转连通的所有电缆、油管、气管从中空部分集中穿过，变为固定连通。这种方式机构简单，可靠性好，几乎不增加成本，但回转角度受到限制，一般不超过±360°。

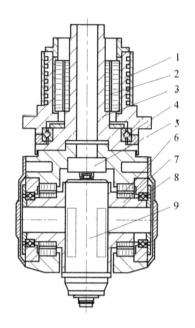

图 12-2-10　力矩电机型摆动回转铣头结构示意图

1—铣头座；2—C 轴力矩电机；3—C 轴旋转轴；4—C 轴轴承；5—松刀缸；6—A 轴力矩电机；

7—A 轴支架；8—A 轴轴承；9—电主轴

2. 数控可倾回转台

五轴联动的 Ⅱ 型布局结构为双轴数控回转台形式，其特点是具有两个相互垂直或成 45° 的回转坐标轴。双回转轴的具体布局可有多种，但实际上根据合理性、先进性和实用性的原则，主要有双支承型（或内置垂直型）、侧挂垂直型、45°型，其中前两者较为常用，如图 12-2-11 所示，通常也称为"数控可倾回转台"；如作为独立部件，则双支承型最较为常用。从传动方式区分，数控可倾回转台主要有机械传动型和力矩电机型两种。

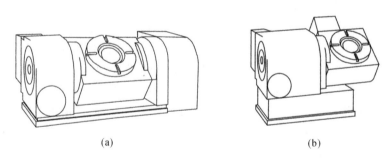

(a)　　　　　　　　　　　　　　　　　(b)

图 12-2-11　数控可倾回转台

(a) 双支承型；(b) 侧挂垂直型

1）机械传动型数控可倾回转台

机械传动型数控可倾回转台的特点是两个回转轴的运动都采用伺服电机通过机械传动机构进行驱动，主要包括底座、回转台、支承架、回转轴传动系统、摇摆轴传动系统、锁紧机构、检测装置、润滑系统等部分。两个回转轴的传动均采用齿轮减速和蜗杆蜗轮减速的大减速比组合传动机构，通常减速比为 90 或 180，以实现较大的输出扭矩。锁紧机构通常采用抱紧环结构形式，间隙消除要求和方式与数控回转工作台相同。图 12-2-12 为机械传动型数控可倾回

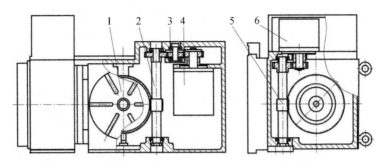

图 12-2-12　机械传动型数控可倾回转台结构原理示意图

1—回转台；2—回转轴蜗轮蜗杆；3—减速齿轮机构；4—回转轴电机；5—摆动轴蜗轮蜗杆；6—摆动轴电机

转台结构原理示意图。

机械传动型数控可倾回转台的结构较为复杂，传动效率较低，但采用常规、成熟技术，成本较低，主要应用于精度和性能要求不太高的场合，应用广泛。

2）力矩电机型数控可倾回转台

与力矩电机型摆动回转铣头相同，力矩电机型数控可倾回转台的特点是，两个回转轴的运动都采用高性能伺服电机直接驱动，没有中间传动环节，效率高。如图 12-2-13 所示，主要包括底座、回转台、摇摆支架、回转轴力矩电机、摆动轴力矩电机、锁紧机构、检测装置等部分。力矩电机需要具有良好的高速性能、低速性能和足够的输出扭矩。锁紧机构通常采用抱紧环结构形式。

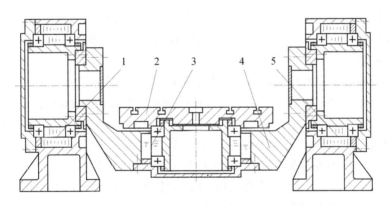

图 12-2-13　力矩电机型数控可倾回转台结构示意图

1—A 轴力矩电机；2—回转台；3—回转轴力矩电机；4—摇摆支架；5—摆动轴力矩电机

力矩电机型数控可倾回转台的结构相对简单，传动效率高，但控制性能要求高，成本相对较高，主要应用于高速、高精度加工场合。

根据具体需要，双轴数控回转台的传动类型可以进行各种组合，形成四种类型——双轴机械传动型、双轴力矩电机型、回转轴机械传动-摆动轴力矩电机型、回转轴力矩电机-摆动轴机械传动型，以适应不同要求的应用场合。

12.3　工作台自动交换系统

普通机床或一般数控机床加工一个工件的运行周期为装新工件—加工—卸下工件，显然工件装卸时间包含在生产节拍中,而工件装卸往往要花费较多的时间,因此生产效率明显受到影响。在提高生产效率方面,除了采取优化加工工艺、提高加工速度等方法外,设法将工件装卸时间从生产节拍中剔除将会很有效,同时也可显著提升自动化水平、降低操作者劳动强度,这就是工作台自动交换的主要目的。

加工中心配置工作台自动交换系统,可实现加工与装卸同步、多种工件混合加工。

(1)加工与装卸同步。配置工作台自动交换系统后,待加工工件进入机内加工,同时已加工工件在机外拆卸和安装新坯,显著缩短生产节拍,提高生产效率。

(2)混合加工。由于具有多个工作台,而多个工作台可分别安装多种夹具,因而可分别安装多种工件,实现多种工件的自动混合交替加工。

工作台自动交换功能可实现多种工件的自动交换,可提高加工自动化、柔性化水平,提高生产效率。在加工中心上配置工作台自动交换系统,通常称其为柔性制造单元。自动交换的工作台也称为托盘。

12.3.1　托盘自动交换系统的类型及其组成和结构特点

在托盘自动交换运行中,托盘是工件承载体,在加工过程和转移过程中具有支承工件的功能,因而也是制造系统中各加工单元之间的硬件接口。托盘自动交换系统总体上由机床内部分和机床外部分组成,虽然不同类型的托盘自动交换系统具体组成不同,但基本组成都包括托盘、托盘库、自动交换装置、检测装置、托盘定位支承座,其中托盘定位支承座设置在机床内工作工位上。本节主要讨论托盘自动交换系统布局与结构特点,不涉及控制系统。

根据机外托盘的布局和交换方式,托盘自动交换系统通常可分为环形多位型、并列多位型、一位型等;其中,机床上的托盘位为加工工位,托盘库上的托盘位为待工位。

1. 环形多位型

图12-3-1为环形十位型托盘自动交换系统布局示意图,该系统主要由托盘、托盘座、环形移动系统、托盘交换装置(图12-3-1中为气缸推拉交换装置)、检测装置、托盘定位支承座等部分组成,其中机外的托盘、托盘座、环形移动系统组成托盘库,托盘库设置了装卸工位、交换工位,所有托盘库中的工位都可看作待工位;检测装置分散在各部分中,未在图12-3-1中专门示出(以下均同);定位支承座安装在机床内,执行加工运动;托盘交换装置为气缸形式,实现直线推、拉运动;环形移动系统由基座、导轨、驱动和传动装置等部分组成,其功能是支承所有机外托盘座,并根据需要整体移动托盘座至规定的位置。

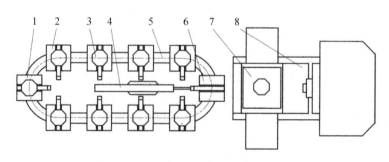

图 12-3-1　环形十位型托盘自动交换系统布局示意图

1—装卸工位;2—托盘座;3—托盘;4—托盘交换装置;5—环形移动系统;6—交换工位;7—加工工位;8—机床

　　环形十位型托盘自动交换系统交换过程和步骤：① 已加工托盘通过机床坐标运动移动至对准交换工位 6 的位置，托盘交换装置 4 将已加工托盘拉到交换工位 6；② 托盘座 2 在环形移动系统 5 上流转；③ 所选定待加工托盘进入交换工位 6；④ 托盘交换装置 4 将待加工托盘推入加工工位 7 的支承座；⑤ 定位支承装置定位夹紧，加工开始；⑥ 环形移动系统流转；⑦ 已加工托盘进入装卸工位 1，进行工件的卸、装；⑧ 新工件坯装夹完成后环形移动系统流转；⑨ 下一个待交换空盘座进入交换工位 6，等待交换。需要指出的是，这一类型的托盘交换过程存在两种不同的流程步骤：第一种同上述步骤，其特点是已加工托盘退出后，先将待加工托盘交换到机床上，再将已加工托盘移动至装卸工位；第二种的特点是已加工托盘退出后，先将已加工托盘移动至装卸工位，再将待加工托盘移动至交换工位。读者可自行分析第二种流程有何不同效果，是否合理。

　　本类型托盘自动交换系统也有多种具体形式，图 12-3-2 为环形五位型托盘自动交换系统，其特点是环形托盘座系统是固定的，没有专用交换工位；采用了旋转-直线双轴运动复合交换装置。其交换工作过程和步骤如下：① 已加工托盘通过机床坐标运动移动至对准交换工位的位置；② 复合交换装置将已加工托盘拉出；③ 复合交换装置旋转对准空工位；④ 将已加工托盘推入空位，进行工件的卸、装；⑤ 复合交换装置再旋转至对准待加工托盘的位置；⑥ 拉出待加工托盘；⑦ 旋转对准交换工位；⑧ 将待加

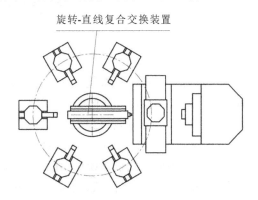

图 12-3-2　环形五位型托盘自动交换系统

工托盘推入机内加工工位；⑨ 定位支承装置锁紧，开始加工。可见，各工件加工后仍换回原位置，装卸位置是变动的。

2. 并列多位型

　　图 12-3-3 为并列二位型托盘自动交换系统布局示意图。该系统主要由托盘、托盘座、托盘交换装置、检测装置、托盘定位支承装置等部分组成，其中机外的托盘、托盘座组成托盘库，两套交换装置分别与两个托盘座集成在一起。其交换工作过程和步骤如下：① 已加工托盘通过机床坐标运动移动至对准托盘座Ⅰ的位置；② 交换装置Ⅰ将已加工托盘拉出至托盘座Ⅰ，进行拆卸、装夹；③ 空置的机内托盘座移动至对准托盘座Ⅱ的位置；④ 交换装置Ⅱ将待加工托盘推入机内托盘座；⑤ 托盘定位支承装置定位锁紧，开始加工。如果机床空间足够，同样可以设置并列三位型、四位型等。

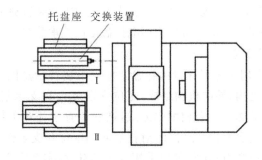

图 12-3-3　并列二位型托盘自动交换系统布局示意图

3. 一位型

图 12-3-4 为一位型托盘自动交换系统布局示意图,这是最简单的托盘自动交换系统。该系统主要由托盘、托盘座、托盘交换装置、检测装置、托盘定位支承装置等部分组成,其中机外的托盘、托盘座组成单托盘库,显然托盘库只有一个托盘座;托盘交换装置采用双伸缩臂-回转复合机构形式,可实现双臂伸缩、旋转的组合运动功能。

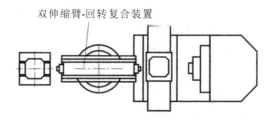

双伸缩臂-回转复合装置

图 12-3-4　一位型托盘自动交换系统布局示意图

一位型托盘自动交换系统交换工作过程和步骤:① 已加工托盘通过机床坐标运动移动至交换位置;② 交换装置双臂伸出分别托住已加工托盘(机内)和待加工托盘(机外);③ 交换装置抬起、旋转 180°、下降,将已加工托盘和待加工托盘位置对调、交换;④ 交换装置双臂收回;⑤ 定位支承装置定位锁紧;⑥ 开始加工和工件的卸、装。

在上述各种形式交换系统中,托盘库的各托盘座都设置有固定机构,用于固定托盘;在交换过程中,都相应存在定位锁紧装置(机内托盘座内)或固定装置(机外托盘座内)的脱开、锁紧步骤,满足交换和运行过程的机械动作要求;同时,各步骤和动作都基于各部位的检测开关信号,满足运行条件和逻辑顺序。

实际上根据数控机床各种不同布局形式和具体要求,托盘自动交换系统及其具体结构多种多样,以满足托盘容量、布局结构、交换效率、制造成本等方面的不同要求。

12.3.2　主要部件和托盘定位支承装置

托盘自动交换系统由多个部分组成,其中定位支承系统置于机内托盘座上,确保加工托盘的精确定位和可靠锁紧,满足加工过程的工件固定要求,这是极为重要的。其他重要部分如自动交换装置、托盘座、托盘移动装置等均为常规机械装置,采用常规机械结构和驱动、传动机构,如交换装置的移动机构通常采用气缸(或油缸)形式,其旋转分度通常采用伺服电机驱动方式;托盘座的分度运动也常采用伺服电机驱动方式,便于自动控制;托盘座上需设置托盘导向和固定机构,如导轨、气动插销或气动锁紧块等。下面主要介绍机内托盘定位支承装置。机床规格不同,托盘定位支承装置规格也不相同,中大规格、锁紧力较大的定位支承装置通常采用专用托盘定位支承装置,较小规格、锁紧力要求较小的通常采用标准托盘定位支承装置。

1. 专用托盘定位支承装置

图 12-3-5 为常见的应用于方形托盘的托盘定位支承装置示意图,定位支承装置主要由若干个定位支承组件、松夹机构、导向机构组成,定位支承装置和支承基座组成定位支承座。其中,定位支承组件采用短锥体和锥套相配的形式,锥套 2 置于托盘下部,短锥体 3 装在支承基座上部,若干个短锥定位支承组件 2、3 同时对托盘起到定位和支承作用;松夹机构通常采用油缸 5 形式,可产生较大的锁紧力;导向机构采用复合滚轮 7,实现在交换过程托盘被顶起脱开定位短锥体时的水平-垂向滚动支承和导向功能,便于托盘的移动和交换。

如图 12-3-5 所示,托盘 1 定位支承及锁紧过程及步骤如下:① 托盘沿着托板组件 6、7 被

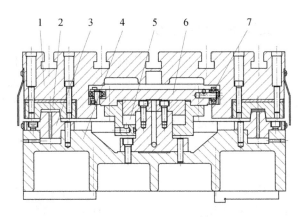

图 12-3-5　应用于方形托盘的托盘定位支承装置示意图

1—托盘；2—锥套；3—短锥体；4—基座；5—油缸；6—托板；7—复合滚轮

推入短锥体上方；② 油缸 5 下部进油；③ 油缸活塞连同托板组件 6、7 带着托盘 1 下降；④ 托盘下部的若干个锥套 2 同时套入相应的短锥体 3 并被压紧，实现托盘定位和支承。短锥定位支承组件的数量及分布须根据托盘大小确定；由于是若干个短锥体同时定位支承，因此托盘与定位支承座是过度定位，并且是多个托盘与同一个定位支承座相配，增加了制造难度，必须成组相配组装和调整。

托盘定位支承装置还可采用其他结构形式，如对于中小规格的圆形托盘，也可采用圆形端面齿盘作为定位支承机构，定位和支承可靠。

2. 标准托盘定位支承装置

较小规格、较小锁紧力的托盘定位支承装置，可采用其他定位支承结构形式，如图 12-3-6 所示，这种定位支承装置已较常应用，并已形成专业化生产。其作为通用定位支承部件，对托盘可起到基准定位作用，因此也称为标准零点定位支承装置，简称标准零点装置。标准零点装置采用十字块定位支承结构形式，由十字定位块 2、4、5，四个均布支承块 1，松夹机构 3，基座 6 等部分组成；锁紧机构采用强力弹簧。

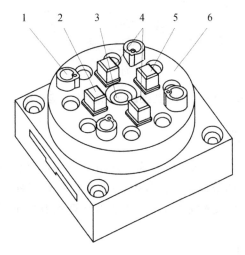

图 12-3-6　小型标准托盘定位支承装置

1—支承块；2，4，5—十字定位块；3—松夹机构；6—基座

12.3.3　托盘自动交换系统应用示例

图 12-3-7 为环形四位型托盘自动交换系统,其布局与图 12-3-2 类似。

图 12-3-8 为并列二位型托盘自动交换系统,主机为万能滑枕床身式加工中心,托盘库置于机床正前方,布局和交换方式、流程与图 12-3-3 相同。主机配置了自动万能铣头;链式刀库置于主机立柱右侧,配置刀具交换装置及其移动导轨,可实现铣斗与刀库长距离的刀具自动交换。

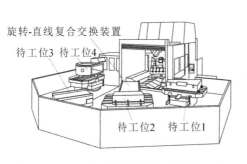

图 12-3-7　环形四位型托盘自动交换系统　　　　图 12-3-8　并列二位型托盘自动交换系统

图 12-3-9 为分置并列二位型托盘自动交换系统在龙门加工中心上的应用,两个待工位分置于机床两侧,交换原理和过程与前类似。由于工作台(托盘)较长,因此采用多组托盘定位支承装置。

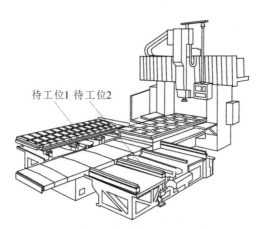

图 12-3-9　分置并列二位型托盘自动交换系统在龙门加工中心上的应用

12.3.4　混合加工类型

加工中心配置托盘自动交换系统后形成柔性制造单元,不仅可以实现加工过程与装卸过程的同步,通过缩短生产节拍来提高生产效率,并且可以实现多种工件的混合交替加工。混合交替加工有多种方式,不同的交替方式,其生产节拍计算和效果不同,生产进度安排和交货情况亦不同,现简要介绍如下。

1. 按零件混合交替加工

假设有两种类型产品,分别有 N_1 台、N_2 台,两种类型产品分别包括 n_1 个零件、n_2 个零件,加工顺序是第 1 种产品的第 1 个零件加工完成,接着第 2 个产品的第 1 个零件加工,再接着第 1 种产品的第 2 个零件加工，依次类推，直到全部完成，这就是按零件混合交替加工。以上例子是按单个零件交替，实际上这种形式还有多种不同的方式，如按若干个零件为一组交替，这种混合形式主要适合多种产品的均衡性（或近似均匀性）生产安排。

2. 按部件混合交替加工

该交替加工方式与按零件混合交替加工类似，但以部件为交替单位，即先加工产品 1 一个或若干部件的零件，再加工产品 2 的部件，依次交替。这种混合加工形式适合多种产品从部件开始安排装配，满足近似均衡性的生产安排。

3. 按产品混合交替加工

与按部件混合交替加工方式相似，这种交替加工方式按整台产品零件交替混合加工，也有单台或多台多种交替形式，适合多种产品陆续完成生产和交货的进度安排。

12.4　铣头自动交换系统

工作台（托盘）可以自动交换，实现高效率加工，如果铣头能自动交换，则在扩大加工范围、提高制造自动化和柔性化水平方面可再前进一步。由于铣头部件安装有主传动零部件和主轴组件，不仅涉及铣头部件的可靠锁紧，还涉及机械、气动、液压和电气的连接问题，且铣头部件空间小，因此铣头自动交换涉及的结构和技术相对更复杂一些。可交换铣头部件类型根据加工实际需要确定，如万能铣头、直角铣头、加长铣头、斜角铣头、其他特殊形式铣头，如图 12-4-1 所示。

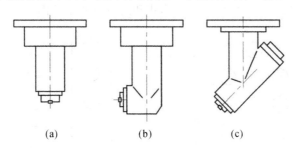

(a)　　　　　　(b)　　　　　　(c)

图 12-4-1　几种可交换铣头

(a) 加长型；(b) 直角型；(c) 斜角型

12.4.1　铣头自动交换系统的组成和交换原理

1. 铣头自动交换系统的组成

铣头自动交换功能首先要能实现多个铣头部件根据需要依次交换到机床铣头座（通常安装在滑枕部件下端，以下不特殊说明时按此理解）上，同时交换过程要实现主传动机构的连接，满足主轴正常运动要求，而且根据铣头功能，还要实现所需要的液压、气动、电气的连接。因此，铣头自动交换系统应包括铣头库、松夹和定位装置、主传动连接机构、液气和电气连通装置、检测装置等部分。铣头库又主要包括需交换的铣头部件、铣头部件支座、分度移动和定位系统、防护罩等。图 12-4-2 为定梁定柱龙门加工中心铣头自动交换系统布局示意图。

主传动连接机构分别安装在机床滑枕和铣头部件上；松夹和定位装置的主要部分如松夹机构、定位孔座安装在机床滑枕上，其他相配合部分安装在铣头上；液气和电气连通装置相配合的两部分分别安装在机床滑枕和铣头部件上。上述连接机构成为机床和铣头部件的统一硬件接口。

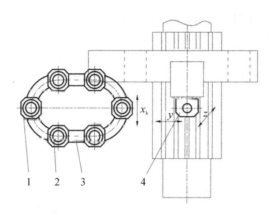

图 12-4-2　定梁定柱龙门加工中心铣头自动交换系统布局示意图
1—铣头支座；2—铣头；3—移动与定位系统；4—机床滑枕

2. 铣头库形式和对位方式

铣头自动交换系统的布局结构形式主要取决于机床结构形式，最终目的是达到铣头库布局结构和交换过程简单、可靠。交换过程涉及的运动主要是对位运动，即卸下放置已工作铣头和取出安装新铣头，并能使各连接机构对齐所需的坐标运动。交换过程的坐标对位运动方式有多种，通常根据机床和铣头库结构形式确定，充分利用机床的坐标运动，通过机床坐标运动和铣头库分度运动相结合的形式，实现铣头交换过程所需的三坐标对位功能，并达到简化铣头库结构的目的。图 12-4-3 为两种铣头库形式和对位方式示意图。

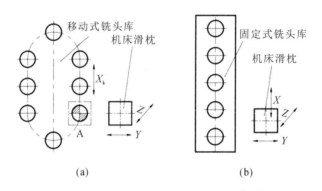

图 12-4-3　铣头库形式和对位方式示意图
(a) 环形布局；(b) 直线布局

根据铣头库容量、铣头库与机床的位置关系、对位形式，铣头库布局结构形式多种多样，按交换对位运动组合形式分类，通常主要有机床 Y/Z 向运动-铣头库 X_k 向运动、机床 $X/Y/Z$ 向运动两种类型。如图 12-4-3(a)所示，加工中心为定梁定柱龙门式，铣头部件安装在滑枕下端；滑枕做横向(Y 向)、垂向(Z 向)坐标运动，铣头库中的铣头座做纵向(X_k 向)运动，上述三个运动的组合，实现空间三坐标对位运动，图中 A 为固定的交换位置。如图 12-4-3(b)所示，加工中心为龙门移动式，机床滑枕做纵向(X 向)、横向(Y 向)、垂向(Z 向)坐标运动，铣头库中的铣头座固定不动，完全由机床滑枕完成空间三坐标对位运动，显然本形式铣头库结构相对简单，交换位置是变动的。

3. 铣头自动交换过程和原理

参见图 12-4-2 或图 12-4-3(a)，工作铣头部件安装在滑枕下端，待交换铣头部件安置在铣头库中。尽管图 12-4-2 中铣头库做环形运动，但实际其交换对位方式为机床 Y/Z 向运动-铣

头库 X_k 向运动形式,交换过程和原理如下:

（1）已工作铣头卸下、放回铣头库。通过对位组合运动,滑枕和铣头库中的空位支座对齐,将已工作铣头放置到铣头库空位支座上,到位检测元件发出信号。

（2）完成已工作铣头放置。铣头库支座对刚放置的已工作铣头部件进行定位和固定,定位和固定检测元件发出信号,滑枕锁紧机构松开,滑枕提升。

（3）选择待交换铣头。针对待交换铣头进行对位组合运动,机床滑枕移动至与待交换铣头结合处位置,检测元件发出信号。

（4）新铣头（即待交换铣头）安装至滑枕上。铣头库待交换铣头支座固定机构松开,检测元件发出信号。

（5）新铣头锁紧、定位,完成交换。滑枕锁紧机构对新铣头进行锁紧,使新铣头定位、固定在滑枕下部,检测元件发出信号。滑枕上升,移动至机床工作位置。

上述交换过程的各环节都设置有相应的检测元件,对各主要动作是否到位进行监测,确保交换运动可靠。根据实际情况,铣头部件放置在铣头库中也可不进行锁紧,而采用其他稳固放置形式,如交叉 V 形槽机构,可确保铣头部件的可靠定位和固定。

12.4.2　铣头自动交换硬件接口

1. 硬件接口的功能和组成

硬件接口是铣头自动交换系统的关键环节、关键技术。硬件接口要具有以下功能:一是实现机床主轴箱（如滑枕）和铣头部件的准确定位和可靠锁紧;二是实现滑枕和铣头部件之间主传动机构和主轴机构的传动连接;三是实现所需要的液压、气动和电气的连接,三者并不一定都需要,可根据具体要求确定,其中电气连接可能包括动力线连接和信号线连接;四是具有标准接口功能,确保滑枕和需要交换的铣头部件能正确连接。

硬件接口部分包括定位机构、松夹机构、主传动接口、液气接口、电气接口、检测装置等;其中,主传动接口是针对机械传动铣头部件的,对于电主轴铣头部件则不需要;液气和电气接口根据实际需要确定。如图 12-4-4 所示,接口包括铣头上接口和滑枕下接口,上、下接口准确对应、相配;其中,电气接口的动力线接口、信号线接口须分开设置,各种接口数量根据实际需要设置和区分。

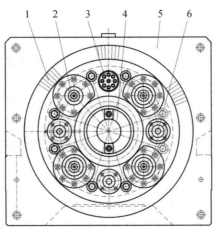

图 12-4-4　铣头自动交换硬件接口示意图

1—定位支承盘;2—松夹机构;3—电气接口;4—主轴连接端;5—主轴箱;6—液气接口

2. 松夹机构和定位支承机构

松夹机构是铣头自动交换系统的关键部分之一,执行铣头部件的锁紧、松开功能,对机床工作、可靠性、稳定性具有重要的作用。松夹机构必须满足以下要求:锁紧力分布均匀、稳定,锁紧牢固,松开灵活,机构运行可靠,结构紧凑,便于安装在铣头特定空间里,工艺性好等。根据以上要求以及借鉴刀具自动锁紧机构形式,铣头自动交换系统的松夹机构通常采用碟形弹簧锁紧、液压松开的结构形式,在铣头结合处均匀分布着干套自动松夹机构,如图 12-4-4 中均匀分布了四套;如图 12-4-5 所示,每套松夹机构由拉钉 13、拉爪组件 14、拉爪套 15、锁紧油缸 16、活塞杆 17、碟形弹簧 18 组成,其中锁紧油缸 16 直接开设在滑枕部件的中心支座 19 上,拉钉 13 安装在附件铣头 10 上。

定位支承机构是铣头部件交换、连接的最重要部分,影响铣头安装的准确性和稳定性,从而显著影响机床的精度和稳定性,同时也影响其他接口环节的正确对接。其通常采用端面齿盘定位支承结构形式,如图 12-4-5 中的上齿盘 6 和下齿盘 8,相比于销子定位、平面支承形式,由于采用了多齿结合结构形式,定位精确性和支承稳定性、可靠性明显提高,但结构和加工工艺性复杂,制造成本高。

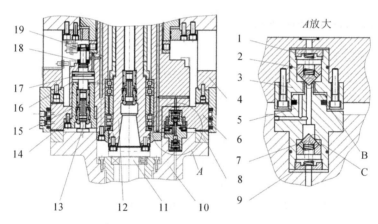

图 12-4-5　铣头自动交换装置结构示意图

1—上弹簧;2—上锥体;3—上座套;4—滑枕;5—下座套;6—上齿盘;7—下锥套;8—下齿盘;9—下弹簧;
10—附件铣头;11—连接轴;12—固定主轴;13—拉钉;14—拉爪组件;15—拉爪套;
16—锁紧油缸;17—活塞杆;18—碟形弹簧;19—中心支座

3. 其他主要硬件接口结构

各硬件接口的具体结构有多种形式,下面介绍常用的硬件接口结构形式及要求。

1）主传动机械接口

通常主轴箱(滑枕)原配固定主轴可用于正常运行加工,因此当连接附件铣头时,主传动接口直接采用固定主轴端面键与键槽相配连接的形式,如图 12-4-5 中,滑枕部件中的固定主轴 12 及其端面键与附件铣头 10 中连接轴 11 的端面槽相连,键的端部设置一定的锥度,便于顺利结合。

2）液气接口

根据铣头交换和应用的特点,液气接口须满足以下要求:连接到位时液气回路接通,连接断开时双边回路截断,避免在接口连接过程中和脱离后出现泄漏现象。如图 12-4-5 所示,A 视图为液气接口放大图,其工作原理如下:当交换上的附件铣头 10 与滑枕 4 结合后,下座套 5

将上锥体 2 顶开,油口 B 出现间隙,液压油经各油孔进入下座套 5 内部,在油压作用下推开下锥套 7,油口 C 出现间隙,油路完全接通;当附件铣头 10 脱开,上锥体 2 在上弹簧 1 的作用下移动封住油口 B,上油路被切断,同时下锥套 7 在下弹簧 9 的作用下移动封住油口 C,下油路被切断。

　　3) 电气接口

　　如铣头部件装配有电机,则电气连接通常包括动力线连接和信号线连接;如果铣头部件没有安装电机,只安装有检测装置,则电气连接只包括信号线连接。电气接口通常采用高可靠性的多针接插结构形式。

12.5　复合加工中心

　　通常的机床都是单一加工类型的,如数控车床的加工类型为车削加工,数控铣床的加工类型为铣削加工,数控磨床的加工类型为磨削加工;另外,通常的数控机床和加工中心只配置一个动力切削头,只能进行一个切削头的加工。随着技术的发展和加工效率提升的需求,出现了将不同加工类型复合在一起的数控机床,属于加工类型复合;或在一台数控机床上配置多个切削动力头从而可同时进行多个部位的加工或依次自动切换加工,或配置多种功能部件从而实现多种加工功能,形成工序或功能复合,可显著提高加工自动化水平和效率。加工类型复合、功能复合机床往往需要配置刀具自动交换功能,因此称为复合加工中心。实际上配置刀具自动交换功能、工作台自动交换功能、铣头自动交换功能的加工中心,以及多工位的组合加工中心,都具有工序复合或功能复合特点,都属于复合加工中心,但我们常说的复合加工中心主要是指加工类型复合、多切削动力头(多主轴)复合的加工中心。加工类型的复合需遵循加工规律及其相互联系形式,有车铣复合、车磨复合、车铣磨复合、冲压激光复合、钻铣激光复合等,目前技术比较成熟和应用较广的有车铣复合加工中心以及其他多种功能复合加工中心。

12.5.1　车铣复合加工中心

　　车削加工和铣钻削加工是应用最广泛的加工类型,由于形状和结构要素特点,很多工件的加工工艺都需要车削工序和铣削、钻削、攻螺纹等工序,因此如果能够将上述加工类型集于一机,使工件在一次夹装下完成上述加工工序,显然可有效、显著提高加工效率。为了使结构不太复杂,通常车铣复合不是将车削中心和加工中心的主要部分、机构进行简单复合,而是根据不同的功能和层次要求,通过技术创新进行高效融合,既达到功能要求,又达到结构简化的目的,因此衍生出各种布局和结构形式的车铣复合加工中心。

1. 车铣复合加工中心的组成和布局

　　根据加工功能和特点,车铣复合加工中心的一般组成主要包括机床本体、车削主传动与主轴系统、车削进给系统、车削自动刀塔、铣削主传动与主轴系统、铣削进给系统、铣削刀库、检测装置、润滑与冷却系统、数控与电气控制系统、其他辅助装置。根据具体功能要求,为简化机构,上述相关部分可以复合,如车削进给系统和铣削进给系统可以复合,车削自动刀塔和铣削刀库可以复合。根据加工功能要求,车削系统还可配置双主轴,第二主轴通常安置于尾座一头,以进一步扩大加工工艺范围。

　　显然,车铣复合加工中心主机整体布局应以车削中心布局为基本布局形式,再合理配置铣削功能部件而形成,这主要是因为工件由车削主轴装夹。

如图 12-5-1 所示,车铣复合加工中心以卧式车削中心布局为基本布局形式,因此,中小型车铣复合加工中心采用卧式斜床身布局形式,图 12-5-1(a)为 X、Z 轴共用型车铣复合加工中心示意图,采用卧式斜床身布局,全部为滚动导轨。其中,车削自动刀塔安装在横向滑座下方,铣削部件安装在横向滑座上方。铣削部件由多刀位铣动力刀架和 Y 向进给系统集成,铣动力刀架由主电机、主传动机构、多刀位刀盘、分度及松夹机构和检测装置组成;刀盘圆周均布有多个刀位,通过分度运动实现刀具的选择和交换。

图 12-5-1(b)为采用车削复合动力刀架的车铣复合加工中心示意图,刀架和 X、Z 轴共用,采用卧式、斜-平床身形式。导轨布局和坐标运动形式:纵向滑座在纵向斜导轨上移动形成 Z 向运动,车铣复合动力刀架在纵向滑座的横向斜置导轨上移动形成 X 向运动,车铣复合动力刀架在刀架基座导轨上移动形成铣削 Y 向运动。配置车铣复合动力刀架,其刀盘可安装若干把车削刀具和若干把铣钻刀具,结构原理参见第 8 章相应内容。

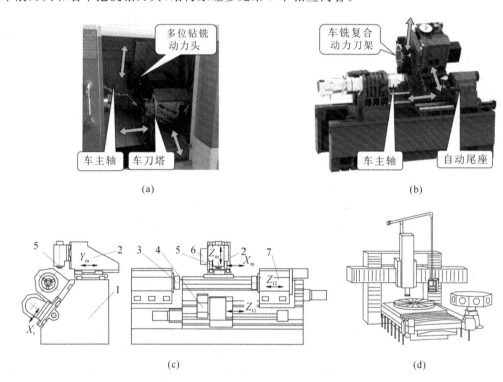

图 12-5-1　几种典型车铣复合加工中心布局形式

(a)斜床身铣动力头独立型;(b)斜床身车铣复合动力头型;(c)独立铣削系统型;(d)龙门立式复合动力头型
1—斜床身;2—三轴铣削部件;3—车主轴;4—车刀塔;5—铣主轴;6—铣刀库;7—车副主轴

如图 12-5-1(c)所示,车铣复合加工中心是在卧式车削中心的基础上,复合了独立的三轴立式铣削系统,并配置铣削刀库;采用两套独立的车削导轨和铣削导轨,使复合铣削加工功能相对较为完整;车削系统配置有副主轴,以扩展车削功能。

较大型以上车铣复合加工中心通常采用立式龙门布局形式,如图 12-5-1(d)所示,将回转台和三轴进给机构集成一体,在滑枕下端配置车铣复合动力头,实现四轴加工中心和车削中心的复合;进给导轨通常都采用滚动导轨形式。

对于采用卧式布局的车铣复合加工中心,显然车削功能完整,可加工相应规格和类型的工件;但由于车削主轴装夹工件的局限性,其所能铣钻加工的工件规格和类型并不像卧式加工中心那样多;同时由于整体布局结构空间的限制,大部分车铣复合加工中心铣削功率也相对小些。

2. 车铣复合加工中心的运动轴配置

车削和铣削的主运动、进给运动涉及运动轴的合理分配,运动轴的数量和分配影响加工功能。以下标 t、m 分别表示车削和铣削各轴,如没有相应下标则表示共用轴。对于车削运动,须至少具有车主轴 S_t 和进给轴 X_t、Z_t;对于铣、钻削运动,须至少具备铣主轴 S_m 和进给轴 X_m、Y_m、Z_m。一般情况下,由于不同加工类型的运动形式不一样,很难对一个工件同时进行车削加工和铣削加工,通常采用顺序加工方式,因此部分运动轴可以共用,其共用的程度根据功能而定。常见运动部件配置组合及其基本功能见表 12-5-1。从表 12-5-1 中可看出,共用 X、Z 轴配置形式结构最简单,成本最低,应用广泛。

表 12-5-1　车铣复合加工中心常见运动轴配置表

序号	运动轴配置	配置说明	功能说明	备注
1	车削系统: S_{t1}、(S_{t2})、X_t、Z_t、C 铣削系统: S_m、X_m、Y_m、Z_m、(A)	卧式布局;车削系统和铣削系统独立配置,车削系统可选择配置双主轴;配置自动刀塔和刀库;C 轴可共用,作为加工系统的第四轴(相当于铣削 A 轴)	(1) 完整的车削类功能(包括车削、车螺纹、中心钻和攻螺纹等)。 (2) 完整的加工中心和铣削类工序功能(铣、镗、钻、攻螺纹功能等);工件规格和类型有所限制,大部分主切削功率相对小些;具有第四轴功能,可多面加工。 (3) 如果配置双车削主轴,不仅可对同一工件进行车铣加工,还可同时对两个工件分别进行车、铣削加工。 (4) 进给系统独立,负载小,容易实现高速进给	结构、机构复杂,导轨完全独立设置,机床体积相对较大
2	车削系统: S_t、X_t、Z_t、C 铣削系统: S_m、X_m、Y_m、Z、(A)	卧式布局;进给轴 Z、C(相当于铣削 A 轴)共用,其他独立配置,配置和结构相对简单	(1) 完整的车削类功能。 (2) 完整的铣削类工序功能;工件规格和类型有所限制,主切削功率相对小些;具有第四轴功能,可多面加工。 (3) 按顺序加工。 (4) X_t、X_m、Y_m 独立,负载小,容易实现高速进给	结构比配置1相对简单
3	车削系统: S_t、X、Z、C 铣削系统: S_m、X、Y_m、Z、(A)	卧式布局;进给轴 X、Z、C(相当于铣削 A 轴)共用,Y_m 独立配置,配置和结构最为简单	(1) 完整的车削类功能。 (2) 铣削类功能与配置2的相似。 (3) 按顺序加工	配置和结构最简单,成本最少,在很多情况下可以替代配置2,应用广泛

续表

序号	运动轴配置	配置说明	功能说明	备注
4	车削系统： S_1、X、Y、Z、C 铣削系统： S_m、X、Y、Z、C	立式布局；进给轴 X、Y、Z、C 完全共用；配置车、削复合刀库，或同时配置自动刀塔和刀库	（1）完整的立式龙门车削中心和车削类功能，X 轴可作为调整轴。 （2）完整的龙门加工中心和铣削类功能，可采用定梁定柱、动梁定柱和动梁动柱布局结构形式。 （3）按顺序加工，可加工中、大规格工件	运动轴配置相对简单，结合龙门布局结构形式，整机可成为中型、大型复合车铣加工中心

3. 高性能车铣复合加工中心

图 12-5-2 为多轴多主轴车铣复合加工中心运动轴配置示意图，采用卧式复合床身布局形式，双车削主轴同轴分布于床身两端；立柱移动式四轴卧式铣削部件平置安装在床身上部，具有完整的铣、镗、钻、攻螺纹等加工功能。两轴车削自动刀塔安装在下部斜导轨上，同样具有完整的车削类加工功能。同时，由于双车削伺服主轴以及左伺服主轴作为 C 轴联动作用，可实现：

（1）应用第 1 主轴可车削复杂形状零件、异形零件，如三角体、六角体等。

（2）加工长零件时，两套主轴可同时夹住零件同步驱动，提高夹持稳定性、加工刚性和增大驱动扭矩。

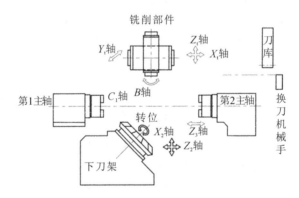

图 12-5-2　多轴多主轴车铣复合加工中心运动轴配置示意图

（3）对于长度较短的盘类零件，两主轴可交替夹持工件，以便分别从两个方向加工，实现两个端面的自动交替加工。

图 12-5-3 为五轴联动车铣复合加工中心，除了配置车削主轴和自动刀塔外，还配置独立、完整的五轴联动铣削系统及相应刀库；采用斜床身结构形式，自动刀塔及其导轨置于下方，五轴联动铣削系统置于上方，可复合车削、五轴铣削加工轮廓极为复杂的工件。

12.5.2　其他复合加工中心

复合加工中心还包括其他多种形式，如铣车复合加工中心、车磨复合加工中心、车铣磨复合加工中心、冲压激光复合加工中心、钻铣激光复合加工中心、多主轴车削中心、多主轴加工中心等。对于车磨复合加工中心、车铣磨复合加工中心这样的机床类型，磨削加工对主运动和进给运动的平稳性要求比车、铣削加工高，因此车、铣削运动平稳性须按磨削加工要求提高；同

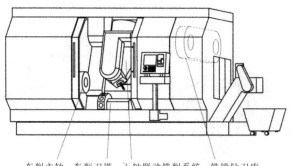

车削主轴　车削刀塔　五轴联动铣削系统　铣镗钻刀库

图 12-5-3　五轴联动车铣复合加工中心

时,车、铣削加工和磨削加工的切屑形式、冷却与防护方式差异较大,磨削切屑为粉末状,机床防护要求更高。因此,车、铣削和磨削加工类型的复合技术难度很大,目前应用较少,也是研究发展的方向之一。

　　图 12-5-4 为铣车复合加工中心,采用动梁龙门移动布局结构形式,龙门移动和刀架部件为铣削系统和车削系统共用,配置独立的车削回转台和铣削长工作台,相当于在一台机床上复合了完整的动梁龙门移动车削中心与动梁龙门移动加工中心(图中刀库未表示)主机和加工功能。

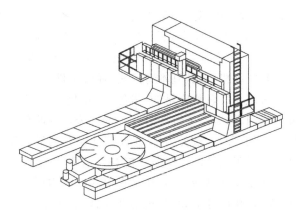

图 12-5-4　动梁龙门移动铣车复合加工中心

　　图 12-5-5 为用于薄钣金加工的钻铣激光复合加工中心,采用龙门式布局,配置钻铣削系统及相应的刀库、激光切割系统和钣金随动夹紧装置,集钻铣加工和激光切割加工两种不同模式于一机,一次装夹钣金件,可自动实现钻孔、铣削、攻螺纹和激光切割等加工功能。钣金由双横梁装夹和移动做进给运动,随动夹紧装置随钻铣主轴移动,使钻、铣加工区域总处在随动的小范围夹紧圈内,因此能够确保薄钣金钻铣加工的稳定性。

　　图 12-5-6 为双主轴双刀库龙门五面体加工中心。该类型加工中心采用定梁定柱龙门布局形式,配置双滑枕和相应的主传动系统,工作台在床身导轨上做 X 向坐标运动,左、右滑座在横梁导轨上做 Y_1、Y_2 向坐标运动,左滑枕在左滑座垂向导轨上做 Z_1 向坐标运动,右滑枕在右滑座垂向导轨上做 Z_2 向坐标运动;左、右滑枕下端分别安置有 45°型自动万能铣头、自动直角铣头;运动导轨采用 X/Y 滚动导轨+Z_1/Z_2 滑动导轨的组合形式,既能满足快速移动要求,又能保证足够的刚度。整机六轴控制三轴联动、两个主轴伺服控制,可对工件进行五面加工和多种空间角度加工,可通过两个铣头对工件进行特定工序加工,显著提高加工质量和效率。双

链式刀库分别安装于左、右立柱侧面，实现两个铣头的刀具自动交换。

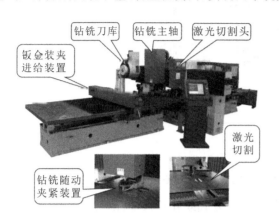
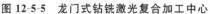

图 12-5-5　龙门式钻铣激光复合加工中心

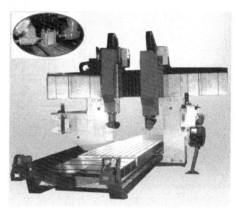

图 12-5-6　双主轴双刀库龙门五面体加工中心

12.6　并联机床简介

12.6.1　并联机床的布局结构和工作原理

　　传统机床的特点是，其布局和坐标运动采用直角坐标体系，与工件坐标系、加工编程坐标系一致；运动部件串联搭建构成坐标运动系统，工件的一个坐标轴（如 X 轴）位置只需要机床相应的一个坐标（如对应 X 轴）运动即可实现。因此从布局和运动坐标的角度看，传统机床属于串联机床。与此相对的是并联机床，其基本特点是，通常工件的一个坐标位置须由机床的几个坐标轴同时运动才得以实现。并联机床是 20 世纪 90 年代发展起来的，是机床发展史上的重大创新。美国 Giddings & Lewis 公司和英国 Geodetic 公司的两台样机在 1994 年芝加哥国际机床展览会上首次展出，引起轰动，被誉为 20 世纪机床结构的最大变革与创新。

　　并联机床的发展是人类对于生产制造装备功能和性能需求的不断提高、不断探索和创新的结果。传统机床无论如何变化和创新，总归还是在串联的结构框架内，尽管布局结构形式相对直观和简单、运动空间大，但从原理上看，其机动性、刚性等还存在不足。并联机床跳出了以往机床布局结构的基本框架，因此是根本性变革和创新。图 12-6-1 为并联机床结构示意图，并联机床主要由机床框架、固定平台、动平台、并联进给传动系统、主传动和主轴系统、数控与电气控制系统、润滑与冷却等部分组成，其中主传动和主轴系统、润滑与冷却系统和传统机床相同，固定平台与传统机床的固定工作台相同。并联进给传动系统由 6 根运动杆（也称为驱动杆、驱动轴）组件组成，每个运动杆组件由相应的支座、传动机构和伺服电机组成；运动杆做伸缩运动，若干根运动杆的运动组合带动动平台实现平移、旋转和摆动的六自由度运动，主传动和主轴部件安装在动平台上，工件安装在固定平台上，故并联机床可实现六轴联动加工。运动杆的伸缩运动通常采用伺服电机驱动、滚珠丝杠传动形式，运动杆支座由支座体、球铰接部件组成，球铰接部件是关节部位。

　　串联机床的运动坐标系 (x,y,z,A,B,C) 与加工（工件）坐标系 $(x_g,y_g,z_g,A_g,B_g,C_g)$ 都采用直角坐标系；即使加工（工件）坐标系有时与机床运动坐标系采用相对偏移、旋转变换的形式，但在运算时可以反向变换，得到各个坐标值的一一对应关系，因此本质上是相同的。除了 45°型旋转轴需要特殊组合外，其他坐标运动转换关系为

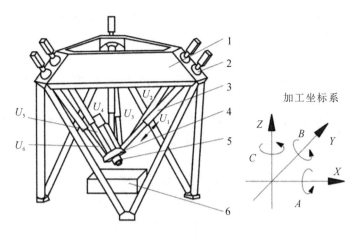

图 12-6-1　并联机床结构示意图

1—机床框架；2—球铰链；3—运动杆组件；4—动平台；5—主轴；6—固定平台

$$(x, y, z, A, B, C) \rightarrow (x_g, y_g, z_g, A_g, B_g, C_g) \tag{12-5}$$

从图 12-6-1 中可看出，并联机床的运动坐标为 $(u_1, u_2, u_3, u_4, u_5, u_6)$，不存在与加工坐标系相同格式的各坐标值的一一对应关系，坐标转换如下：

$$(u_1, u_2, u_3, u_4, u_5, u_6) \rightarrow (x_g, y_g, z_g, A_g, B_g, C_g) \tag{12-6}$$

因此，并联机床也称为虚拟轴机床。

12.6.2　并联机床的特点、技术关键和发展趋势

1. 并联机床的特点

并联机床的基本特征是，由多个空间驱动轴同时驱动动平台，实现动平台的六坐标运动，每个坐标轴运动均与多个驱动轴同时相关。可以看出，并联机床机构简单，但控制运算复杂。与串联机床相比，并联机床具有以下特点：

（1）速度高。动平台质量较小，多轴驱动，加工速度与加速度大，响应快。

（2）刚度高。各驱动杆同时作用，且只受轴向力，刚度重量比大。

（3）精度高。理论上讲，由于驱动轴并联作用，误差可被匀化或抵消，可提高加工精度。但由于目前驱动轴支座所使用的球铰接部件制造精度相对较低，耐磨性、间隙控制等还有待提高，故目前并联机床的精度实际上比串联机床低。

（4）柔性大、机动性好。硬件（结构）简单，数学计算与软件复杂，可实现 6～8 轴联动，适应性好；动平台小，机动性好。

（5）运动行程相对较小。由几何学可知，多杆伸缩并联驱动所能达到的运动空间相对较小。

目前并联机床主要应用于小切削量、较小空间的铣、钻、磨、抛光等加工，还可应用于精密装配和测量等场合。

2. 研究和技术关键点

尽管并联机床已初步进入市场应用，但技术还不太成熟，应用范围较小，许多关键技术和零部件还须深入研究和攻关：一是总体方案设计方面，在满足给定自由度条件下，寻求并联机床驱动机构的合理配置、驱动方式和总体布局的最优组合；二是关键部件的结构设计和制造方面，要达到足够的刚度、精度、耐磨性、抗振性等高性能要求；三是运动理论分析和设计方面，涉

及运动学、动力学、精度理论及设计等；四是控制算法研究方面，要有满足高速、精确复杂轮廓加工的高效并联驱动轴运动算法。

3. 发展趋势

并联机床的发展与人类技术进步、机械制造业的发展需求、智能制造的推进相适应。针对并联机床运动行程相对较小的缺陷，出现串联与并联相结合的研究——混联机床：由并联机床系统主要实现局部多轴运动，由串联机床进给系统主要实现大行程移动，拓展加工空间，从而满足大运动空间和加工要求。这是机床发展的又一重要趋势。

习题和思考题

1. 重心驱动技术的特点是什么？主要应用于哪些场合？为什么跨距较大的龙门移动数控机床通常采用重心驱动方式？

2. 五轴联动铣床的两个回转轴基本配置有哪几种？各有什么特点？

3. 力矩电机型数控可倾回转台具有什么特点？

4. 工作台（托盘）自动交换系统主要作用有哪些？基本组成包括哪些部分？

5. 常用托盘自动交换系统的布局结构形式有哪些？各有什么特点？

6. 常用托盘自动交换系统中，托盘定位支承装置具有什么特点？

7. 铣头自动交换系统中，铣头对位形式主要有哪几种？各有什么特点？

8. 铣头自动交换系统的硬件接口包括哪些部分（或接口）？

9. 车铣复合加工中心的进给轴配置主要有哪几种？

10. 请设计一种数控机床布局结构方案，在工作台固定、立柱移动床身式铣床上有效集成车削系统，使之成为铣车复合中心。

11. 并联机床与传统机床主要有哪些不同？并联机床具有什么特点？

12. 试设计一种并联-串联相结合的混联数控机床布局结构方案。

第13章 数控机床动态性能分析和优化设计简介

数控机床不仅需要具有良好的静态特性,也要具有良好的动态特性,特别是对于高速、精密数控机床,良好的动态特性可减小机床加工过程的振动,提高加工稳定性和表面质量。利用动态试验和分析方法,了解数控机床的动态性能,改进和完善结构薄弱环节,对提高数控机床的性能,具有重要意义。数控机床开发设计是一个多技术综合应用和不断改进的过程,传统设计方法主要采用人工计算校核、修改,甚至需要进行各种实物试制验证,费时费力,且效果不一定令人满意。随着计算机的发展和应用,以及机械系统优化技术的不断进步,采用计算机辅助数控机床结构设计过程已成为可能,并已得到有效应用。

13.1 动态性能分析简介

数控机床加工过程的振动不仅影响加工质量,还会影响刀具、主轴及轴承等相关零部件的使用寿命,以及机床的正常工作,因此提高数控机床动态性能很重要。数控机床是一个由多部件组成的复杂的多自由度振动系统,其动态性能是机床基础支承件、各部件连接环节、各传动机构等部分的动态性能的总和,因此机床动态性能的分析较为复杂。动态性能的研究方法主要有理论分析、试验测试和建模仿真三种;由于数控机床结构复杂,结合部位多及其影响因素多,结合部位的刚度和阻尼系数仍然需要通过试验获得或加以验证,因此在实际动态性能分析中,需要综合应用上述三种研究方法。

13.1.1 数控机床的基本动态性能

数控机床的动态性能分析主要包括以下三个方面:固有特性、动力响应和动力稳定性。

1. 固有特性

数控机床为复杂系统,其固有特性包括各阶固有频率、阻尼比和模态振型等。进行固有特性的测试和研究,为避免机床在工作时发生共振提供设计和改进依据,并为进一步的动态分析提供基础。

2. 动力响应

机床在外部激振力作用下产生受迫振动,即为动力响应。在动力响应下,机床各部件可能会产生过大的动态位移而影响加工质量和正常工作,并且还可能由于受到动态应力而导致构件出现疲劳损坏。动力响应总是存在的,应将其控制在一定范围内。通过动力响应试验和分析,还可以进行多个问题的求解:

(1)振动设计 已知机床系统特性和振动激励,求机床系统响应。

(2)振动环境识别 已知机床系统特性和振动响应,求振动激励。

(3)振动系统识别 已知机床振动激励和系统响应,求机床系统固有特性,如固有频率、振型、阻尼比、动刚度等。

3. 动力稳定性

机床系统在一定的切削条件下,可能会发生自激振动,如切削环节的颤振、进给环节的爬行等。发生自激振动的系统称为不稳定系统。动力稳定性分析的目的就是确定发生切削颤振和进给爬行的临界条件,为在机床设计和运行阶段采取避免或减小自激振动的措施提供依据。

13.1.2 机床系统模态分析

机械结构的固有振动特性称为模态,因此模态参数包括振动质量、固有频率、振型、阻尼比、刚度等,其中最重要的是固有频率、振型和阻尼比。模态分析就是以振动理论为基础,以模态参数为求解目标的分析方法。模态分析又分为理论模态分析和试验模态分析两种,前者以线性振动理论为基础,研究激励、系统特性、响应三者之间的关系;后者也称为模态测试,以试验为手段,测试和确定系统的固有频率、振型和阻尼比。

1. 固有频率和主振型

机床为复杂结构系统,其整体结构和组成构件均较为复杂,理论上具有无限多个质点和无限多个自由度,为便于分析,将机床结构(或机床基础大件结构)简化为由若干个集中质量(结点)以及连接它们的弹簧和阻尼组成的多自由度系统,如图 13-1-1 所示。

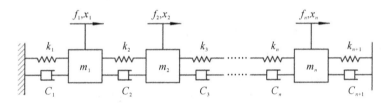

图 13-1-1 多自由度振动系统力学模型

假设机床阻尼与速度为线性关系,可建立振动方程为

$$[M]\left\{\frac{\mathrm{d}^2 x}{\mathrm{d} t^2}\right\} + [C]\left\{\frac{\mathrm{d} x}{\mathrm{d} t}\right\} + [K]\{x\} = \{f(t)\} \tag{13-1}$$

式中　$[M]$,$[C]$,$[K]$——机床系统的质量矩阵、阻尼矩阵、刚度矩阵;

　　　$\{x\}$——振动位移列阵(向量),又可表示为 $\{x(t)\}$;

　　　$\{f(t)\}$——系统结构结点动载荷(激振力)列阵(向量)。

结构的固有特性取决于结构自身,与外部载荷无关,而且阻尼对固有频率和振型影响不大,因此对于固有频率和振型,可通过无阻尼多自由度(n 个自由度)振动方程求解得到,即

$$[M]\left\{\frac{\mathrm{d}^2 x}{\mathrm{d} t^2}\right\} + [K]\{x\} = 0 \tag{13-2}$$

自由振动可由一系列的简谐振动叠加而得,因此方程(13-2)的解的形式为

$$\{x\} = \{A\}\mathrm{e}^{i\omega t} \tag{13-3}$$

式中　$\{A\}$——结构结点振幅向量(列阵);

　　　ω——振动角频率。

将式(13-3)代入式(13-2),得

$$([K] - \omega^2[M])\{A\} = 0 \tag{13-4}$$

要使上式中的 $\{A\}$ 有非零解,须使其系数行列式为零,得

$$\det([K] - \omega^2[M]) = 0 \tag{13-5}$$

式(13-5)称为特征方程或频率方程,可解得 n 个特征值 ω_r^2($r=1,2,\cdots,n$),其平方根 ω_r

$(r=1,2,\cdots,n)$ 就是系统 n 个固有角频率或固有频率。将 ω_r 按从小到大的顺序排列为 ω_1，$\omega_2,\cdots,\omega_n$，对应为一阶固有频率、二阶固有频率、$\cdots$、n 阶固有频率。将上述各特征值 ω_r^2 逐一代入式(13-4)，求解得出对应的 n 个非零特征向量 $\{A_1\}$，$\{A_2\}$，$\cdots$，$\{A_n\}$，每一个向量 $\{A_r\}$ $(r=1,2,\cdots,n)$ 表示系统振动位移的一种形态，称为第 r 阶模态振型或主振型。主振型只与系统本身的参数有关，而与其他条件无关；主振型只确定了系统振动时沿各自由度坐标振幅间的相对比值，反映了系统的振动形态，而非绝对振幅大小。

n 个自由度的系统具有 n 阶固有频率和 n 个相应的主振型，某一阶固有频率 ω_r 和对应的主振型 $\{A_r\}$ 组合在一起描述系统的一个固有特性。将各阶主振型集合组成的矩阵称为振型矩阵或模态矩阵 $[A]$：

$$[A]=[\{A_1\}\quad\{A_2\}\quad\cdots\quad\{A_n\}]=\begin{bmatrix} a_{11} & a_{12} & \cdots & a_{1n} \\ a_{21} & a_{22} & \cdots & a_{2n} \\ \vdots & \vdots & & \vdots \\ a_{n1} & a_{n2} & \cdots & a_{nn} \end{bmatrix} \tag{13-6}$$

式中　a_{jr}——第 r 阶主振型第 j 个结点的分量。

2. 模态叠加原理

机械系统的固有振动特性是各阶模态特性参数线性叠加的结果，因此系统各自由度振动位移由各阶振型的线性叠加而成，即

$$\{x\}=\sum_{r=1}^{n}\lambda_r\{a_r\}=[A]\{\lambda\} \tag{13-7}$$

式中　λ_r——第 r 阶振动叠加系数，又称为第 r 阶模态坐标，取决于第 r 阶振动模态特性和激振参数。

　　　　$\{x\}$——系统结构结点的位移列阵，也称为广义位移。

　　　　$\{\lambda\}$——系统各阶模态坐标的集合(列阵)，即广义模态坐标。

3. 动力响应和传递函数

受迫振动时外载荷不为零，在外载荷激励下机械系统响应振动。对式(13-1)进行傅里叶变换，得

$$(-\omega^2[M]+i\omega[C]+[K])\{X(\omega)\}=\{F(\omega)\} \tag{13-8}$$

式中　$\{F(\omega)\}$——激振力列阵 $\{f(t)\}$ 的傅里叶变换，表示在外力 $\{f(t)\}$ 中对应 ω 频率的幅值；

　　　　$\{X(\omega)\}$——相应位移列阵 $\{x(t)\}$ 的傅里叶变换，表示位移 $\{x(t)\}$ 中对应 ω 频率的幅值；

　　　　ω——激振频率。

结合式(13-7)的叠加形式，并进行整理得

$$\{X(\omega)\}=[H(\omega)]\{F(\omega)\} \tag{13-9}$$

式中　$[H(\omega)]$——传递函数矩阵，表达式如下：

$$[H(\omega)]=\begin{bmatrix} h_{11}(\omega) & h_{12}(\omega) & \cdots & h_{1m}(\omega) \\ h_{21}(\omega) & h_{22}(\omega) & \cdots & h_{2m}(\omega) \\ \vdots & \vdots & & \vdots \\ h_{n1}(\omega) & h_{n2}(\omega) & \cdots & h_{nn}(\omega) \end{bmatrix} \tag{13-10}$$

式中　n——结构结点数，也就是系统自由度或振型总数；

m——激励总数；

$h_{jq}(\omega)$——传递函数矩阵的元素。

$$h_{jq}(\omega) = \frac{X_j(\omega)}{F_q(\omega)} = \sum_{r=1}^{n} \frac{a_{jr}a_{qr}}{-\omega^2 m_r + i\omega c_r + k_r} \tag{13-11}$$

其中，$F_q(\omega)$ 为系统在 q 点激励时激励力的傅里叶变换；$X_j(\omega)$ 为系统在 j 点响应时位移的傅里叶变换；$h_{jq}(\omega)$ 表示在 q 点激励而在 j 点获得响应的传递函数。$h_{jq}(\omega)$ 的极值点所对应的 ω 值就是系统的各阶固有频率 $\omega_r(r=1,2,\cdots,n)$。由于固有特性参数具有以下关系

$$\omega_r^2 = \frac{k_r}{m_r}, \quad \xi_r = \frac{c_r}{2m_r\omega_r}$$

式中 ξ_r——系统相应结点运动的阻尼比。

因此，式(13-11)也可以表示为

$$h_{jq}(\omega) = \frac{X_j(\omega)}{F_q(\omega)} = \sum_{r=1}^{n} \frac{a_{jr}a_{qr}/m_r}{-\omega^2 + 2i\omega\omega_r\xi_r + \omega_r^2} \tag{13-12}$$

可以证明传递函数矩阵 $[H(\omega)]$ 为对称矩阵，$h_{jq}(\omega)=h_{qj}(\omega)$，即在 q 点激励而在 j 点响应所获得的传递函数与在 j 点激励而在 q 点响应的相同。求出传递函数矩阵中的一行或一列各传递函数，即可求得系统的动态特性或模态参数：

(1) 在结构上的第 q 点激振，测量各点的响应，可求得 $[H(\omega)]$ 中的第 q 列传递函数。

(2) 在结构上的各点进行激振，测量第 j 点的响应，可求得 $[H(\omega)]$ 中的第 j 行传递函数。

13.1.3　模态分析试验

模态分析试验也就是试验模态分析。理论模态分析只是近似的方法，且机床系统各环节的阻尼、刚度等参数也不易通过理论分析方法求出，而基于数据采集和信号分析的试验方法不仅可以获得真实响应，还可以获得较为准确的、实际的模态参数，即通过试验识别模态参数。

1. 模态分析试验方法

以频域法为例，模态分析试验的基本过程为激振、响应、测量、模态分析、显示、优化和模拟等。模态分析试验技术流程如图 13-1-2 所示。

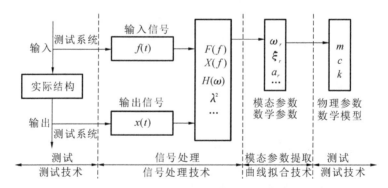

图 13-1-2　模态分析试验技术流程

模态分析试验基本原理和方法如下：

(1) 激励和响应检测。在被测系统构件的连接处、受力点、薄弱处、影响加工处等重要位置上布置若干测点，如图 13-1-3 所示，并在某一测点上施加激振力，测量其他测点的响应，可选择不同激励点和响应点按相同方式进行。以图 13-1-3 为例，主轴端作为切削加工受力点、

床身下部作为连接地基经常接受外部振动力点、工作台作为安装工件而直接影响加工之处等，应是主要激励点和检测点；可以对整机进行检测和研究，也可以针对某个基础支承件进行检测和研究。采用激振装置进行激励，激励方式可以选择随机、瞬态或正弦激振中的一种；采用运动传感器作为检测装置。

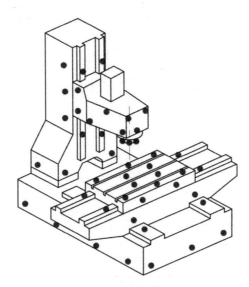

图 13-1-3 激励-响应检测点设置

（2）信号放大和处理。激励信号和响应信号分别经过电荷放大器放大，放大后的激励、响应信号输入数据处理和分析系统进行处理，得到所激励和检测的两点间的激励-响应关系传递函数。

（3）重复激励、检测其他各点，获得一系列传递函数。

（4）拟合与识别。对这些传递函数进行拟合和模态综合后，便可获得反映该系统结构动态特性的各阶模态参数。

（5）修改和模拟。试验结果的模态模型存储后，可以在计算机上进行模拟修改试验，通过特征值修改理论和灵敏度分析，修改模型参数，以改变和修改不理想的固有频率和振型，获得所需的控制动力响应，为改进机床结构设计提供依据。

2. 模态分析试验设备

模态分析试验需要以下设备和装置：

（1）可以在机械系统本体上产生所设定激励的激振器，通常可采用电磁激振器、电液激振器或冲击锤等进行激励；激振器中应设置力传感器，以传感检测激振力。

（2）可以将机械系统本体上的振动运动转变成电信号的传感器，如位移传感器、速度传感器、加速度传感器。

（3）使传感器特性与数字数据采集系统的输入电信号相匹配的信号调制放大器。

（4）能利用合适的软件进行信号处理和模态分析的分析仪。模态分析仪可采用双通道快速傅里叶变换（FFT）分析仪。

图 13-1-4 所示为模态分析试验测量与分析系统的主要仪器连接和流程。模态分析试验仪器可分为激振系统仪器、检测系统仪器、响应拾振系统仪器、模态分析和处理系统仪器四大部分。激振系统仪器激起被测系统（如加工中心）振动，运动传感器拾取被测系统的位移、速度

或加速度信号。激振力和运动响应信号经由电荷放大器放大形成模拟信号,输出到模态分析与处理系统仪器。模态分析与处理系统仪器将收到的模拟信号转换成数据信号并进行分析。

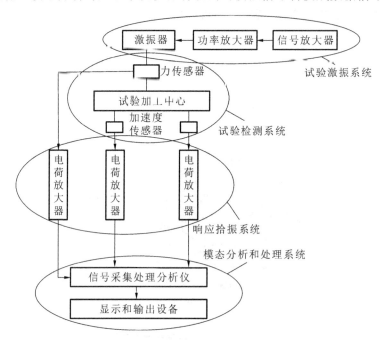

图 13-1-4　模态分析试验测量与分析系统的主要仪器连接和流程图

　　分析处理的内容主要有快速傅里叶变换、频响函数集总平均、曲线拟合和综合归一化处理等,分析处理的结果就是反映机械系统动态特性的模态参数,包括固有频率、阻尼比、模态振型。结果输出设备包括计算机、打印机、绘图仪等,计算机屏幕可动态显示各阶模态振型。

13.1.4　有限元法

　　对于复杂结构,其各环节受力、振动和变形复杂,如果采用传统简化方法,将复杂连续结构按少数几个结点划分而进行分析计算,大多情况下是很不准确的,甚至得到有误的结果。如果采用样机测试或模型试验,显然前者耗资大、周期长,后者精确度差。实际上,在力的作用下结构受力和变形是连续变化的,也就是结构具有无限多个自由度,但按无限自由度精确计算很难实现,如果将结构简化为少数几个离散结点则精确度太差,如果将结构划分为合理的较多的微小部分进行分析,则计算精度高,这就是有限元分析的基本原理。但如此划分计算量大,人工难以完成,只有在计算机技术进入工程应用后,有限元技术作为一种运用计算机进行数值计算和分析的方法,才能在复杂工程问题的分析中发挥作用。

　　在设计阶段应用有限元分析和计算方法,能够较精确预测部件和整机的静态特性、动态特性和热特性,预测机床所达到的精度。

1. 基本方法和步骤

　　有限元法的基本思路和方法:用简单逼近复杂,把原本复杂的求解区域分解成一个个单元,在相对简单的单元里建立简单的位移分布关系,然后总体合成,逼近真实解;采用矩阵形式表达,便于表达整体关系和计算机编程。因此,有限元法特别适合解决具有复杂几何形状的问题,适于绝大多数学科的工程分析计算。如图 13-1-5 所示,有限元法基本步骤如下:

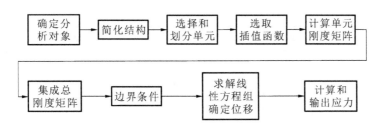

图 13-1-5　有限元法分析流程

（1）简化结构。适当简化结构，一些不承受载荷的部位可去掉。

（2）选择和划分单元，建立有限元模型。将所分析的结构划分成一定数目的单元，单元划分越密，计算精度越高，但计算量也就越大，因此要合理划分单元。通过结点将单元体相互连接起来，形成一个离散的模型，将连续结构转变为单元的离散集合体，这就是有限元模型。

（3）选取插值函数。对单元中的位移形式作一定假设，即根据实际变形特点将位移表示为坐标的某种简单函数形式，这个函数就称为插值函数或形函数，通常选取多项式函数形式。

（4）分析单元力学特性。整个结构的变形和应力分布可由结点处位移和应力来表示，应用物理直接法、变分法或加权系数法，确定单元特性矩阵方程，即单元刚度矩阵。

（5）建立平衡方程组。集合所有单元的平衡方程，包括将各单元刚度矩阵集合成整个系统的总刚度矩阵，将作用于各单元的等效结点力矩阵集合成总体载荷矩阵。

（6）确定边界条件。根据分析对象与相邻构件连接的特点，确定相应边界的约束条件，而有限元分析结果应满足这个条件。

（7）求解系统总体方程组。求解系统总体方程组，得出结构特性结果。根据需要可能还需进行附加计算，如还需通过中间关系式计算出最后结果。

2. 单元划分形式

通常单元划分形式有 7 种，见表 13-1-1。单元划分形式的选择主要取决于所分析结构的特点。

（1）对于杆系结构，可选择梁单元或杆件单元。杆件单元两端为铰链连接，只承受轴向力；若杆件单元两端为刚性连接，则两端不仅受轴向力，还承受剪切力和弯矩，称为梁单元。杆件单元和梁单元都是一维单元。

（2）对于平面问题，可采用三角形单元和矩形单元。

（3）对于薄板结构，只能承受垂直于板面的载荷，则采用矩形薄板单元。

（4）当构件承受空间应力时，单元体应为空间几何体，则采用四面体或六面体单元。

单元划分包括单元形式的选择、分布形式和单元数量的确定。根据支承件具体结构形状，可同时采用多种单元形式，以使单元体能布满结构实体。

模态分析方法和有限元法是机械结构优化设计的基础，详细内容请参阅相关文献资料。

表 13-1-1　有限元单元划分形式

单元名称	结点位移（结点力）	应用问题	结点自由度	结点数
杆件单元		铰接结构	1	2
梁单元		刚接结构	3	2

单元名称	结点位移(结点力)	应用问题	结点自由度	结点数
三角形单元		平面问题	2	3
矩形单元		平面问题	2	4
矩形薄板单元		薄板弯曲问题	3	4
四面体单元		空间应力问题	3	4
六面体单元		空间应力问题	3	8

13.2　计算机辅助结构优化设计简介

传统机械产品和装备的优化设计是在经验设计基础上,采用结构简化和传统的强度、刚度、稳定性计算校核方法,结合经验评估进行的,如果达不到要求,则根据实际情况进行相关参数、材料或结构形式的改动,再进行校核。传统的优化设计方法准确性较低,人工计算量大,有时改进方向难以明确,往往效果不佳;或者通过样机试验分析,找出改进方向和环节,但周期长、成本高,结果也不一定理想。这种优化设计方式,往往存在设计过于保守、结构尺寸余量偏大等不足。

随着计算机技术的有效应用,采用计算机辅助结构优化设计方法越来越有成效。本节简要介绍结构优化设计的基本方法。

13.2.1　机械结构优化设计的目的和一般过程

机械结构的优化设计目的有多个方面,如在满足一定的前提条件下,减轻质量,降低结构应力水平,提高刚度和强度,提高寿命,提高或调整固有频率,等等。随着数学方法和计算机技术的进步和应用,采用建模和数值模拟解决复杂结构优化问题已得到快速发展,成为现代设计方法的重要内容。

如何将一个实际结构设计问题转化为一个符合设计要求，并可求解的优化设计问题，是结构优化设计的基本内容。进行优化设计，首先要确定前提和目标，其次要进行适当简化和抽象，建立优化数学模型。优化数学模型可以是解析式，也可以是试验数据集合或经验公式。建立优化数学模型不仅要熟练掌握相关的优化设计理论和方法，还要具有相应的具体问题抽象化能力，更要熟悉所优化对象的技术知识和具有丰富的设计经验。机械结构优化设计要与计算机辅助设计、数字化建模、有限元等方法结合起来，并根据具体需要应用其他现代设计理论和方法，如机械可靠性设计方法等。机械结构优化设计方法促进了机电产品设计自动化、集成化和智能化的提高。

如图 13-2-1 所示，机械结构优化设计的一般流程和步骤如下：

（1）根据实际设计问题确定优化条件、目标，建立优化数学模型，包括优化函数和约束条件。

（2）根据具体结构和实际需要，确定计算方法，如应用有限元法等。

（3）根据目标函数的形式和约束条件特点，选择合适的优化算法。

（4）根据实际设计初始条件，确定初始数据。

（5）编制计算程序，通过计算机求解。

（6）对计算结果进行分析和审核。根据实际结果和审核情况，对条件进行修改并再次计算，直至达到满意结果。

优化算法需根据目标函数和约束条件的特点进行选择，如目标函数和约束条件均为线性函数，则可采用线性规划算法。

13.2.2　结构优化设计数学模型的建立

优化作为一种数学方法，通常就是对优化函数寻求最优解。在机械设计中，优化涉及领域较广，通常可以分为组合优化和函数优化两大类。机械设计的组合优化一般涉及排序、分类、筛选等形式，如多个机构的不同组合，形成的效果是不一样的。机械设计的函数优化问题可分为机械参数优化设计和结构优化设计两种形式，但有些参数和结构是相关联的，因此不必严格区分。

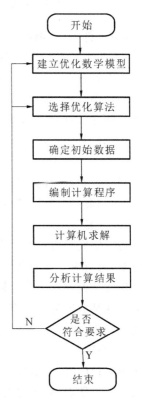

图 13-2-1　机械结构优化设计流程

1. 机械结构优化设计问题

机械结构优化设计问题包括布局优化、尺寸优化、形状优化和拓扑优化等几种类型。尺寸优化、形状优化容易理解，下面阐述布局优化和拓扑优化的含义和特点。

布局优化就是针对给定的优化目标和约束条件，对根据不同布局形式所形成的优化函数进行寻优分析，找出最优布局形式。布局优化也常归为组合优化问题。

拓扑是一个数学概念。所谓拓扑变换，粗略地说就是在不发生撕裂、粘连的前提下，对结构组织进行弯曲、拉伸、收缩、旋转等变换，变换过程所形成的各种新结构具有某些不变性质。将拓扑变换方式应用到机械结构优化设计中就是拓扑优化，它是一种根据给定的负载情况、约束条件和性能指标，在给定的区域内对结构形式（实际就是材料分布）进行优化的数学方法。这种优化过程类似于拓扑变换，但与数学规定不同，如果需要，机械结构拓扑优化是允许发生

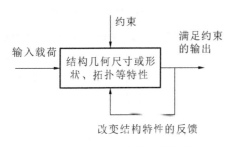

图 13-2-2　机械结构设计控制
过程示意图

结构粘连的。

实体的机械特性取决于材料、结构形式及尺寸等物理属性，常见的优化问题是，如何在一定范围内调整材料、结构形式及尺寸等，使得相应的实体机械特性最优。上述的优化目标和调整内容也是可以变化的。图 13-2-2 为机械结构设计控制过程示意图。

2. 优化设计的数学模型

机械优化设计的数学模型就是实际优化设计问题的数学抽象，在建立模型时，首先要确定设计变量、约束条件、目标函数。

1）设计变量和设计空间

一个设计方案可由一组体现方案特点的主要参数来反映，这些参数可以是构件尺寸、材料、质量、惯性矩、力和力矩、工艺参数等，以及性能参数，如应力、应变、固有频率、效率等。根据实际情况，有些参数为设计变量，为优化参数；有些参数是确定的，为设计常数。全体设计变量可用列向量表示：

$$\boldsymbol{X} = (x_1, x_2, \cdots, x_n)^{\mathrm{T}} \tag{13-13}$$

任意一个特定的向量可称为一个"设计"。以 n 个设计变量为坐标所组成的实空间称为设计空间，因此一个"设计"可用设计空间中的一个点表示，称为设计点。

2）约束条件

设计空间是所有设计方案的集合，但并不是所有设计方案都合理。同时，对于某一类型设计方案，总对应一定的设计约束条件，简称约束。在机械设计中，通常约束可分为性能约束、边界约束和几何约束三类。针对设计变量的物理限制和取值范围，称为边界约束，如齿轮的齿宽系数应在某取值范围内、某物体的质量应限制在某一范围内等；针对几何尺寸和空间的限制称为几何约束，如长度、宽度、面积、体积的取值范围等；针对性能要求的约束条件称为性能约束，如强度、刚度和稳定性要求等。有些约束函数可以表示为变量之间明显关系的显式形式，称为显式约束；有些约束函数无法给出具体的函数关系，如结构的工作应力和应变等，需要通过有限元或动力学求得，称为隐式约束。约束按数学关系又可分为等式约束和不等式约束两类。不等式约束表示为

$$g_i(\boldsymbol{X}) \leqslant 0 \quad (i = 1, 2, \cdots, m) \tag{13-14}$$

式中　g_i——第 i 个不等式约束函数。

式(13-14)要求设计点在设计空间中约束曲面 $g_i(\boldsymbol{X}) = 0$ 的一侧（包括曲面本身）。

等式约束表示为

$$h_j(\boldsymbol{X}) = 0 \quad (j = 1, 2, \cdots, q) \tag{13-15}$$

式中　h_j——第 j 个等式约束函数。

式(13-15)要求设计点同时在设计空间的 q 个约束面上。

3）目标函数

目标函数就是对所优化指标的函数表达式，变量为设计变量，函数值 M 为优化目标值：

$$M = F(\boldsymbol{X}) \tag{13-16}$$

式中，$\boldsymbol{X} = (x_1, x_2, \cdots, x_n)^{\mathrm{T}}$，为设计变量。

通过求解函数的极大值或极小值，求得优化目标的最佳值，记为

$$F(\boldsymbol{X}) \rightarrow \max \quad 或 \quad F(\boldsymbol{X}) \rightarrow \min$$

如果目标函数只有一个指标,则称为单目标优化;若目标函数包含多个指标,则称为多目标优化。单目标优化相对较为简单;而多目标优化问题的多个目标往往相互矛盾,一般难以同时达到最优结果。求解多目标优化问题时,较为简单的办法是将一些优化目标转化为约束,或对多目标进行线性加权,转化为单目标优化问题,即

$$F(\boldsymbol{X}) = \lambda_1 f_1(\boldsymbol{X}) + \lambda_2 f_2(\boldsymbol{X}) + \cdots + \lambda_q f_q(\boldsymbol{X}) \tag{13-17}$$

式中,$f_1(\boldsymbol{X})$,$f_2(\boldsymbol{X})$,$\cdots$,$f_q(\boldsymbol{X})$ 为 q 个优化目标;λ_1,λ_2,$\cdots$,λ_q 为各优化目标的权重系数。

4) 优化数学模型的标准表达形式

优化数学模型一般包括设计变量、约束条件和目标函数,可写成如下标准形式:

$$\begin{cases} \text{Find} \quad \boldsymbol{X} = (x_1, x_2, \cdots, x_n)^\text{T} \\ \min\{F(\boldsymbol{X})\}, F(\boldsymbol{X}) = F(x_1, x_2, \cdots, x_n) \\ \text{s. t.} \quad g_i \leqslant 0, i = 1, 2, \cdots, q \\ h_j = 0, j = 1, 2, \cdots, p \end{cases} \tag{13-18}$$

13.2.3　数控机床支承件结构优化设计类型及特点

基础支承件是构成机床本体框架的结构大件,其质量占机床总质量的绝大部分,对机床整体刚度和静、动态性能影响最大。由于基础支承件结构复杂,其传统的结构设计主要以类比和经验方法为主,为了确保机床刚度而选择过大的结构尺寸、过密的肋板布置,导致基础支承件和机床整体质量过大,冗余度大,成本相对较高。当基础支承件作为机床的坐标运动执行部件时,其质量对数控机床快速运动特性和定位精度影响很大,理论上既要求运动部件的刚度足够,又要求其惯量小,也就是要求其质量尽可能小。为确保数控机床的高速度、高精度和良好性能,以及相对较低的材料成本,结构轻量化设计是关键。结构轻量化设计实际就是一种结构优化设计。任何零件都由结构形式、结构尺寸、材料三个要素构成。因此,在材料确定的情况下,结构优化设计问题主要包括结构尺寸优化设计和结构拓扑优化设计两种。

1. 结构尺寸优化设计

所谓结构尺寸优化设计,是指在确定结构形式后,以结构尺寸,包括其主体尺寸和壁板及肋板尺寸为设计变量的结构优化问题。因此在分析计算过程中,结构形式是不变的,只是结构、壁板和肋板的大小改变。

结构优化设计主要有两类:一是以静力学性能和质量为设计约束或优化目标的结构静力优化设计,二是以动力特性(如固有频率和动力响应)作为控制目标的结构动力优化设计。对于简单优化问题,可以通过显式解析式给出解析解;但对于绝大多数结构优化问题,通常将变形、应力、固有频率和振型作为约束条件,难以给出解析解,一般应用有限元法对结构进行网格划分,建立有限元模型,采用数值法计算目标函数在某设计点的函数值以及函数对设计变量的灵敏度,选择搜索方向不断逼近,从而实现求解。具体方法参阅有关优化设计的文献资料。

2. 结构拓扑优化设计

结构拓扑优化设计就是针对结构形式的优化问题,可以转化为在给定的设计区域和条件内寻求最优的材料分布,其实质是在一个设定连续区域内,寻求结构实体区域形状、位置、数量和结点的最佳配置,使外载荷能够按最佳路径传递到结构支承处,从而使结构的某些性能指标最优化,并满足应力、形变等约束要求。由于具体的机械结构无法脱离尺寸而存在,因此结构

拓扑优化设计也涉及相应的尺寸确定。

按分析对象的不同,结构拓扑优化设计可以分为两种类型:一是离散体结构拓扑优化,如桁架;二是连续体结构拓扑优化,如三维实体。对于连续体结构拓扑优化,根据所确定目标函数和约束条件的不同,形成不同的优化问题,如目标函数为应变能、结构柔度或结构指定点位移、结构固有频率,约束条件为材料质量;目标函数为材料质量,约束条件为结构柔度、应变能等。结构拓扑优化模型描述及其求解算法较为复杂,而连续体结构拓扑优化仍为研究热点,各种优化方法不断出现,影响较大的方法主要有均匀化法、材料变密度法、结构进化法、冒泡法(bull method)和水平集法等。其中,均匀化法、材料变密度法和结构进化法属于基于材料分布的结构拓扑优化方法,冒泡法和水平集法则属于基于几何边界的结构优化方法,具体内容参阅有关文献资料。

另外,结构拓扑优化设计过程是施加约束条件的,这些条件包括对结构形式的某种规定,如需满足机床整机方案确定的基本外形、制造工艺等。因此,还存在如下特殊的结构拓扑优化的简化方式:在基础支承件的结构设计中,如果类似上述约束较多较具体,并结合经验判定后,往往可以大致确定有限的几种结构形式,结构拓扑优化设计就可转化为对这几种结构形式的直接分析计算比较,从而使问题大大简化。

3. 结构多学科设计优化

数控机床是包括基础支承件及其组合的机床本体、传动系统、液压系统、气动系统、控制系统及其他辅助部分的复杂系统,在设计、制造、装配、检测、使用和维护等阶段需要考虑的因素很多,涉及多门学科和技术领域,如结构设计、机械传动、液压与气动传动、冷加工工艺、铸造、焊接、热处理、装配、自动控制、传感检测、热变形、精度体系、工程力学、机械振动、可靠性、安全性、可维护性、人机工程、机床造型、价值工程等,且一些学科之间存在不同程度的耦合关系。这些学科和技术领域都已基本形成了自己的研究方法,由于设计手段有限,以往的优化设计往往局限于某些零部件或某些局部,或采用串行设计方法,即按某主要学科进行设计,再对其他学科的要求进行校核;对于整体或复杂部件,只能采用类比法或经验公式法等。随着时代的发展,在设计中同时考虑各相关学科的要求显得越来越重要,这就是多学科设计优化(multidisciplinary design optimization,MDO)。

多学科设计优化问题,需要充分考虑不同学科之间、不同子系统(结构)之间、局部与整体之间的耦合关系,集成各学科(子系统)的知识,采用新兴的多学科设计优化方法,获得整体最优解,或近似最优解。多学科设计优化技术主要研究内容包括系统数学建模、面向设计的分析、系统敏度分析、近似技术应用、多学科优化方法、人机界面等,具体内容可参阅相关教材和资料。

数控机床属于涉及多学科的复杂系统,可采用模块化分析方法,其多学科设计优化流程如图 13-2-3 所示,在对所设计产品进行整体分析后,根据各学科的特性和要求,将系统分解为若干模块即子系统,对每个模块独立进行分析求解,并进行优化,然后根据各模块之间的关系,采用合适的策略进行耦合分析,通过系统对耦合变量的协调,满足各模块及各模块之间的要求,最终获得设计方案的整体最优效果,求得最优解。

13.2.4　数控机床支承件结构优化设计的一般步骤和内容

本节主要介绍数控机床结构轻量化设计的一般步骤和过程,并结合数控卧式床身铣床主要基础支承件之一立柱进行简要说明,而具体的优化分析、计算方法请参阅相关教材和文献资料。

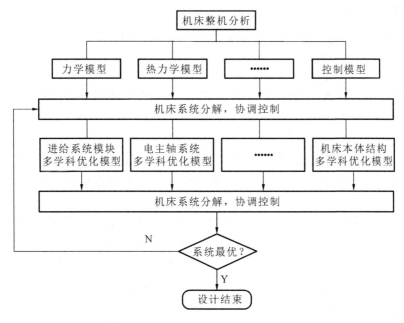

图 13-2-3　数控机床多学科设计优化流程

机床基础支承件结构优化设计流程如图 13-2-4 所示。

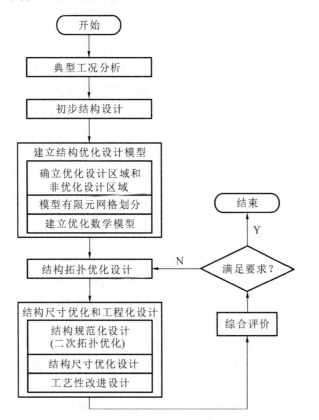

图 13-2-4　机床基础支承件结构优化设计流程

1. 机床典型工况分析

数控机床加工工艺范围宽,因此进行结构设计分析时,需分析其典型工况,确定设计载荷和边界条件,通常综合考虑以下三种情况:

(1) 按"典型危险工况"确定。如机床某个坐标方向经常运行在最大负载状态,这一运行状况就属于"典型危险工况"。机床的"典型危险工况"有时并不明显,需进行各种工况的比较分析,从中找出相对运行时间较长、负载较大、对机床运行影响明显的工况。如果"典型危险工况"有多个,可采用加权计算方式。

(2) 按机床"产品设计定位"确定。由于实际机床设计定位的不同,有些机床产品偏向于追求高效率加工,有些机床产品偏向于追求重切削加工,此时应考虑这些设计定位,确定典型工况。

(3) 按机床"极限位置与典型加工位置加权"确定。数控机床运行时随着坐标位置的不同,负载和热变形情况不同,各位置的运行频率也不同,形成了不同的工况,针对这种场合,可采用极限位置与若干典型位置负载的加权计算作为典型工况进行分析设计。

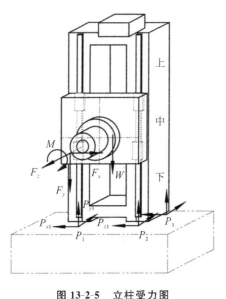

以上三种情况从不同侧面反映了机床的运行状况,可以根据实际需要选择其中之一,或再次按加权计算综合两种或三种情况,作为机床典型工况。例如图 13-2-5 中的卧式加工中心立柱,立柱前方设置双滚动导轨与主轴箱连接,每根导轨两个滑块。选择主轴箱在上、中、下三个位置的负载进行加权计算作为典型工况。从图 13-2-5 可看出,主轴箱受到作用力和重力,立柱底部受到床身的支承反力。

2. 进行初步结构设计

对于机械结构优化设计,在进行优化分析之前一定要先有一个甚至多个初步方案,作为初始条件。对于数控机床,需要根据整机方案和经验,初步确定基础支承件的结构形式和外形尺寸范围。针对图 13-2-5 所示的典型工况,采用龙门式立柱结构,如图 13-2-6(a)所示。

图 13-2-5　立柱受力图

3. 建立结构优化设计模型

结构优化设计模型的构建内容包括:

(1) 确定优化设计区域和非优化设计区域。根据整机方案、装配结构、操作和外观等要求,基础支承件的某些部分是基本固定的,属于非优化设计区域;可变动的区域作为优化设计区域。因此在进行优化设计时,应先确定上述两个区域。由于两个区域相连并有一定的过渡关系,因此性状和尺寸相对固定的非优化设计区域对立柱材料分布具有一定的引导作用。为讨论方便,本示例仅将导轨和上支承座及其与立柱的连接处作为非优化设计区域,如图 13-2-6(b)所示。

(2) 模型有限元网格划分。结构优化设计的效果很大程度上取决于有限元模型的合理选择,包括所采用的网格单元类型和网格密度。在计算能力允许的条件下尽量采用细密的网格划分,尽量采用规则的六面体网格,以保证网格质量、计算精度和比较清晰的拓扑结构;尽量采用三维壳单元模拟机床结构中的较大壁板结构,提高计算效率。本示例初始优化阶段采用正六面体网格,图 13-2-6(c)为网格划分示意图,其中立柱与导轨、支承座连接之处为非优化设计区域,图中未表示,可以按厚度约束加以保证。

（3）建立优化数学模型。包括设置设计变量、约束函数和目标函数,同时要注意,制造工艺是一个重要的约束。本示例优化方法采用材料变密度法,采用单元密度作为设计变量,应变能作为目标函数,优化前后体积比作为约束函数。

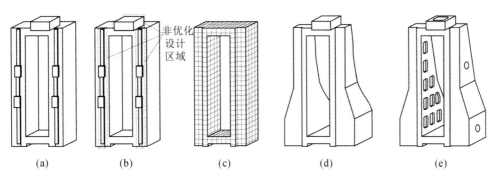

(a)　　　　　(b)　　　　　(c)　　　　　(d)　　　　　(e)

图 13-2-6　立柱优化设计过程示意图

4. 结构拓扑优化分析

针对建立的优化数学模型,应用有效的优化策略进行结构拓扑优化分析,给出优化结果,形成基础支承件的初步优化结构形式。本示例根据优化密度云图得出初始优化结果,如图 13-2-6(d)所示。

由于本示例优化模型根据整机外形和装配要求对轮廓进行了较多约束,简化了优化过程,经过拓扑优化的初步优化结果的形状也相对较为规整;如果优化模型轮廓约束较少,则初步优化结果的形状相对不规则。另外,结构优化设计是一种设计方法,并非一定要求减小结构体积和质量,而是要在一定约束范围内,得出满足结构性能要求的最优形状和质量分布、最小质量,或在满足尺寸、质量限制要求前提下,使结构性能最好。如果原始结构设计较为单薄,优化设计后体积和质量可能增加,但能保证相对最佳的性能与质量比,不出现冗余;如果原始设计过于冗余,则优化设计后其体积和质量就应减小。

5. 结构尺寸优化和工程化设计

结构拓扑优化初始设计结果得出的立柱实体不规则,并不满足实用要求,还需进行如下三个阶段的结构尺寸优化和工程化设计:

（1）根据实用化、规整性和经验性进行结构整合设计,形成相对规范的结构形式。

（2）按照初始优化的结构拓扑形式即材料堆积形态,将材料堆积处和内腔挖空处改为规范的肋板设置,并注意立柱正面壁板为安装滚动导轨处,应留有足够的厚度,实际这一区域为非优化设计区域。

（3）以板厚为设计变量,以结构特性为优化目标,应用有限元法进行结构尺寸优化设计。

（4）进行工艺性改进,使结构细节如过渡圆角、窗口凸缘、吊装部位等满足制造工艺要求。图 13-2-6(e)所示为经结构尺寸优化和工程化设计后的立柱示意图。

6. 综合评价

结构尺寸优化和工程化设计完成后,进入综合性评价,评价标准包括是否满足总体方案、装配结构、外观、制造工艺性、目标性能等要求。

习题和思考题

1. 数控机床的基本动态性能分析主要解决哪些问题?

2. 机械结构模态参数主要包括哪些?

3. 模态分析分为哪几种形式? 各自的特点是什么?

4. 简述模态叠加原理。

5. 动力响应传递函数关于激振点和检测点具有什么特性?

6. 有限元法的基本思路和方法是什么?

7. 简述机械结构优化设计的一般步骤及内容。

第 14 章　智能制造和智能机床简介

进入 21 世纪,随着时代的发展和技术进步,智能制造在全世界范围快速发展,有力推动了人类文明和生产力的进步和提高。制造是智能制造的载体,故制造装备是智能制造的基础,没有制造装备技术的进步就不可能迎来智能制造;反过来,智能制造的发展也推动着制造装备技术的进步,两者相辅相成。机械制造领域是智能制造应用最广泛的领域,智能机床也成为机械制造领域智能制造的基础装备。智能制造和智能机床是自动化制造和数控机床融合数字化、信息化和人工智能技术的产物,涉及先进机械和制造技术、检测技术、工业机器人技术、智能控制技术、人机工程技术、先进制造管理模式等领域,并在不断发展。本章将对机械制造领域的智能制造和智能机床进行简要介绍。

14.1　智能制造的产生、发展和目标

14.1.1　智能制造的产生和发展

智能制造(intelligent manufacturing,IM),顾名思义就是制造的智能化。1988 年美国赖特和伯恩出版了智能制造研究领域的首本专著《智能制造》,提出智能制造的概念和设想,将"智能制造"定义为"通过集成知识工程、制造软件系统、机器人视觉和机器人控制来对制造技工们的技能和专家知识进行建模,以使智能机器能够在没有人干预的情况下进行小批量生产"。20 世纪 90 年代初,日本提出了"智能制造系统 IMS"国际合作研究计划。在中国,"智能制造"研究问题于 1988 年提出,于 1993 年正式设立"智能制造系统关键技术"重大项目,之后相关理论研究一直在进行,也列入了国家发展规划,但规模性的应用探索研究并未开展,实质性应用几乎是空白。经过了一段时间的沉寂,进入 21 世纪,智能制造又蓬勃发展起来。

从 2011 年开始,美国提出和实施以智能制造引领的"再工业化""先进制造业国家战略计划""工业互联网"等计划。2013 年,德国政府宣布启动"工业 4.0"国家战略,应用信息物理系统(CPS)建立高度灵活的个性化和数字化产品与服务的生产模式,向智能化转型;德国的"工业 4.0"得到该国制造业领域各大企业的响应和实质性开展,并刺激了各主要工业国家纷纷跟进。2015 年,我国政府正式颁布和实施《中国制造 2025》国家战略,以智能制造为主攻方向,全面提升制造水平,从此掀起了影响深远的中国版的智能制造浪潮。智能制造通过发展和应用数字化信息化、人工智能技术和先进机械制造技术,将不可阻挡地向前发展,成为人类生产制造技术和社会文明进步的巨大推动力。

14.1.2　智能制造系统及其目标

1. 智能制造系统

智能制造系统(intelligent manufacturing system,IMS)是实施智能制造的制造系统,是智能制造的实现载体,其范围和定义有多种形式,其内容和技术含义也在不断变化和提升,现阶段的描述如下:智能制造系统是面向产品的全生命周期,以新一代信息技术为基础,以制造系

统为载体,在其关键环节和过程具有一定自主性的感知、学习、分析、决策、通信与协调控制能力,能动态地适应制造环境的变化,从而实现某些优化目标的制造系统。其中,新一代信息技术包括物联网、大数据、云计算技术等。构建"智能"的制造系统必然是为了实现某些优化目标,不同的制造系统层次、环节和过程,不同的行业和企业,其优化目标及其重要性不同,应具体情况具体对待。

2. 智能制造系统层次

针对不同的生产制造范围、不同的制造生态层次,智能制造系统从微观到宏观可划分为不同层次,如图 14-1-1 所示。

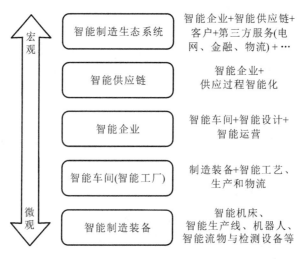

图 14-1-1　智能制造系统层次

(1) 智能制造装备　智能制造装备是智能制造系统的最基本制造单元,包括智能机床、智能生产线、机器人、智能物流设备和检测设备等。

(2) 智能车间　智能车间(也称为智能工厂)包含制造装备和智能工艺、加工过程、物流和检测过程、管理信息化等环节,其中制造装备不一定全部都是智能制造装备,根据实际情况也可以是常规数控机床、自动化装备。制造装备和智能工艺、加工过程通过传感检测网络、工业互联网、智能控制和信息化管理,形成相对独立和完整的智能生产制造系统。

(3) 智能企业　企业作为生产经营法人,涉及运营过程,因此智能企业包括智能车间、智能设计和智能运营等功能。不同的企业,其制造行业和发展阶段不同,智能制造系统的智能化程度不同,不应实行相同的模式。

(4) 智能供应链　企业要正常经营,离不开外部供应链,因此智能企业的进一步扩展自然就是智能供应链。

(5) 智能制造生态系统　企业生产运营离不开外部供应链,另外,开发和生产何种产品,企业生产规划和发展方向依据什么,都离不开市场状况和客户需求;更进一步地,企业日常运行也离不其他外部环境,如电网、金融、物流等。应用互联网和相关智能技术,能更有效地将上述各环节融合在一起,形成高效的更广泛的制造系统,就是智能制造生态系统。

3. 智能制造目标

随着智能制造内涵的扩大,智能制造的目标变得宏大。德国"工业 4.0"国家战略提出了 8 个方面的建设目标:① 满足客户个性化需求;② 提高生产的灵活性;③ 实现决策优化;④ 提高资源生产率和利用率；⑤ 通过新的服务创造价值机会；⑥ 应对从业人力资源的变化；⑦ 实现工作和生活的平衡；⑧ 确保高工资仍然具有竞争力。

"中国制造 2025"实施智能制造的目标特征：① 满足客户的个性化定制需求；② 实现复杂零件的高品质制造；③ 保证高效率的同时实现可持续制造；④ 提升产品价值，拓展价值链。

14.2　智能制造的系统特征和技术体系

14.2.1　智能制造系统特征

智能制造的载体是制造系统，在制造全球化、产品个性化、需求多样化、"互联网＋制造"的大背景下，智能制造体现出的系统特征如下：

（1）大系统。大系统的基本特征是大型性、复杂性、动态性、不确定性、人为因素性、等级层次性、信息结构能通性等，即制造系统的大规模性和复杂性，制造和服务过程的不确定性，企业或个人的可参与性，系统多层次性，互联网普遍应用和大量数据采集及应用。针对上述大系统特性的研究分析，需要应用复杂性科学、大系统理论、大数据分析技术等方法。

（2）信息驱动下的"感知—分析—决策—执行与反馈"大闭环。制造系统的智能化自然需要从对象变化和特性感知开始，进行分析和作出决策，并执行决策和反馈结果，循环运行这一闭环流程直至满足要求。

（3）系统进化和自学习。制造系统智能化的高级阶段是，系统能够通过感知来分析外部信息，根据信息变化状况寻找规律，且主动调整结构和运行参数，不断完善系统数据和决策，适应制造环境变化。例如，生产运行过程的状态识别和进化学习，实现制造工艺参数的优化和自适应调整等。

（4）集中智能和群体智能（分散型智能）相结合。集中智能是通过集中信息采集、判别和控制的方式实现智能控制。而群体智能的特点是通过应用信息物理系统（cyber-physical systems，CPS），使各物理实体具有传感和处理功能从而实现自律工作，并能与其他实体进行通信和协作，从而实现人-物、物-物之间的互联互通。与集中智能相比，群体智能具有自组织、自协调、自决策、动态灵活、快速响应的优点。但群体智能缺乏整体性，因此集中智能与群体智能相结合，可实现相对完备的智能制造过程。

（5）人与机器的融合。随着人机协同机器人、可穿戴设备的发展和应用，人类和机器的融合在制造系统中将发挥更大的作用，机器是人的体力、感官和决策能力的延伸，但人类仍然是智能制造系统的关键和主导因素。

（6）虚拟与物理的融合。智能制造蕴含着两个世界，即由数字模型和信息化构成的虚拟世界与由人和机器构成的物理世界。未来虚拟世界与物理世界将逐步深度融合，一方面，产品设计、制造工艺和生产过程可以首先在虚拟世界中进行验证和优化；另一方面，在虚拟世界中验证和优化的产品、工艺和流程数据可以成为物理世界中的产品形式和生产运行参数。

14.2.2　智能制造技术体系

智能制造技术体系由智能制造系统关键技术和智能制造基础关键技术构成，如图 14-2-1 所示；智能制造系统是智能制造技术的载体，包括智能产品、智能制造过程和智能制造模式，因而智能制造系统关键技术也包括这三个方面的技术内容，而智能制造基础关键技术为智能制

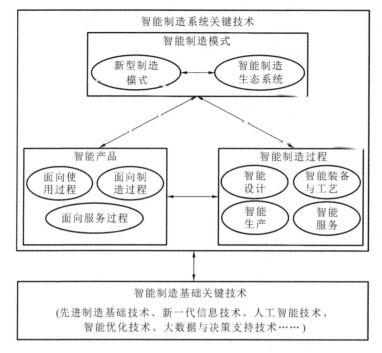

图 14-2-1 智能制造技术体系构成

造系统的建立提供基础支撑。

1. 智能制造系统关键技术

1）智能产品

智能制造中的"制造"是广义的，不仅指产品的生产、加工过程及其制造工艺技术，还包括产品技术方面。智能产品是指包含有新型传感器、智能控制系统、互联网接口等技术，使其在制造、物流、使用和服务过程中，不同程度地体现出感知、诊断、决策等智能特征的产品，具有自适应功能。根据应用环节，智能产品相关技术包括面向使用过程的智能化技术、面向制造过程的智能化技术、面向服务过程的智能化技术。

（1）面向使用过程的智能化技术 综合应用传感、数据处理、智能控制、通信等技术，使产品具有感知、决策、执行、自适应等功能。

（2）面向制造过程的智能化技术 产品是制造的对象，产品及其零部件本身的可自动识别、可精确定位、可追溯性、可自动选择工艺路径、状态监测和环境感知等智能功能，对于实现产品制造过程的智能化是很重要的。实现上述功能的关键技术包括射频识别（RFID）等自动识别技术、CPS 技术、移动定位技术等。

（3）面向服务过程的智能化技术 主要体现在产品具有自动数据采集、分析和远程通信等功能，为实现服务过程智能化提供产品方面的技术保障。

2）智能制造过程

智能制造过程包括设计、装备与工艺、生产和服务过程的智能化。

（1）智能设计 智能设计是指产品、制造流程设计等过程的智能化，智能设计可应用相关人工智能技术、设计概念智能创成技术、基于模拟仿真的智能设计技术等。

（2）智能装备与工艺 制造装备是机械制造的基础，智能制造装备是智能制造系统的关键组成，是实现制造过程智能化的基础和前提。智能制造装备涉及先进机械、传感、数据分析、智能控制和人机工程等技术,采用"感知—分析—决策—执行与反馈"大闭环控制模式和技术,不仅可实现加工过程的智能化运行,也可实现装备自身在精度、热变形、动态特性等方面的自适应控制,提高整机性能;同时,应用数据库和专家系统,可实现制造装备加工运行参数的自动优化调整和自学习进化,提高加工质量和效率。智能加工过程对智能装备与工艺的关键技术要求包括运行工况自检测和自适应、工艺知识自学习和进化、制造过程自主决策和装备自律执行。

(3)生产过程智能化　针对制造过程引入智能技术和信息化管理方式,实现生产资源最优化配置、生产任务和计划实时优化调整、生产管理和决策智能化,实现生产制造过程产品及其零部件自行寻找优化工艺路径。智能生产的主要手段及其价值回归如图 14-2-2 所示。生产过程智能化关键技术可概括如下:适应产品与批量多样性、需求波动和供应链变化的制造系统自适应技术;基于实时反馈信息的智能动态调度技术,包括智能数据采集和挖掘技术、智能生产动态调度技术、人机一体化;适应生产过程动态多变环境的预测性制造技术,包括工业互联网技术、多变量统计过程控制、生产系统性能预测技术等。

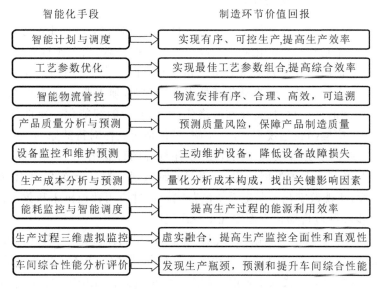

图 14-2-2　智能生产的主要手段及其价值回归

(4)服务过程智能化　通过泛在感知、系统集成、互联互通、信息融合等信息技术手段,将工业大数据分析技术和网络通信技术应用于生产管理服务和产品售后服务环节,提升供应链运行效率和能源利用率,拓展价值链。服务过程智能化技术具体包括智能物流与供应链管理技术、智能能源管理技术、产品智能服务技术。

3)智能制造模式

基于智能制造技术形成的新型制造模式,充分应用工业互联网技术、大数据分析技术、管理信息化技术和智能决策技术,以更加适应多品种、个性化、小批量、实时性、动态性的制造特点,融销售、技术、生产、质量、物流、人力资源、财务管理和经营决策等环节于一体,实现效率和价值最大化。智能制造模式下,制造系统将演变为大系统。

2. 智能制造基础关键技术

智能制造基础关键技术就是为智能制造基本要素(感知、分析、决策、通信、控制、执行)的实现提供基础支撑的共性技术,具体如下:

（1）先进制造基础技术　制造是智能制造的载体和基础，因此先进制造基础技术是根本，包括先进制造工艺、智能制造装备、数字建模与仿真、现代工业工程技术、先进制造理念及方法与系统等。

（2）新一代信息技术　这是实现智能制造的必要技术，包括智能感知技术，如传感器网络、RFID射频识别、图像识别等技术；物联网技术，如泛在感知、网络通信等；云计算技术，如分布式存储、云平台等；工业互联网技术（工业系统与互联网的融合）；虚拟现实技术；等等。

（3）人工智能技术　这是实现智能制造系统"智能"功能的基础技术、特征技术，包括智能设计、机器人、智能控制、智能诊断技术等。

（4）智能优化技术　这是实现智能制造系统最优化运行的关键技术，具体体现为具有约束处理机制、自组织学习机制、动态机制、并行机制、模糊判断等的智能优化算法。

（5）大数据分析与决策技术　这是实现智能制造大系统运行所应具有的数据分析能力技术，包括巨量数据的分析、挖掘、发现和应用。

14.2.3　智能制造的发展阶段

从功能构成的角度考察，智能制造主要包括自动化制造、信息化网络化、人工智能三大方面，显然自动化制造是基础。自动化制造是高效率制造的基础，当企业自动化程度还普遍较低时，自动化和信息化仍然是其主要追求的功能和提升方向。人工智能的广泛应用是智能制造的发展趋势，但当一个国家的生产自动化还处在发展时期，须工业2.0、3.0、4.0同时并举，大力推进基于数字控制的自动化、信息化和网络化，形成初步的智能化。要推行智能制造，实施智能工厂建设，一般应遵循长远规划、分步实施、具体情况具体对待的原则，通过开展智能技术研究、多技术创新和应用，逐步实现不同程度、实用性强的智能化。

分析制造装备及制造业的发展历程，可将智能制造划分为三个范式，并对应三个阶段。

（1）初级阶段，实现数字化＋制造系统的范式。通过应用数控机床和数字控制技术，机械制造业在技术进步和制造自动化方面实现了一次飞跃。

（2）中级阶段，实现互联网＋制造系统的范式。应用数控机床、工业机器人、数字控制、信息化和网络化技术，实现了机械制造业自动化与信息化的融合，具有一定程度的智能化。

（3）高级阶段，实现新一代人工智能＋制造系统的范式。在中级阶段的基础上，应用人工智能、大数据、云计算等技术，实现高级阶段的智能制造。

14.3　智能工厂

本节主要以机械加工、装配领域的智能工厂为对象进行讨论和介绍。智能加工是智能制造技术在机械加工领域的应用，属于离散型智能制造，其特点是在柔性自动化加工系统的基础上，不同程度地应用人工智能技术，实现智能控制和运行，形成智能加工系统。

智能工厂是智能制造在企业生产制造的具体应用。智能工厂的规划建设是一个复杂的系统工程，以机械加工和装配（通常也称为机械制造）领域为例，涉及技术工艺、生产计划、加工和检测装备、物流装备和仓库管理、质量管理、设备管理、生产过程管理、数据采集等环节的自动化、信息化、网络化、智能化控制和管理。

14.3.1　智能工厂关键环节

建设智能工厂,要体现智能工厂的特性,确保智能工厂的功能实现和有效运行。较为完备的智能工厂一般应包括以下关键环节:

(1) 技术工艺信息化网络化管理。技术开发和工艺设计数字化信息化管理,图纸工艺无纸化,工艺数据和加工程序通过网络与数控加工装备直接通信传输,实现加工制造现场信息化管理;应用专家系统和人工智能算法,实现工艺流程及加工参数自优化、自适应、自学习和自进化。

(2) 产品全生命周期管理。它是针对产品从市场需求、技术开发到生产制造、质量监控、售后服务、产品退出市场的全过程管理。尽管产品全生命周期管理的部分环节不包含在智能工厂的实施范围内,但智能工厂的建设及实施各环节都要考虑和便于产品全生命周期管理的实现。

(3) 数据采集。生产过程需要及时采集产量、质量、能耗、加工精度、过程状态、设备状态等数据。数据采集通过设置的传感器网、设备数据接口和相应电路实现。传感器网上分布的传感器除了应用于状态检测的光电传感器、各种感应式传感器等,以及设备本身配置的负载、状态等监控环路及其输出接口外,还要配置各制造环节状况和物料转移状况的数据采集装置,如 RFID 射频识别采集卡等。有些行业还需要采集环境数据,如环境温度、湿度、空气洁净度等。

(4) 设备、物料和监控端联网。就是要实现设备、物料和监控端等物理实体的互联互通,即物联网,涉及传感检测、通信方式(有线、无线)、通信协议和接口方式、数据处理等。

(5) 智能物流。推进智能工厂建设,生产现场的智能物流十分重要,尤其对于离散型制造企业。离散型智能工厂的物流装备主要包括桁架式机器人、关节式工业机器人、移动式工业机器人、自动小车(AGV)、有轨小车(RGV)、悬挂式输送链等。物料仓库通常采用自动立体仓库,在制造现场还根据实际需要设立物料缓冲区。物流装备、制造装备和车间厂房厂区的统一规划、统筹考虑和实施,是实现高效率生产运行的重要保障,在智能工厂规划和建设中非常重要。

(6) 质量管理信息化智能化。制造质量管理是智能工厂的核心业务流程之一,质量保证体系和质量控制活动必须在生产管理信息化系统建设时统一规划、同步实施;要充分利用制造系统的数据采集功能、数据库功能,建立质量管理信息化智能化系统,实现质量数据信息化管理、质量数据统计和分析自动化、质量监控智能化。

(7) 先进制造装备的应用。智能工厂的制造装备包括数控机床、自动化制造单元、自动生产线、智能化制造装备、自动化或智能化检测装备等,应根据实际需要和不同建设阶段确定,重在综合应用。在实际规划建设中,也常常将物流装备包括在制造装备中。

(8) 智能生产线规划。智能生产线是上述制造装备、物流装备和控制系统的有机结合,是智能工厂规划的核心环节,需要根据所需生产的产品族、产能和生产节拍,采用价值流程图等方法来合理规划。智能工厂可能包括若干条智能生产线,也可能只体现为一条智能生产线。

(9) 设备管理信息化智能化。设备是关键的生产要素,充分发挥设备的效能是制造系统的基本要求,这就需要应用信息化、网络化和智能化管理技术,实时采集设备状态数据,建立设备数据库、设备故障预测专家系统。采用上述措施,监控设备运行状态,实施预测性维护,为充分提高设备利用率和实现生产计划及其实施的最优化提供设备保障。

(10) 制造执行系统。制造执行系统(manufacturing execution system,MES)是智能工厂

规划落地的着力点,是智能制造工程中面向车间执行层的,综合应用信息化、网络化、传感检测技术和先进管理方法、智能规划和监控技术的,重在生产计划和制造执行过程的生产制造管理系统。根据不同的实际需要,MES包括生产计划、排产管理、质量管理、设备管理、数据采集与管理等多个模块。尽管从真正意义上讲,MES是管理方面的,不包含设备、数据采集装置等物理实体部分,但MES的运行与这些物理实体部分关联,无法分开而独立,甚至难以独立描述。

(11)能源管理信息化智能化。制造系统能源消耗量大,节能意义重大。为了降低综合能耗,提高劳动生产率,特别是对于高能耗的工厂,进行能源自动化智能化管理是非常有必要的。为达此目的,通常根据设备具体状况和生产计划安排以及收集的能源消耗数据,在相应环节应用节能技术,建立节能对策模式和对策系统;应用传感检测和信息化网络化技术,采集能耗监测点(如加工设备、运输设备、变配电、照明、空调、气源设备、给排水设备等)的能耗信息和生产运行信息,进行统计分析,应用节能对策系统对能源进行统一调度,实现能源优化使用和最大限度节能。同时,根据各制造环节的运行原理,应用自适应节能控制技术,达到各制造环节运行过程的节能目标,如数控机床液压自动夹紧系统在运行各环节速度和液压油流量差别很大,可以应用变频调速技术根据运行流程自动调控油泵电机转速,实现流量的最优控制从而达到有效节能的目的。

(12)先进生产管理模式。任何制造系统都建立在某种生产管理模式之上,没有先进的生产管理方法,便无法建立先进的制造系统,无法实现高效生产运行。因此,在规划和建设智能工厂时,应用先进的生产管理模式和方法很重要,如精益生产、敏捷制造模式等。

(13)数据管理。数据是智能工厂的血液,在各应用系统之间流动。智能工厂运转过程会产生设计、工艺、制造、仓储、物流、质量、人员等业务数据,需要建立数据库,制定一套统一的标准体系来规范数据管理的全过程。

(14)虚拟现实。在智能工厂的规划设计中,以及制造装备加工和制造系统运行数据及流程的确定中,都可应用数字化仿真技术、虚拟与现实结合技术、数据驱动技术,进行计算机仿真、模拟和分析,寻求最优方案。还可应用数字孪生技术,将仿真优化数据直接应用于制造系统,使制造系统运行和虚拟仿真运行形成影像关系,有助于物理系统运行的实时优化。

(15)智能决策。智能决策是智能工厂的重要一环,相比传统决策模式,智能决策综合应用信息化、数据库、优化决策算法、学习和进化算法等技术和方法,使企业决策更合理、更高效。智能决策并非不需要人参与,人类仍然是决策的主导者。

由于不同行业和不同发展阶段的实际情况不同,智能工厂不一定都包括上述环节,但先进制造装备的应用、制造执行系统、数据采集、技术工艺信息化网络化管理、先进生产管理模式等通常是具备的。

14.3.2 智能工厂示例

由于各行业、各企业实际情况和需求不同,建设阶段不同,故智能工厂方案各不相同,但基本要求是类似的。以离散型机械制造智能工厂为例,它应包括数控制造装备或智能制造装备、自动化物流装备、数据采集、MES系统、网络通信、信息化管理等方面的集成应用,实际上也就是信息化与自动化的深度融合,并根据实际需求不同程度地应用人工智能技术。

1. 智能工厂规划建设方案示例

图14-3-1所示为某机械加工智能工厂规划方案,包括智能设备层、工业互联网层、业务系统层、数据中心与决策层、智能展示层,各层相互联系,形成一个生产制造系统的整体。

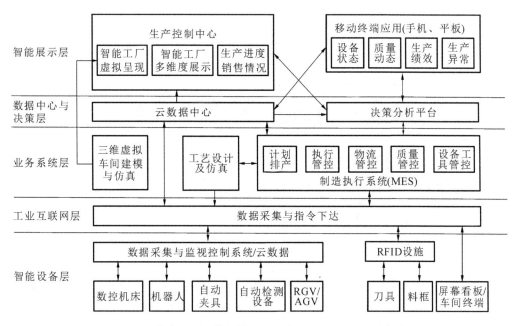

图 14-3-1　某机械加工智能工厂规划方案

（1）**智能设备层**　包括作为加工主机的数控机床、工具工装设施,作为物流主体装备的工业机器人,作为质量检测的自动检测设备,以及制造过程的数据采集装置和监控系统等,通过中心控制系统和工业互联网连接成负责产品零部件具体加工制造的执行部分,并具有制造协作一体化的特点。

（2）**工业互联网层**　工业互联网起到联网通信的作用,它将智能设备层和业务系统层的技术工艺、生产计划联系在一起,传递工艺和生产指令及所采集的数据。

（3）**业务系统层**　包括 MES 系统、工艺设计、虚拟车间建模与仿真等部分。其中,MES系统是主体部分,一方面根据数据中心的生产相关数据和决策指令进行生产计划和排产,并指挥智能设备层执行和物料中转;一方面接收智能设备层的执行状况数据,进行分析、调整,并传递至数据中心与决策层,以及智能展示层。

（4）**数据中心与决策层**　进行工厂的数据管理和处理,根据运行数据和状况进行决策,决策指令发送给 MES 系统。

（5）**智能展示层**　智能展示层一方面实时展示企业生产运行状况,并通过虚拟现实技术展示企业三维动画景象,不仅是企业日常运行状况展示和监控的需要,也是企业对外展示和宣传的窗口;另一方面,生产运行状况和设备状况的终端应用和交互是生产高效运行的必要部分,同时还能显示绩效考核数据,涉及生产各部门及其员工的工作业绩和效益。

这 5 个层次的联合运转,使生产制造过程的设计工艺、生产调度、设备运行、质量监控、过程管控、运营展示达到高效协同。本示例是一个比较常规的智能工厂规划方案,是离散型智能制造的典型。尽管各行业、各企业的智能工厂规划和建设方案不相同,但总体上与本示例相似,只有具体内容和细节的不同,以及应用技术水平层次的差异。

2. 智能生产线规划方案示例

智能生产线是智能工厂具体执行生产制造任务的关键部分,图 14-3-2 所示为某智能加工生产线布局图。

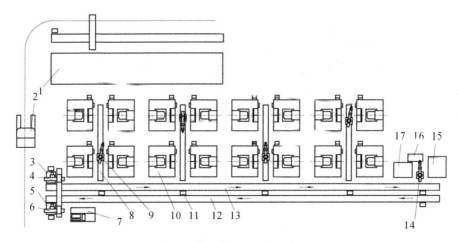

图 14-3-2 某智能加工生产线布局图

1—立体仓库;2—自动小车;3—毛坯框;4—桁架式上料机器人;5—成品框;6—桁架式下料机器人;7—中央控制台;
8—移动轨道;9—移动式关节机器人;10—加工中心;11—RFID 识别器;12—回料输送带;13—送料输送带;
14—关节式机器人;15—三坐标测量机;16—不合格品框;17—自动清洗机

该智能加工生产线的构成和功能较为典型,其中制造装备主要包括加工中心 10、三坐标测量机 15、自动清洗机 17;物流装备包括桁架式双臂上下料机器人 4、6,清洗与检测上下料机器人(即关节式机器人 14),输送带 12、13,自动小车 2;数据采集装置包括 RFID 识别器 11、各自动装备的数据输出接口;其他还包括中央控制系统、网络系统等部分。

图 14-3-2 所示的生产线采用矩阵式布局,16 台加工中心分为 4 个加工单元依次排列,通过 4 台移动式关节机器人和两条输送带将矩阵式分布的 4 个加工中心单元连接起来,立体仓库置于侧边,形成主体布局;分布在输送带边沿、上下料之处的 RFID 识别器,以及各设备的数据输出接口,组成数据采集系统。

该智能加工生产线的基本工作运行原理和流程如下:

(1)中央控制系统通过工业互联网与上位机进行通信,接收生产指令,进行整条生产线的协调控制。

(2)自动小车在立体仓库和输送带起始端之间运送毛坯和加工好的成品。

(3)桁架式上料机器人将 AGV 上的毛坯搬运到送料输送带上,送料输送带将毛坯输送到第 1 个加工单元。

(4)由移动式关节机器人负责每个单元 4 台加工中心的上下料运动。

(5)加工单元 1 加工完成后,移动式关节机器人将半成品放置到正向输送带上,继续输送到下一个加工单元。

(6)最后一个加工单元加工完成后,由末端关节机器人将完成加工的零件依次搬运至自动清洗机清洗和三坐标测量机测量;如果零件检测不合格,则放至不合格品框;如果零件检测合格,则放至回料输送带上。

(7)由回料输送带将合格品反向输送至起始端,由桁架式下料机器人码放至成品框,再由 AGV 运送至立体仓库。

(8)利用 RFID 识别器、各自动装备数据输出接口进行生产数据采集。

本布局形式可以适应多种加工工艺路线,根据实际工艺需要,每个加工单元的 4 台加工中心可以互不相同,以完成不同工序;也可以完全相同而完成同一道工序加工,具有更高的运行可靠性。

14.4　智能机床简介

从通常意义上讲,智能机床是指在数控机床的基础上,融入新一代信息技术和人工智能技术而形成的具有更高技术水平的机床,具有感知、分析、推理、决策、控制和执行、学习进化等功能。基于上述功能,智能机床可实现包括工况和状态在线感知、智能决策与控制、机床自律执行、智能故障诊断的自适应加工运行。数控机床是智能机床的基础,智能机床是数控机床的智能化提升。

14.4.1　智能机床闭环加工系统

如上所述,智能机床就是一种具有"感知—判断—纠正"闭环功能的数控机床,而这种闭环需在加工运行过程中才体现出来,因此也称为智能机床闭环加工系统。如图 14-4-1 所示,该智能机床闭环加工系统主要具有误差监控和补偿功能,包括以下环节:

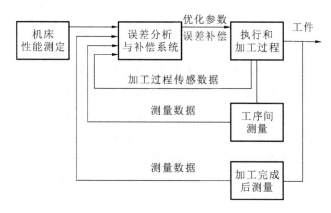

图 14-4-1　智能机床闭环加工系统示例

（1）进行正常机床性能测定,作为比较判断的基础。

（2）建立包括数据库、专家系统的误差分析与补偿系统,能根据误差特性和机床运行状况,分析判断出现问题的环节,给出补偿和优化措施指令,包括运动补偿、设定环节的机构补偿和加工参数调整优化。

（3）借助温度、加速度和位移等传感器检测机床环境和工作状态变化,进行工序间和加工结束后的工件测量,并将相关数据反馈至误差分析与补偿系统。

（4）通过误差分析与补偿系统实时调节和控制、优化切削量。

（5）补偿和调整后达到纠正误差、抑制或消除振动、补偿热变形的目的,满足加工精度要求。

要实现上述闭环功能,很关键的一个环节是对机床进行监控、感知。为实现对数控机床各主要部位实际性能、物理量变化状况的感知,须在相应的部位布置各种传感器进行监测,如置于滚珠丝杠、主轴轴承处的温度传感器,对准切削区域的视觉传感器,置于主轴端部、立柱、工作台夹具处的力传感器、应变传感器,置于主轴部位的力矩传感器,置于主传动区域的声传感器等,如图 14-4-2 所示。同时,机床误差与状态纠正不仅需要通过机床的坐标运动补偿和参数调整达到,对于一些重要部位还可以主动进行补偿纠正,如在丝杠、主轴机构处设置热补偿装置,它能根据丝杠、主轴处的温度传感信息,控制系统的补偿装置,实现相应补偿和纠正功能,在更高程度上确保机床精度和正常运行。

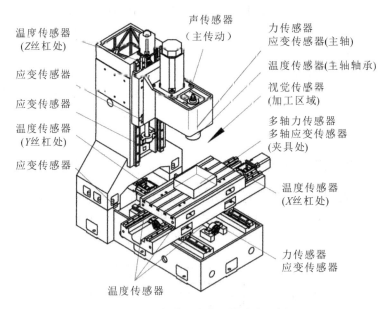

温度传感器
(Z丝杠处)

应变传感器

应变传感器

温度传感器
(Y丝杠处)

应变传感器

声传感器
(主传动)

力传感器
应变传感器(主轴)

温度传感器(主轴轴承)

视觉传感器
(加工区域)

多轴力传感器
多轴应变传感器
(夹具处)

温度传感器
(X丝杠处)

力传感器
应变传感器

温度传感器

图 14-4-2　数控机床传感器分布示例

这些机床性能和主要物理量的变化,最终会导致零件加工精度变化。零件加工精度通常可采用机内在线测量方式进行检测和反馈,最终完成加工的零件也可采用机外测量方式进行检测和反馈。利用专家系统分析反馈数据,得出机床各相关部位的修正量和加工参数调整,使机床性能恢复甚至进一步提高,从而保证机床的加工精度。由于机床加工系统很复杂,影响因素很多,因此专家系统及其判断过程也很复杂,应用自学习人工智能算法,有助于专家系统的自我学习和不断完善。

14.4.2　加工精度超差影响因素分析及处理模式

由于机床运行状态的变化大多导致加工精度的变化,因此加工精度超差模式分析是数控机床实现智能化的重要环节。本节以加工尺寸超差模式分析为例进行介绍。尺寸超差并不仅是机床精度下降所致,而是由多种可能的因素导致。图 14-4-3 为尺寸超差影响因素及其关系示意图,图中列出了可能导致尺寸超差的主要因素及其产生的状态变化和采取的监测方式,工作模式特点如下:

(1) 在线测量。利用在线测量,对指定的尺寸进行测量、对比和处理。

(2) 综合分析判断导致超差的因素。各种尺寸超差影响因素会产生不同或类似的直接影响加工尺寸精度的状态变化,监测这些状态变化所引起的机械电气性能和温度变化信息,分析和判断导致尺寸超差因素的类型。有些超差因素如丝杠磨损、夹具磨损、系统参数变化等,其产生的误差一般由于有特定的零件结构、加工状态和控制特点而具有一定的误差模式,可以作为辅助分析和鉴别的依据。当测量尺寸超过规定的误差值时,对上述监控信息和误差模式进行综合分析、鉴别和判断,推断出导致尺寸超差的主要因素,作为后续处理的依据。

(3) 综合分析和判断模式特点。综合分析和判断模式是根据实际的结构状况、加工方式、控制特点和测量尺寸特点等,结合理论分析、试验和经验数据而确定的,也就是基于知识和经验的分析系统。若再引入经验积累和学习模式,将使该综合分析和判断模式不断完善,达到更高水平。

（4）智能故障诊断和处理。经过上述步骤后,可进入具体结构（如具体部位和机构）的智能化故障诊断程序,这也需要相应的分析模式;根据诊断结果,利用智能控制系统和相应执行装置进行处理、补偿和纠正运动。

以上的分析处理模式也适用于形位超差和粗糙度超差。随着对数控机床技术、加工和误差机理的深入研究,误差分析模式将不断得到改进和完善。

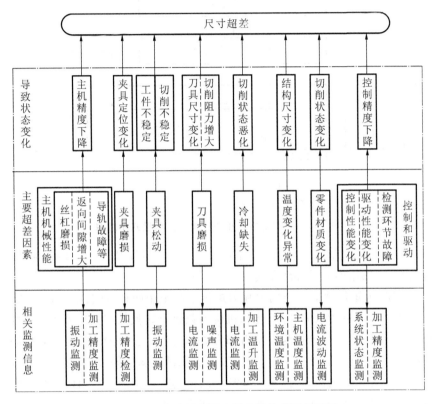

图 14-4-3　尺寸超差影响因素及其关系示意图

14.4.3　数控机床智能化技术

数控机床智能化技术实际上是围绕智能机床闭环加工系统和学习进化而展开的,也就是数控机床实现"感知、分析和判断、控制和执行、学习进化"所涉及的关键技术,涵盖众多传统技术、前沿技术及交叉技术领域,但其根本是数控机床技术、数控机床内在运行机制和原理。图 14-4-4 为智能机床相关技术及关联模式示意图,相关技术可包括传感检测、在线测量、数据库、智能数控、专家决策系统、智能伺服驱动、实时误差补偿、智能故障诊断、学习进化智能算法、数控机床机械系统、部件性能监控、网络协同技术等。

1. 传感器应用及分布

如图 14-4-2 所示,应用于智能机床的传感器及其分布、作用如下:

（1）温度传感器　温度传感器可分布在主轴轴承、丝杠螺母、导轨、主传动箱、较长支承大件等位置,用于检测相应部位的温升。其中,主轴轴承温升影响主轴旋转精度,丝杠温升导致

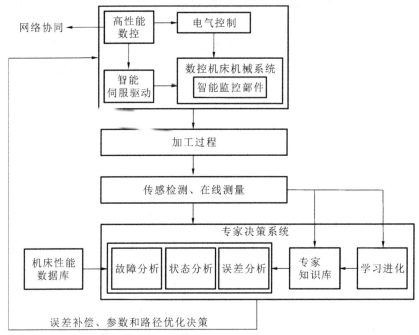

图 14-4-4　智能机床相关技术及关联模式示意图

丝杠伸长而影响进给位置精度,导轨和基础支承件的不均匀温升会导致相应构件不均匀变形而影响几何精度,主轴箱温升易导致主传动运动不正常。

(2)力传感器、力矩传感器　作用力和力矩传感可采用两种方式:第一种方式直接监控数控机床主电机和进给电机的电流,并按传动机构参数进行转换而间接得到主轴转矩、切削力和丝杠转矩及进给抗力;第二种方式为采用力和力矩传感器,主要分布在进给运动执行部件处的驱动支承座连接处、夹具安装处、主轴、刀具、较长支承件薄弱处等,以及其他需要监测的位置。作用力和力矩过大会导致机构和刀具过大的变形、振动甚至损坏,支承件所受转矩过大会导致过大的扭转变形和振动,以上都会影响加工精度和机床正常运行。

(3)应变传感器　应变传感器主要用于检测变形,可分布在主轴、加工零件、夹具、基础支承件薄弱处,以及其他需要监测的位置。上述监测位置变形过大会导致机构、构件和工件过大的振动,影响加工精度和机床正常运行。

(4)声传感器、视觉传感器　声传感器和视觉传感器可监测、感知机床加工运行噪声、加工运动及位置状况,并可根据噪声频谱模型分析产生异常噪声源的部位,根据监控图像对比分析异常状况。

(5)其他传感器　如位置感应传感器、压力传感器、光电传感器、油位传感器等,属于数控机床常用传感检测元件,同样是智能机床"感知"环节所需要的。

图 14-4-5 为实现功能部件智能监控的传感网络示意图。

2.在线测量技术

在线测量主要包括工件在线测量和刀具在线测量两种类型,以铣削加工为例简要介绍如下。

(1)工件在线测量　实现加工工序间或加工结束后且工件未卸下前的机内测量,个别情

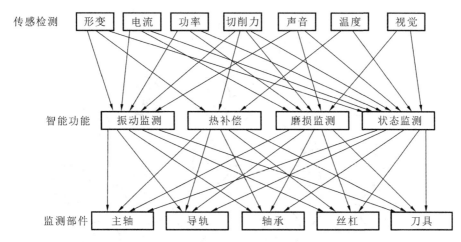

图 14-4-5　实现功能部件智能监控传感网络示意图

况也可包括工件拆卸后的机外测量。机内在线测量系统通常采用无线测头形式,包括无线测头、接收器、分析软件三部分,并与机床控制系统相连;测头通常安装在刀库中,测量时采用类似刀具交换的方式将测头交换到主轴中,通过测头与工件碰触产生触发信号,由数控系统锁定和采集坐标数据;应用在线测量的数控机床需配置光栅闭环检测功能。工件在线测量可实现工件找正和原点测量、加工尺寸测量,测量数据经分析软件得出结果,传送至控制系统按照补偿模式进行补偿,或进行其他相关处理。激光测量随着其精度的提高,也可应用于在线测量。

（2）刀具在线测量　　刀具在线测量可实现刀具尺寸测量和刀具破损检测两种功能,并将测量数据传送给控制系统进行补偿或处理。测量系统包括测头和分析软件两部分,其作用原理与工件在线测量相似,也可采用激光测量方式。

3. 智能数控技术

智能数控系统实际就是实现智能控制的数控系统。相较常规数控系统,智能数控系统具有输入多样化(如多媒体识别输入)、智能编程、曲面平滑拟合、多维(空间)误差补偿、加工路径优化、工艺参数优化和基于负载的自适应控制、虚拟加工仿真、安全空间识别、优化决策、重要环节智能控制等功能。

4. 智能伺服驱动技术

智能伺服驱动系统可自动识别负载情况而自动调整和优化运行参数,实现自适应控制和运行。

5. 实时误差补偿技术

实时误差补偿也称为动态误差补偿。机床误差包括几何误差、热误差、运动误差、伺服误差等,影响因素复杂,具有非线性、耦合性和动态性。利用传感检测、在线测量得到误差数据和状态信息,根据机床内在运行机制、误差类型和影响因素(参见图 14-4-3),应用相关分析方法如贝叶斯网络理论建立误差传递模型(图 14-4-6),进行误差识别和预测,并通过控制系统中的补偿控制器对机床加工进行实时补偿控制。

6. 智能故障诊断和处理技术

机床智能故障诊断是机床故障原理及诊断方法和人工智能技术综合应用的结果,具体体现在故障诊断过程中对机床故障原理知识、专家知识和人工智能技术的运用,能够实现机床运行过程的故障感知、故障类型识别、故障部位和原因分析判断等功能。智能故障诊断系统通常

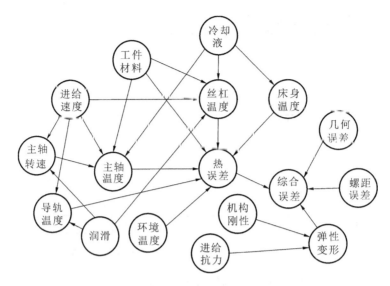

图 14-4-6　应用贝叶斯网络理论建立的误差传递模型

包括原理知识与专家知识数据库、故障分析系统、神经网络、模糊数学、学习进化算法等部分。诊断结果信息通过数控系统进行报警,部分故障通过伺服系统、智能功能部件进行纠正。

7. 专家决策系统

智能机床运行有两种模式:一种是依照传统的或给定程序的常规运行模式,如常规的数控机床运行;另一种是针对新功能的、动态变化的情况或出现非正常状况而需进行实时处置的非常规运行模式,这种运行模式需要通过专家决策系统进行决策。因此,专家决策系统是指针对工艺参数优化、加工路径优化、故障修复、误差补偿等机床非常规运行状况,通过获取数据库中的原理知识数据、经验知识数据,根据实时感知的机床运行工况和状态信息,依照一定的推理模式和算法给出解决方案的软件系统。其中,决策模式和算法是核心。

8. 学习进化智能技术

学习进化智能技术也称为机器学习方法,包括模拟人类学习行为以获取新的知识,以及重新组织知识结构,使之不断改善,以提升自身的能力。学习进化智能技术在智能机床中的应用,就是针对工艺参数优化、加工路径优化、故障诊断模式、误差补偿模式等的分析和决策方法,应用人工智能算法如神经网络算法、深度学习算法等,对机床运行结果的实时记录和历史积累数据进行分析和学习,不断形成新的知识加入专家知识和决策系统,达到不断学习和提升决策水平的目的。多种人工智能算法及应用方法请参阅相关教材和文献资料。图 14-4-7 为工艺参数优化神经网络学习进化模式示意图。

9. 数控机床技术

上述各技术的实现,都要建立在数控机床内在运行原理之上,因此对数控机床的结构原理、运行规则、静态和动态性能、热特性、误差形成原理、故障模式及其形成机制等进行深入研究非常重要。同时,研究和应用先进机床布局结构、功能部件、控制形式及系统等,对于实现和提升机床的智能化也非常重要。

10. 网络协同技术

智能机床既可以独立运行,也可以多台协同运行。当智能机床作为制造系统的一部分时,应具备与制造系统的网络集成和网络协同能力。

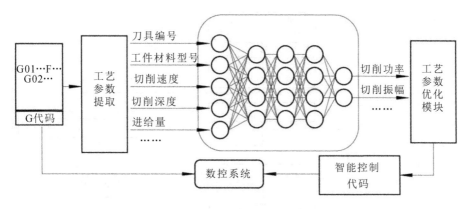

图 14-4-7　工艺参数优化神经网络学习进化模式示意图

以上数控机床智能化技术还在不断发展、融合中,有的仍在探索中;也并非所有智能机床都必须具备这些技术,应根据实际情况而定。

14.4.4　自动化智能化制造装备的功能模块特点和实用技术

在现实应用中,制造装备的自动化和智能化程度是根据发展阶段和实际情况而定的,一般具有自动化和一定程度智能化功能特点的制造装备也可称为"自动化智能化制造装备"。

1. 自动化智能化制造装备运行流程和功能模块构成

以机械加工领域为例,如图 14-4-8 所示,本示例实现了加工全程自动化,并在计划安排、工艺参数优化、在线测量和误差补偿等方面体现了智能化。从功能类型的角度分析,通常自动化智能化制造装备(系统)由数控加工模块、自动化模块和智能化模块构成。数控加工模块和自动化模块是主体和基础,智能化模块是制造装备技术的提升。三个模块从具体功能界定来看,既具有独立性,又具有相同特点,如图 14-4-9 所示。

2. 自动化智能化制造装备实用技术及其集成创新

在自动化智能化制造装备开发设计中,充分应用已成熟的技术及其集成创新,实现自动化功能和一定程度的智能化功能,或为实现更高水平的智能化提供基础,其相关实用技术及其集成创新列举如下:

(1)数控机床技术　以数控机床(加工中心)作为加工主机,充分应用数控技术实现零件的自动加工、多面加工和柔性化调整,以及实现自动上下料运动部分功能。

(2)先进机械、液压和气动技术　应用先进机械功能部件、先进机械机构和装置,如自动送料收料系统、先进自动上下料装置、多位多面自动夹具、夹具自动交换系统、工作台(托盘)自动交换系统、铣头自动交换系统等。

(3)变频调速技术　在液压自动夹紧系统中应用变频调速技术,根据夹具夹紧过程的不同环节,结合传感器,自动调节转速,实现自适应节能功能。

(4)传感检测技术　应用光电感应开关、接近感应开关、磁感应开关、压力传感器、油位传感器等检测元器件以及数控系统电流监控接口,实现刀具磨损和破损、零件状态、零件计数、装夹状态、气动压力、冷却和润滑油位、运动干涉等环节的检测和反馈。

(5)运动逻辑分析　对制造系统设定的加工工序、加工运动、各种辅助运动动作及时间顺序、布局特点、中间故障处理方式、运动路径调整模式等进行详细分析和优化,为机构方案和布局制定、传感检测元件分布、PLC 程序设计奠定基础。

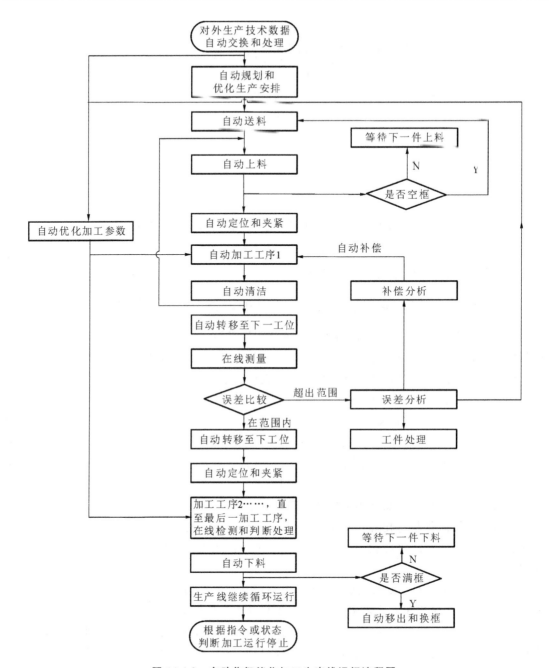

图 14-4-8　自动化智能化加工生产线运行流程图

（6）基于 PLC 的电气自动控制　综合应用内置、外置 PLC 控制器，结合精巧的 PLC 程序设计、PLC 控制及其与数控系统的交互技术，实现规定的运动控制，以及状态监控和处理、过程和路径调整优化、刀具寿命和生产计划管理等功能。

（7）在线测量和误差补偿技术　在线测量重要工件、重要尺寸，按照一定规则进行相应的运动坐标补偿，保证和提高加工精度；实现刀具在线测量和监控。

（8）视觉识别与图像处理技术　主要用于零件转移过程任意位置状态的识别和处理、加工状况监控等。

（9）6 轴关节式工业机器人的应用　实现多种空间角度、复杂路径的灵活自动上下料。

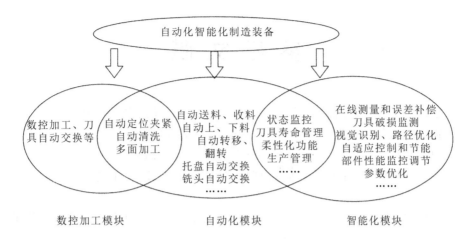

图 14-4-9　自动化智能化制造装备功能模块

（10）网络通信和计算机控制应用　主要用于多单元、多系统的集中监控和管理。

（11）模块化和成组技术　采用模块化和成组技术，尽可能提高制造装备零部件的通用性，从而提高制造工艺性；提高夹具、料框、夹持装置的通用性，结合多位夹具设置、工序增减设置以及相关零部件的快速更换等方式，实现多种规格零件的快速变换加工，达到一定程度的柔性化。

（12）其他适用技术及创新。

习题和思考题

1.智能制造系统有哪些层次？各层次的主要功能及相互关系和转化特点是什么？

2.智能制造具有哪些系统特征？

3.请简述智能制造基础关键技术及其特点。

4.为什么说"制造执行系统"是智能工厂的关键部分之一？

5.智能机床闭环加工系统的主要功能特点是什么？

6.结合数控机床结构特点，选择一个重要功能部件论述其重要性，并针对该部件设计一个智能监控方案。

参 考 文 献

［1］ 文怀兴,夏田.数控机床系统设计［M］.2版.北京:化学工业出版社,2011.

［2］ 周利平.数控装备设计［M］.重庆.重庆大学出版社,2011.

［3］ 张曙.机床产品创新与设计［M］.南京:东南大学出版社,2014.

［4］ 现代实用机床设计手册编委会.现代实用机床设计手册(上册)［M］.北京:机械工业出版社,2006.

［5］ 现代实用机床设计手册编委会.现代实用机床设计手册(下册)［M］.北京:机械工业出版社,2006.

［6］ 武文革,辛志杰,成云平,等.现代数控机床［M］.3版.北京:国防工业出版社,2016.

［7］ 龚仲华.现代数控机床设计典例［M］.北京:机械工业出版社,2014.

［8］ 张根保,柳剑.数控机床可靠性概述［J］.制造技术与机床,2014(7):8-14,22.

［9］ 马履中,谢俊,尹小琴.机械原理与设计(上册)［M］.2版.北京:机械工业出版社,2015.

［10］ 马履中,谢俊,尹小琴.机械原理与设计(下册)［M］.2版.北京:机械工业出版社,2015.

［11］ 张政泼,胡义华,王湘.丝杠系预拉伸力的综合分析计算和探讨［J］.机械工程学报,2015,51(23):175-181.

［12］ 王书亭.高速加工中心性能建模及优化［M］.北京:科学出版社,2012.

［13］ 张政泼,李振雄,董中新,等.全自动化制造装备研发、应用与实践［J］.装备制造技术,2019(10):1-5,11.

［14］ 张吉堂,刘永姜,陆春月,等.现代数控原理及控制系统［M］.4版.北京:国防工业出版社,2016.

［15］ 龚仲华.数控机床电气设计典例［M］.北京:机械工业出版社,2014.

［16］ 国家制造强国建设战略咨询委员会,中国工程院战略咨询中心.智能制造［M］.北京:电子工业出版社,2016.

［17］ 朱立达,王宛山.车铣加工中心动态特性及加工原理［M］.北京:国防工业出版社,2014.

［18］ 孙志礼,张义民.数控机床性能分析及可靠性设计技术［M］.北京:机械工业出版社,2011.

［19］ 张政泼,吕勇,覃学东,等.45°型万能铣头精度特性及其调整计算和研究［J］.制造技术与机床,2017(10):50-54.

［20］ 张政泼,吕勇,蒋桂平,等.滚珠丝杠螺母副附加摩擦力矩分析计算和研究［J］.制造技术与机床,2020(9):160-164.

［21］ 张政泼.数控机床两档变速主传动系统的分析和计算［J］.装备制造技术,2010(12):34-37.

［22］ 张政泼.数控机床进给传动系统的惯量分析和校核［J］.装备制造技术,2010(10):

31-41.

[23] 张政泼.关于双端支承丝杠系预拉伸力的探讨[J].制造技术与机床,1999(4):19-20,40.

[24] 张政泼,范贤龙,陈静,等.变频调速技术在液压自动夹紧系统中的应用研究[J].机床与液压,2017(2):92-95.

[25] 张政泼,陈静,蒋桂平,等.自动线和自动单元群及其混合型式的节拍和特性分析[J].制造技术与机床,2015(4):33-36.

[26] 张政泼,覃学东.五轴联动机床的结构性能分析与设计探讨[J].装备制造技术,2009(10):5-8,11.

[27] 张政泼,谭芳,蒋桂平,等.钣金平面钻铣加工随动夹紧原理与装置研究[J].制造技术与机床,2019(3):95-99.

[28] 廖伯瑜,周新民,尹志宏.现代机械动力学及其工程应用:建模、分析、仿真、修改、控制、优化[M].北京:机械工业出版社,2003.

[29] 张政泼,陈静,赖显渺,等.自动化智能化生产线的特性分析和模式探讨[C]//第十七届中国科协年会论文集,2015:1-6.

[30] 武汉华中数控股份有限公司.从CIMT2019看数控机床机械结构创新与发展[J].世界制造技术与装备市场,2019(5):66-69.

[31] 高峰,赵柏涵,李艳,等.多轴数控机床的在机测量方案创成及优化方法[J].机械工程学报,2017,53(20):13-19.

[32] 黄华,李典伦,邓文强,等.混凝土数控机床支承件组合结构设计与优化研究[J].机械科学与技术,2021,40(3):394-402.

[33] 冯超阳.数控机床主轴结构的优化设计[J].设备管理与维修,2021(2):31-33.

[34] 关英俊,贾成阁,李潍,等.XHGS256龙门加工中心立柱的多目标拓扑优化[J].机械设计与制造,2018(6):21-24.

[35] 陈静,杨泽龙,张政泼.基于有限元的加工中心立柱多目标拓扑优化[J].机械科学与技术,2014,33(7):982-986.

[36] 张奎奎,黄美发,伍伟,等.大型龙门钻铣床主轴滑枕热结构分析[J].组合机床与自动化加工技术,2015(2):42-46.

[37] 陈立周,俞必强.机械优化设计方法[M].4版.北京:冶金工业出版社,2014.

[38] 刘敏,严隽薇.智能制造:理念、系统与建模方法[M].北京:清华大学出版社,2019.

[39] 谭建荣,刘振宇.智能制造:关键技术与企业应用[M].北京:机械工业出版社,2017.

[40] 张松林.最新轴承手册[M].北京:电子工业出版社,2007.

[41] 葛英飞.智能制造技术基础[M].北京:机械工业出版社,2019.

[42] 张小红,秦威.智能制造导论[M].上海:上海交通大学出版社,2019.

[43] 王爱民.制造执行系统(MES)实现原理与技术[M].北京:北京理工大学出版社,2014.

[44] 闻邦椿,刘树英,陈照波,等.机械振动理论及应用[M].北京:高等教育出版社,2009.

[45] 陶栋材.现代设计方法学[M].北京:国防工业出版社,2012.

[46]　李杰,陶文坚,陈鑫进,等.基于内置传感器的数控机床多轴联动精度检测方法[J].制造技术与机床,2020(8):35-40.

[47]　《机床设计手册》编写组.机床设计手册　第3册　部件机构及总体设计[M].北京:机械工业出版社,1986.

[48]　张伯霖.高速切削技术及应用[M].北京:机械工业出版社,2002.

[49]　张政泼,廉晓明,陈静,等.全自动生产线输送系统的设计[J].机械工程与自动化,2014(6):179-180,189.

[50]　CHEN J H,HU P C,ZHOU H C,et al.　Toward intelligent machine tool[J].Engineering,2019(8):679-690.

[51]　李晓雪.智能制造导论[M].北京:机械工业出版社,2019.

[52]　顾新建,顾复,代风,等.分布式智能制造[M].武汉:华中科技大学出版社,2020.

[53]　蔡厚道.数控机床构造[M].3版.北京:北京理工大学出版社,2016.

[54]　杨建国,范开国,杜正春.数控机床误差实时补偿技术[M].北京:机械工业出版社,2013.

[55]　张根保,余武."数控机床可靠性技术"专题(四)　可靠性设计体系[J].制造技术与机床,2014(10):7-13.

[56]　杜国臣.机床数控技术[M].3版.北京:北京大学出版社,2016.

[57]　张光跃.数控机床电气连接与调试[M].北京:机械工业出版社,2012.

[58]　关慧贞.机械制造装备设计[M].4版.北京:机械工业出版社,2014.

[59]　赵汝嘉,曹岩.机械结构有限元分析及应用软件[M].西安:西北工业大学出版社,2012.

[60]　徐宏海,王莉.数控机床机械结构与电气控制[M].北京:化学工业出版社,2011.

[61]　左健民.液压与气压传动[M].4版.北京:机械工业出版社,2007.

[62]　鲁远栋,张明军,程艳婷,等.机床电气控制技术[M].2版.北京:电子工业出版社,2013.

[63]　王永岩.理论力学[M].2版.北京:科学出版社,2019.

[64]　孙国钧,赵社戌.材料力学[M].上海:上海交通大学出版社,2015.

[65]　国家质量技术监督局.机床检验通则　第1部分:在无负荷或精加工条件下机床的几何精度:GB/T 17421.1—1998[S].北京:中国标准出版社,2004.

[66]　中华人民共和国国家质量监督检验检疫总局,中国国家标准化管理委员会.机床检验通则　第2部分:数控轴线的定位精度和重复定位精度的确定:GB/T 17421.2—2016[S].北京:中国标准出版社,2016.

[67]　中华人民共和国国家质量监督检验检疫总局,中国国家标准化管理委员会.加工中心检验条件　第4部分:线性和回转轴线的定位精度和重复定位精度检验:GB/T 18400.4—2010[S].北京:中国标准出版社,2011.

[68]　中华人民共和国国家质量监督检验检疫总局,中国国家标准化管理委员会.加工中心检验条件　第2部分:立式或带垂直主回转轴的万能主轴头机床几何精度检验(垂直Z轴):GB/T 18400.2—2010[S].北京:中国标准出版社,2011.

[69]　中华人民共和国国家质量监督检验检疫总局,中国国家标准化管理委员会.加工中心检验条件　第7部分:精加工试件精度检验:GB/T 18400.7—2010[S].北京:中国标准出版

社,2011.

　[70]　《机床设计手册》编写组.机床设计手册　第二册　（上）　零件设计[M].北京:机械工业出版社,1980.

　[71]　韩征.数控机床工作台系统结构优化及其可靠性分析[D].沈阳:东北大学,2015.

　[72]　王琪瑞.工艺驱动的数控机床运动方案设计方法研究与应用[D].杭州:浙江大学,2019.

　[73]　LU Y，XU X H，ZHANG Z P. Research and design of double position conducting resin automatic slitter[J]. Ferroelectrics,2021,581(1):144-155.